# Lernstufen Mathematik

Nordrhein-Westfalen

Berater
Michael Greiwe, Rheine
Klaus Köhn, Düsseldorf
Alexa Kubiak, Recklinghausen
Ute Liehr, Hückelhoven
Herbert Vergoßen, Bornheim

Cornelsen

Teile dieses Unterrichtswerkes basieren auf Inhalten
bereits erschienener Lehrwerke.
Diese wurden herausgegeben von Prof. Dr. Manfred Leppig, Reinhold Koullen (†)
und Udo Wennekers sowie erarbeitet von:
Helga Berkemeier, Ilona Gabriel, Wolfgang Hecht, Jeannine Heinrichs, Barbara Hoppert, Kurt Kalvelage (†), Ines Knospe, Reinhold Koullen (†), Manfred Leppig, Doris Ostrow, Hans-Helmut Paffen, Günther Reufsteck, Jutta Schaefer, Gabriele Schenk, Hermann Schneider, Willi Schmitz, Ingeborg Schönthaler, Helmut Spiering, Christine Sprehe, Wolfgang Stindl, Herbert Strohmayer, Herbert Vergoßen, Martina Verhoeven, Alfred Warthorst, Udo Wennekers, Ralf Wimmers, Rainer Zillgens

Redaktion: Sabrina Bühl

Bildrecherche: Peter Hartmann

Illustration: Roland Beier

Grafik: Christian Böhning, Ulrich Sengebusch (†)

Umschlaggestaltung und Layoutkonzept:
Syberg | Kirstin Eichenberg

Layout und technische Umsetzung:
CMS – Cross Media Solutions GmbH

**Begleitmaterialien zum Lehrwerk**
**für Schülerinnen und Schüler**
Arbeitsheft mit CD-ROM 978-3-06-042107-7

**für Lehrerinnen und Lehrer**
Lösungsheft 978-3-06-042109-1
Kopiervorlagen 978-3-06-042108-4
Lehrerfassung 978-3-06-042127-5

**www.cornelsen.de**

Unter der folgenden Adresse befinden sich multimediale
Zusatzangebote für die Arbeit mit dem Schülerbuch:
**www.cornelsen.de/lernstufen-mathematik**
Die Buchkennung ist: **MLS042106**

Alle Drucke dieser Auflage sind inhaltlich unverändert
und können im Unterricht nebeneinander verwendet werden.



Druck und Bindung: Livonia Print, Riga

1. Auflage, 5. Druck 2020
978-3-06-042106-0 (Schülerbuch)
978-3-06-042132-9 (E-Book)

1. Auflage, 2. Druck 2018
978-3-06-042127-5 (Lehrerfassung)

PEFC
PEFC/12-31-006

PEFC zertifiziert
Dieses Produkt stammt aus nachhaltig bewirtschafteten Wäldern und kontrollierten Quellen.
www.pefc.de

## Inhalt

5

### Teilbarkeit

25

### Brüche addieren und subtrahieren

47

### Grundbegriffe der Geometrie

75

### Dezimalzahlen

99

## Körper



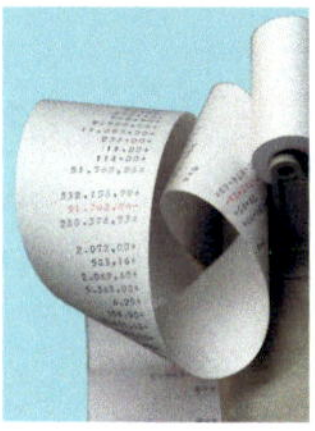

127

## Rechnen mit Dezimalzahlen

149

## Daten und Zufall



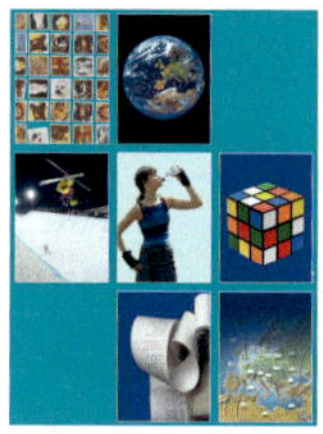

173

## Sachrechnen

181

## Anhang

# Teilbarkeit

Beim Memory werden die Karten zu Spielbeginn verdeckt im Rechteck auf den Tisch gelegt. Dabei gibt es mehrere Möglichkeiten, ein Rechteck zu legen. In diesem Fall wurden die 30 Karten in 6 Zeilen und 5 Spalten ausgelegt, da 30 durch 6 und durch 5 teilbar ist.

# Noch fit?

## Einstieg

### 1 Im Kopf multiplizieren
Berechne im Kopf.

### 2 Weiterzählen
Vervollständige die Zahlenreihen im Heft.

a) 4; 8; 12; … (bis 28)
b) 6; 12; 18; … (bis 42)
c) 7; 14; 21; … (bis 49)
d) 9; 18; 27; … (bis 63)

### 3 Rechenketten
Übertrage und ergänze in deinem Heft.

a) $5 \xrightarrow{\cdot 7} \square \xrightarrow{\cdot 3} \square$
b) $6 \xrightarrow{\cdot 2} \square \xrightarrow{\cdot 4} \square$
c) $4 \xrightarrow{\cdot 5} \square \xrightarrow{\cdot 9} \square$

### 4 Textaufgabe
Lisa hat einen Wellensittich, dem sie täglich 15 g Futter gibt. Wie viel Gramm Futter hat der Vogel bekommen …

a) in 16 Tagen?
b) in 30 Tagen?
c) in 110 Tagen?
d) in 360 Tagen?

### 5 Im Kopf dividieren
Übertrage und ergänze die Tabelle im Heft.

Beispiel 24 : 2 = 12

| : | 2 | 3 | 4 | 8 | 12 |
|---|---|---|---|---|---|
| 24 | 12 | | | | |
| 72 | | | | | |
| 480 | | | | | |

### 6 Schriftlich dividieren
Bleibt beim Teilen ein Rest?

a) 252 : 2
b) 252 : 3
c) 252 : 4
d) 252 : 5

## Aufstieg

### 1 Im Kopf multiplizieren
Berechne im Kopf.

### 2 Weiterzählen
Vervollständige die Zahlenreihen im Heft.

a) 8; 16; 24; … (bis 56)
b) 11; 22; 33; … (bis 77)
c) 105; 110; 115; … (bis 135)
d) 256; 252; 248; … (bis 232)

### 3 Rechenketten
Übertrage und ergänze in deinem Heft.

a) $2 \xrightarrow{\cdot 8} \square \xrightarrow{\cdot 7} \square$
b) $15 \xrightarrow{\cdot 3} \square \xrightarrow{\cdot 20} \square$
c) $20 \xrightarrow{\cdot 6} \square \xrightarrow{\cdot 9} \square$

### 4 Textaufgabe
Die Klassen 6 a (24 Schüler) und 6 b (26 Schüler) machen gemeinsam einen Klassenausflug in die Alpen.
Die Fahrtkosten für den Bus betragen 650 €.
Wie viel Euro muss jeder Schüler bezahlen?

### 5 Im Kopf dividieren
Übertrage und ergänze die Tabelle im Heft.

Beispiel 48 : 2 = 24

| : | 2 | 3 | 4 | 6 | 8 | 12 |
|---|---|---|---|---|---|---|
| 48 | 24 | | | | | |
| 240 | | | | | | |
| 960 | | | | | | |

### 6 Schriftlich dividieren
Bleibt beim Teilen ein Rest?

a) 468 : 2
b) 335 : 3
c) 455 : 4
d) 668 : 5

## 7 Multiplikationsreihen

Welche Zahlen gehören jeweils zu den Multiplikationsreihen?

a) 3-er Reihe
b) 5-er Reihe
c) 8-er Reihe
d) 9-er Reihe

15, 36, 50, 18, 32, 72, 6, 48, 27, 63, 35, 81, 16, 30, 21

## 7 Multiplikationsreihen

Hier sind Zahlen von drei Multiplikationsreihen durcheinander gekommen. Welche Zahlen gehören zu welcher Multiplikationsreihe?

70, 49, 18, 8, 14, 63, 16, 54, 20, 21, 40, 32, 60, 30, 35

## 8 Zahlen am Zahlenstrahl

Lies die markierten Zahlen an den Zahlenstrahlen ab.

a) 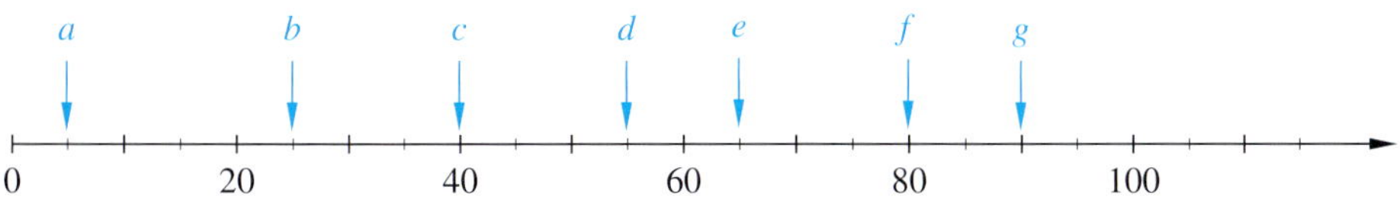


b) 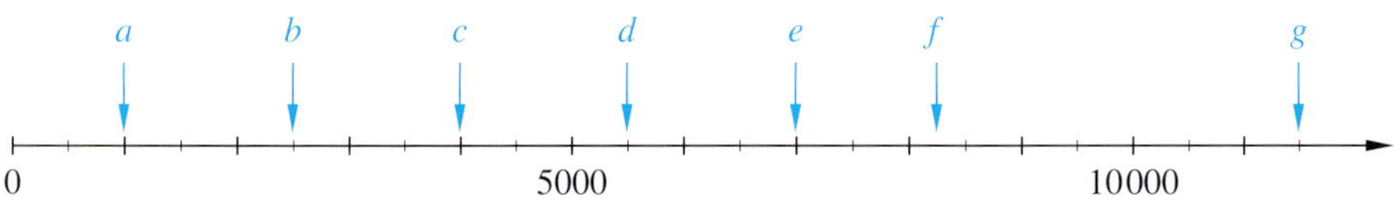


c) 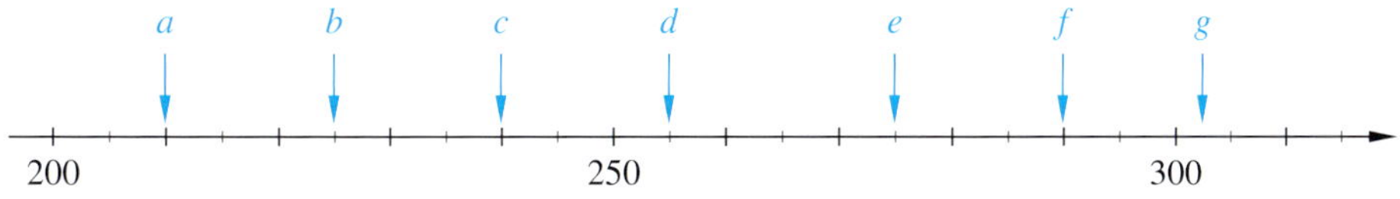


## 9 Zahlenstrahl zeichnen

Übertrage den Zahlenstrahl in dein Heft und vervollständige die Beschriftung.

a) 

b) 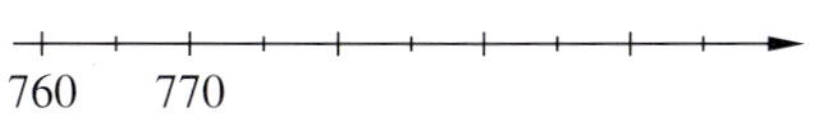


## 9 Zahlenstrahl zeichnen

a) Zeichne einen Zahlenstrahl von 0 bis 15 in dein Heft.
Markiere darauf die Zahlen 2; 5; 8; 9; 11; 13 und 14.

b) Zeichne einen Zahlenstrahl von 0 bis 200.
Markiere darauf die Zahlen 25; 120; 80; 175; 130; 15 und 95.

## 10 Divisionsaufgaben finden

Finde mindestens vier Divisionsaufgaben, die keinen Rest haben.

**Beispiel** 14 : 7 = 2

| | | |
|---|---|---|
| 14 | 30 | 72 |
| 78 | 9 | 36 |
| 49 | 154 | 1 |

:

| | | |
|---|---|---|
| 3 | 6 | 8 |
| 9 | 7 | 11 |
| 26 | 15 | 1 |

=

| | | |
|---|---|---|
| 3 | 9 | 14 |
| 13 | 12 | 10 |
| 1 | 2 | 7 |

# Vielfache

## Entdecken

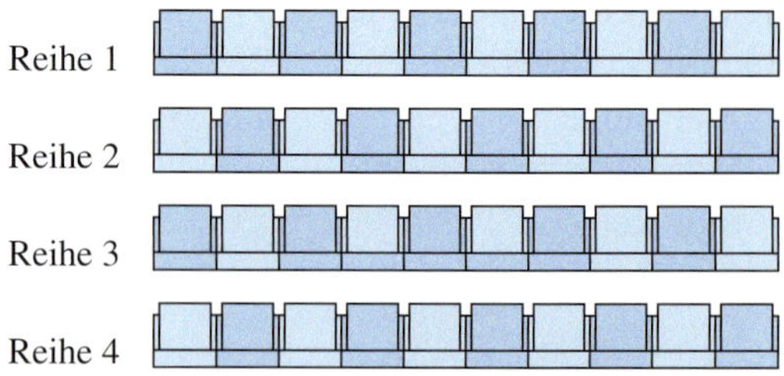


**1** Ein Kino hat in jeder Sitzreihe 10 Sitze.

a) Wie viele Plätze hat das Kino mit 4 Reihen?

b) Wie viele Sitzplätze hätte dieses Kino bei 7 oder 8 Reihen?

c) Begründe: Ein Kino mit 10 Sitzen pro Reihe kann keine 37 Plätze haben.

**2** Die Buslinie 5 und die Buslinie 12 fahren am Bahnhof gleichzeitig um 7.00 Uhr los. Linie 5 fährt alle 10 Minuten ab, Linie 12 nur alle 20 Minuten. Zu welchen Zeiten zwischen 7.00 Uhr und 8.00 Uhr fahren die beiden Busse gleichzeitig ab?

**3** Arbeitet zu zweit. Denkt euch selbst Taktzeiten wie in Aufgabe 2 von zwei Bussen aus (z. B. 5 oder 3 Minuten). Wann und wie oft fahren eure Busse in einer Stunde gemeinsam los?

## Verstehen

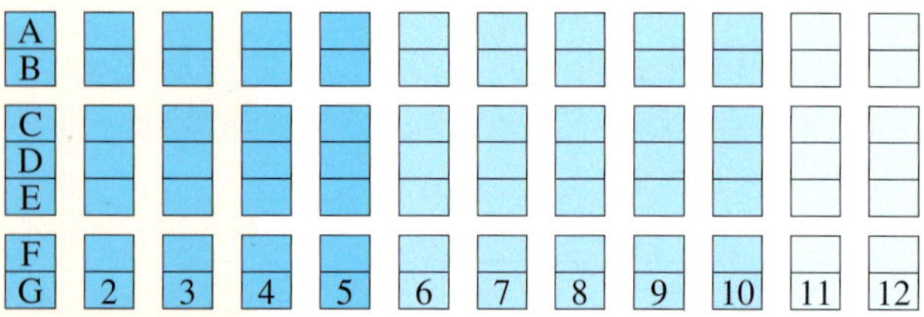


In einem Flugzeug sind pro Reihe 7 Sitze eingebaut.
So kommt man …
bei 5 Reihen auf $5 \cdot 7 = 35$ Plätze,
bei 10 Reihen auf $10 \cdot 7 = 70$ Plätze,
bei 12 Reihen auf $12 \cdot 7 = 84$ Plätze.
35; 70 und 84 sind **Vielfache** von 7.

### Beispiel 1

a) Wie heißen die Vielfachen von 4?

| | |
|---|---|
| $1 \cdot 4 = 4$ | $5 \cdot 4 = 20$ |
| $2 \cdot 4 = 8$ | $6 \cdot 4 = 24$ |
| $3 \cdot 4 = 12$ | … |
| $4 \cdot 4 = 16$ | … |

Die Vielfachen von 4 sind:
4; 8; 12; 16; 20; 24; 28; …

b) Nenne die ersten acht Vielfachen von 9.

| | |
|---|---|
| $1 \cdot 9 = 9$ | $5 \cdot 9 = 45$ |
| $2 \cdot 9 = 18$ | $6 \cdot 9 = 54$ |
| $3 \cdot 9 = 27$ | $7 \cdot 9 = 63$ |
| $4 \cdot 9 = 36$ | $8 \cdot 9 = 72$ |

Die ersten acht Vielfachen von 9 sind:
9; 18; 27; 36; 45; 54 ; 63 und 72.

c) Welche Vielfachen haben 4 und 6 gemeinsam?

Vielfache von 4: 4; 8; 12; 16; 20; 24; 28; 32; 36; …
Vielfache von 6: 6; 12; 18; 24; 30; 36; 42; …

Gemeinsame Vielfach sind:
12; 24; 36; …

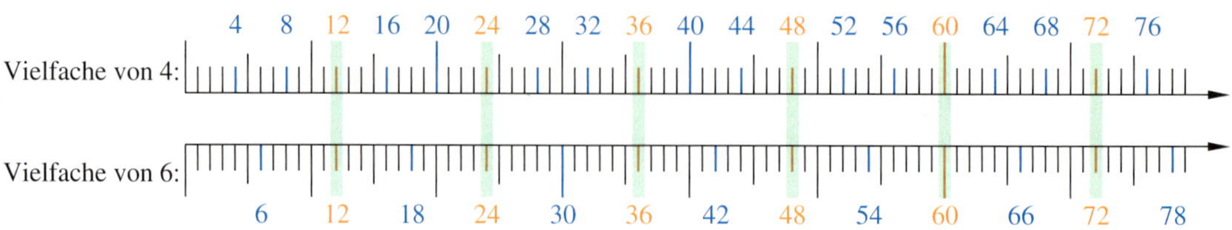


**Merke** Jede Zahl (außer Null) hat unendlich viele **Vielfache**.
Man kann beim Aufzählen der Vielfachen nur die ersten aufschreiben.
Die nachfolgenden Vielfachen deutet man mit drei Punkten an.

## Üben und anwenden

**1** Gib die ersten fünf Vielfachen an von …
a) 10 b) 20 c) 25 d) 30
e) 35 f) 40 g) 45 h) 50

**2** Dennis sollte in der Tabelle dann ein Kreuz eintragen, wenn 24 ein Vielfaches ist.
Hat er die Tabelle richtig ausgefüllt?
Berichtige.

| | 2 | 3 | 4 | 5 | 6 | 7 | 8 | 9 | 12 |
|---|---|---|---|---|---|---|---|---|---|
| 24 ist ein Vielfaches von … | × | × | × | | × | | | × | × |

**3** Zeichne Tabellen wie in Aufgabe 2 und kreuze richtig an.
a) 36 ist Vielfaches von 1; 4; 6; 8; 9; 12; 18
b) 48 ist Vielfaches von 6; 8; 9; 12; 16; 18; 24
c) 30 ist Vielfaches von 1; 3; 4; 5; 6; 12; 15
d) 60 ist Vielfaches von 3; 4; 5; 12; 15; 24; 30

**4** Zeichne die Tabelle ins Heft. Fülle sie aus.
**Beispiel** 20 ist ein Vielfaches von 2; 4 und 5

| … ist Vielfaches von … | 2 | 3 | 4 | 5 | 7 | 8 |
|---|---|---|---|---|---|---|
| 20 | × | | × | × | | |
| 36 | | | | | | |
| 27 | | | | | | |
| 56 | | | | | | |

**5** Suche drei gemeinsame Vielfache von …
a) 2 und 3 b) 3 und 4
c) 5 und 10 d) 3 und 4 und 5

**6** Wahr oder falsch?
a) Die 16 ist ein Vielfaches von 8 und 4.
b) Die 30 ist ein Vielfaches von 8 und 10.

**7** Am U-Bahnhof starten die Linien A und B sowie C gleichzeitig um 5.00 Uhr.
Linie A fährt im 6-Minuten-Takt,
Linie B im 8-Minuten-Takt und
Linie C im 4-Minuten-Takt.
a) Zu welchen Zeiten fahren die Linien B und C bis 8.00 Uhr gleichzeitig ab?
b) Zu welchen Zeiten fahren die Linien A und C bis 8.00 Uhr gleichzeitig ab?
c) Zu welchen Zeiten fahren alle Linien bis 8.00 Uhr gleichzeitig ab?

**1** Gib die ersten fünf Vielfachen an von …
a) 6 b) 7 c) 8 d) 11
e) 13 f) 15 g) 19 h) 23

**2** Welche der Zahlen sind Vielfache …
a) von 6?
36; 49; 54; 66; 78; 84; 99; 114; 130; 143
b) von 8?
15; 16; 25; 40; 45; 48; 79; 81; 800; 888
c) von 9?
18; 26; 72; 83; 100; 909

**3** Übertrage ins Heft. Ergänze die fehlende Ziffer so, dass eine passende Zahl entsteht.
a) 7▢ ist Vielfaches von 8.
b) 4▢ ist Vielfaches von 11.
c) 7▢ ist Vielfaches von 9.
d) 4▢ ist Vielfaches von 10.

**4** Welche Aussagen sind wahr (w), welche sind falsch (f)?
a) 3 ist Vielfaches von 3
b) 27 ist Vielfaches von 3
c) 16 ist Vielfaches von 7
d) 25 ist Vielfaches von 15
e) 64 ist Vielfaches von 16
f) 11 ist Vielfaches von 11 111

**5** Suche drei gemeinsame Vielfache von …
a) 4 und 5 b) 4 und 7
c) 4 und 6 und 8 d) 9 und 10

**6** Wahr oder falsch? Begründe.
Alle Vielfachen von 12 sind gleichzeitig auch Vielfache von 3.

**7** Zahnräder
a) Das große Zahnrad dreht sich einmal. Wie viele Umdrehungen macht dabei das kleine Zahnrad?
b) Stelle dir vor, dass große Zahnrad hat 48 Zähne. Wie viele Umdrehungen macht dann das kleine Zahnrad bei einer Umdrehung des großen Rades?

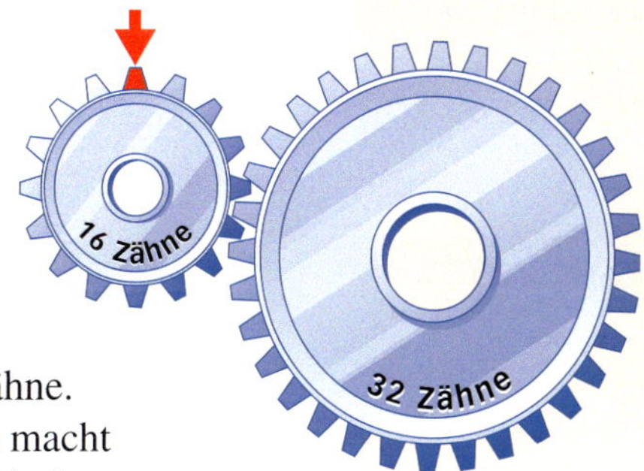


**HINWEIS**
009-1
*Unter dem Webcode findest du ein Arbeitsblatt mit weiteren Aufgaben.*

# Teiler

## Entdecken

**1** Karten anordnen
Jule und Christoph spielen Memory mit 24 Karten.
Christoph legt die Karten so hin, dass ein Rechteck entsteht.

Christoph kann die Karten wie folgt legen:
1 Reihe mit 24 Karten    2 Reihen mit 12 Karten    ▢ Reihen mit ▢ Karten
Finde hierzu alle Möglichkeiten.

***TIPP***
*Du musst nicht immer Karten legen. Du kannst auch auf Karopapier für jede Karte ein Kreuz zeichnen und so die Kreuze entsprechend anordnen.*
*Zum Beispiel:*

**2** Welche Möglichkeiten gibt es, die Karten zu einem Rechteck zu legen, wenn …
**a)** mit 18 Karten gespielt wird?
**b)** mit 22 Karten gespielt wird?
**c)** mit 40 Karten gespielt wird?
**d)** mit 72 Karten gespielt wird?

## Verstehen

Kalle hat 18 Äpfel und seine Schwester Stefanie 20 Mandarinen.
Sie möchten diese mit ihren vier Freunden teilen.

Die 18 Äpfel können *gleichmäßig* an die insgesamt 6 Kinder verteilt werden.
18 : 6 = 3  (Es bleibt kein Rest.)

Die 20 Mandarinen können *nicht* gleichmäßig an 6 Kinder verteilt werden.
20 : 6 = 3 Rest 2

**Merke** Eine Zahl ist ein **Teiler** einer anderen Zahl, wenn beim Dividieren kein Rest bleibt.

### Beispiel 1
Finde alle Teiler von 12.

| | | |
|---|---|---|
| 12 : 1 = 12 | 12 : 5 = 2 Rest 2 | 12 : 9 = 1 Rest 3 |
| 12 : 2 = 6 | 12 : 6 = 2 | 12 : 10 = 1 Rest 2 |
| 12 : 3 = 4 | 12 : 7 = 1 Rest 5 | 12 : 11 = 1 Rest 1 |
| 12 : 4 = 3 | 12 : 8 = 1 Rest 4 | 12 : 12 = 1 |

Die **Teilermenge** von 12:
$T_{12} = \{1; 2; 3; 4; 6; 12\}$

***HINWEIS***
*Da 4 ein **Teiler** von 12 ist, ist 12 **Vielfaches** von 4.*
*Da 5 **kein Teiler** von 12 ist, ist 12 auch **kein Vielfaches** von 5.*

Man sagt:
„12 ist durch 4 **teilbar**“ oder
„4 ist **Teiler** von 12.“

Man schreibt:
$4 \mid 12$  (sprich: „4 teilt 12.“)

Man sagt:
„12 ist durch 5 **nicht teilbar**“ oder
„5 ist **kein Teiler** von 12.“

Man schreibt:
$5 \nmid 12$  (sprich: „5 teilt 12 nicht.“)

## Üben und anwenden

**1** Berechne die Divisionsaufgaben.

① 6 : 1    6 : 4
6 : 2    6 : 5
6 : 3    6 : 6

② 9 : 1    9 : 4    9 : 7
9 : 2    9 : 5    9 : 8
9 : 3    9 : 6    9 : 9

a) Wann bleibt ein Rest, wann nicht?
b) Gib die Teilermengen der Zahlen an.

**1** Welche der folgenden Zahlen sind …
a) … durch 2 teilbar?
15; 32; 35; 42; 63; 84; 98
b) … durch 3 teilbar?
6; 16; 23; 24; 25; 60; 66; 72
c) … durch 5 teilbar?
15; 23; 40; 55; 72; 95; 102; 240; 264
d) … durch 9 teilbar?
12; 18; 38; 44; 45; 81; 82; 99; 108

**2** Teile folgende Zahlen nacheinander durch 1; 2; 3; 4; … wie in Aufgabe 1. Gib die Teilermengen der Zahlen an.
**Beispiel** $T_6 = \{1; 2; 3; 6\}$
a) 4    b) 7
c) 8    d) 10
e) 11    f) 15

**2** Übertrage ins Heft.
Ergänze die fehlende Ziffer so, dass eine passende Zahl entsteht.
a) 8 ist Teiler von 6□.
b) 9 ist Teiler von 6□.
c) 10 ist Teiler von 6□.
d) 11 ist Teiler von 6□.

**3** Arbeitet zu zweit.
a) Erklärt euch gegenseitig den Teilerstern von 24 in der Randspalte. Benutzt dabei die Begriffe „Teiler“ und „Vielfache“.
b) Zeichnet eigene Teilersterne für die Zahlen 12; 20 und 28 in eure Hefte.

***HINWEIS***
*zu Aufgabe 3: Teilerstern von 24*

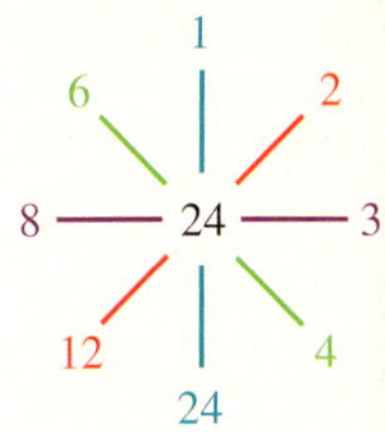


**4** Durch welche Zahlen ist diese Zahl teilbar?
a) 6    b) 4    c) 9
d) 10    e) 12    f) 15
g) 16    h) 20    i) 21

**4** Bestimme jeweils alle Teiler der Zahlen.
a) 54    b) 43    c) 28
d) 65    e) 25    f) 49
g) 81    h) 64    i) 1

**5** Übertrage und ergänze die Teilermenge.
a) $T_{12} = \{1; 2; 3; □; □; 12\}$
b) $T_{20} = \{1; □; □; 5; □; 20\}$
c) $T_{36} = \{1; □; □; □; □; □; □; □; □\}$

**5** Gib die Teilermengen an.
a) $T_{10}$    b) $T_{12}$    c) $T_{15}$
d) $T_{24}$    e) $T_8$    f) $T_{30}$
g) $T_{26}$    h) $T_{100}$    i) $T_{42}$

**6** Zeichne die Tabelle ins Heft, fülle sie aus.
**Beispiel** 2 ist Teiler von 20

| | ist Teiler von | 20 | 24 | 25 | 26 | 27 |
|---|---|---|---|---|---|---|
| a) | 2 | × | | | | |
| b) | 4 | | | | | |
| c) | 5 | × | | | | |
| d) | 10 | | | | | |

**6** Übertrage ins Heft und setze das richtige Zeichen ein (| oder ∤).
a) 4 □ 16    b) 3 □ 6
c) 5 □ 21    d) 7 □ 28
e) 2 □ 8    f) 6 □ 35
g) 3 □ 36    h) 12 □ 42
i) 1 □ 6    j) 21 □ 21

**7** Arbeitet zu zweit.
Kaja, Marlin und Maxim haben von ihrer Oma diesen Geldbetrag bekommen.
Können sie das Geld gerecht aufteilen?
Erklärt eure Rechnungen.

***HINWEIS***
011-1
*Unter dem Webcode findest du ein Arbeitsblatt mit weiteren Aufgaben.*

# Teilbarkeit durch 2, 5 und 10

## Entdecken

**HINWEIS**

↻ 012-1

*Unter dem Webcode kannst du dir ein Arbeitsblatt mit den Zahlen 1 bis 200 ausdrucken.*

**1** Übertrage die Tabelle in dein Heft.

| | | | | | | | | | |
|---|---|---|---|---|---|---|---|---|---|
| 1 | 2 | 3 | 4 | 5 | 6 | 7 | 8 | 9 | 10 |
| 11 | 12 | 13 | 14 | 15 | 16 | 17 | 18 | 19 | 20 |
| 21 | 22 | 23 | 24 | 25 | 26 | 27 | 28 | 29 | 30 |
| 31 | 32 | 33 | 34 | 35 | 36 | 37 | 38 | 39 | 40 |
| 41 | 42 | 43 | 44 | 45 | 46 | 47 | 48 | 49 | 50 |
| 51 | 52 | 53 | 54 | 55 | 56 | 57 | 58 | 59 | 60 |

a) Kreise alle Zahlen rot ein, die durch 2 teilbar sind.
b) Kreuze alle Zahlen blau an, die durch 5 teilbar sind.
c) Welche Zahlen sind durch 2 *und* durch 5 teilbar? Warum?
d) Ergänze die folgenden Satzanfänge:
– Eine Zahl ist durch 5 teilbar, wenn …
– Eine Zahl ist durch 2 teilbar, wenn …
– Eine Zahl ist durch 10 teilbar, wenn …

## Verstehen

Miriam und Jonas haben ihre Sparschweine vertauscht.
Miriam hat in ihrem Sparschwein nur 10-€-Scheine gesammelt, Jonas ausschließlich 5-€-Scheine.
Im Sparschwein A befinden sich 90 € und im Sparschwein B 85 €.

Wem gehört welches Sparschwein?

**Merke** Eine Zahl ist **durch 10 teilbar**, wenn ihre Endziffer eine 0 ist.
Eine Zahl ist **durch 5 teilbar**, wenn ihre Endziffer eine 0 oder eine 5 ist.

### Beispiel 1

a) Die Zahl 90 ist durch 10 teilbar, weil die Endziffer eine 0 ist.
b) Die Zahl 85 ist nicht durch 10 teilbar, weil die Endziffer keine 0 ist.

### Beispiel 2

a) Die Zahl 90 ist durch 5 teilbar, weil die Endziffer eine 0 ist.
b) Die Zahl 85 ist durch 5 teilbar, weil die Endziffer eine 5 ist.

**Merke** Eine Zahl ist **durch 2 teilbar**, wenn ihre Endziffer durch 2 teilbar ist oder 0 ist.
Das bedeutet: Eine Zahl ist durch 2 teilbar, wenn ihre Endziffer eine 0; 2; 4; 6 oder 8 ist.

Eine durch 2 teilbare Zahl heißt **gerade Zahl**.
Alle anderen Zahlen heißen **ungerade Zahlen**.

### Beispiel 3

a) 64 ist durch 2 teilbar, weil die Endziffer 4 durch 2 teilbar ist.
b) 120 ist durch 2 teilbar, weil die Endziffer eine 0 ist.
c) 7 798 ist eine gerade Zahl, weil die Endziffer 8 durch 2 teilbar ist.
d) 100 007 ist eine ungerade Zahl, weil die Endziffer 7 nicht durch 2 teilbar ist.

## Üben und anwenden

**1** Welche der Zahlen sind durch 10 teilbar?

a) 120 b) 131
c) 425 d) 560
e) 700 f) 755
g) 893 h) 1010

**1** Setze | oder ∤ ein.

a) 10 □ 20 b) 10 □ 25
c) 10 □ 60 d) 10 □ 65
e) 10 □ 650 f) 10 □ 100
g) 10 □ 101 h) 10 □ 1001

**HINWEIS**
*Vergiss die Begründung deiner Antwort nicht.*

**2** Welche der Zahlen sind durch 5 teilbar?

a) 25 b) 43
c) 45 d) 50
e) 121 f) 135

**2** Setze | oder ∤ ein.

a) 5 □ 22 b) 5 □ 25
c) 5 □ 26 d) 5 □ 100
e) 5 □ 650 f) 5 □ 651

**3** Welche der Zahlen sind durch 2 teilbar?

a) 42 b) 56
c) 60 d) 63
e) 191 f) 202
g) 94 h) 208

**3** Welche der folgenden Zahlen sind durch 2 teilbar? Schreibe mit | bzw. ∤.

a) 4 b) 15 c) 16
d) 20 e) 21 f) 22
g) 111 h) 121 i) 212

**4** Welche der Zahlen sind gerade, welche ungerade?

a) 13 b) 94
c) 942 d) 3018
e) 5573 f) 8021
g) 6534 h) 10098

**4** Entscheide, ob die Zahlen durch 2; 5 oder 10 teilbar sind.

a) 40; 25; 36; 18; 75; 30
b) 195; 200; 564; 101; 450; 305
c) 988; 989; 990; 991; 992; 993
d) 2600; 1109; 6650; 3700; 4468

**5** Ergänze im Heft, so dass die Zahlen …

a) durch 10 teilbar sind:
3□ 43□ 1□0
b) durch 5 teilbar sind:
7□ 2□0 330□
c) durch 2 teilbar sind:
□ 15□ 80□

**5** Ergänze im Heft, so dass die Zahlen …

a) durch 10 teilbar sind:
□34□□ 337□51□ 878787□□
b) durch 5 teilbar sind:
5□0□ □□□0 □300□
c) gerade sind und durch 5 teilbar sind:
76□ □7□□ □□9□9□

**6** Welche der Geldbeträge kann man passend bezahlen, wenn man nur 2-€-Stücke (nur 5-€-Scheine; nur 10-€-Scheine) hat?

a) 146 € b) 235 € c) 605 € d) 193 €
e) 1245 € f) 4400 € g) 804 € h) 1229 €
i) Überlege dir drei weitere Geldbeträge und gebe sie zum Lösen einem Partner.

**7** Jeweils 10 Eier werden in einer Schachtel verpackt.
Bei welcher Anzahl bleibt kein Rest?
Wie viele Eier bleiben in den anderen Fällen übrig?

a) 200 b) 420 c) 250
d) 255 e) 857 f) 52

**7** Bei einem Reitturnier werden am Eingang A Stehplatzkarten für 2 € verkauft, am Eingang B Sitzplatzkarten für 5 € und am Eingang C VIP-Karten für 10 €. Der Hauptkassierer hat sich die Einnahmen der einzelnen Kassen notiert: 725 €, 494 € und 440 €.

a) Ordne die Einnahmen den jeweiligen Eingängen zu.
b) Wie viele Gäste besuchten das Reitturnier?

# Teilbarkeit durch 3

## Entdecken

**1** Jeder Euro-Schein hat eine Nummer, mit der man prüfen kann, ob der Schein echt ist. Der erste Buchstabe ist ein Ländercode für das Herstellungsland.
Darauf folgt eine elfstellige Seriennummer.

z. B. S 00212913862
Ländercode → S; elfstellige Seriennummer → 00212913862

Führe die folgenden Berechnungen mit der Nummer eines Euro-Scheins durch:

① Addiere alle elf Ziffern der Nummer.
**Beispiel** 0 + 0 + 2 + 1 + 2 + 9 + 1 + 3 + 8 + 6 + 2 = 34

② Ersetze den Buchstaben durch seine Position im Alphabet.
**Beispiel** S ist der 19. Buchstabe im Alphabet.

③ Addiere die Buchstabenposition zum Ergebnis aus Schritt ①.
**Beispiel** 19 + 34 = 53

④ Addiere die Ziffern der entstandenen Summe, bis die Zahl einstellig wird.
**Beispiel** 5 + 3 = 8

Vergleicht eure Ergebnisse.
Was fällt euch auf?

| Ländercodes und ihre Position im Alphabet | | | | | |
|---|---|---|---|---|---|
| Belgien | Z | 26. | Niederlande | P | 16. |
| Deutschland | X | 24. | Österreich | N | 14. |
| Finnland | L | 12. | Portugal | M | 13. |
| Frankreich | U | 21. | Spanien | V | 22. |
| Griechenland | Y | 25. | Slowenien | H | 8. |
| Italien | S | 19. | Slowakei | E | 5. |
| Irland | T | 20. | Malta | F | 6. |
| Luxemburg | R | 18. | Zypern | G | 7. |

**2** Rafael kennt einen Trick: „252 ist durch 3 teilbar, da 2 + 5 + 2 = 9 auch durch 3 teilbar ist.“
Probiere Rafaels Trick an den Zahlen 15; 18; 21; 27 und 279 aus.

## Verstehen

Miriam, Jonas und Esra kaufen eine Gruppenkarte für zusammen 48 €.
Können sie diesen Betrag zwischen sich gerecht aufteilen?

Um zu prüfen, ob eine Zahl durch 3 teilbar ist, muss man die Quersumme der Zahl berechnen.

**Merke** Die Summe aller Ziffern einer Zahl nennt man **Quersumme**.

**Beispiel 1**
Die Quersumme von 48 ist 12, denn 4 + 8 = 12.

Mithilfe der Quersumme kann man prüfen, ob eine Zahl durch 3 teilbar ist.

**Merke** Eine Zahl ist **durch 3 teilbar**, wenn ihre Quersumme durch 3 teilbar ist.

**Beispiel 2**
a) Die Quersumme von 48 ist 4 + 8, also 12.
Die Quersumme 12 ist durch 3 teilbar.
Daher ist auch die Zahl 48 durch 3 teilbar.
b) Die Quersumme von 819 ist 8 + 1 + 9, also 18.
Die Quersumme 18 ist durch 3 teilbar.
Daher ist auch die Zahl 819 durch 3 teilbar.

## Üben und anwenden

**1** Berechne die Quersummen der Zahlen.

a) 124 b) 432 c) 2005
d) 1994 e) 7777 f) 5632
g) 23 064 h) 90 912 i) 654 321

**2** Fülle die Tabelle im Heft aus.

| Zahl | Quersumme der Zahl | teilbar durch 3? |
|---|---|---|
| 120 | | |
| 741 | | |
| 811 | | |
| 8 226 | | |
| 15 512 | | |

**3** Überprüfe mithilfe der Quersumme, ob die Zahl durch 3 teilbar ist.

a) 87 b) 153 c) 179
d) 276 e) 297 f) 405
g) 678 h) 1098 i) 3222

**4** Ergänze eine Ziffer so, dass die entstehende Zahl durch 3 teilbar ist.
Findest Du mehrere Möglichkeiten?

a) 52□ b) 22□57 c) 3□51
d) □5402 e) 80□2 f) 10000□

**5** Ergänze zwei Ziffern so, dass die entstehende Zahl durch 3 teilbar ist.
Findest Du mehrere Möglichkeiten?

a) □8□ b) □□9 c) 4□□1
d) □83□ e) □479□ f) 743□□

**6** Ein Lottogewinn von 157 482 € soll auf drei Personen gleichmäßig und ohne Rest verteilt werden. Ist das möglich?

**7** Jakob behauptet:
„Je größer eine Zahl ist, desto größer ist auch die Quersumme der Zahl."
Stimmt das? Überprüfe die Behauptung an eigenen Beispielen.

**8** Paul behauptet: „Wenn ich aus allen zehn Ziffern eine zehnstellige Zahl zusammenstelle, egal in welcher Reihenfolge, dann ist sie immer durch 3 teilbar."
Stimmst du Paul zu?

**1** Berechne die Quersummen der Zahlen.

a) 25 b) 153 c) 890
d) 1987 e) 8054 f) 2 500 657
g) 578 964 h) 10 942 i) 5 987 458

**2** Fülle die Tabelle im Heft aus.

| Zahl | Quersumme der Zahl | teilbar durch 3? |
|---|---|---|
| 411 | | |
| 414 | | |
| 855 | | |
| 3 194 | | |
| 37 032 | | |

**3** Überprüfe, ob die Zahl durch 3 teilbar ist. Wenn ja, teile die Zahl durch 3 und gib das Ergebnis an.

a) 39 b) 49 c) 126
d) 405 e) 753 f) 939

**4** Bestimme die nächstkleinere Zahl, die durch 3 teilbar ist.

a) 56 b) 85 c) 235
d) 163 e) 328 f) 659
g) Erkläre, wie du vorgegangen bist.

**5** Bestimme die nächstgrößere Zahl, die durch 3 teilbar ist.

a) 28 b) 64 c) 73
d) 122 e) 284 f) 361
g) Erkläre, wie du vorgegangen bist.

**6** Sind deine Telefonnummer, Hausnummer, Postleitzahl, Körpergröße in cm, Schuhgröße oder dein Geburtsjahr durch 3 teilbar?

**7** Inga behauptet:
„Wenn man eine Zahl durch 3 teilen kann, dann kann man sie auch durch 9 teilen."
Stimmt das? Überprüfe die Behauptung an eigenen Beispielen.

**8** Maja ist 12 Jahre alt und meint:
„Mein älterer Bruder Tim hat heute Geburtstag. Sein Alter ist durch 2, 3 und 6 teilbar."
Wie alt könnte Tim sein?
Wie bist du vorgegangen?

**HINWEIS**
*Das sind die Quersummen zu Aufgabe 1 (lila):*
*7; 7; 9; 15; 16; 21; 21; 23; 28*

# Methode Weitere Teilbarkeitsregeln

Zur Überprüfung der Teilbarkeit von Zahlen haben wir die Endstellenregeln (Teilbarkeit durch 2; 5 und 10) und die Quersummenregel (Teilbarkeit durch 3) kennen gelernt.
Im Folgenden wollen wir Teilbarkeitsregeln für die Zahlen 4; 6; 8 und 9 finden.

**1. Expertenrunde**
Die Gruppenmitglieder erarbeiten sich ein Expertenwissen.

Bildet vier ungefähr gleich große Expertengruppen, die jeweils eine Teilbarkeitsregel erkunden.

**2. Unterrichtsrunde**
Die Experten informieren die anderen Mitglieder in den gemischten Gruppen über ihr Thema.

Nun finden sich je vier „Experten“ aus verschiedenen Expertengruppen in neuen Gruppen zusammen und stellen dort ihre Ergebnisse vor.

***HINWEIS***
*Schreibt am Ende der Unterrichtsrunde eure Regeln ins Merkheft.*

## 1. Expertengruppe: Teilbarkeit durch 4

**1** Überprüft durch schriftliche Division, ob die folgenden Zahlen durch 4 teilbar sind: 322; 340; 241; 312; 420; 321.

**2** *Überprüfung einer Quersummenregel*
a) Bestimmt die Quersumme der Zahlen aus Aufgabe 1.
b) Kann die Teilbarkeit durch 4 mithilfe einer Quersummenregel entschieden werden?

**3** *Überprüfung einer Endstellenregel*
a) Sind alle geraden Zahlen durch 4 teilbar?
b) Gibt es ungerade Zahlen, die durch 4 teilbar sind?
c) Kann mithilfe der letzten Ziffer entschieden werden, ob eine Zahl durch 4 teilbar ist?
d) Die Zahl 100 ist durch 4 teilbar. Begründet, dass dann auch 200; 300; … durch 4 teilbar sind.
e) Gebt alle Zahlen zwischen 300 und 325 an, die durch 4 teilbar sind.

**4** Formuliert eine Regel für die Teilbarkeit durch 4.

## 2. Expertengruppe: Teilbarkeit durch 6

Die Teilbarkeit durch 6 stellt einen Sonderfall dar, da sie eine Kombination aus Endstellen- und Quersummenregel ist.

**1** Übertragt die Tabelle ins Heft. Bearbeitet dann die Spalten „teilbar durch 2“ und „teilbar durch 3“: Ergänzt ein ×, wenn die Zahl durch 2 bzw. 3 teilbar ist, ein –, wenn die Zahl nicht teilbar ist. Nutzt dabei die euch bekannten Teilbarkeitsregeln.

| Zahl | teilbar durch 2 | teilbar durch 3 | teilbar durch 6 |
|---|---|---|---|
| 124 | | | |
| 408 | | | |
| 513 | | | |
| 756 | | | |
| 822 | | | |
| 1232 | | | |

**2** Überprüft durch schriftliche Division, ob die Zahlen durch 6 teilbar sind. Tragt in die Tabelle × bzw. – ein.

**3** Habt ihr eine Vermutung, welche Regel für die Teilbarkeit durch 6 gilt? Überprüft eure Vermutungen an fünf Beispielen eurer Wahl. Formuliert eine Regel für die Teilbarkeit durch 6.

## 3. Expertengruppe: Teilbarkeit durch 8

**1** Überprüft durch schriftliche Division, ob die folgenden Zahlen durch 8 teilbar sind:
1048, 1408, 4081, 6328, 5428, 5008.

**2** *Überprüfung einer Quersummenregel*
a) Bestimmt die Quersumme der Zahlen.
b) Kann die Teilbarkeit durch 8 mithilfe einer Quersummenregel entschieden werden?

**3** *Überprüfung einer Endstellenregel*
a) Sind alle geraden Zahlen durch 8 teilbar?
b) Gibt es ungerade Zahlen, die durch 8 teilbar sind?
c) Kann mithilfe der letzten Ziffer der Zahl entschieden werden, ob eine Zahl durch 8 teilbar ist?
d) Kann mithilfe der aus den *letzten beiden* Ziffern gebildeten Zahl ermittelt werden, ob eine Zahl durch 8 teilbar ist?
e) Die Zahl 1000 ist durch 8 teilbar.
Begründet, dass dann auch 2000; 3000; … durch 8 teilbar sind.
f) Gebt alle Zahlen zwischen 3000 und 3035 an, die durch 8 teilbar sind.

**4** Formuliert eine Regel für die Teilbarkeit durch 8.

## 4. Expertengruppe: Teilbarkeit durch 9

**1** Überprüft durch schriftliche Division, ob die folgenden Zahlen durch 9 teilbar sind:
201, 261, 562, 882, 5094, 8937, 8024, 10515.

**2** *Überprüfung einer Quersummenregel*
a) Bestimmt die Quersumme der Zahlen.
b) Kann die Teilbarkeit durch 9 mithilfe einer Quersummenregel entschieden werden?

**3** *Überprüfung einer Endstellenregel*
Gebt die ersten zehn Vielfachen von 9 an.
Kann die Teilbarkeit durch 9 mit einer Endstellenregel entschieden werden?

**4** Formuliert eine Regel für die Teilbarkeit durch 9.

**Unterrichtsrunde:**
Nun kannst du die anderen Mitglieder in den gemischten Gruppen über dein Expertenthema informieren.

# Klar so weit?

→ Seite 8

## Vielfache

**1** Gib die ersten fünf Vielfachen an.

a) von 3  b) von 7
c) von 10  d) von 24

**2** Welche Aussagen sind wahr?

a) 9 ist Vielfaches von 3.
b) 15 ist Vielfaches von 3.
c) 3 ist Vielfaches von 15.
d) 56 ist Vielfaches von 9.

**3** Nenne alle Vielfachen …

a) von 3 zwischen 10 und 40
b) von 4 zwischen 30 und 56
c) von 7 zwischen 71 und 99

**4** Übertrage ins Heft und ergänze.

a) 6□ ist Vielfaches von 9.
b) 4□ ist Vielfaches von 11.
c) □8 ist Vielfaches von 12.
d) □8 ist Vielfaches von 16.
e) 10 ist Vielfaches von □.

**1** Gib die ersten acht Vielfachen an.

a) von 5  b) von 9
c) von 12  d) von 32

**2** Welche Aussagen sind wahr?

a) 260 ist Vielfaches von 13.
b) 30 ist kein Vielfaches von 5.
c) 12 ist Vielfaches von 1.
d) 4 ist Vielfaches von 12.

**3** Finde fünf Zahlen, die zugleich Vielfache sind von …

a) 2 und 5  b) 4 und 6
c) 5 und 12  d) 6 und 15

**4** Übertrage ins Heft und ergänze. Findest du mehrere Möglichkeiten?

a) 2□ ist Vielfaches von 4.
b) 2□ ist Vielfaches von 7.
c) 32 ist Vielfaches von □.
d) 1□7 ist Vielfaches von 13.

→ Seite 10

## Teiler

**5** Welche der folgenden Zahlen sind …

a) … durch 6 teilbar?
3; 5; 11; 12; 18; 19; 30; 36; 41; 42; 138
b) … durch 11 teilbar?
1; 22; 34; 43; 44; 77; 99; 111; 121; 123

**6** Ergänze die Teilersterne in deinem Heft.

a)

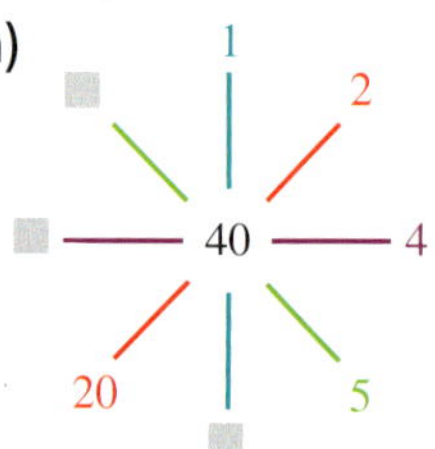


b)

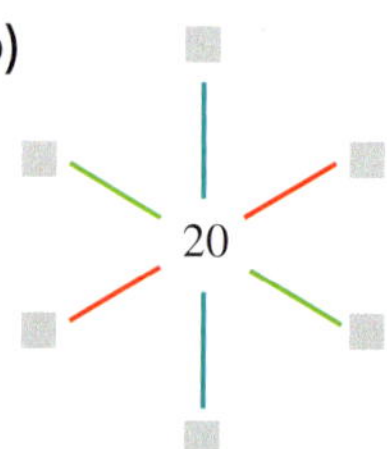


c) Zeichne zu den Zahlen 18 und 30 die Teilersterne in dein Heft.

**7** Gib die Teilermengen wie im Beispiel an.

**Beispiel** $T_9 = \{1; 3; 9\}$

a) 4  b) 6  c) 7  d) 12  e) 20

**5** Übertrage ins Heft und setze das Zeichen $\mid$ oder $\nmid$ richtig ein.

a) 4 □ 36  b) 6 □ 74
c) 7 □ 82  d) 3 □ 330
e) 5 □ 501  f) 8 □ 56

**6** Ergänze die Teilersterne in deinem Heft.

a)

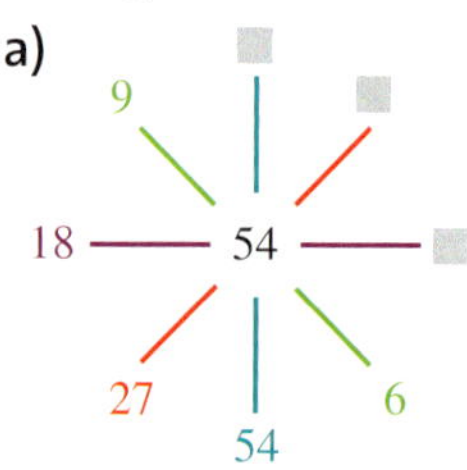


b)

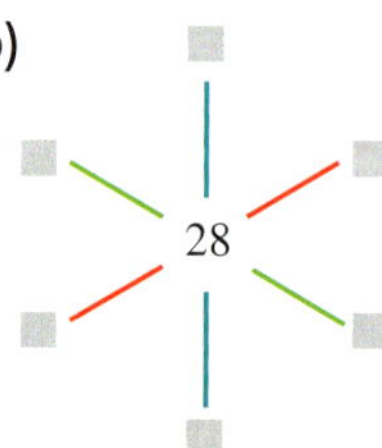


c) Zeichne zu den Zahlen 50 und 105 die Teilersterne in dein Heft.

**7** Gib die Teilermengen wie im Beispiel an.

**Beispiel** $T_8 = \{1; 2; 4; 8\}$

a) 24  b) 16  c) 17  d) 52  e) 125

## Teilbarkeit durch 2, 5 und 10

→ Seite 12

**8** Welche der Zahlen sind gerade Zahlen, welche sind ungerade? Begründe.

a) 8  b) 11  c) 118
d) 300  e) 5573  f) 8021

**9** Welche der Geldbeträge kann man passend nur mit 2-€-Stücken (5-€-Scheinen; 10-€-Scheinen) bezahlen? Begründe deine Antwort.

a) 26 €  b) 45 €
c) 100 €  d) 935 €

**10** Ergänze im Heft, so dass die Zahlen …

a) durch 10 teilbar sind:
5▯; 42▯; 7▯0; 24▯0; 54▯3▯
b) durch 5 teilbar sind:
6▯; 4▯5; 777▯; 430▯; ▯900
c) durch 2 und durch 5 teilbar sind:
3▯; ▯0; 756▯;440▯; ▯900

**11** Welche Endziffer kann eine Zahl besitzen, die teilbar ist …

a) durch 2 und durch 5;
b) durch 2, aber nicht durch 10;
c) durch 5, aber nicht durch 2?

**8** Welche der Zahlen sind gerade Zahlen, welche sind ungerade? Begründe.

a) 13  b) 94  c) 941
d) 3018  e) 1001  f) 1 Mio.

**9** Welche der Geldbeträge kann man passend nur mit 2-€-Stücken (5-€-Scheinen; 10-€-Scheinen) bezahlen? Begründe deine Antwort.

a) 505 €  b) 830 €
c) 4242 €  d) 3001 €

**10** Ergänze im Heft, so dass die Zahlen …

a) durch 10 teilbar sind:
77▯; 5▯; 6▯0; 4▯▯; 337▯51▯
b) durch 5 teilbar sind:
5▯; 7▯0; 33▯5; 6▯0▯; 7▯▯0; ▯800
c) durch 2, aber nicht durch 5 teilbar sind:
▯; 15▯; 80▯; ▯7▯▯; ▯▯9▯9▯

**11** Welche Endziffer kann eine Zahl besitzen, die teilbar ist …

a) durch 1000;
b) durch 5, aber nicht durch 10;
c) weder durch 2 noch durch 5?

## Teilbarkeit durch 3

→ Seite 14

**12** Fülle die Tabelle im Heft aus.

| Zahl | Quersumme der Zahl | teilbar durch 3? |
|---|---|---|
| 213 | | |
| 898 | | |
| 2345 | | |
| 36 504 | | |

**13** Entscheide, ob die Zahlen durch 3 teilbar sind.

a) 75; 93; 25; 72; 111; 207
b) 124; 126; 813; 749; 477

**14** Setze eine Ziffer ein, so dass die Zahl durch 3 teilbar ist.

a) 5▯; 2▯; 11▯; 4▯; 19▯
b) 73▯; 1▯1; 1▯0; ▯00

**12** Fülle die Tabelle im Heft aus.

| Zahl | Quersumme der Zahl | teilbar durch 3? |
|---|---|---|
| 471 | | |
| 616 | | |
| 4502 | | |
| 505 878 | | |

**13** Entscheide, ob die Zahlen durch 3 teilbar sind.

a) 235; 486; 534; 2311; 3336
b) 6777; 6824; 33 312; 87 702

**14** Welche Ziffern kann man einsetzen, so dass die Zahl durch 3 teilbar ist?

a) 4▯82  b) 8▯48  c) 412▯
d) 413▯4  e) 74▯32  f) 44▯6▯

# Vermischte Übungen

**1** Vervollständige die Zahlen im Heft so, dass sie teilbar sind …

a) durch 2: 7□; □2; 25□; 2□4; 203□
b) durch 3: □7; □36; 215□; 229□
c) durch 5: 7□; □0; 25□; 405□; 636□
d) durch 10: 3□; □0; 12□; 4□□; 127□

**1** Gib die passenden Zahlen an.
Welche natürlichen Zahlen zwischen …

a) 314 und 341 sind durch 2 oder 5 teilbar?
b) 416 und 437 sind durch 3 teilbar?
c) 6561 und 6587 sind durch 2 und 5 teilbar?

**2** Um das Kreisfeld mit der 21 herum sind alle Teiler von 21 in die benachbarten Felder eingetragen. Ergänze im Heft.

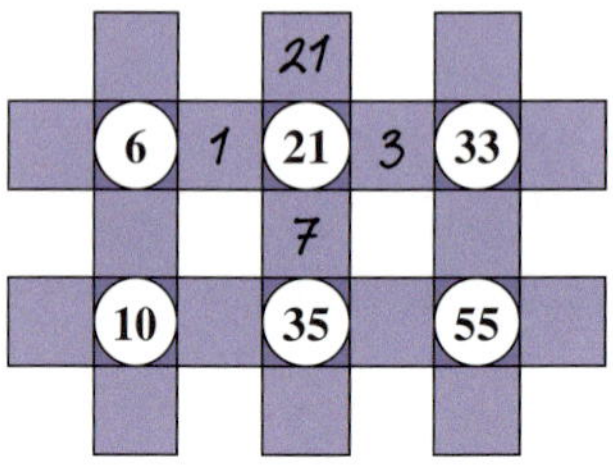


**2** Zeichne das Teilermengen-Puzzle ab. Fülle anschließend die leeren Felder im Heft aus.

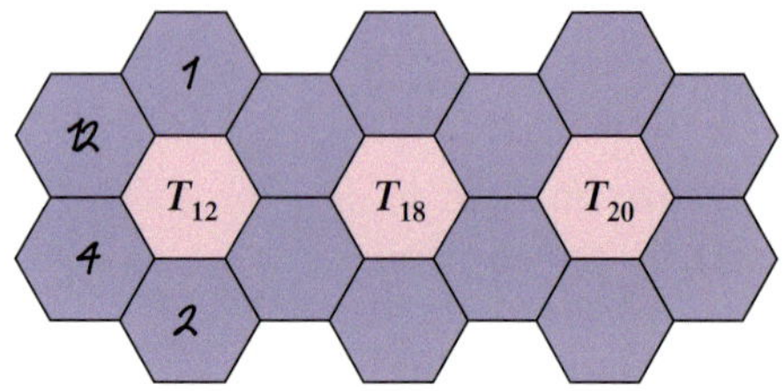


***NACHGEDACHT***

*Sarah meint: „Das bedeutet doch alles dasselbe!"*

33 ist ein Vielfaches von 11.

33 ist teilbar durch 11.

33 hat den Teiler 11.

*Hat Sarah recht? Probiere mit anderen Zahlen und begründe.*

**3** Übertrage die Teilermenge und ergänze die fehlenden Teiler.

a) $T_8 = \{1; 2; □; 8\}$
b) $T_{16} = \{1; □; □; 8; 16\}$
c) $T_{24} = \{1; □; □; □; □; □; □; □\}$
d) $T_{51} = \{1; □; □; □\}$

**3** Übertrage in dein Heft. Setze ein: „ist Vielfaches von" oder „ist Teiler von".

| | |
|---|---|
| a) 4 □ 16 | b) 6 □ 3 |
| c) 5 □ 20 | d) 28 □ 7 |
| e) 8 □ 2 | f) 35 □ 7 |
| g) 1 □ 6 | h) 21 □ 21 |

**4** Bilde die Teilermengen und vergleiche sie.

a) $T_8$ und $T_{16}$
b) $T_7$ und $T_{14}$
c) $T_{36}$ und $T_{18}$
d) $T_{49}$ und $T_{98}$

**4** Nenne eine Zahl mit genau …

a) zwei Teilern.
b) drei Teilern.
c) vier Teilern.
d) fünf Teilern.

**5** Hier sind die Vielfachen von 4 und 5 am Zahlenstrahl eingezeichnet. Welche gemeinsamen Vielfachen haben die Zahlen 4 und 5?

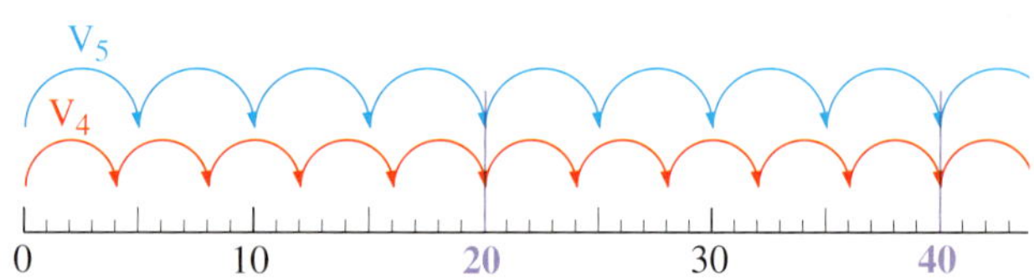


**6** Bestimme die ersten sechs gemeinsamen Vielfachen von 3 und 7.

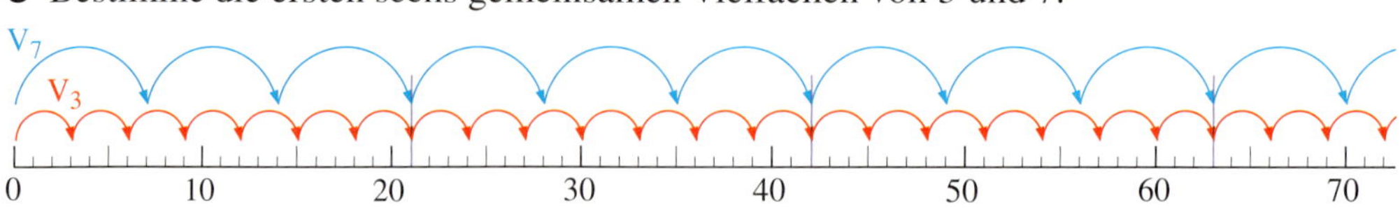


**7** Schreibe die gemeinsamen Vielfachen bis 200 auf …

| | |
|---|---|
| a) von 4 und 7 | b) von 5 und 9 |
| c) von 8 und 12 | d) von 5 und 25 |

**7** Suche drei Zahlen, die zugleich Vielfache sind von …

| | |
|---|---|
| a) 2, 4 und 6 | b) 3, 5 und 9 |
| c) 3, 4 und 8 | d) 5, 6 und 10 |

**8** Die 32 Spielkarten eines Kartenspiels sollen in einem Rechteckmuster auf den Tisch gelegt werden.
Gib alle Möglichkeiten an.

**9** Ein Zimmer ist 3,20 m lang und 4,60 m breit. Es soll mit quadratischen Teppichfliesen ausgelegt werden.
Welche größtmögliche Seitenlänge sollte eine Teppichfliese haben, so dass keine Teppichfliese zerschnitten werden muss?

**8** In Mikes Klasse sind 30 Schülerinnen und Schüler. Der Klassenlehrer lässt in gleich großen Gruppen arbeiten.
Welche Möglichkeiten hat er?

**9** Häufig sind Hausnummern auf der einen Straßenseite gerade und auf der anderen Straßenseite ungerade. Stimmt folgende Aussage?
„Addiert man immer drei nebeneinanderliegende Hausnummern, so ist die Summe durch 3 teilbar.“

**10** Arbeitet zu dritt oder viert zusammen. Lest euch die Information durch.

> **Information**
> Alle Zahlen, die größer als 1 sind und nur durch 1 und durch sich selbst teilbar sind, heißen **Primzahlen**.
> Sie haben genau zwei Teiler.
> Primzahlen sind 2; 3; 5; 7; 11; 13; 17; …

Entscheidet gemeinsam, welche dieser Zahlen Primzahlen sind. Begründet eure Entscheidung.
a) 12  b) 17  c) 21  d) 27  e) 29  f) 37  g) 39  h) 49

*HINWEIS*
021-1
*Hier kannst du dir ein Arbeitsblatt für Aufg. 11 mit den Zahlen 2 bis 200 ausdrucken.*

**11** Das Primzahlen-Sieb
Bei der Suche nach Primzahlen ist das Primzahlen-Sieb hilfreich.
Dieses Verfahren wurde vor über 2000 Jahren erfunden. So funktioniert es:
- Schreibe alle Zahlen von 2 bis 100 auf.
- Kreise die 2 ein, dann streiche alle Vielfachen von 2, aber nicht die 2 selbst (im Bild rote Striche).
- Verfahre ebenso mit der 3 (im Bild blaue Striche).
- Gehe zur nächsten nicht durchgestrichenen Zahl, kreise sie ein und streiche alle Vielfachen, aber nicht die Zahl selbst.
- Wiederhole den vorhergehenden Schritt so lange, bis keine neuen Vielfachen mehr gestrichen werden.

Die restlichen Zahlen sind Primzahlen.
a) Schreibe alle Zahlen von 2 bis 200 in dein Heft und probiere das Primzahl-Sieb aus.
b) Überlege, warum du die Vielfachen von 4; 6 und 8 nicht streichen musst.

Checkliste
022-1

# Teste dich!

*(4 Punkte)*

**1** Berechne …
**a)** die ersten vier Vielfachen von 9.
**b)** die ersten sechs Vielfachen von 11.
**c)** die ersten drei gemeinsamen Vielfachen von 2 und 7.
**d)** die ersten drei gemeinsamen Vielfachen von 7 und 9.

*(6 Punkte)*

**2** Beantworte die Fragen durch eine schriftliche Rechnung in deinem Heft.
**a)** Ist 64 durch 7 teilbar?
**b)** Ist 36 Vielfaches von 11?
**c)** Ist 8 Teiler von 112?
**d)** Ist 147 durch 7 teilbar?
**e)** Ist 132 Vielfaches von 11?
**f)** Ist 13 Teiler von 78?

*(8 Punkte)*

**3** Bestimme jeweils alle Teiler der Zahlen.
**a)** 18
**b)** 20
**c)** 35
**d)** 48
**e)** 50
**f)** 75
**g)** 33
**h)** 100

*(10 Punkte)*

**4** Übertrage die Tabelle ins Heft und kreuze an, welche Teilbarkeit vorliegt.

**a)**

| | 2 | 3 | 5 | 10 |
|---|---|---|---|---|
| 16 | | | | |
| 30 | | | | |
| 37 | | | | |
| 48 | | | | |
| 300 | | | | |
| 475 | | | | |
| 526 | | | | |

**b)**

| | 2 | 3 | 5 | 10 |
|---|---|---|---|---|
| 125 | | | | |
| 322 | | | | |
| 500 | | | | |
| 675 | | | | |
| 728 | | | | |
| 840 | | | | |
| 1111 | | | | |

*(3 Punkte)*

**5** 52 Spielkarten eines Kartenspiels sollen in Rechteckmustern auf den Tisch gelegt werden. Gibt alle Möglichkeiten an.

*(8 Punkte)*

**6** Ergänze die fehlende Ziffer.
Gibt es mehrere Möglichkeiten?
**a)** 24□ ist durch 10 teilbar.
**b)** 63□ ist durch 5 teilbar.
**c)** 5□2 ist durch 3 teilbar.
**d)** 1□4 ist durch 2 teilbar.
**e)** 153□ ist durch 2 und durch 3 teilbar.
**f)** 324□ ist durch 5, aber nicht durch 2 teilbar.
**g)** 601□ ist durch 2, aber nicht durch 5 teilbar.
**h)** 702□ ist durch 2 und durch 5 teilbar.

*(8 Punkte)*

**7** Schreibe jeweils so viele Vielfache der Zahlen auf, bis mindestens zwei gemeinsame Vielfache der gegebenen Zahlen aufgetreten sind.
**a)** 2; 3
**b)** 6; 18
**c)** 14; 42
**d)** 36; 9
**e)** 2; 3; 4
**f)** 6; 3; 18
**g)** 30; 15; 10
**h)** 25; 20; 50

**8** Zeichne die Teilersterne in dein Heft und vervollständige sie. *(9 Punkte)*

a)

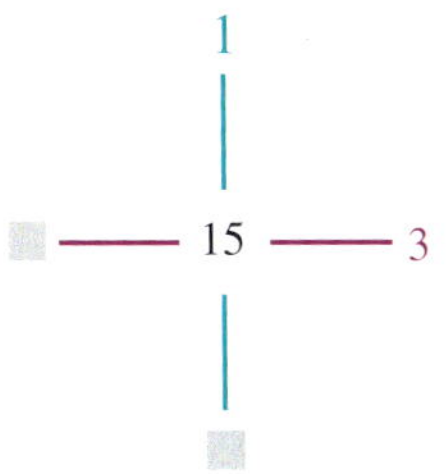


b)

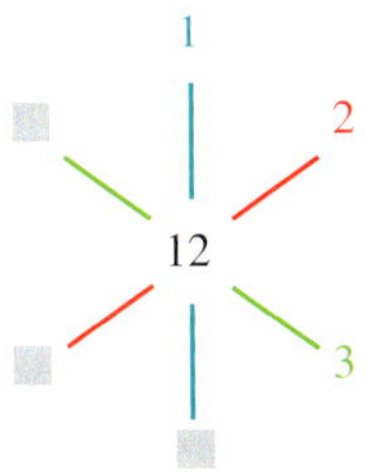


c)

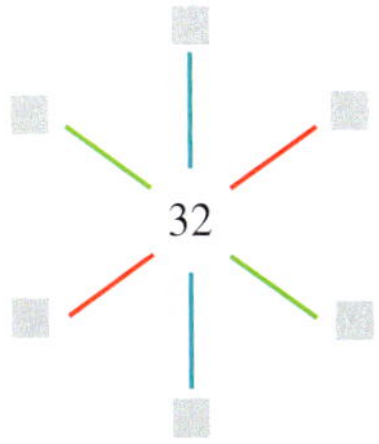


**9** Eine Oma hat vier Enkel. Anna besucht die Oma jeden Sonntag, Ben jeden zweiten Sonntag, Clemens jeden dritten Sonntag und Dunja nur jeden vierten Sonntag. *(5 Punkte)*
In welchem Abstand kommen alle vier Enkel bei der Oma zusammen?

**10** Für welche der Zahlen 12; 40; 54 und 60 gilt die Aussage? *(6 Punkte)*
a) Die Zahl ist ein Vielfaches von 4. Außerdem ist sie durch 6 teilbar.
b) Die Zahl hat die Teiler 2; 3 und 4 und ist Vielfaches von 5.
c) Die Zahl ist durch 3 teilbar, aber nicht durch 4.

**11** Zwei Eishockeymannschaften bestreiten ein Freundschaftsspiel. *(5 Punkte)*
Jede Eintrittskarte kostet 12 €.
Nach dem Spiel werden die Einnahmen gezählt: 50 321 €.
Einer der Kassierer weiß sofort, dass dieser Betrag nicht stimmen kann. Wie kommt er darauf?

**12** Bestimme die kleinste Zahl, die durch 2; 3; 5 und 10 teilbar ist. *(6 Punkte)*
Wie hast du sie gefunden?

**13** Julia behauptet: *(6 Punkte)*
„Wenn ich aus den Ziffern 1; 2; 3; 4 und 5 eine fünfstellige Zahl bilde, dann ist sie durch 3 teilbar."
Hat Julia recht? Begründe deine Antwort.

**14** Eine Tanzgruppe soll sich für einen Tanzwettbewerb in gleich langen Reihen aufstellen. *(6 Punkte)*
Dabei ist eine Aufstellung in Zweier-, Dreier-, Vierer-, Fünfer- und Sechserreihen möglich.
In all diesen Fällen wären die Reihen gleichmäßig gefüllt.
Wie viele Tänzer sind es?

**15** Die Buslinie A und die Buslinie B fahren am Bahnhof zeitgleich um 9.00 Uhr los. *(10 Punkte)*
Linie A fährt alle 8 Minuten ab,
Linie B nur alle 12 Minuten.
Zu welchen Zeiten von 9 Uhr bis 11 Uhr fahren die beiden Linien gleichzeitig ab?

Gold: 94–100 Punkte, Silber: 77–93 Punkte, Bronze: 60–76 Punkte

# Zusammenfassung

→ Seite 8

## Vielfache

Jede Zahl (außer Null) hat unendlich viele **Vielfache**.

Man kann beim Aufzählen der Vielfachen nur die ersten aufschreiben.
Die nachfolgenden Vielfachen deutet man mit drei Punkten (…) an.

Wie heißen die Vielfachen von 5?

| | |
|---|---|
| $1 \cdot 5 = 5$ | $5 \cdot 5 = 25$ |
| $2 \cdot 5 = 10$ | $6 \cdot 5 = 30$ |
| $3 \cdot 5 = 15$ | … |
| $4 \cdot 5 = 20$ | … |

Die Vielfachen von 5 sind 5; 10; 15; 20; 25; …

→ Seite 10

## Teiler

Eine Zahl ist ein **Teiler** einer anderen Zahl, wenn beim Dividieren kein Rest bleibt.

In der **Teilermenge** stehen alle Teiler einer Zahl.

Finde alle Teiler von 6.

| | | |
|---|---|---|
| $6 : 1 = 6$ | $6 : 3 = 2$ | $6 : 5 = 1$ R 1 |
| $6 : 2 = 3$ | $6 : 4 = 1$ R 2 | $6 : 6 = 1$ |

$T_6 = \{1; 2; 3; 6\}$
z. B. $3 \mid 6$ („3 teilt 6“) $5 \nmid 6$ („5 teilt 6 nicht“)

→ Seite 12

## Teilbarkeit durch 2, 5 und 10

Eine Zahl ist **durch 10 teilbar**, wenn ihre Endziffer eine 0 ist.

Die Zahl 10 080 ist durch 10 teilbar, weil die Endziffer eine 0 ist.

Eine Zahl ist **durch 5 teilbar**, wenn ihre Endziffer eine 0 oder eine 5 ist.

Die Zahl 23 475 ist durch 5 teilbar, weil die Endziffer eine 5 ist.

Eine Zahl ist **durch 2 teilbar**, wenn ihre Endziffer durch 2 teilbar ist oder 0 ist.
(Endziffern: 0; 2; 4; 6; 8)

Die Zahl 996 ist durch 2 teilbar, weil die Endziffer 6 durch 2 teilbar ist.
370 ist durch 2 teilbar, weil die Endziffer 0 ist.

Eine durch 2 teilbare Zahl heißt **gerade Zahl**.
Alle anderen Zahlen heißen **ungerade Zahlen**.

8594 ist eine gerade Zahl, weil die Endziffer 4 durch 2 teilbar ist.
543 ist eine ungerade Zahl, weil die Endziffer 3 nicht durch 2 teilbar ist.

→ Seite 14

## Teilbarkeit durch 3

Die Summe aller Ziffern einer Zahl nennt man **Quersumme**.

Die Quersumme von 2256 ist 15,
denn $2 + 2 + 5 + 6 = 15$.

Eine Zahl ist **durch 3 teilbar**, wenn ihre Quersumme durch 3 teilbar ist.

Die Quersumme 15 ist durch 3 teilbar.
Daher ist auch die Zahl 2256 durch 3 teilbar.

# Brüche addieren und subtrahieren

Die Kontinente der Erde sind unterschiedlich groß:
Asien nimmt ungefähr $\frac{31}{100}$ der Landflächen ein,
Amerika $\frac{27}{100}$, Afrika $\frac{20}{100}$, Antarktika $\frac{9}{100}$
und Australien nur $\frac{5}{100}$ der Landfläche.
Wie groß ist der Anteil der Landfläche,
den Europa einnimmt?

# Noch fit?

## Einstieg

### 1 Bruchteile erkennen
Welche Brüche sind hier dargestellt?

a) 

b) 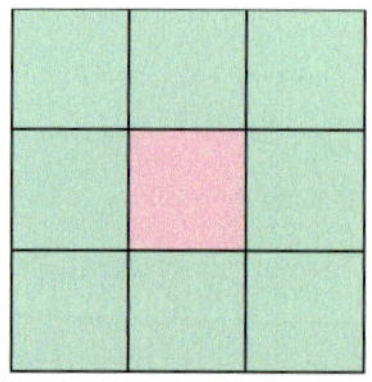

c) 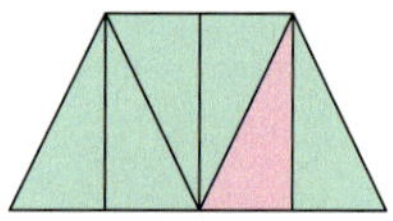

d) 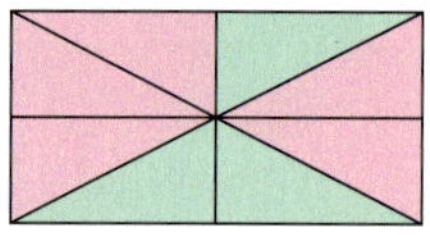

e) 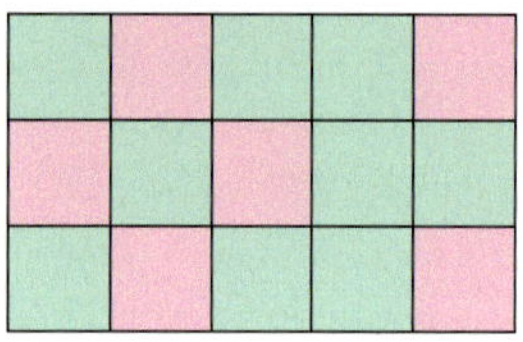

### 2 Bruchteile zeichnen
Zeichne auf Karopapier ein Rechteck aus 30 Kästchen.
Färbe $\frac{3}{5}$ der Kästchen blau und $\frac{1}{5}$ gelb.
Welcher Anteil des Rechtecks bleibt weiß?

### 3 Anteile bestimmen
Bestimme für jede Kugelfarbe den Anteil an der Gesamtzahl der Kugeln.
**Beispiel** orange: 2 von 10 Kugeln, also $\frac{2}{10}$

### 4 Brüche und Division
Ergänze die Tabelle in deinem Heft.

| Bruchbild | Bruch | Division |
|---|---|---|
|  | $\frac{2}{5}$ | 2 : 5 |
|  | | |
| | | 9 : 10 |
| | $\frac{1}{3}$ | |

## Aufstieg

### 1 Bruchteile erkennen
Welche Brüche sind hier dargestellt?

a) 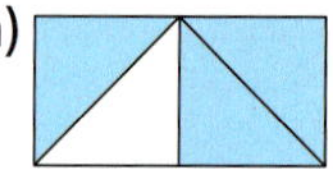

b) 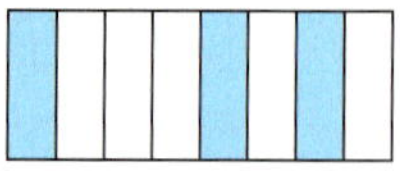

c) 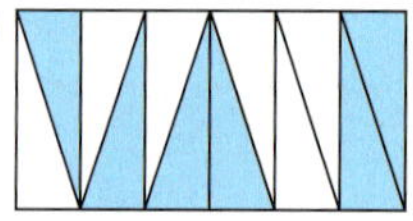

d) 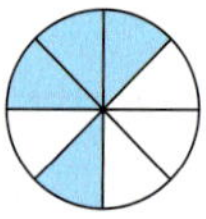

e) 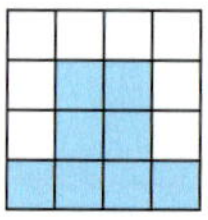

f) 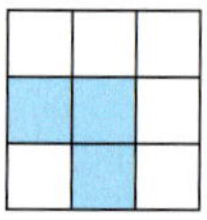

g) 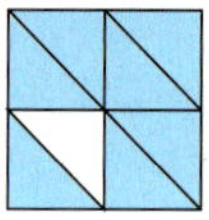

h) 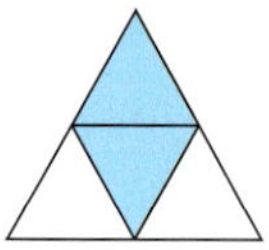

### 2 Bruchteile zeichnen
Zeichne auf Karopapier ein Rechteck.
Färbe $\frac{1}{5}$ blau und $\frac{2}{3}$ gelb.
Wie groß zeichnest du dein Rechteck?
Welcher Anteil des Rechtecks bleibt weiß?

### 3 Anteile bestimmen
Bestimme für jede Farbe den Anteil an der Gesamtzahl der Reißzwecken.

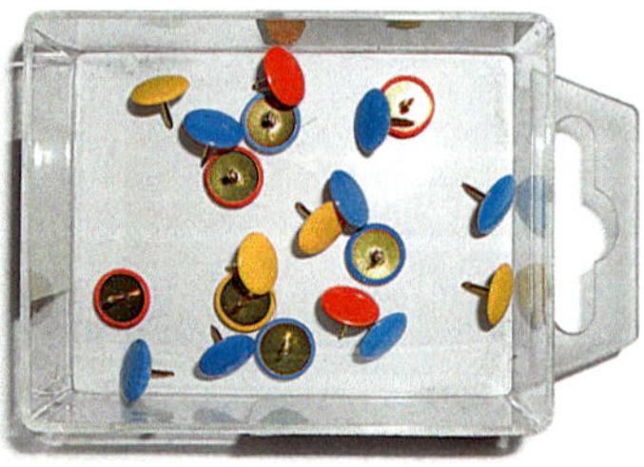

### 4 Brüche und Division
Übertrage und ergänze die Tabelle im Heft.

| | Bruchbild | Bruch | Division |
|---|---|---|---|
| a) | | | |

a) ein Fünftel
b) drei Fünftel
c) zwei Zehntel
d) ein Drittel
e) sieben Achtel
f) drei Neuntel
g) vier Sechstel
h) dreizehn Elftel

**5 Bruchteile vergleichen**
Welche Darstellungen zeigen den gleichen Bruchteil?

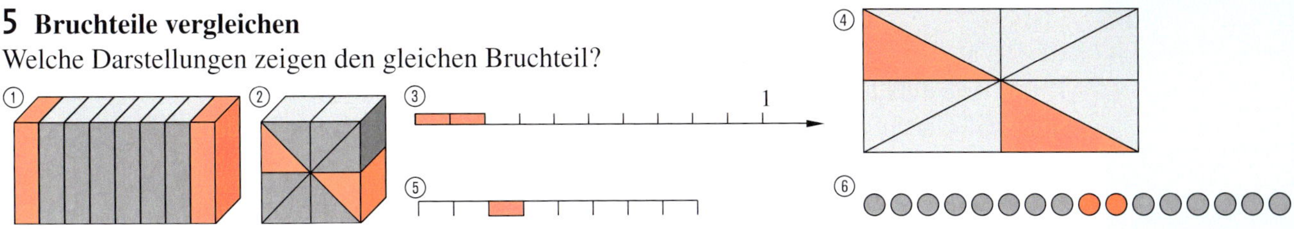


**6 Kopfrechnen**
Übertrage die Aufgabe mit Ergebnis ins Heft.

a) $5 \xrightarrow{\cdot 7} \square \xrightarrow{\cdot 3} \square$

b) $6 \xrightarrow{\cdot 3} \square \xrightarrow{\cdot 9} \square$

c) $45 \xrightarrow{:5} \square \xrightarrow{:3} \square$

**6 Kopfrechnen**
Übertrage die Aufgabe mit Ergebnis ins Heft.

a) $5 \cdot 3 \cdot 3$  b) $7 \cdot 5 \cdot 5$
c) $9 \cdot 2 \cdot 2 \cdot 2$  d) $7 \cdot 2 \cdot 3 \cdot 4$
e) $100 : 5 : 5$  f) $162 : 3 : 3 : 3$
g) $800 : 2 : 2 : 2 : 2$  h) $900 : 2 : 3 : 5 : 10$

**7 Gemischte Zahlen**
Gib den dargestellten Bruch als Bruch und als gemischte Zahl an.

**Beispiel** zu a) $\frac{11}{4} = 2\frac{3}{4}$

a)

b)
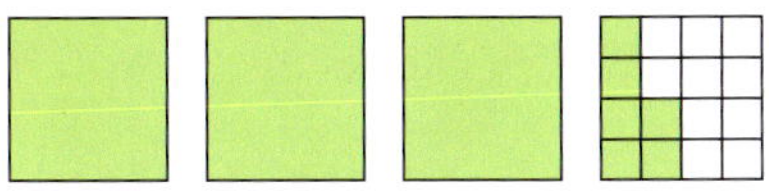

**7 Gemischte Zahlen**
Gib den dargestellten Bruch als Bruch und als gemischte Zahl an.
Welcher Bruchteil fehlt zu vollen Ganzen?

a)
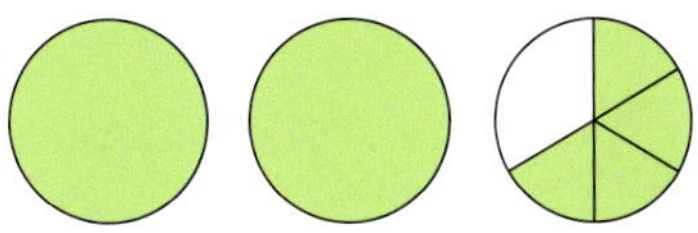

b)
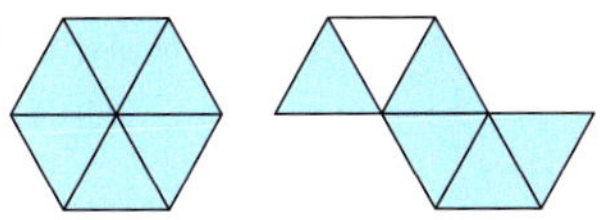

**8 Brüche ergänzen**
Ergänze mit blauen Anteilen zu einem Ganzen.

a)
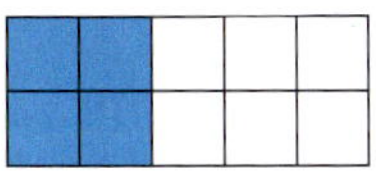

b)
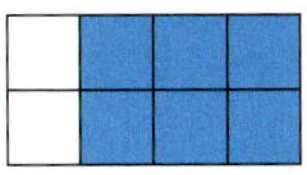

**8 Brüche ergänzen**
Ergänze so, dass ein Ganzes entsteht.

a) $\frac{3}{4}$  b) $\frac{4}{7}$  c) $\frac{2}{9}$
d) $\frac{10}{11}$  e) $\frac{1}{13}$  f) $\frac{23}{75}$

**HINWEIS**
*zu Aufgabe 8*
*lila* $\frac{4}{10} + \frac{6}{10} = 1$
*türkis* $\frac{3}{4} + \frac{1}{4} = 1$

**9 Bruchteile von Größen**
Berechne die Bruchteile.

a) $\frac{2}{9}$ von 180 €  b) $\frac{2}{5}$ von 40 kg
c) $\frac{3}{4}$ von 32 m  d) $\frac{5}{6}$ von 72 min

**9 Bruchteile von Größen**
Rechne in die angegebene Einheit um.

a) $1\frac{1}{2}\,\text{m} = \square\,\text{cm}$  b) $3\frac{3}{4}\,\text{m} = \square\,\text{cm}$
c) $3\frac{1}{5}\,\text{kg} = \square\,\text{g}$  d) $5\frac{1}{10}\,\text{kg} = \square\,\text{g}$

**10 Textaufgaben**
Stelle eine sinnvolle Frage zum Text und beantworte sie.

a) Ein Eishockeyspiel dauert 60 Minuten. Zwei Drittel sind vorüber.

b) Ein Profiboxkampf geht über 12 Runden von je 3 Minuten.

c) Ein Gewichtheber wiegt 82 kg und hebt das $1\frac{1}{2}$-fache seines Körpergewichtes.

# Brüche erweitern

## Entdecken

**1** Auf dem Schulfest bieten Jan und Lea das Spiel „Glücksrad“ an.
Einen Preis gewinnt man, wenn der Zeiger beim Drehen auf dem grünen Feld stehen bleibt.
Vergleiche die Glücksräder:
Bei wem würdest du spielen? Begründe.

Jans Glücksrad

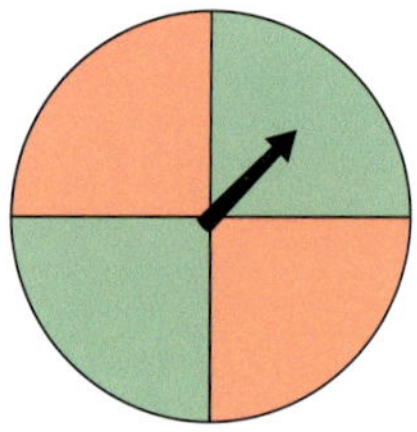

Leas Glücksrad

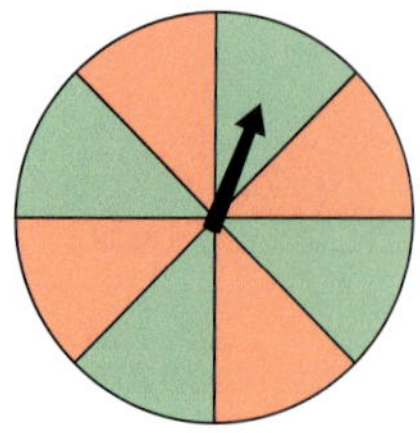

**2** Übertrage das Rechteck in dein Heft. Durch die gelbe Färbung wird der Bruch $\frac{1}{2}$ dargestellt.

a) Übertrage das Rechteck mit dem Bruch in dein Heft.

b) Zeichne zwei gleich große Rechtecke ohne Färbung unter das erste.
Färbe dann selbst die Brüche $\frac{2}{4}$ und $\frac{4}{8}$.
Was stellst du fest?

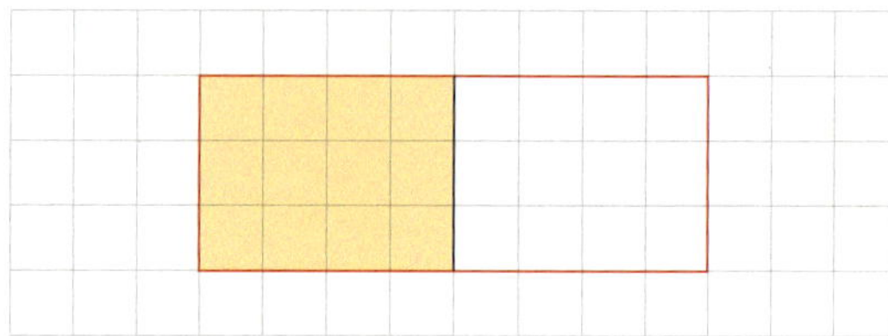

## Verstehen

Kai und Annalena teilen sich eine Pizza.
Jeder bekommt eine Hälfte: $\frac{1}{2}$

Kai schneidet die Pizza noch zweimal, so dass insgesamt 6 Stücke entstehen.
Jeder bekommt $\frac{3}{6}$ der Pizza.

Brüche können unterschiedlich aussehen und trotzdem den gleichen Wert haben.

**Brüche erweitern** heißt, für das Ganze eine feinere Unterteilung zu wählen.

### Beispiel 1

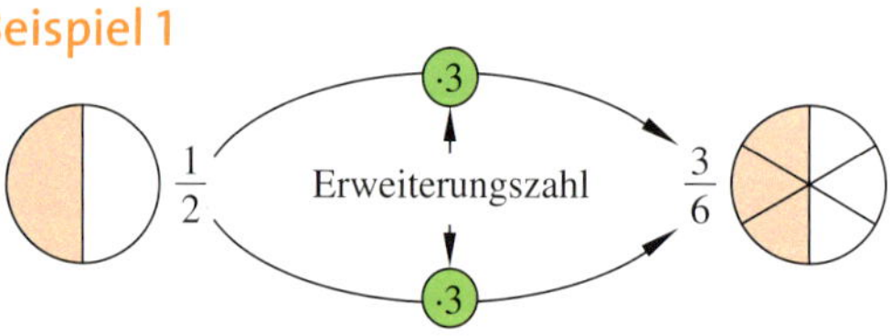


$$\frac{1}{2} = \frac{1 \cdot 3}{2 \cdot 3} = \frac{3}{6}$$

**Merke** **Erweitern eines Bruches** bedeutet, Zähler und Nenner eines Bruches mit der gleichen Zahl (**Erweiterungszahl**) zu multiplizieren.

Dabei ändert sich der Wert des Bruches nicht.

### Beispiel 2

Erweitern des Bruchs $\frac{1}{4}$ mit 3:

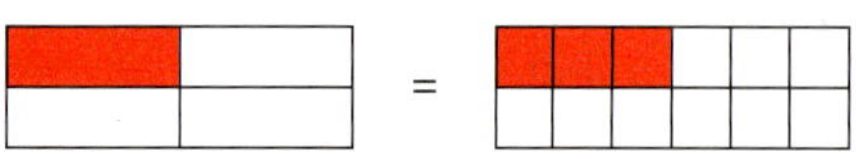

$$\frac{1}{4} = \frac{1 \cdot 3}{4 \cdot 3} = \frac{3}{12}$$

### Beispiel 3

Erweitern der gemischten Zahl $1\frac{2}{3}$ mit 2:

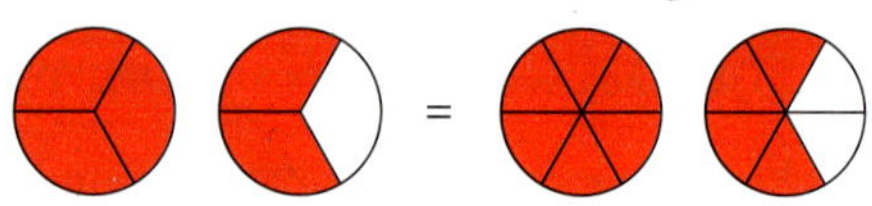

$$1\frac{2}{3} = \frac{5}{3} = \frac{5 \cdot 2}{3 \cdot 2} = \frac{10}{6} = 1\frac{4}{6}$$

***HINWEIS***
*zu Beispiel 3:*
*Gemischte Zahlen kann man auch so erweitern:*
$1\frac{2}{3} = 1\frac{2 \cdot 2}{3 \cdot 2} = 1\frac{4}{6}$

## Üben und anwenden

**1** Welche Brüche und Erweiterungszahlen passen zu den Zeichnungen? Übertrage ins Heft.

a)

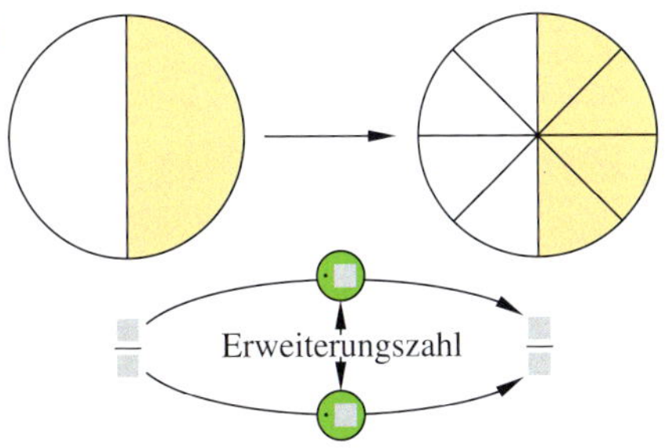


b)

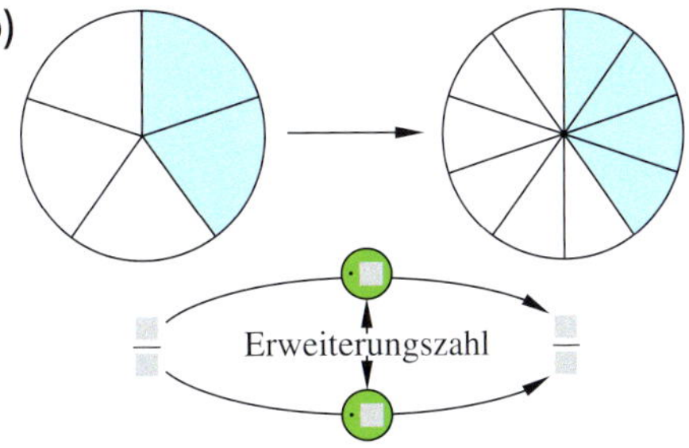


*HINWEIS*
*zu Aufgabe 1: Brüche und Erweiterungszahlen*

2 $\frac{4}{8}$ $\frac{2}{5}$ 4 $\frac{4}{10}$ 2 4 $\frac{1}{2}$

**2** Erkläre an der Zeichnung:
Der Bruch $\frac{2}{4}$ wurde mit 3 erweitert.

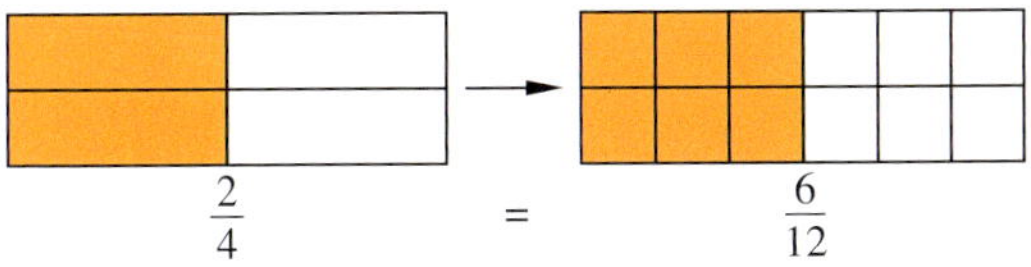


**2** Erkläre an der Zeichnung, dass die Erweiterungszahl 4 ist.
Notiere eine passende Rechnung.

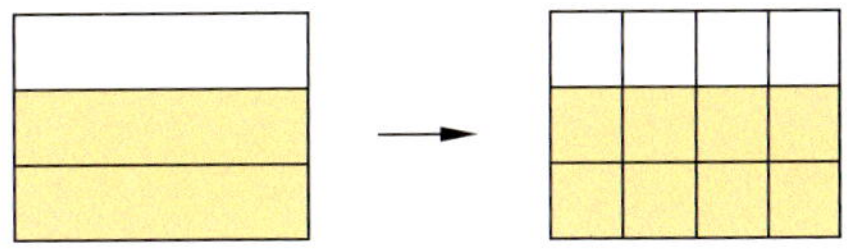

**3** Mit welcher Zahl wurde hier jeweils erweitert?

a)

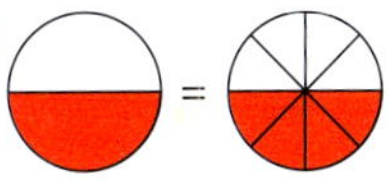

b)

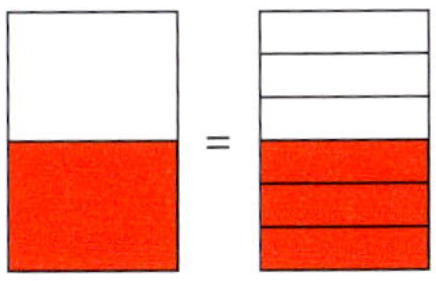

**3** Erkläre an der Zeichnung, wie der Bruch jeweils hier erweitert wurde.

a)

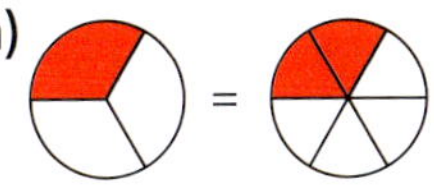

b)

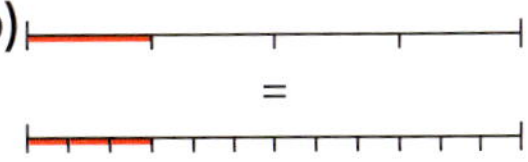

**4** Mit welcher Zahl wurde erweitert? Übertrage und ergänze die Rechnung im Heft.

a) $\frac{3}{4} = \frac{3 \cdot \square}{4 \cdot \square} = \frac{9}{12}$ b) $\frac{5}{2} = \frac{5 \cdot \square}{2 \cdot \square} = \frac{25}{10}$ c) $\frac{8}{9} = \frac{8 \cdot \square}{9 \cdot \square} = \frac{48}{54}$ d) $\frac{2}{3} = \frac{2 \cdot \square}{3 \cdot \square} = \frac{28}{42}$

*HINWEIS*
*Häufig schreibt man die Erweiterungszahl über das Gleichheitszeichen:*

$\frac{7}{11} \overset{\cdot 3}{=} \frac{21}{33}$

**5** Erweitere jeden Bruch mit 2 und mit 5.

a) $\frac{1}{2}$ b) $\frac{2}{3}$ c) $\frac{4}{7}$

d) $\frac{1}{5}$ e) $1\frac{1}{2}$ f) $2\frac{3}{4}$

**5** Erweitere jeden Bruch mit 7 und mit 12.

a) $\frac{2}{5}$ b) $\frac{5}{6}$ c) $\frac{7}{8}$

d) $\frac{10}{9}$ e) $4\frac{4}{5}$ f) $8\frac{3}{8}$

**6** Erweiterungszahl gesucht.
Erweitere auf Zwölftel.

a) $\frac{1}{2}$ b) $\frac{1}{3}$ c) $\frac{2}{4}$

d) $\frac{4}{6}$ e) $\frac{3}{3}$ f) $4\frac{1}{2}$

**6** Zeige durch Erweitern, dass das Gleichheitszeichen stimmt.

a) $\frac{1}{2} = \frac{3}{6}$ b) $\frac{1}{3} = \frac{2}{6}$ c) $\frac{2}{6} = \frac{4}{12}$

d) $\frac{1}{3} = \frac{4}{12}$ e) $\frac{3}{5} = \frac{12}{20}$ f) $\frac{3}{4} = \frac{15}{20}$

**7** Übertrage und ergänze im Heft.

a) $\frac{1}{2} = \frac{\square}{6}$ b) $\frac{2}{3} = \frac{\square}{9}$ c) $\frac{3}{4} = \frac{\square}{16}$

d) $\frac{5}{8} = \frac{10}{\square}$ e) $\frac{4}{5} = \frac{12}{\square}$ f) $\frac{6}{7} = \frac{24}{\square}$

**7** Übertrage und ergänze im Heft.

a) $\frac{5}{8} = \frac{\square}{32}$ b) $\frac{4}{5} = \frac{24}{\square}$ c) $\frac{5}{6} = \frac{\square}{24}$

d) $\frac{7}{4} = \frac{49}{\square}$ e) $\frac{2}{3} = \frac{\square}{27}$ f) $\frac{8}{9} = \frac{56}{\square}$

# Brüche kürzen

## Entdecken

**1** Zu Leons Geburtstagsfeier gibt es zwei Bleche Kuchen.
Nach der Feier sind einige Stücke übrig geblieben. Von welchem Kuchen ist noch mehr da?

**2** Welcher Anteil vom Streifen ist gelb?

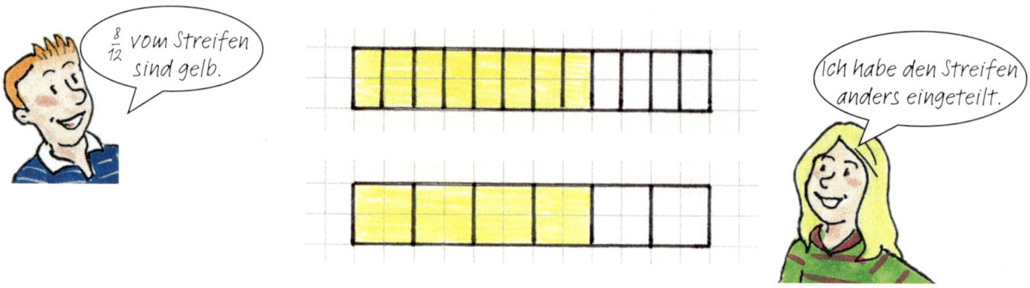


a) Wie hat Nora den Streifen eingeteilt? Gib den gelben Anteil als Bruch an.
b) Kannst du den Streifen noch anders einteilen? Zeichne dafür den Streifen in dein Heft ab und wähle eine andere Unterteilung. Gib den gelben Anteil als Bruch an.

## Verstehen

Joshua sagt: „9 von 12 Kuchenstücken sind noch da.

Das sind $\frac{3}{4}$ des Kuchens.“

$\frac{9}{12} = \frac{3}{4}$

**Brüche kürzen** heißt, für das Ganze eine gröbere Unterteilung zu wählen.

### Beispiel 1

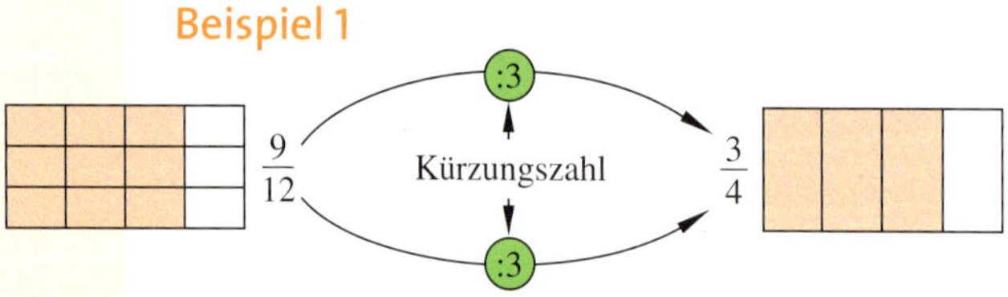


$\frac{9}{12} = \frac{9:3}{12:3} = \frac{3}{4}$

**Merke** **Kürzen eines Bruches** bedeutet, Zähler und Nenner eines Bruches durch die gleiche Zahl (**Kürzungszahl**) zu dividieren.

Dabei ändert sich der Wert des Bruches nicht.

**HINWEIS**
*Kürzen und Erweitern sind Umkehrungen voneinander:*
*Erweitern mit 3*
$\frac{1}{2} = \frac{1 \cdot 3}{2 \cdot 3} = \frac{3}{6}$

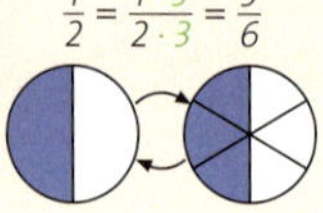

$\frac{3}{6} = \frac{3:3}{6:3} = \frac{1}{2}$
*Kürzen mit 3*

### Beispiel 2

Kürzen des Bruchs $\frac{9}{15}$ durch 3:

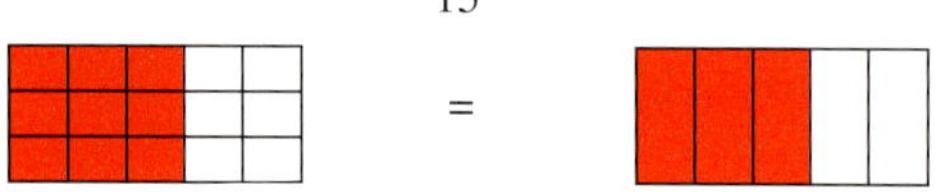


$\frac{9}{15} = \frac{9:3}{15:3} = \frac{3}{5}$

### Beispiel 3

Kürzen der gemischten Zahl $1\frac{4}{6}$ durch 2:

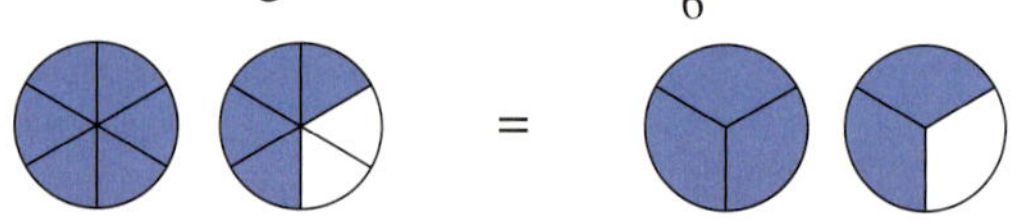


$1\frac{4}{6} = \frac{10}{6} = \frac{10:2}{6:2} = \frac{5}{3} = 1\frac{2}{3}$

## Üben und anwenden

**1** Welche Brüche und Kürzungszahlen passen zu den Zeichnungen? Übertrage ins Heft.

a)
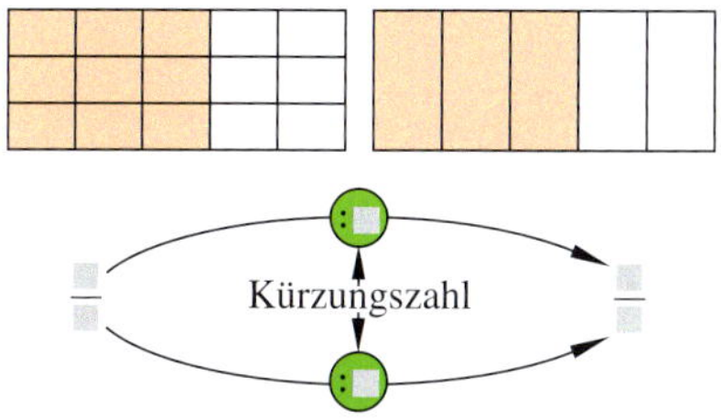


b)
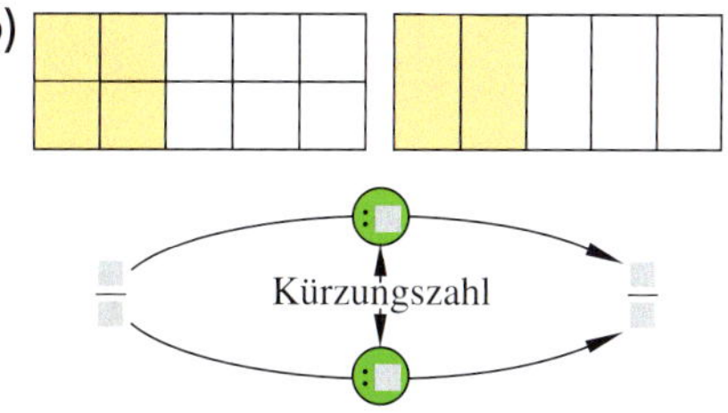


***HINWEIS***
*zu Aufgabe 1:*

| | |
|---|---|
| 2 | $\frac{2}{5}$ |
| $\frac{9}{15}$ | 3 |
| $\frac{3}{5}$ | 2 |
| 3 | $\frac{4}{10}$ |

**2** Erkläre an der Zeichnung, wie gekürzt wurde. Notiere auch die zugehörigen Brüche.

**2** Welche Figuren stellen den Bruch $\frac{2}{5}$ dar?

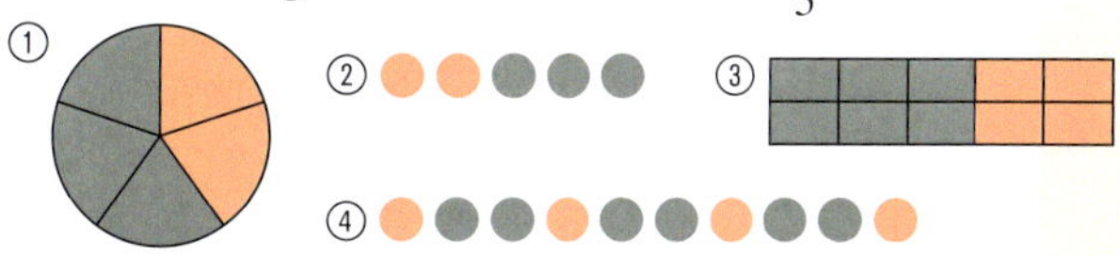


**3** Durch welche Zahl wurde gekürzt? Übertrage und ergänze die Rechnung im Heft.

a) $\frac{4}{6} = \frac{4:\square}{6:\square} = \frac{2}{3}$ b) $\frac{24}{36} = \frac{24:\square}{36:\square} = \frac{4}{6}$ c) $\frac{16}{32} = \frac{16:\square}{32:\square} = \frac{2}{4}$ d) $\frac{42}{28} = \frac{42:\square}{28:\square} = \frac{3}{2}$

**4** Kürze die Brüche durch die Zahl in der Klammer. Schreibe die Rechnung wie in Aufgabe 3 in dein Heft.

a) $\frac{12}{18}$ (3) b) $\frac{15}{25}$ (5) c) $\frac{35}{21}$ (7) d) $\frac{16}{32}$ (8) e) $\frac{44}{77}$ (11) f) $12\frac{36}{60}$ (12)

**5** Durch welche Zahl wurde gekürzt?

a) $\frac{2}{6} = \frac{1}{3}$ b) $\frac{10}{20} = \frac{1}{2}$ c) $7\frac{30}{40} = 7\frac{3}{4}$
d) $\frac{12}{36} = \frac{2}{6}$ e) $\frac{36}{24} = \frac{3}{2}$ f) $\frac{24}{48} = \frac{1}{2}$

**5** Gib an, ob das Gleichheitszeichen stimmt.

a) $\frac{8}{16} = \frac{4}{16}$ b) $2\frac{12}{26} = 1\frac{6}{13}$ c) $\frac{36}{48} = \frac{3}{8}$
d) $\frac{24}{18} = \frac{12}{6}$ e) $\frac{28}{35} = \frac{4}{5}$ f) $1\frac{6}{33} = 1\frac{3}{11}$

**6** Erkläre, warum man die Brüche nicht weiter kürzen kann.

a) $\frac{1}{3}$ b) $\frac{2}{5}$ c) $\frac{4}{13}$
d) $1\frac{2}{3}$ e) $2\frac{1}{6}$ f) $15\frac{5}{11}$

**6** Kürze, falls es möglich ist.
Warum kann man nicht alle Brüche kürzen?

a) $\frac{3}{5}$ b) $\frac{3}{6}$ c) $1\frac{1}{3}$
d) $\frac{6}{8}$ e) $2\frac{2}{4}$ f) $3\frac{17}{18}$

**7** Kürze den Bruch vollständig.

Beispiel $\frac{18}{30} \overset{:2}{=} \frac{9}{15} \overset{:3}{=} \frac{3}{5}$

a) $\frac{4}{10}$ b) $\frac{8}{12}$ c) $\frac{24}{40}$
d) $\frac{12}{28}$ e) $\frac{32}{50}$ f) $\frac{120}{120}$

**7** Kürze den Bruch vollständig.
Du kannst auch schrittweise kürzen.

a) $\frac{15}{25}$ b) $\frac{40}{100}$ c) $\frac{35}{45}$
d) $\frac{50}{30}$ e) $\frac{10}{55}$ f) $\frac{165}{275}$

***HINWEIS***
*Wenn man einen Bruch nicht weiter kürzen kann, nennt man ihn* ***vollständig gekürzt****.*

**8** Ein roter und ein blauer Bruch sind jeweils gleich groß. Kontrolliere durch eine Rechnung.

Beispiel $\frac{12}{16} \overset{:4}{=} \frac{3}{4}$

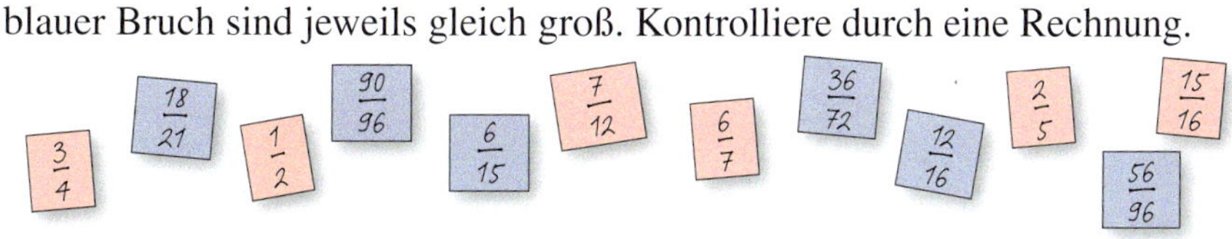

# Brüche mit gleichen Nennern addieren

## Entdecken

**1** Nach dem Mittagessen ist auf zwei Tellern noch Pizza übrig.
Wie viel Pizza ergibt das zusammen auf einem Teller?

***HINWEIS***
032-1
*Unter dem Webcode findest du die Bruchstreifen zum Ausdrucken.*

**2** Arbeitet zu zweit.
Rechnet mit Bruchstreifen.
Schneidet sieben Pappstreifen von je 6 cm Länge aus.
Unterteilt jeden Streifen in 6 Abschnitte von 1 cm.
Malt auf sechs Streifen einen der folgenden Brüche in unterschiedlicher Farbe aus:
$\frac{1}{6}$; $\frac{2}{6}$; $\frac{3}{6}$; $\frac{4}{6}$; $\frac{5}{6}$; $\frac{6}{6}$ und schneidet sie aus. Der 7. Streifen ist „1 Ganzes“.

**Beispiel**

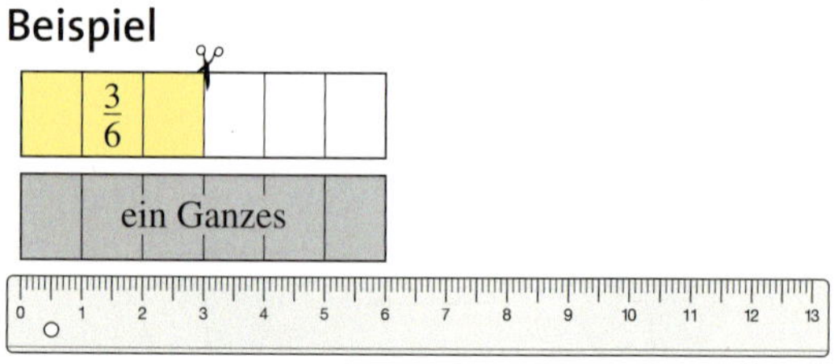


***HINWEIS***
*Hebt die Bruchstreifen aus Aufgabe 2 gut auf, ihr benötigt sie noch beim Brüche subtrahieren.*

a) Legt zwei Bruchstreifen auf das Ganze wie hier.
Welche Aufgabe ist dargestellt? Welche Lösung ergibt sich?

①

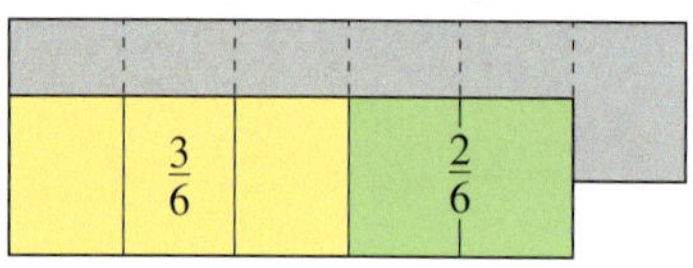


②

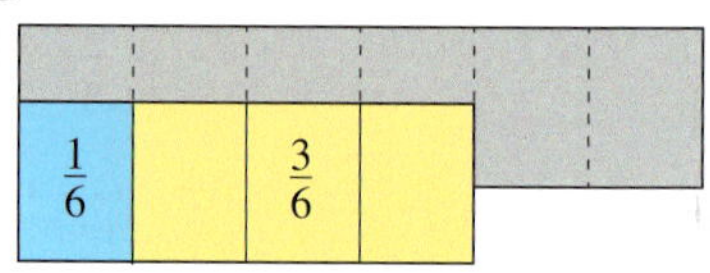


b) Stellt euch gegenseitig fünf weitere Additionsaufgaben mit den Bruchstreifen.

## Verstehen

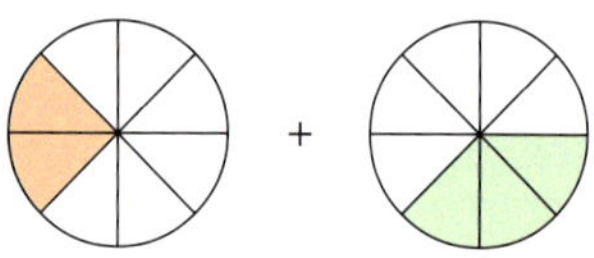

Pizzabäcker Nino verkauft Pizza-Stücke.
Acht gleich große Stücke ergeben eine Pizza.
Am Abend hat Nino noch ein Blech mit 2 Stücken und ein Blech mit 3 Stücken übrig.
Er legt die Stücke auf einem Blech zusammen.

### Beispiel 1

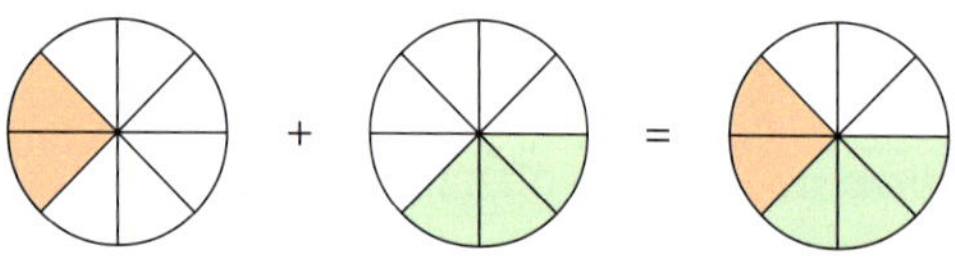

$\frac{2}{8} + \frac{3}{8} = \frac{2+3}{8} = \frac{5}{8}$

**Merke Brüche mit gleichen Nennern** werden **addiert**, indem man nur die Zähler addiert.

Der Nenner bleibt unverändert.

Auch gemischte Zahlen lassen sich addieren.

### Beispiel 2

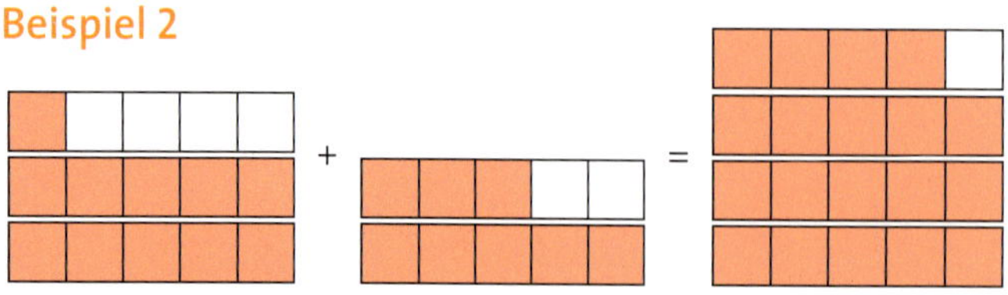

$2\frac{1}{5} + 1\frac{3}{5} = 3\frac{4}{5}$

## Üben und anwenden

**1** Schreibe die Additionsaufgaben mit Brüchen in dein Heft.

a)

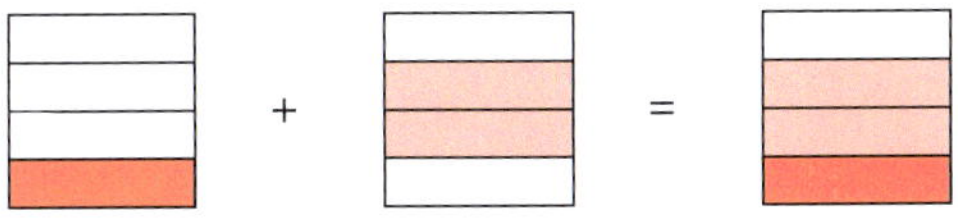

b)

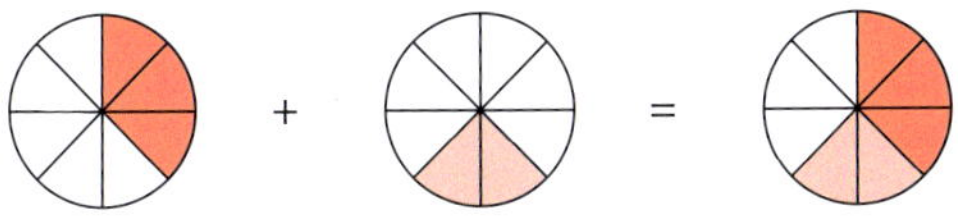

**2** Addiere die Brüche, indem du sie als Strecke darstellst.

**Beispiel** $\frac{2}{6} + \frac{3}{6} = \frac{5}{6}$

a) $\frac{1}{4} + \frac{2}{4}$  b) $\frac{1}{3} + \frac{1}{3}$  c) $\frac{3}{8} + \frac{4}{8}$

d) $\frac{5}{12} + \frac{7}{12}$  e) $\frac{8}{9} + \frac{2}{9}$  f) $\frac{3}{8} + \frac{7}{8}$

**3** Zeichne auf ein Rechenblatt zwei Rechtecke mit den Seitenlängen 6 cm und 8 cm. Schneide dann aus jedem Rechteck 12 Quadrate mit der Seitenlänge 2 cm aus.
Rechne die Aufgaben. Lege mit den Quadraten die Aufgaben nach und überprüfe.

**Beispiel** $\frac{7}{12} + \frac{10}{12} = \frac{17}{12} = 1\frac{5}{12}$

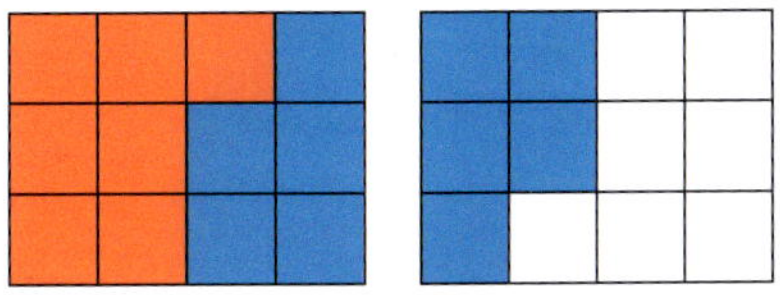

a) $\frac{5}{12} + \frac{3}{12}$  b) $\frac{8}{12} + \frac{7}{12}$  c) $\frac{6}{12} + \frac{9}{12}$

**4** Übertrage und ergänze im Heft.

a)

| + | $\frac{1}{9}$ | $\frac{4}{9}$ | $\frac{6}{9}$ | $1\frac{2}{9}$ |
|---|---|---|---|---|
| $\frac{2}{9}$ | | | | |
| $2\frac{1}{9}$ | | | | |

b)

| + | $\frac{2}{15}$ | $\frac{4}{15}$ | $\frac{8}{15}$ | $5\frac{6}{15}$ |
|---|---|---|---|---|
| $\frac{7}{15}$ | | | | |
| $6\frac{5}{15}$ | | | | |

**5** $\frac{3}{8}$ der Pizza sind noch übrig.
Tim hat $\frac{2}{8}$ gegessen.
Wie viel hat dann Lena gegessen?

**1** Schreibe die zugehörige Addition auf und gib das Ergebnis an.

a)

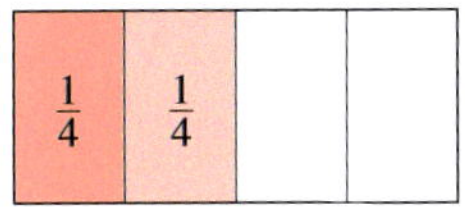


b)

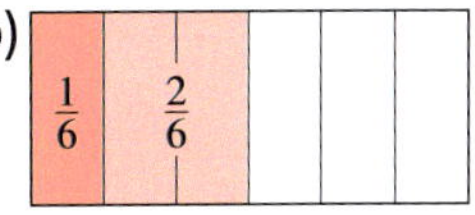


c)

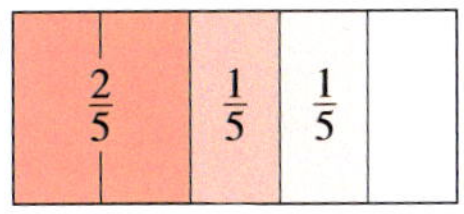


d)

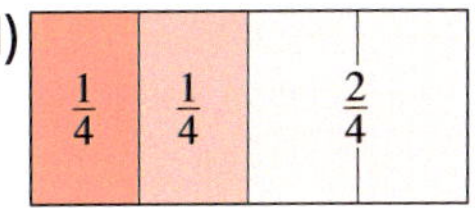


**2** Addiere die Brüche.
Stelle sie dazu bildlich dar.
Kürze das Ergebnis, bis der Bruch vollständig gekürzt ist.

a) $\frac{1}{2} + \frac{2}{2}$  b) $\frac{2}{3} + \frac{3}{3}$  c) $\frac{4}{5} + \frac{3}{5}$

d) $\frac{1}{6} + \frac{7}{6}$  e) $\frac{7}{8} + \frac{1}{8}$  f) $\frac{9}{10} + \frac{7}{10}$

**3** Erkläre, wie Sara und Erkan die gemischten Zahlen addiert haben.

Sara

$1\frac{3}{8} + 2\frac{4}{8} = \frac{11}{8} + \frac{20}{8} = \frac{31}{8} = 3\frac{7}{8}$

Erkan

$1\frac{3}{8} + 2\frac{4}{8} = 3\,\frac{3+4}{8} = 3\frac{7}{8}$

Rechne einmal wie Sara und einmal wie Erkan.

a) $1\frac{5}{7} + \frac{3}{7}$  b) $1\frac{7}{9} + 2\frac{4}{9}$  c) $2\frac{11}{12} + 1\frac{5}{12}$

**4** Übertrage und ergänze im Heft.

a)

| + | $\frac{2}{3}$ | $1\frac{1}{3}$ | $2\frac{2}{3}$ | $3\frac{1}{3}$ |
|---|---|---|---|---|
| $\frac{2}{3}$ | | | | |
| $1\frac{1}{3}$ | | | | |

b)

| + | $\frac{1}{12}$ | $1\frac{1}{12}$ | $\frac{5}{12}$ | $2\frac{5}{12}$ |
|---|---|---|---|---|
| $3\frac{11}{12}$ | | | | |
| $4\frac{4}{12}$ | | | | |

**5** Emil und Lara haben zusammen eine Pizza gegessen. Emil hat $\frac{3}{8}$ gegessen.
Wie viel aß Lara?

# Brüche mit gleichen Nennern subtrahieren

## Entdecken

**1** Nach dem Geburtstag sind noch $\frac{5}{8}$ des Kuchens übrig.
Am Abend essen Mutter und Vater noch je ein Stück.
Wie viel Kuchen ist dann noch vorhanden?

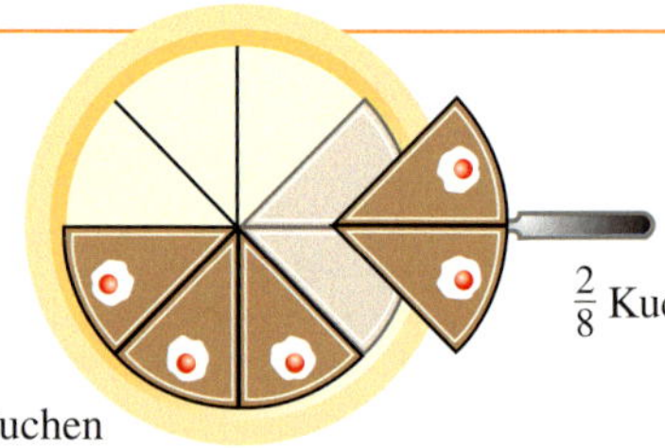

$\frac{2}{8}$ Kuchen

$\frac{5}{8}$ Kuchen

*HINWEIS*
*Ihr benötigt eure Bruchstreifen von S. 32, Aufgabe 2.*

**2** Arbeitet zu zweit mit Bruchstreifen.

a) Welche Aufgaben sind dargestellt? Welche Lösungen ergeben sich?

① 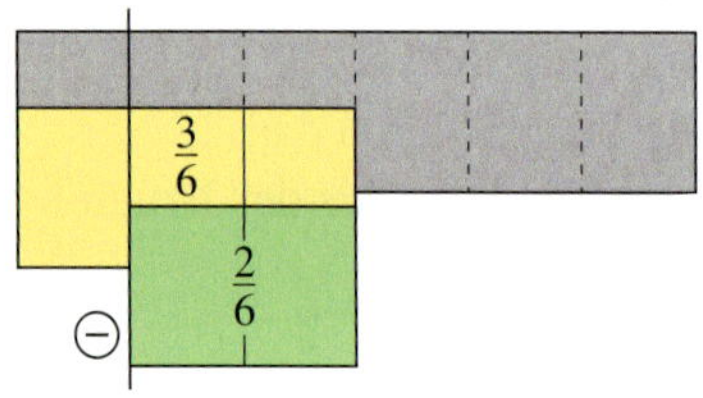


② 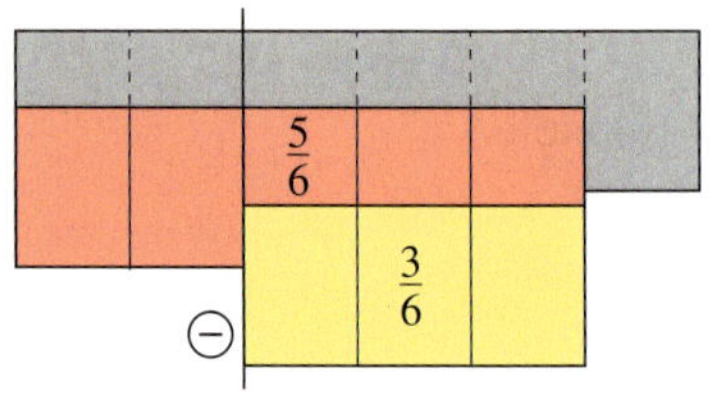


b) Bildet mit euren Bruchstreifen folgende Subtraktionsaufgaben und lest die Ergebnisse ab:

① $\frac{6}{6} - \frac{2}{6}$ ② $\frac{4}{6} - \frac{1}{6}$ ③ $\frac{3}{6} - \frac{2}{6}$ ④ $\frac{6}{6} - \frac{3}{6}$

c) Stellt euch gegenseitig fünf weitere Subtraktionsaufgaben mit den Bruchstreifen.

## Verstehen

Pizzabäcker Nino hat auf einem Pizzablech noch sieben von acht Stücken Pizza übrig.
Er verkauft noch zwei davon. Welchen Anteil einer Pizza hat er dann noch?

*HINWEIS*
*Die Subtraktion aus Beispiel 1 kann man auch so darstellen:*

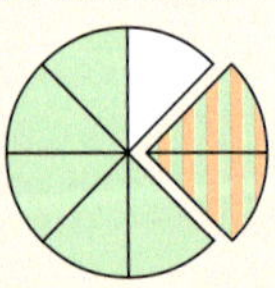

### Beispiel 1

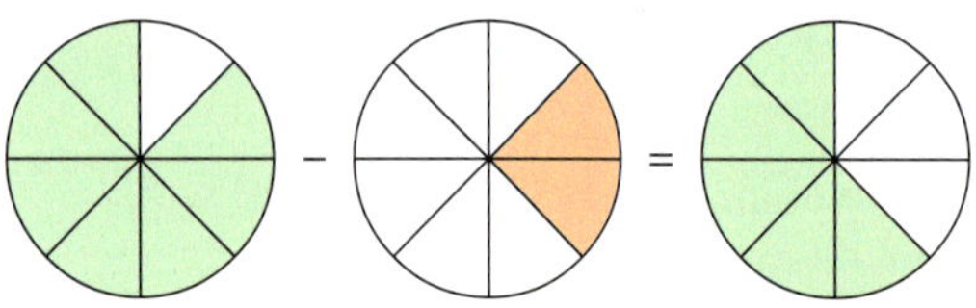

$\frac{7}{8} - \frac{2}{8} = \frac{7-2}{8} = \frac{5}{8}$

**Merke** **Brüche mit gleichen Nennern** werden **subtrahiert**, indem man nur die Zähler subtrahiert.

Der Nenner bleibt unverändert.

Gemischte Zahlen werden beim Bruchrechnen in Brüche umgewandelt.

### Beispiel 2

An einem Tag hat Nino noch eine ganze Pizza und drei Stücke übrig.

a) Er verkauft noch 2 Stück.
Wie viel Pizza hat er dann noch?

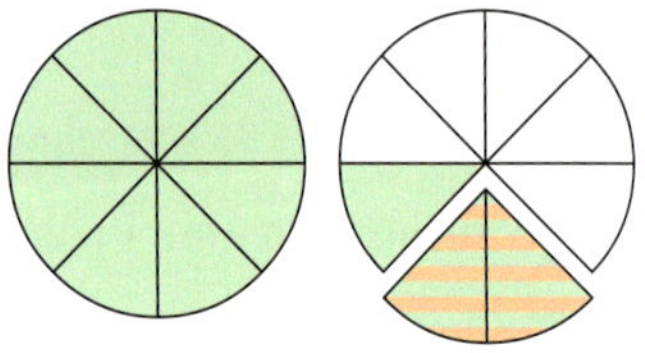

$1\frac{3}{8} - \frac{2}{8}$
$= \frac{11}{8} - \frac{2}{8} = \frac{9}{8} = 1\frac{1}{8}$

b) Er verkauft noch 5 Stück.
Wie viel Pizza hat er dann noch?

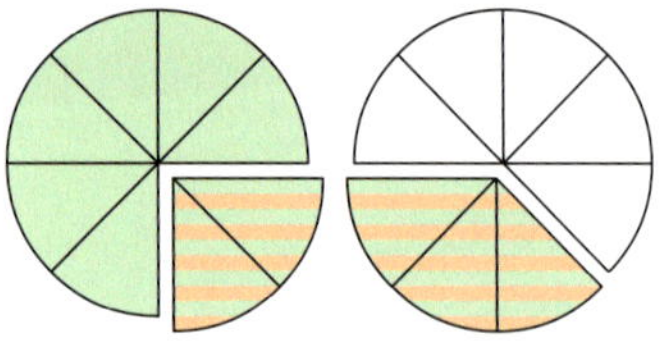

$1\frac{3}{8} - \frac{5}{8}$
$= \frac{11}{8} - \frac{5}{8} = \frac{6}{8} = \frac{3}{8}$

## Üben und anwenden

**1** Schreibe die Subtraktionsaufgabe mit Brüchen in dein Heft.

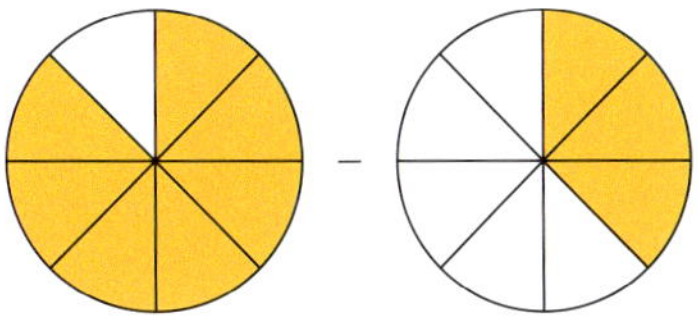

**2** Schreibe die zugehörige Subtraktion in dein Heft und gib das Ergebnis an.

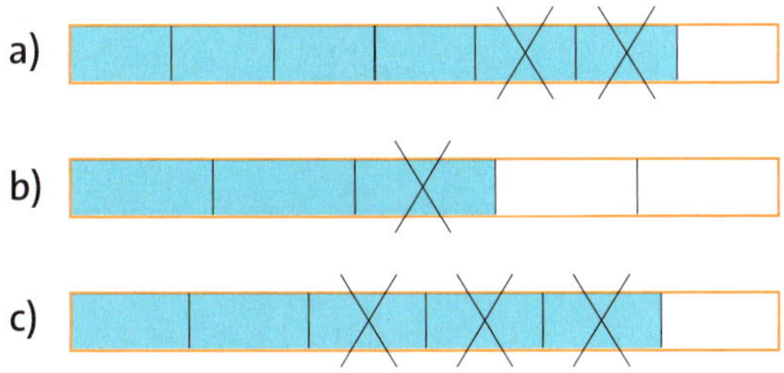


**3** Ordne die richtigen Ergebnisse zu.

a) $\frac{4}{6} - \frac{3}{6}$ b) $\frac{5}{7} - \frac{3}{7}$

c) $\frac{9}{12} - \frac{3}{12}$ d) $\frac{5}{6} - \frac{1}{6}$

e) $\frac{8}{7} - \frac{4}{7}$ f) $\frac{11}{12} - \frac{6}{12}$

$\frac{4}{6}$ $\frac{2}{7}$ $\frac{4}{7}$ $\frac{5}{12}$ $\frac{1}{6}$ $\frac{6}{12}$

**4** Wandle die gemischten Zahlen zunächst in Brüche um. Subtrahiere dann.

a) $3\frac{3}{6} - \frac{1}{6}$ b) $6\frac{5}{8} - \frac{1}{8}$ c) $4\frac{6}{11} - \frac{5}{11}$

d) $7\frac{7}{9} - 3\frac{4}{9}$ e) $2\frac{1}{3} - 1\frac{2}{3}$ f) $3\frac{5}{21} - 1\frac{20}{21}$

**5** Ergänze die Tabellen im Heft.

| − | $\frac{1}{10}$ | $\frac{3}{10}$ | $\frac{5}{10}$ | $\frac{7}{10}$ |
|---|---|---|---|---|
| $\frac{9}{10}$ | | | | |
| $2\frac{7}{10}$ | | | | |

| − | $\frac{4}{12}$ | $1\frac{5}{12}$ | $2\frac{6}{12}$ | $3\frac{7}{12}$ |
|---|---|---|---|---|
| $5\frac{8}{12}$ | | | | |
| $4\frac{4}{12}$ | | | | |

**6** Berechne die Subtraktionsmauer im Heft.

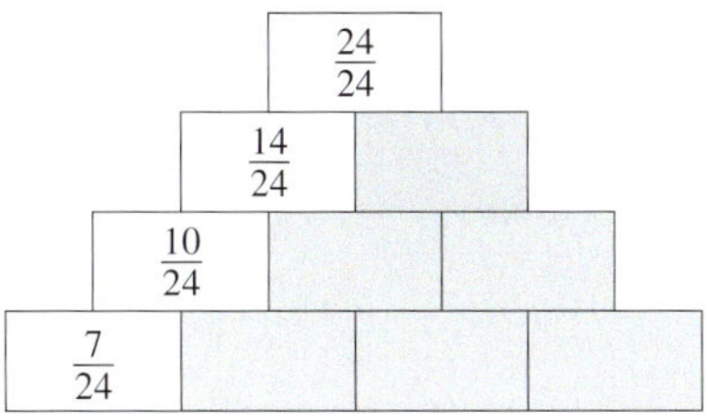


**1** Schreibe die Subtraktionsaufgaben mit Brüchen in dein Heft.

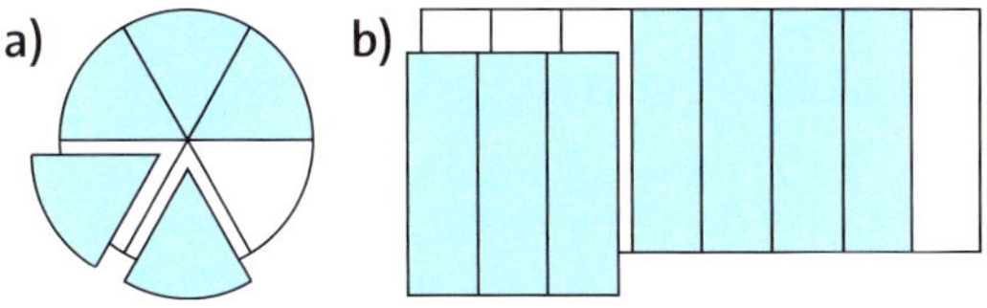


**2** Schreibe die zugehörige Subtraktion in dein Heft und gib das Ergebnis an.

**3** Subtrahiere.
Kürze das Ergebnis, wenn möglich.

a) $\frac{5}{6} - \frac{2}{6}$ b) $\frac{2}{3} - \frac{1}{3}$ c) $\frac{3}{4} - \frac{1}{4}$

d) $\frac{7}{10} - \frac{6}{10}$ e) $\frac{5}{9} - \frac{1}{9}$ f) $\frac{7}{8} - \frac{1}{8}$

**4** Wandle die gemischten Zahlen zunächst in Brüche um. Subtrahiere dann.

a) $2\frac{2}{3} - \frac{1}{3}$ b) $5\frac{7}{10} - 3\frac{3}{10}$ c) $8\frac{9}{21} - 4\frac{8}{21}$

d) $4\frac{1}{6} - 2\frac{5}{6}$ e) $3\frac{3}{7} - 1\frac{4}{7}$ f) $5\frac{4}{8} - 2\frac{7}{8}$

**5** Ergänze die Tabellen im Heft.

| − | $\frac{6}{20}$ | $1\frac{8}{20}$ | $2\frac{11}{20}$ | $3\frac{15}{20}$ |
|---|---|---|---|---|
| $8\frac{17}{20}$ | | | | |
| $5\frac{9}{20}$ | | | | |

| − | $3\frac{2}{11}$ | $4\frac{4}{11}$ | $2\frac{7}{11}$ | $\frac{9}{11}$ |
|---|---|---|---|---|
| $9\frac{5}{11}$ | | | | |
| $5\frac{3}{11}$ | | | | |

**6** Ergänze zur nächsten natürlichen Zahl. Prüfe dein Ergebnis mit einer Umkehrrechnung.

**Beispiel** $1\frac{2}{5} + \frac{3}{5} = 2$, da $2 - \frac{3}{5} = 1\frac{2}{5}$

a) $\frac{1}{7}$ b) $1\frac{3}{5}$ c) $3\frac{1}{7}$

d) $3\frac{2}{5}$ e) $4\frac{5}{12}$ f) $7\frac{2}{11}$

# Thema Brüche am Geobrett

Brüche kannst du auch am Geobrett darstellen.
Dazu benötigst du ein Geobrett und zwei Gummibänder in verschiedener Farbe.

**Wie stellst du Brüche am Geobrett dar?**
Mit einem Gummiband umspannst du alle Nägel. So wird das Ganze dargestellt. Dies ist der Bereich, der in Bruchteile zerlegt wird.
Mit dem zweiten Gummiband umspannst du den Bruchteil, der gesucht ist.

**Beispiel**
Auf dem Foto siehst du ein Geobrett, auf dem das blaue Gummiband alle Nägel umspannt. Das Ganze hat also 16 gleich große Felder.
Das grüne Gummiband umspannt davon 4 gleich große Felder.
Also ist der Bruch $\frac{4}{16}$ am Geobrett dargestellt.

*HINWEIS*
036-1
*Unter dem Webcode findest du gezeichnete Geobretter zum Ausdrucken.*

Um Brüche am Geobrett darzustellen, kannst du dir dein eigenes Geobrett herstellen.
Oder du zeichnest dir das entsprechende Punktmuster mehrmals in dein Heft.
In der Randspalte findest du auch einen Webcode, unter dem du dir vorgezeichnete Geobretter auf Papier ausdrucken kannst.

**Bauanleitung für ein Geobrett**

Du benötigst:
- ein Holzbrettchen, 10 cm lang und 10 cm breit
- 25 Nägel
- einen Hammer
- Karopapier, 10 cm lang und 10 cm breit
- einen Bleistift

Vorgehensweise:
1. Übertrage das rechts abgebildete Muster auf das Karopapier. Lege das Papier sorgfältig auf das Holzbrett.
2. Schlage an jedem Punkt einen Nagel ein und entferne das Papier.

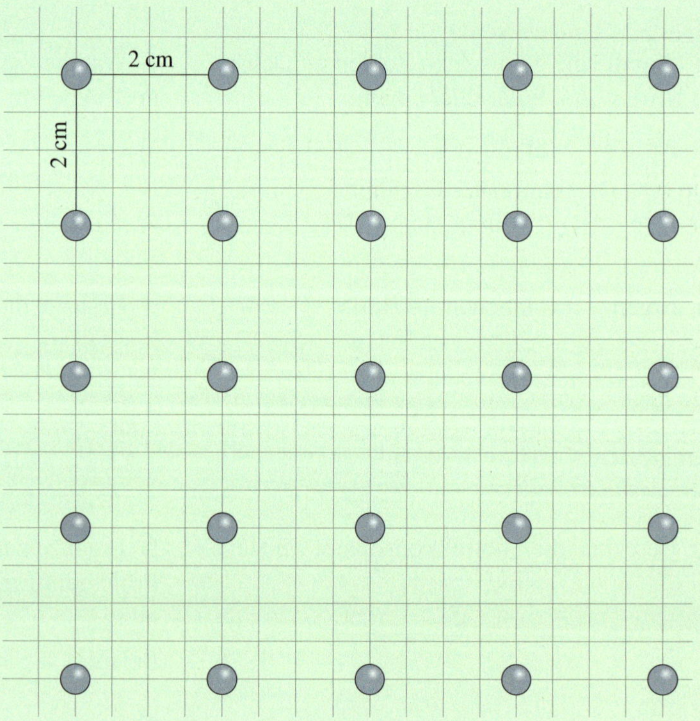


*HINWEIS*
*Bewahre das Geobrett gut auf, auch bei anderen Themen kannst du damit arbeiten.*

## Brüche darstellen

**1** Spanne folgende Brüche auf deinem Geobrett. Finde verschiedene Möglichkeiten. Vergleiche deine Ergebnisse mit deinem Sitznachbarn.

a) $\frac{1}{2}$ b) $\frac{1}{4}$ c) $\frac{1}{8}$ d) $\frac{1}{16}$ e) $\frac{3}{4}$ f) $\frac{4}{16}$ g) $\frac{5}{8}$ h) $\frac{7}{16}$

**2** Spanne mit einem Gummiband eine möglichst kleine (große) Fläche ein.
Bestimme den Bruchteil dieser Fläche an der Gesamtfläche.
Vergleicht eure Ergebnisse.

**3** Welcher Bruchteil ist jeweils auf dem Geobrett dargestellt?

a) 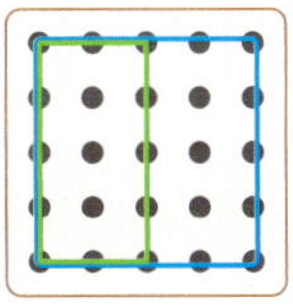
b) 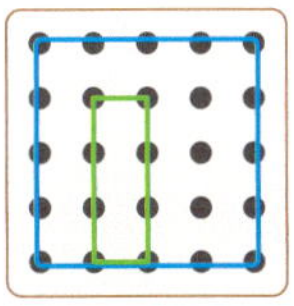
c) 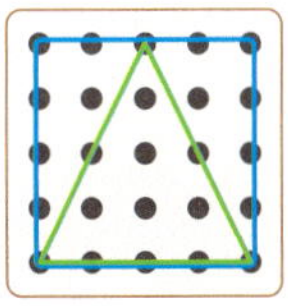
d) 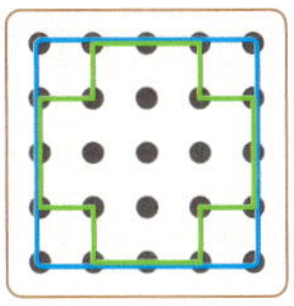
e) 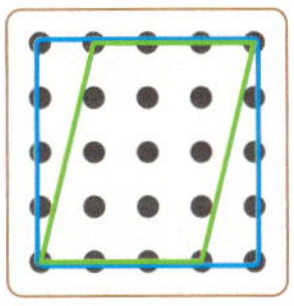
f) 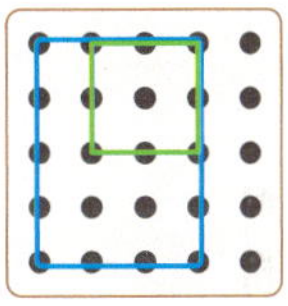

**4** Warum lässt sich der Bruchteil $\frac{1}{3}$ nicht am Geobrett rechts darstellen? Welchen Bereich der Nägel musst du als „Ganzes" umspannen, damit sich der Bruchteil $\frac{1}{3}$ darstellen lässt?

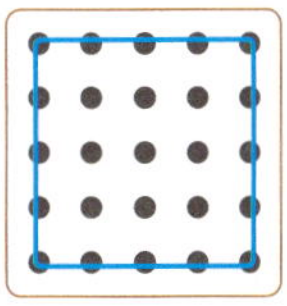

## Brüche addieren und subtrahieren

Für das Addieren und Subtrahieren von Brüchen benötigst du noch weitere Gummibänder.

**5** Stelle folgende Additionen auf dem Geobrett dar.
Du benötigst ein blaues Gummiband für das Ganze und ein grünes und ein oranges Gummiband für die Bruchteile, die addiert werden.

a) $\frac{1}{4}+\frac{1}{4}$ b) $\frac{1}{8}+\frac{3}{8}$ c) $\frac{3}{16}+\frac{6}{16}$ d) $\frac{5}{8}+\frac{2}{8}$ e) $\frac{1}{3}+\frac{1}{3}$

**Beispiel**
$\frac{2}{4}+\frac{1}{4}=\frac{3}{4}$

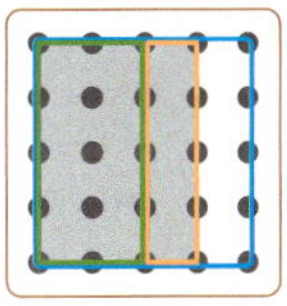

***HINWEIS***
*Bei den Aufgaben 5 e) und 6 e) musst Du das Gummiband für das Ganze anders spannen.*

**6** Stelle die Subtraktionsaufgabe auf dem Geobrett dar.
Du benötigst ein blaues Gummiband für das Ganze und ein grünes und ein rotes Gummiband für die Bruchteile, die subtrahiert werden.

a) $\frac{2}{4}-\frac{1}{4}$ b) $\frac{3}{8}-\frac{1}{8}$ c) $\frac{6}{16}-\frac{2}{16}$ d) $\frac{6}{8}-\frac{3}{8}$ e) $\frac{3}{3}-\frac{2}{3}$

**Beispiel**
$\frac{3}{4}-\frac{1}{4}=\frac{2}{4}$

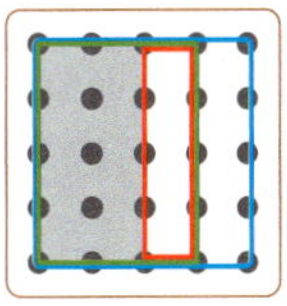

**7** Welche Additions- oder Subtraktionsaufgaben sind hier dargestellt?

a) 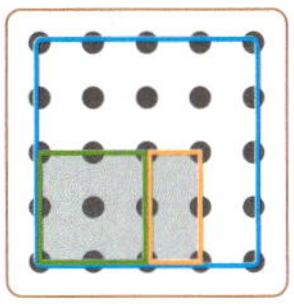
b) 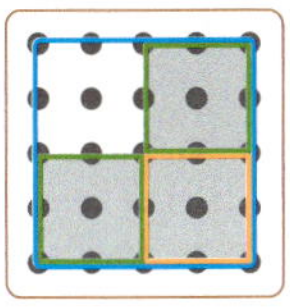
c) 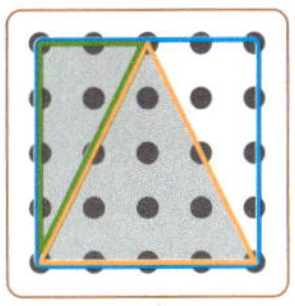
d) 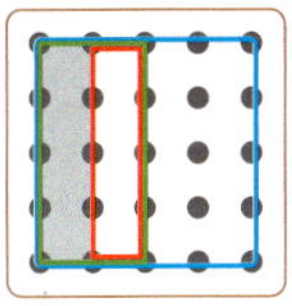
e) 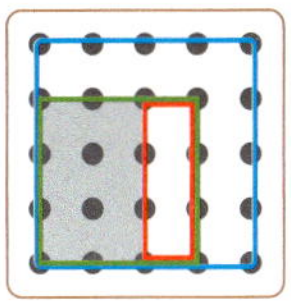
f) 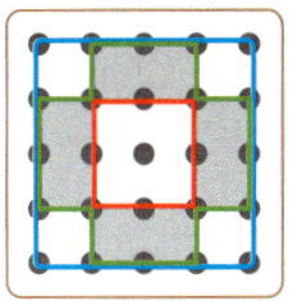

# Klar so weit?

→ Seite 28

## Brüche erweitern

**1** Erkläre, wie erweitert wurde.

a)

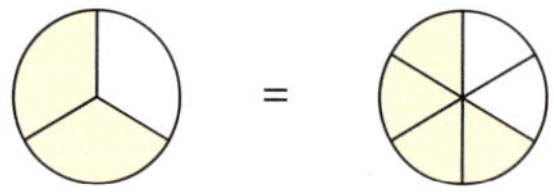

$\frac{2}{3} = \frac{4}{6}$

b)

$\frac{1}{3} = \frac{3}{9}$

**2** Erweitere jeweils die Brüche.

a) $\frac{1}{2}$ mit 2; 6; 11; 13; 16

b) $\frac{1}{4}$ mit 3; 5; 9; 10; 12

c) $\frac{2}{3}$ mit 4; 6; 8; 10

d) $\frac{2}{5}$ mit 2; 4; 5; 7; 10

**1** Finde jeweils drei Möglichkeiten, um den roten (grünen) Anteil als Bruch zu schreiben.

a)

b)

c)

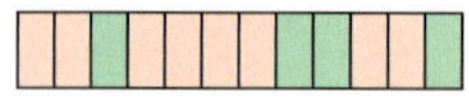

d)

**2** Erweitere jeweils die Brüche.

a) $\frac{1}{2}$; $\frac{4}{5}$; $\frac{2}{3}$; $\frac{5}{6}$; $\frac{14}{15}$ auf $\frac{\square}{30}$

b) $\frac{1}{4}$; $\frac{1}{6}$; $\frac{2}{3}$; $\frac{3}{8}$; $\frac{5}{6}$; $\frac{7}{12}$ auf $\frac{\square}{24}$

c) $\frac{1}{2}$; $\frac{1}{3}$; $\frac{1}{4}$; $\frac{1}{6}$; $\frac{1}{12}$ auf $\frac{\square}{36}$

d) $\frac{3}{4}$; $\frac{2}{3}$; $\frac{5}{6}$; $\frac{3}{8}$; $\frac{4}{9}$; $\frac{11}{18}$ auf $\frac{\square}{72}$

→ Seite 30

## Brüche kürzen

**3** Erkläre, wie gekürzt wurde.

$\frac{4}{8} = \frac{2}{4}$

**4** Kürze durch die angegebene Zahl.

a) $\frac{70}{100}$ durch 10

b) $\frac{15}{40}$ durch 5

c) $\frac{27}{30}$ durch 3

d) $\frac{16}{36}$ durch 4

**5** Ermittle durch Kürzen:
Welche Brüche haben denselben Wert?

$\frac{2}{4}$; $\frac{6}{14}$; $\frac{2}{5}$; $\frac{1}{2}$; $\frac{8}{12}$; $\frac{3}{7}$; $\frac{2}{3}$; $\frac{6}{15}$

**6** Kürze so weit wie möglich.

a) $\frac{4}{12}$ b) $\frac{8}{12}$ c) $\frac{16}{20}$

d) $\frac{9}{27}$ e) $\frac{30}{60}$ f) $\frac{12}{28}$

g) $\frac{7}{11}$ h) $\frac{36}{48}$ i) $\frac{48}{72}$

**3** Gib den roten und grünen Anteil vollständig gekürzt an.

a)

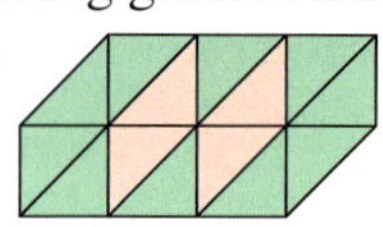

b)

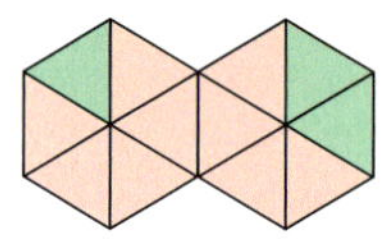

**4** Kürze, falls möglich.

a) $\frac{3}{9}$ b) $\frac{8}{12}$ c) $\frac{18}{27}$

d) $\frac{18}{16}$ e) $\frac{4}{24}$ f) $\frac{21}{44}$

**5** Ermittle durch Kürzen:
Welche Brüche haben denselben Wert?

$\frac{18}{24}$; $\frac{7}{28}$; $\frac{7}{21}$; $\frac{5}{15}$; $\frac{4}{6}$; $\frac{16}{24}$; $\frac{15}{20}$; $\frac{3}{12}$

**6** Kürze vollständig.

a) $\frac{120}{130}$ b) $\frac{165}{275}$ c) $\frac{36}{90}$

d) $\frac{24}{64}$ e) $\frac{21}{63}$ f) $\frac{33}{55}$

g) $\frac{105}{525}$ h) $\frac{99}{66}$ i) $\frac{81}{36}$

## Brüche mit gleichen Nennern addieren

→ Seite 32

**7** Schreibe die Additionsaufgabe mit Brüchen in dein Heft und löse sie.

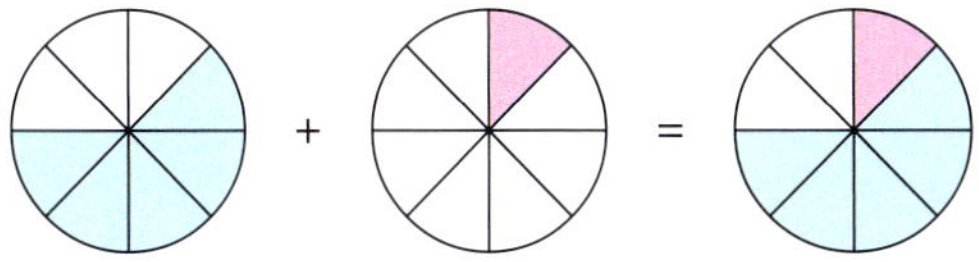

**7** Schreibe die Additionsaufgaben mit Brüchen in dein Heft und löse sie.

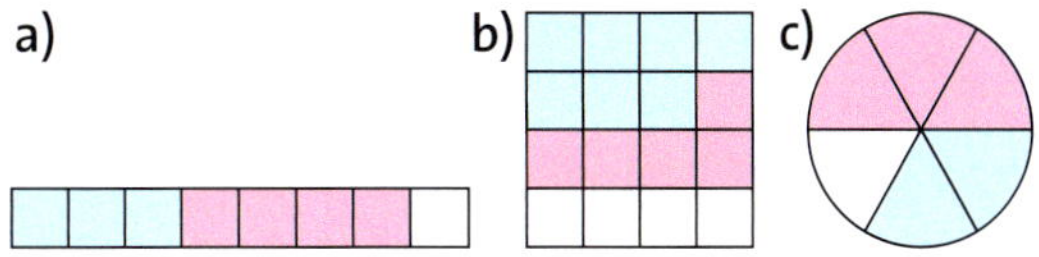


**8** Berechne. Kürze das Ergebnis vollständig.

a) $\frac{1}{5}+\frac{2}{5}$  b) $\frac{1}{8}+\frac{5}{8}$  c) $\frac{1}{12}+\frac{7}{12}$

d) $\frac{8}{7}+\frac{1}{7}$  e) $\frac{8}{9}+\frac{5}{9}$  f) $\frac{4}{11}+\frac{2}{11}$

**8** Berechne. Kürze das Ergebnis vollständig.

a) $\frac{4}{13}+\frac{7}{13}$  b) $\frac{3}{25}+\frac{12}{25}$  c) $\frac{5}{12}+\frac{3}{12}$

d) $\frac{3}{7}+\frac{11}{7}$  e) $\frac{12}{15}+\frac{33}{15}$  f) $1\frac{7}{9}+\frac{5}{9}$

**9** Ergänze die Tabelle im Heft. Schreibe das Ergebnis als gemischte Zahl, wenn möglich.

| + | $\frac{3}{15}$ | $\frac{4}{15}$ | $\frac{5}{15}$ | $\frac{6}{15}$ |
|---|---|---|---|---|
| $\frac{7}{15}$ | | | | |
| $2\frac{12}{15}$ | | | | |

**9** Ergänze die Tabelle im Heft. Schreibe das Ergebnis als gemischte Zahl, wenn möglich.

| + | $\frac{3}{8}$ | $\frac{4}{8}$ | $\frac{5}{8}$ | $\frac{6}{8}$ |
|---|---|---|---|---|
| $\frac{7}{8}$ | | | | |
| $2\frac{4}{8}$ | | | | |

## Brüche mit gleichen Nennern subtrahieren

→ Seite 34

**10** Schreibe die Subtraktionsaufgaben mit Brüchen in dein Heft und löse sie.

a)
b)

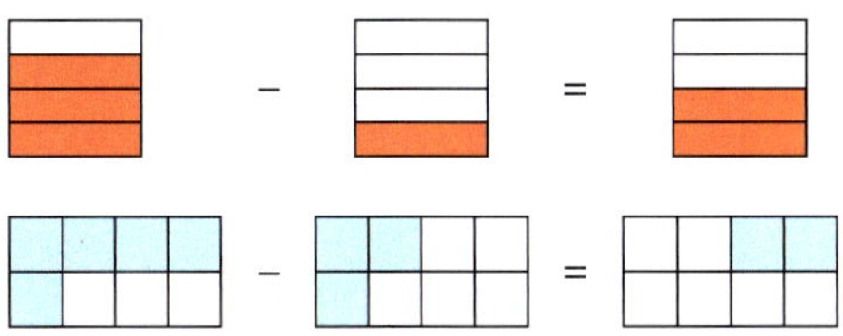

**10** Schreibe die Subtraktionsaufgaben mit Brüchen in dein Heft und löse sie.

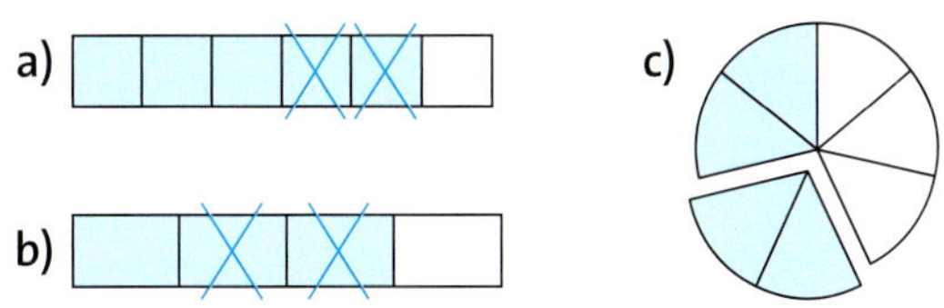


**11** Subtrahiere.

a) $\frac{7}{9}-\frac{5}{9}$  b) $\frac{11}{13}-\frac{5}{13}$  c) $\frac{16}{20}-\frac{7}{20}$

d) $\frac{7}{11}-\frac{4}{11}$  e) $\frac{12}{15}-\frac{8}{15}$  f) $1\frac{6}{7}-\frac{4}{7}$

**11** Berechne. Kürze das Ergebnis vollständig.

a) $\frac{9}{8}-\frac{3}{8}$  b) $\frac{15}{15}-\frac{6}{15}$  c) $\frac{24}{28}-\frac{3}{28}$

d) $2\frac{7}{8}-1\frac{4}{8}$  e) $3\frac{2}{7}-1\frac{4}{7}$  f) $4\frac{4}{9}-3\frac{5}{9}$

**12** Ergänze die Rechenmauer im Heft.

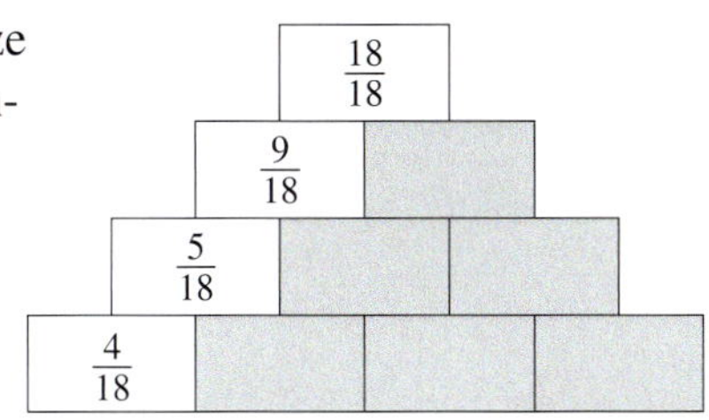


**12** Ergänze die Rechenmauer im Heft.

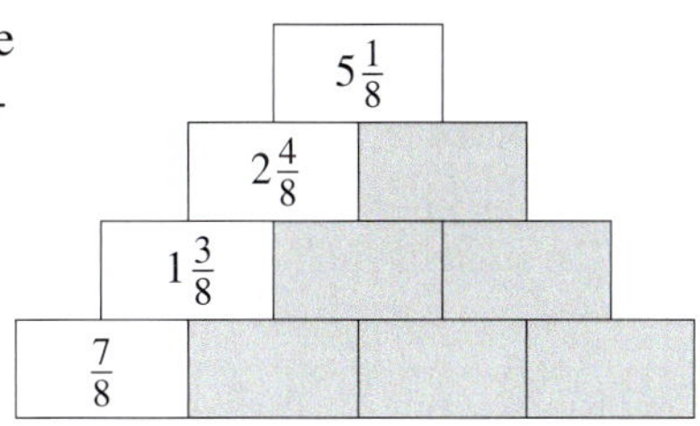

# Vermischte Übungen

**1** Erkläre jeweils an der Zeichnung, wie erweitert oder gekürzt wurde.
Notiere auch die passenden Brüche.

a)
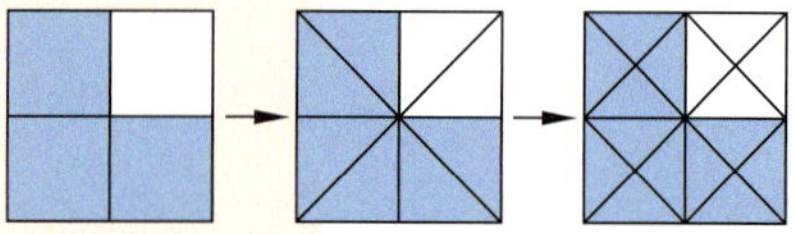
b)
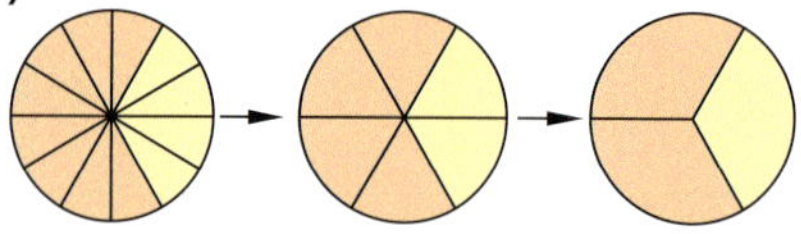
c)
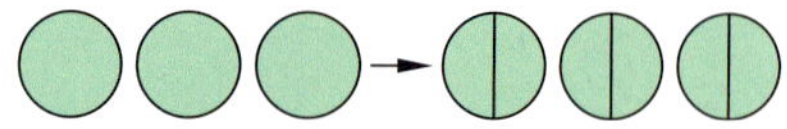

**2** Falte einen Papierkreis und färbe die Hälfte bunt.
Falte den gleichen Papierkreis noch einmal und erkläre, dass $\frac{1}{2} = \frac{2}{4}$ ist.

**2** Zeichne jeweils einen 12 cm langen Streifen ins Heft.
Zeige daran, dass die Rechnungen stimmen.

a) $\frac{1}{2} = \frac{3}{6}$ b) $\frac{3}{4} = \frac{9}{12}$

**3** Erweitere die Brüche mit der Zahl in der Klammer.

a) $\frac{3}{5}$ (5) b) $\frac{4}{9}$ (10) c) $\frac{3}{7}$ (6)

d) $\frac{11}{12}$ (2) e) $\frac{7}{20}$ (4) f) $\frac{12}{25}$ (3)

**3** Erweitere auf Sechzigstel.
Du kannst auch schrittweise erweitern.

**Beispiel** $\frac{4}{5} \overset{\cdot 12}{=} \frac{48}{60}$

a) $\frac{1}{1}; \frac{1}{2}; \frac{2}{3}; \frac{1}{4}; \frac{5}{6}; \frac{1}{6}$ b) $\frac{7}{5}; \frac{4}{10}; \frac{3}{12}; \frac{7}{15}; \frac{3}{20}; \frac{19}{30}$

***HINWEIS***
040-1
*Dieser Webcode führt zu einer interaktiven Übung zum Erweitern und Kürzen von Brüchen.*

**4** Kürze die Brüche durch die Zahl in der Klammer.

a) $\frac{3}{6}$ (3) b) $\frac{8}{12}$ (4) c) $\frac{6}{14}$ (2)

d) $\frac{16}{24}$ (8) e) $\frac{14}{35}$ (7) f) $\frac{27}{54}$ (9)

**4** Kürze vollständig.
Du kannst auch schrittweise kürzen.

a) $\frac{2}{4}$ b) $\frac{5}{10}$ c) $\frac{6}{18}$ d) $\frac{4}{20}$

e) $\frac{25}{30}$ f) $\frac{26}{39}$ g) $\frac{84}{48}$ h) $\frac{92}{76}$

**5** Welcher Anteil ist grün, welcher Anteil ist blau?
Gib die Anteile in möglichst vielen verschiedenen Schreibweisen an.
Vergleiche deine Ergebnisse mit deinen Nachbarn.
Wer findet die meisten Schreibweisen?

**6** Schreibe die Additionsaufgabe mit Brüchen in dein Heft.

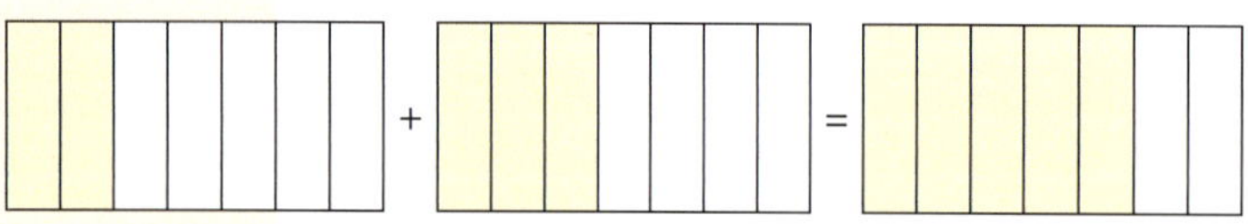


**6** Schreibe die zugehörigen Additionsaufgaben mit Brüchen in dein Heft.

a)
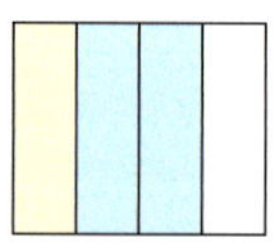
b)
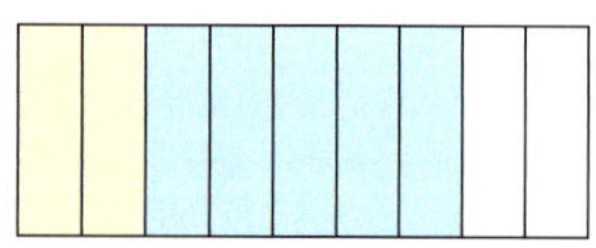

**7** Addiere die Brüche, indem du sie zeichnerisch darstellst.
Zeichne dazu jeweils einen 12 cm langen Streifen in dein Heft.

a) $\frac{2}{4} + \frac{1}{4}$ b) $\frac{4}{6} + \frac{1}{6}$ c) $\frac{1}{2} + \frac{1}{2}$

**7** Ergänze zeichnerisch in deinem Heft zu einem Ganzen. Schreibe dann die zugehörige Addition auf.

a)

$\frac{2}{3}$

b)
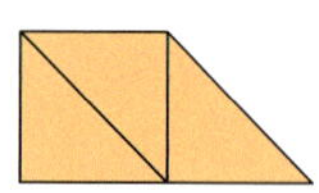
$\frac{3}{8}$

c)
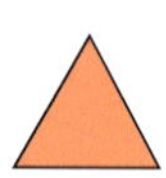
$\frac{1}{2}$

**8** Schreibe jeweils die Subtraktionsaufgaben mit Brüchen in dein Heft.

a) 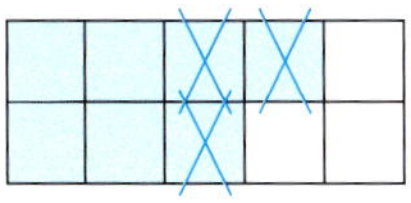

b) 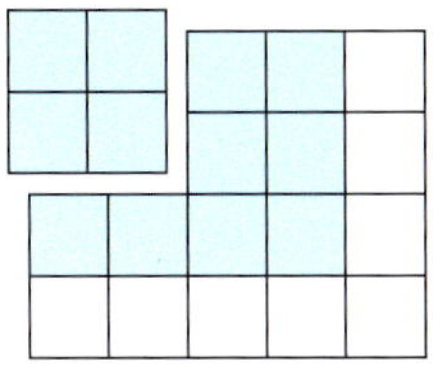

**8** Schreibe zu jeder Zeichnung eine Subtraktionsaufgabe auf und löse sie.

a) 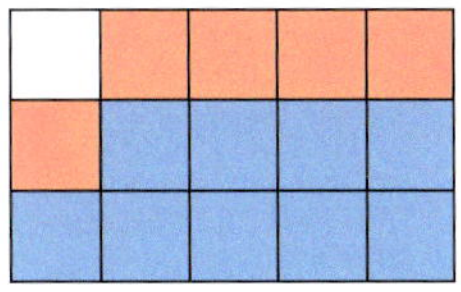

b) 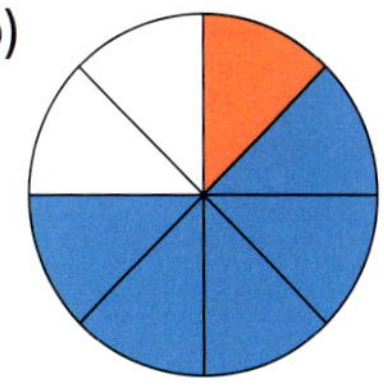

**9** Übertrage und löse die Additionsmauer im Heft.

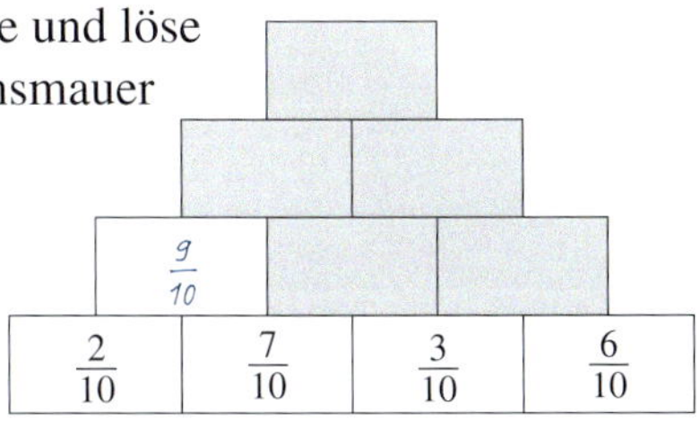


**9** Übertrage und löse die Additionsmauer im Heft. Schreibe die Ergebnisse dann als gemischte Zahlen.

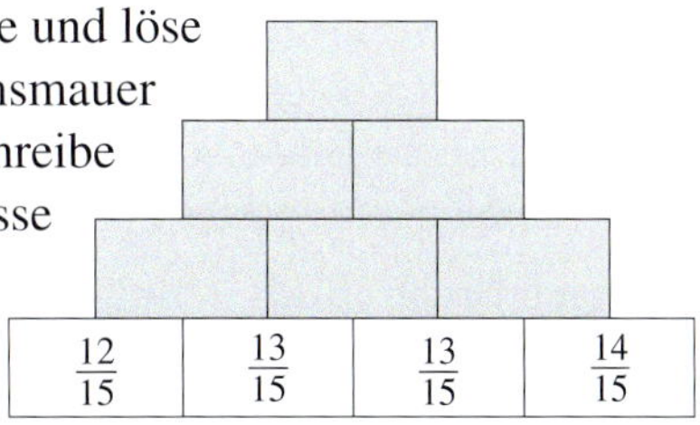

**10** Arbeitet zu zweit.
Marian und Celine haben den Bruch $\frac{12}{18}$ vollständig gekürzt. Vergleicht die beiden Rechenwege.

**11** Subtrahiere. Kürze, wenn möglich.

a) $\frac{3}{8} - \frac{2}{8}$ b) $\frac{7}{8} - \frac{1}{8}$ c) $\frac{3}{10} - \frac{2}{10}$
d) $\frac{11}{12} - \frac{5}{12}$ e) $\frac{12}{15} - \frac{4}{15}$ f) $\frac{19}{24} - \frac{7}{24}$

**11** Subtrahiere. Kürze, wenn möglich.

a) $\frac{7}{12} - \frac{5}{12}$ b) $\frac{9}{13} - \frac{5}{13}$ c) $\frac{13}{20} - \frac{6}{20}$
d) $\frac{21}{23} - \frac{12}{23}$ e) $\frac{21}{27} - \frac{12}{27}$ f) $\frac{19}{28} - \frac{11}{28}$

**12** Welche Brüche sind gleich groß? Begründe.

$\frac{3}{6}$ $\frac{9}{24}$ $\frac{3}{8}$ $\frac{5}{13}$ $\frac{24}{42}$ $\frac{4}{7}$ $\frac{10}{26}$ $\frac{21}{36}$ $\frac{1}{2}$ $\frac{7}{12}$

**12** Welche Brüche sind gleich groß? Begründe.

$\frac{4}{24}$ $\frac{2}{12}$ $\frac{1}{6}$ $\frac{40}{240}$ $\frac{4}{12}$ $\frac{2}{6}$ $\frac{1}{3}$ $\frac{10}{30}$ $\frac{3}{18}$ $\frac{3}{9}$ $\frac{20}{60}$

**13** Vergleiche die Brüche durch Kürzen oder Erweitern. Übertrage ins Heft und setze das richtige Zeichen ein: dreimal „=" (*gleich*) und dreimal „≠" (*ungleich*).

a) $\frac{5}{7}$ □ $\frac{10}{14}$ b) $\frac{2}{3}$ □ $\frac{3}{6}$
c) $1\frac{4}{8}$ □ $\frac{3}{2}$ d) $\frac{11}{6}$ □ $\frac{4}{2}$
e) $\frac{1}{5}$ □ $\frac{3}{12}$ f) $\frac{5}{8}$ □ $\frac{10}{16}$

**13** Stimmt das Gleichheitszeichen?
Die Lösungsbuchstaben der richtig gekürzten oder erweiterten Brüche ergeben ein Lösungswort.

a) $\frac{4}{7} = \frac{44}{77}$ (B) b) $\frac{4}{11} = \frac{52}{143}$ (R)
c) $\frac{3}{8} = \frac{24}{63}$ (M) d) $\frac{6}{7} = \frac{90}{105}$ (U)
e) $\frac{10}{13} = \frac{90}{117}$ (C) f) $\frac{2}{5} = \frac{48}{120}$ (H)

**14** Ergänze die Rechnungen im Heft.

a) $\frac{3}{6} = \frac{\square}{2}$ b) $\frac{8}{12} = \frac{\square}{3}$ c) $\frac{36}{48} = \frac{\square}{8}$

d) $\frac{18}{24} = \frac{6}{\square}$ e) $\frac{28}{35} = \frac{4}{\square}$ f) $\frac{6}{33} = \frac{2}{\square}$

**14** Ergänze die Rechnungen im Heft.

a) $\frac{3}{7} = \frac{\square}{14}$ b) $\frac{2}{9} = \frac{8}{\square}$ c) $\frac{30}{\square} = \frac{5}{8}$

d) $\frac{\square}{42} = \frac{6}{7}$ e) $\frac{25}{\square} = \frac{5}{12}$ f) $\frac{36}{44} = \frac{72}{\square}$

***HINWEIS***

042-1

*Hier gibt es vorbereitete Dominokarten zum Ausdrucken.*

***HINWEIS***

*Zwei Brüche sind* ***wertgleich****, wenn der eine Bruch durch Kürzen oder Erweitern den anderen Bruch ergibt.*

**15** Erstelle ein Bruchdomino.

① Zeichne zehn Rechtecke mit einer Breite von 5 cm und einer Höhe von 2,5 cm. Schneide sie aus.

② Teile die Rechtecke mit einer Linie in zwei Felder (siehe Bild ①).

③ Schreibe in ein rechtes Feld einen beliebigen Bruch (Bild ①: Beispiel $\frac{2}{8}$).
Kürze oder erweitere den Bruch beliebig und schreibe diesen wertgleichen Bruch auf einem anderen Rechteck in das linke Feld. (Bild ①: Beispiel $\frac{1}{4}$).

④ Fülle so alle Felder der Rechtecke aus (siehe Bild ②).
Wichtig: In dem linken Feld des ersten Rechtecks und dem rechten Feld des letzten Rechtecks müssen wertgleiche Brüche stehen, damit das Domino geschlossen werden kann.

①

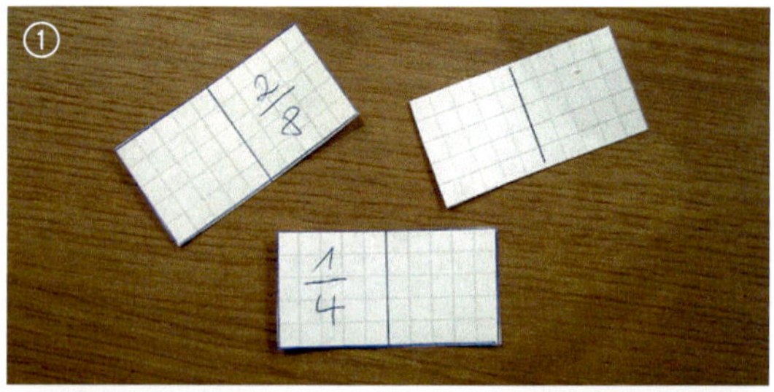


②

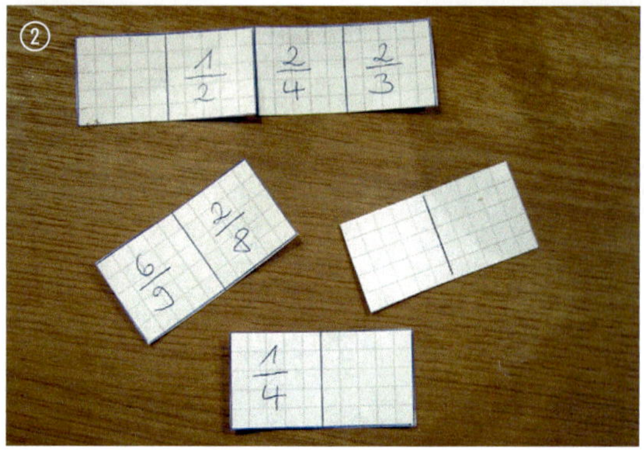


Spielt das Bruchdomino zu zweit. Ihr könnt vorher eure Dominokarten mit anderen tauschen.

**16** Arbeitet zu zweit.
Nesrin und Kevin rechnen mit gemischten Zahlen.

a) Vergleicht die beiden Rechenwege.

b) Erkläre, warum Kevins Rechenweg bei der Aufgabe $1\frac{1}{9} - \frac{4}{9}$ nicht funktioniert.

**17** Berechne im Heft.

a) $\frac{14}{23} + \frac{21}{23}$ b) $\frac{25}{32} - \frac{8}{32}$ c) $1\frac{3}{9} + 3\frac{4}{9}$

d) $2\frac{7}{9} - 1\frac{5}{9}$ e) $5\frac{7}{11} + 3\frac{8}{11}$ f) $6\frac{13}{16} - 4\frac{9}{16}$

**17** Berechne im Heft.

a) $1\frac{2}{5} + 2\frac{2}{5}$ b) $4\frac{5}{6} + 1\frac{5}{6}$ c) $3\frac{3}{4} + 1\frac{3}{4}$

d) $7\frac{7}{9} - 3\frac{4}{9}$ e) $2\frac{1}{3} - 1\frac{2}{3}$ f) $3\frac{5}{21} - 1\frac{20}{21}$

**18** Übertrage und ergänze im Heft.

a) $\frac{1}{5} + \square = \frac{4}{5}$ b) $\frac{5}{13} + \square = \frac{11}{13}$

c) $\frac{2}{3} - \square = \frac{1}{3}$ d) $\frac{11}{15} - \square = \frac{7}{15}$

**18** Ergänze zur nächsten natürlichen Zahl.

**Beispiel** $1\frac{2}{5} + \frac{3}{5} = 2$

a) $\frac{1}{7}$ b) $1\frac{3}{5}$ c) $3\frac{1}{7}$ d) $3\frac{2}{5}$

**19** Ergänze die Rechenmauer im Heft.
Du musst addieren und subtrahieren.

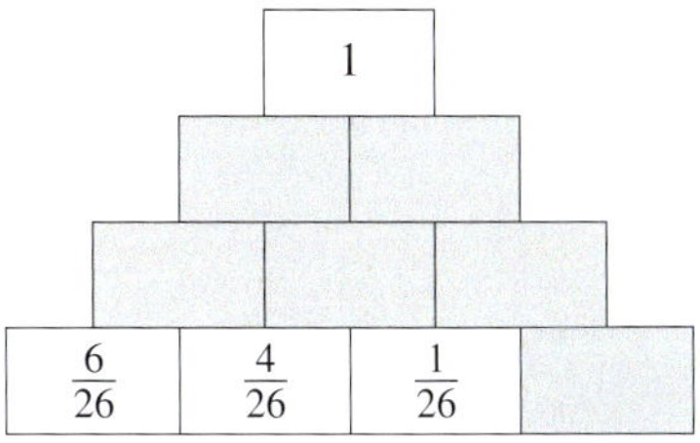


**19** Ergänze die Rechenmauer im Heft.
Schreibe anschließend die Ergebnisse als gemischte Zahl.

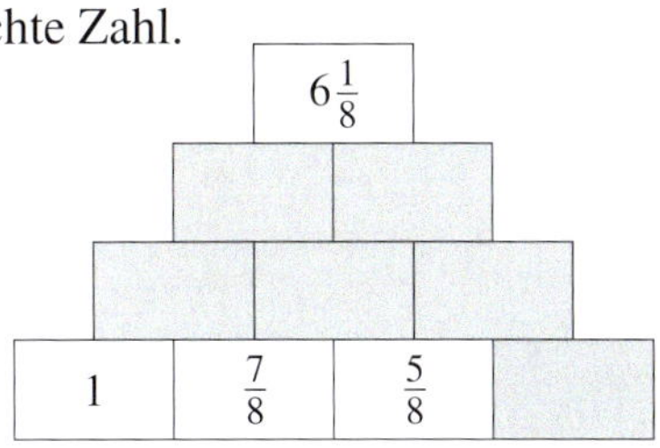


**20** Ergänze das magische Quadrat im Heft.
Die Summe jeder Zeile, jeder Spalte und jeder Diagonalen ergibt 1.

| | | |
|---|---|---|
| | | $\frac{3}{9}$ |
| $\frac{1}{9}$ | | $\frac{5}{9}$ |
| | | |

**20** Ergänze das magische Quadrat im Heft.
Die Summe jeder Zeile, jeder Spalte und jeder Diagonalen ergibt 1.

| | | |
|---|---|---|
| $\frac{10}{18}$ | | |
| | $\frac{6}{18}$ | |
| | $\frac{10}{18}$ | |

**21** Übertrage und ergänze die Tabelle in deinem Heft. Kürze, wenn es möglich ist.

| gekürzt durch | 2 | 3 | 4 | 6 | 8 |
|---|---|---|---|---|---|
| $\frac{24}{30}$ | | | | | |
| $\frac{28}{32}$ | | | | | |

**22** Finde verschiedene Brüche.
a) Finde drei Brüche, die du auf Hundertstel erweitern kannst.
b) Finde einen Bruch, den du durch 2 und 5 kürzen kannst.

**22** Finde verschiedene Brüche.
a) Finde fünf Brüche, die du auf zweiunddreißigstel erweitern kannst.
b) Finde zwei Brüche, die du durch 3, 5 und 7 kürzen kannst.

**23** Obsternte

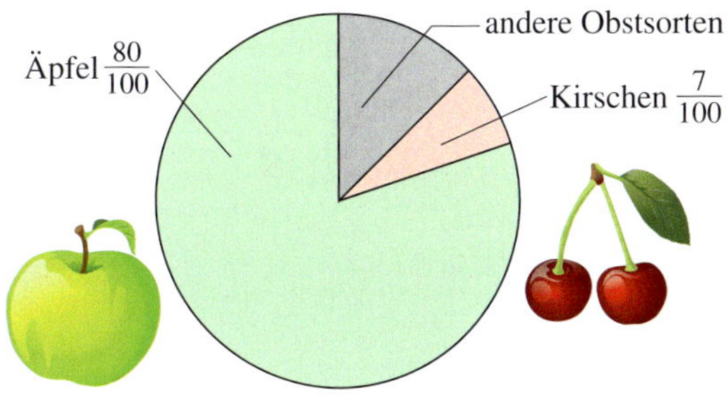


Wie groß ist der Anteil der anderen Obstsorten?

**23** Gemüseernte

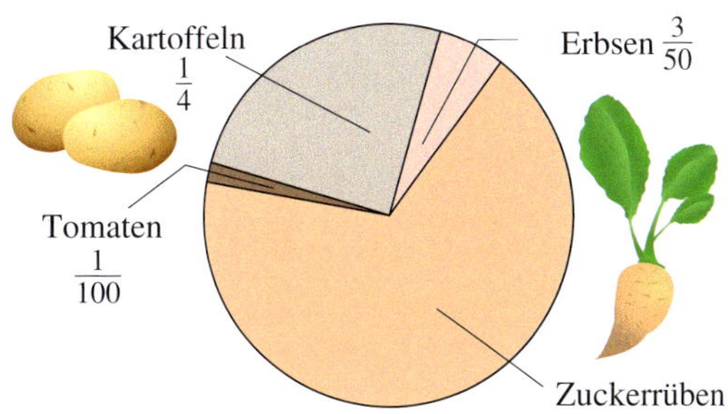


a) Erweitere die Brüche auf Hundertstel.
b) Wie groß ist der Anteil der Zuckerrüben?

**24** Beim Stadtmarathon schaffte der schnellste Läufer die Strecke in $\frac{11}{4}$ h.
Der letzte Läufer brauchte $\frac{5}{4}$ h länger.
Nach wie viel h kam er ins Ziel?

**24** Von einem Stoffballen mit 20 m Länge verkauft eine Verkäuferin an einem Tag
$\frac{3}{4}$ m, $1\frac{1}{4}$ m, $3\frac{3}{4}$ m und $6\frac{2}{4}$ m Stoff.
Wie viel Meter Stoff sind noch übrig?

***HINWEIS***
043-1
*Hier kannst du ein Arbeitsblatt mit den Aufgaben 19, 20 und 21 (lila und türkis) herunterladen und ausdrucken.*

Checkliste 044-1

# Teste dich!

(4 Punkte)

**1** Erkläre jeweils an den Zeichnungen, wie erweitert oder gekürzt wurde.
Schreibe auch die zugehörigen Brüche ins Heft.

a) 

b) 

(10 Punkte)

**2** Erweitere jeden Bruch jeweils mit 3 und mit 7.

$\frac{5}{6}$ $\frac{3}{11}$ $\frac{7}{9}$ $1\frac{3}{4}$ $4\frac{7}{10}$

(4 Punkte)

**3** Kürze die Brüche durch die Zahl in der Klammer.

a) $\frac{6}{12}$ (3) b) $\frac{14}{35}$ (7) c) $\frac{25}{85}$ (5) d) $\frac{24}{56}$ (8)

(4 Punkte)

**4** Erweitere die Brüche auf den Nenner 120.

a) $\frac{28}{60}$ b) $\frac{25}{30}$ c) $\frac{9}{40}$ d) $\frac{7}{12}$

(4 Punkte)

**5** Kürze die Brüche so weit wie möglich.

a) $\frac{12}{18}$ b) $\frac{24}{32}$ c) $\frac{18}{36}$ d) $\frac{12}{42}$

(4 Punkte)

**6** Immer ein gelber und ein blauer Bruch sind gleich groß. Kontrolliere durch eine Rechnung.

$\frac{60}{100}$ $\frac{25}{30}$ $\frac{5}{6}$ $\frac{8}{11}$ $\frac{3}{5}$ $\frac{32}{44}$ $\frac{24}{51}$ $\frac{8}{17}$

(8 Punkte)

**7** Die Brüche wurden erweitert oder gekürzt. Ergänze die Rechnung im Heft.

a) $\frac{1}{5} = \frac{\square}{10}$ b) $\frac{5}{15} = \frac{1}{\square}$ c) $\frac{18}{24} = \frac{\square}{4}$ d) $\frac{2}{\square} = \frac{12}{30}$

e) $\frac{\square}{3} = \frac{16}{24}$ f) $\frac{3}{4} = \frac{21}{\square}$ g) $\frac{49}{63} = \frac{7}{\square}$ h) $\frac{66}{90} = \frac{11}{\square}$

(6 Punkte)

**8** Manuela hat beim Erweitern und Kürzen Fehler gemacht.
Schreibe die richtige Rechnung in dein Heft.

a) $\frac{4}{5} = \frac{21}{20}$ b) $\frac{18}{4} = 3\frac{1}{2}$ c) $\frac{132}{180} = \frac{12}{15}$

d) $\frac{26}{12} = 1\frac{1}{6}$ e) $1\frac{2}{4} = \frac{14}{8}$ f) $3\frac{2}{5} = \frac{32}{10}$

**9** Übertrage die Tabellen jeweils in dein Heft und ergänze sie. *(18 Punkte)*

a)

| + | $\frac{1}{9}$ | $\frac{3}{9}$ | $\frac{5}{9}$ |
|---|---|---|---|
| $\frac{2}{9}$ | | | |
| $\frac{4}{9}$ | | | |
| $\frac{6}{9}$ | | | |

b)

| − | $\frac{7}{20}$ | $\frac{3}{20}$ | $\frac{9}{20}$ |
|---|---|---|---|
| $\frac{11}{20}$ | | | |
| $\frac{14}{20}$ | | | |
| $\frac{17}{20}$ | | | |

**10** Berechne. *(16 Punkte)*
Schreibe das Ergebnis als vollständig gekürzte, gemischte Zahl.

a) $3\frac{3}{10} + 2\frac{3}{10}$

b) $\frac{3}{4} + 1\frac{3}{4}$

c) $2\frac{4}{5} + \frac{2}{5}$

d) $\frac{3}{8} + \frac{6}{8} + \frac{1}{8}$

e) $4\frac{7}{8} - \frac{3}{8}$

f) $4\frac{14}{22} - 2\frac{9}{22}$

g) $1\frac{4}{9} - \frac{8}{9}$

h) $5\frac{2}{5} - 2\frac{4}{5}$

**11** Aufgaben bilden *(4 Punkte)*

a) Bilde zwei Additionsaufgaben, deren Summe $\frac{28}{45}$ beträgt.

b) Bilde zwei Subtraktionsaufgaben, deren Differenz $\frac{3}{34}$ beträgt.

**12** Übertrage und ergänze die Rechenmauern im Heft. *(12 Punkte)*

a)

| | | | |
|---|---|---|---|
| | | | |
| | | | |
| | | | |
| $1\frac{4}{8}$ | $\frac{2}{8}$ | $\frac{6}{8}$ | $\frac{1}{8}$ |

b)

| | | | |
|---|---|---|---|
| $\frac{27}{30}$ | | | |
| $\frac{15}{30}$ | | | |
| $\frac{7}{30}$ | | | |
| $\frac{2}{30}$ | | | |

**13** Ein junger Mensch soll täglich 2 l trinken. *(6 Punkte)*
Corinna überlegt abends, was sie am Tag getrunken hat:

zum Frühstück $\frac{1}{4}$ l Milch;

$\frac{2}{4}$ l Mineralwasser in der Schule;

nachmittags 1 Tasse heißen Tee $\left(\frac{1}{4}\text{ l}\right)$ und

$\frac{3}{4}$ l Saftschorle nach dem Sport.

Hat Corinna nach den Vorgaben genug getrunken?
Um wie viel Liter weicht ihre Trinkmenge von der Richtlinie ab?

Gold: 94–100 Punkte, Silber: 77–93 Punkte, Bronze: 60–76 Punkte

# Zusammenfassung

→ Seite 28

## Brüche erweitern

Brüche können unterschiedlich aussehen und trotzdem den gleichen Wert haben.

**Brüche erweitern** heißt, für das Ganze eine feinere Unterteilung zu wählen.

**Erweitern eines Bruchs** bedeutet, Zähler und Nenner mit der gleichen Zahl zu multiplizieren.
Dabei ändert sich der Wert des Bruchs nicht.

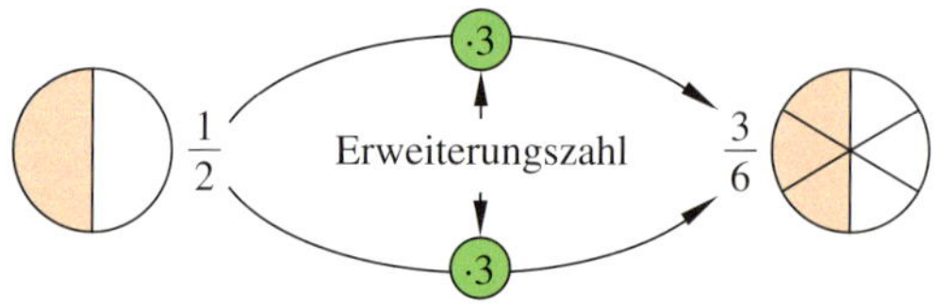


$$\frac{1}{2} = \frac{1 \cdot 3}{2 \cdot 3} = \frac{3}{6}$$

Erweitern einer gemischten Zahl mit 2:

$$1\frac{3}{4} = 1\frac{3 \cdot 2}{4 \cdot 2} = 1\frac{6}{8}$$

→ Seite 30

## Brüche kürzen

**Brüche kürzen** heißt, für das Ganze eine gröbere Unterteilung zu wählen.

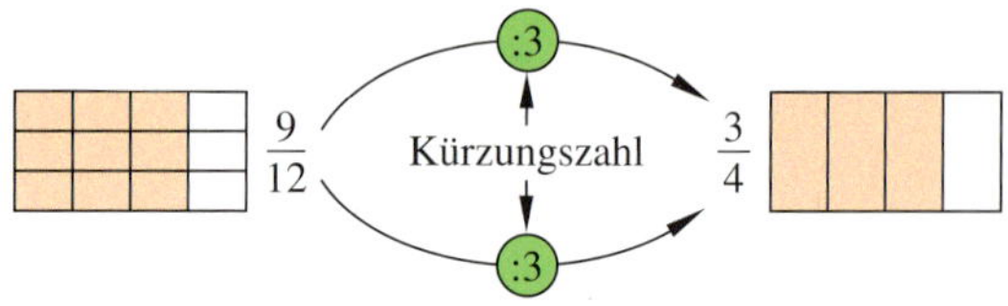


**Kürzen eines Bruchs** bedeutet, Zähler und Nenner durch die gleiche Zahl zu dividieren.

$$\frac{9}{12} = \frac{9 : 3}{12 : 3} = \frac{3}{4}$$

Dabei ändert sich der Wert des Bruchs nicht.
Das Kürzen kehrt das Erweitern um.

Kürzen einer gemischten Zahl durch 2:

$$1\frac{4}{6} = 1\frac{4 : 2}{6 : 2} = 1\frac{2}{3}$$

Wenn man einen Bruch nicht weiter kürzen kann, nennt man ihn **vollständig gekürzt**.

vollständiges Kürzen:

$$\frac{36}{48} \overset{:2}{=} \frac{18}{24} \overset{:2}{=} \frac{9}{12} \overset{:3}{=} \frac{3}{4}$$

→ Seite 32

## Brüche mit gleichen Nennern addieren

**Brüche mit gleichen Nennern** werden **addiert**, indem man nur die Zähler addiert.

Der Nenner bleibt unverändert.

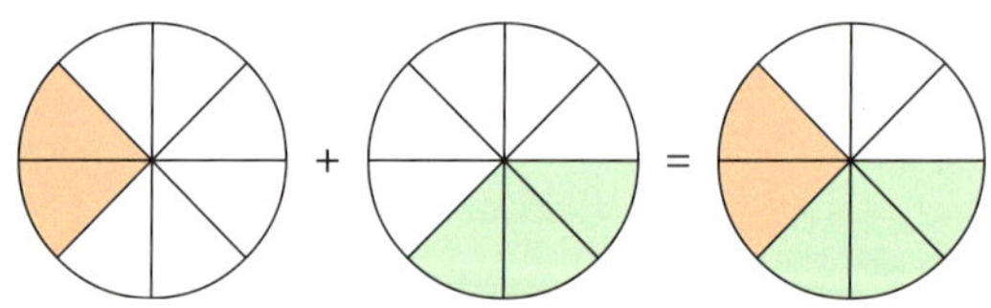

$$\frac{2}{8} + \frac{3}{8} = \frac{2 + 3}{8} = \frac{5}{8}$$

→ Seite 34

## Brüche mit gleichen Nennern subtrahieren

**Brüche mit gleichen Nennern** werden **subtrahiert**, indem man nur die Zähler subtrahiert.

Der Nenner bleibt unverändert.

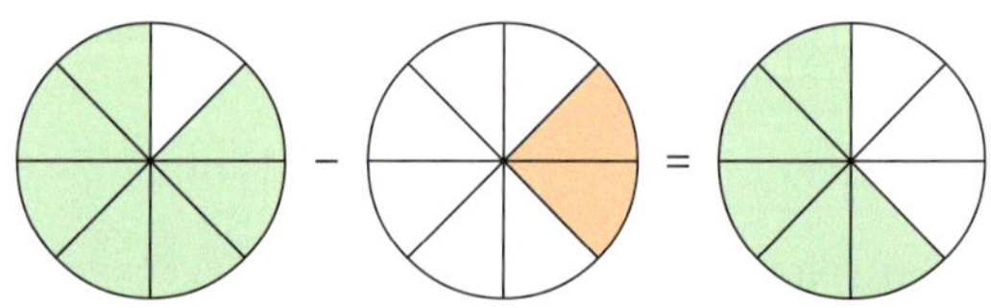

$$\frac{7}{8} - \frac{2}{8} = \frac{7 - 2}{8} = \frac{5}{8}$$

# Grundbegriffe der Geometrie

Der Skifahrer zeigt sein Können beim Freestyle skiing. Nach dem Absprung dreht er sich, dabei überkreuzen sich seine Skier und bilden einen Winkel. Bevor er landet, sind seine Skier wieder parallel.

# Noch fit?

## Einstieg

## Aufstieg

### 1 Strecke, Strahl, Gerade

Welche Satzteile gehören zusammen, sodass die Aussagen stimmen?
Übertrage die Sätze vollständig in dein Heft.

| | |
|---|---|
| Eine **Strecke** ist eine gerade Linie, die … | … einen Anfangspunkt, aber keinen Endpunkt hat. |
| Ein **Strahl** ist eine gerade Linie, die … | … keinen Anfangspunkt und keinen Endpunkt hat. |
| Eine **Gerade** ist eine gerade Linie, die … | … einen Anfangspunkt und einen Endpunkt hat. |

### 2 Linien beschreiben

Beschreibe die Linien.
Benutze dazu die Fachbegriffe „Punkt“, „Strecke“, „Strahl“, „Gerade“, „zueinander parallel“ und „zueinander senkrecht“.

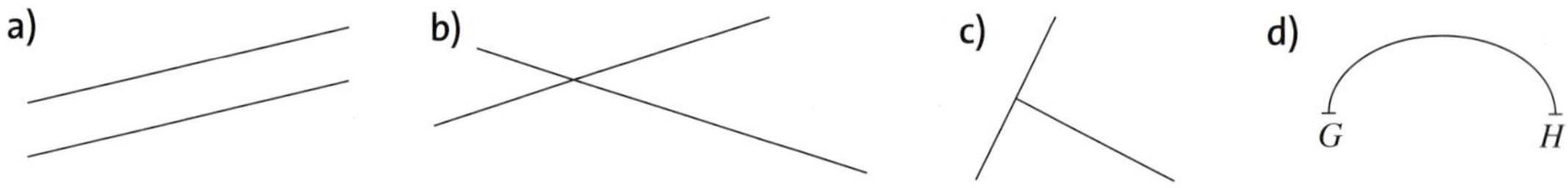


### 3 Parallele und senkrechte Geraden

a) Die Geraden $g$ und $j$ sind parallel zueinander.
Finde weitere solche Paare im Bild.
Benutze dazu dein Geodreieck.

b) Die Geraden $b$ und $h$ bilden rechte Winkel.
Finde weitere solche Paare im Bild.

### 3 Parallele und senkrechte Geraden

a) Schreibe alle Geraden in dein Heft, die parallel zueinander sind.
Benutze dabei das Zeichen ||.

b) Schreibe alle Geraden in dein Heft, die senkrecht zueinander sind.
Benutze dabei das Zeichen ⊥.

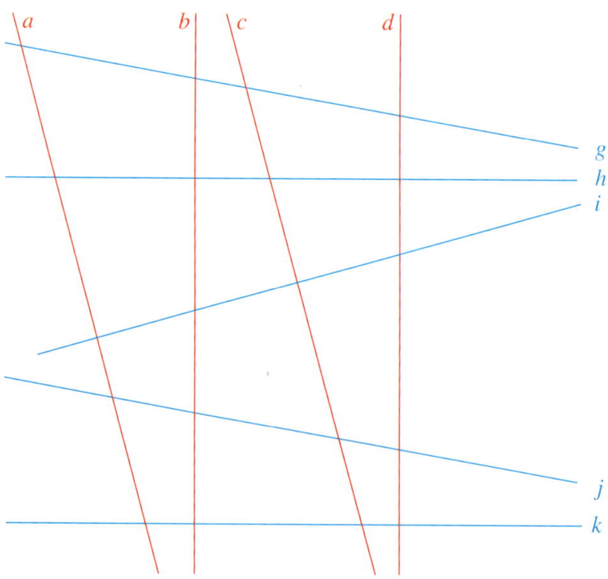

### 4 Senkrechte und Parallele zeichnen

Übertrage die Zeichnung in dein Heft. Die Kästchen helfen dir dabei.

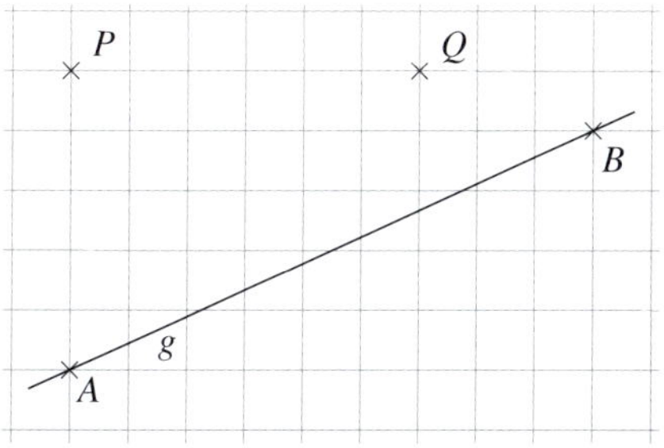


a) Zeichne eine Parallele $h$ zu $g$ durch $Q$.
b) Zeichne eine Senkrechte zu $g$ durch $P$.
c) In welchem Winkel schneidet die Senkrechte die Gerade $h$?

### 4 Senkrechte und Parallele zeichnen

Zeichne die Geraden $e$, $f$ und $g$ wie im Bild in dein Heft.
Zeichne zu jeder Geraden einen zugehörigen Punkt $E$, $F$ und $G$, der nicht auf den Geraden liegt.

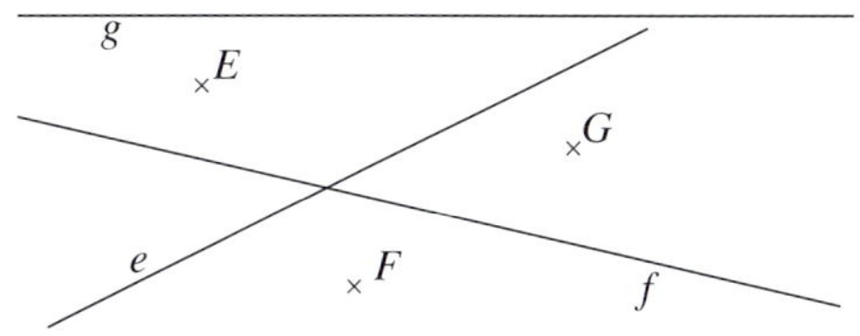


a) Zeichne zu jeder Geraden die senkrechte Gerade durch den zugehörigen Punkt.
b) Zeichne dann zu jeder Geraden die parallele Gerade durch den zugehörigen Punkt.

**5** Carolin hat ein quadratisches Blatt Papier zweimal gefaltet und dann Teile abgeschnitten. Welche Teile gehören zusammen?

*zusammengefaltet:*

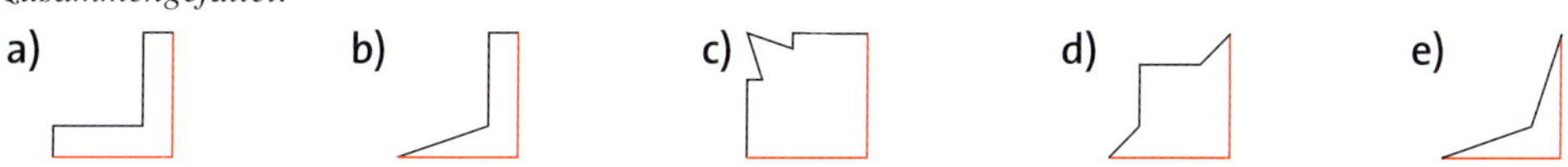


*aufgefaltet:*

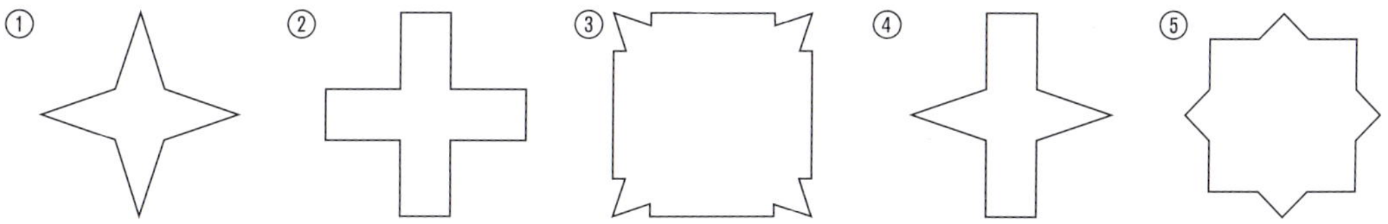


### 6 Punkte im Koordinatensystem

Zeichne das Koordinatensystem in dein Heft.
Notiere die Koordinaten der Punkte $A$ bis $F$.

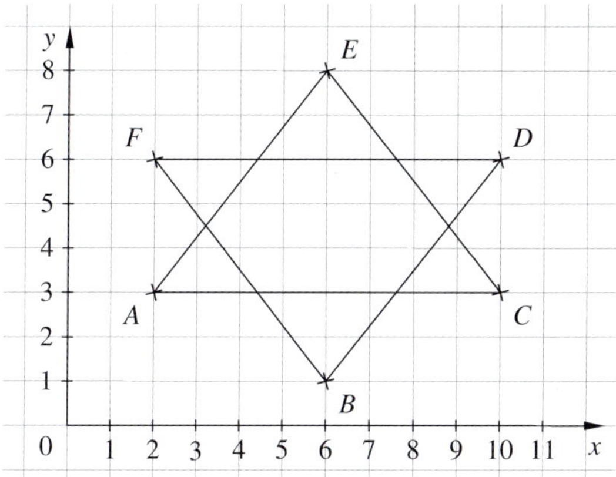


### 6 Punkte im Koordinatensystem

Zeichne das Koordinatensystem in dein Heft.
Notiere die Koordinaten der Punkte $A$ bis $L$.

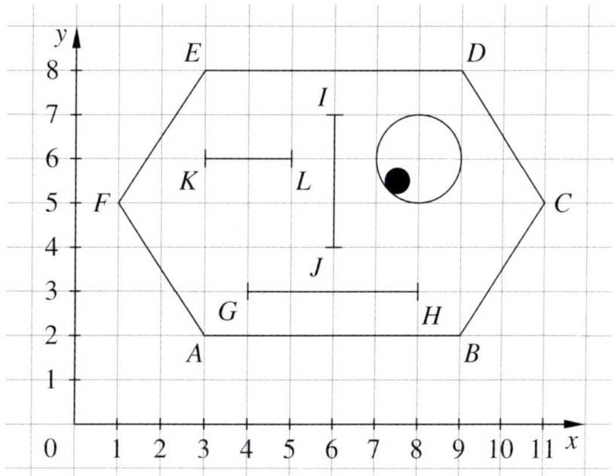

# Winkel erkennen

## Entdecken

**1** Rechte Winkel kennst du bereits. Zeichne einige rechte Winkel in dein Heft.

**2** Auf den Bildern könnt ihr Winkel finden. Zeigt euch gegenseitig möglichst viele Winkel.

**3** Du kannst durch Falten Winkel selbst erzeugen.
Falte ein Blatt Papier zweimal so, dass sich die Faltlinien schneiden.

a) Wie viele Winkel erkennst du?

b) Vergleiche die entstandenen Winkel mit deinem Mitschüler. Was fällt euch auf?

c) Wie musst du das Papier falten, damit
– gleich große Winkel entstehen?
– unterschiedlich große Winkel entstehen?

## Verstehen

Winkel findest du überall in deiner Umgebung.

Stellt man z. B. eine Leiter auf, so darf der Winkel zwischen den beiden Leiterteilen nicht zu klein werden.
Sonst besteht die Gefahr, dass man mit der Leiter umkippt.

**Merke** Ein **Winkel** wird durch zwei **Schenkel** gebildet.
Die Schenkel beginnen im **Scheitelpunkt** $S$.

**Beispiel 1**

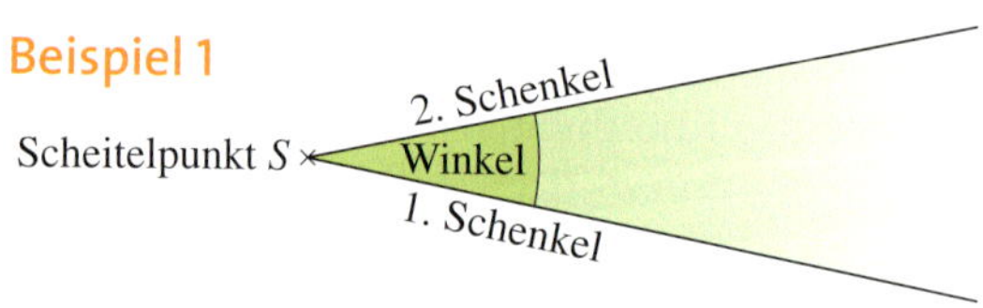


Winkel werden mit griechischen Buchstaben bezeichnet.

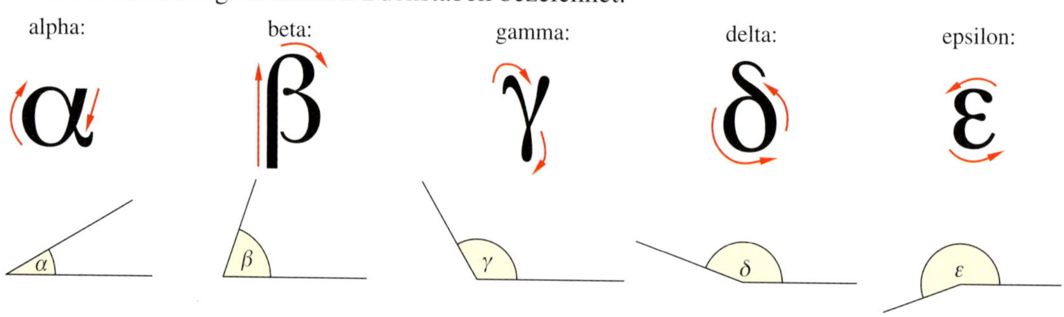

## Üben und anwenden

**1** Zeige auf den Bildern möglichst viele Winkel.

**2** Im Klassenzimmer gibt es viele Winkel. Lege sie mit Stiften nach wie im Bild in der Randspalte. Wo liegt der Scheitelpunkt? Wo liegen die Schenkel?

**2** Erkläre, wo sich Scheitelpunkt und Schenkel der Winkel an folgenden Gegenständen befinden: Zimmertür, Stuhl, Bücherschrank, Radiergummi, Geodreieck.

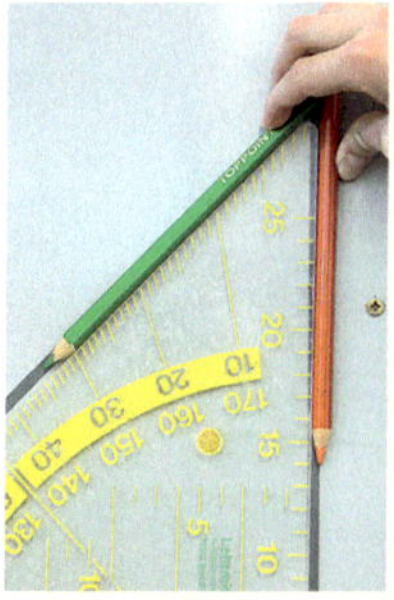

**3** Schreibe die griechischen Buchstaben $\alpha$, $\beta$, $\gamma$, $\delta$ und $\varepsilon$ zuerst groß und dann kleiner.
Informiere dich auch über andere griechische Buchstaben.

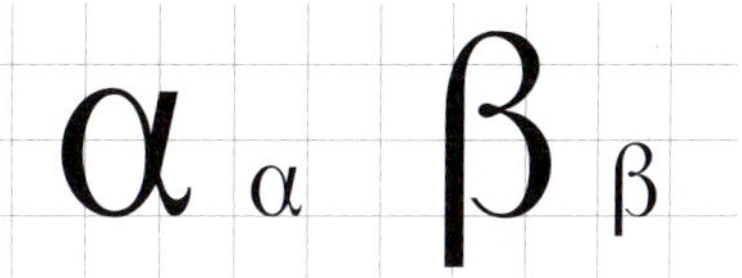


**4** Falte ein Blatt Papier zweimal so, dass Winkel entstehen.
a) Färbe einen der Winkel gelb ein.
b) Markiere den Scheitelpunkt blau und die zugehörigen Schenkel rot.
c) Fertige noch andere Winkel durch Falten an und beschrifte sie mit griechischen Buchstaben.

**4** Zeichne zwei sich schneidende Geraden.
a) Bezeichne alle entstandenen Winkel mit griechischen Buchstaben. Vergleiche die Größen der Winkel. Beschreibe, was dir auffällt.
b) Wie viele verschieden große Winkel entstehen, wenn du zwei senkrecht aufeinanderstehende Geraden zeichnest?

**5** Übertrage die Figuren in dein Heft und kennzeichne die Winkel.

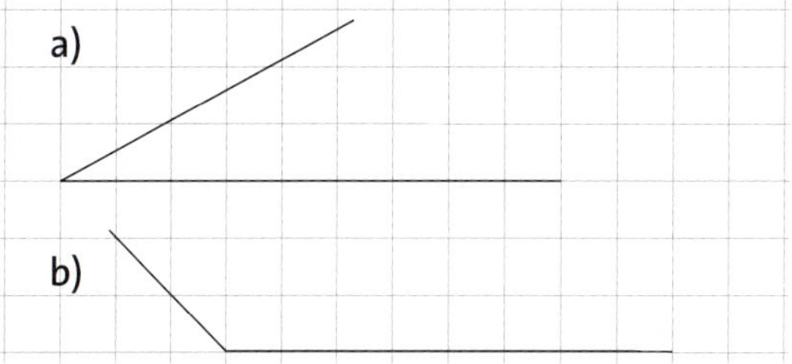


**5** Übertrage die Figuren in dein Heft und kennzeichne die Winkel.

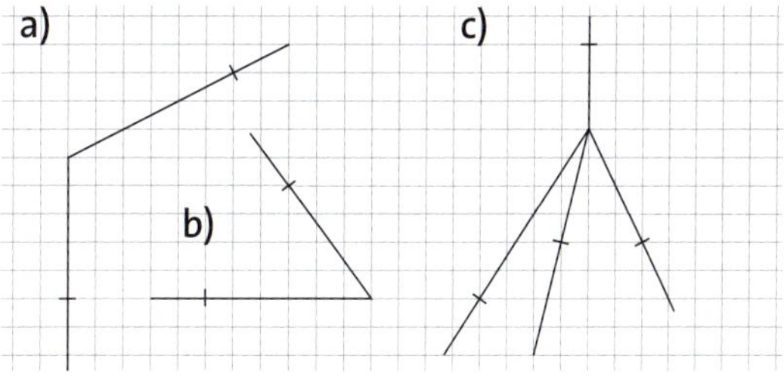


**6** Was ist gemeint? Fertige zu deiner Antwort eine Skizze an.
a) Er schießt aus einem *günstigen Winkel* auf das Tor.
b) Der *Steigungswinkel* beim Flugzeug darf nicht zu groß sein.
c) Die Straßen kreuzen sich unter einem bestimmten *Kreuzungswinkel*.

# Winkel bezeichnen

## Entdecken

rechter Winkel

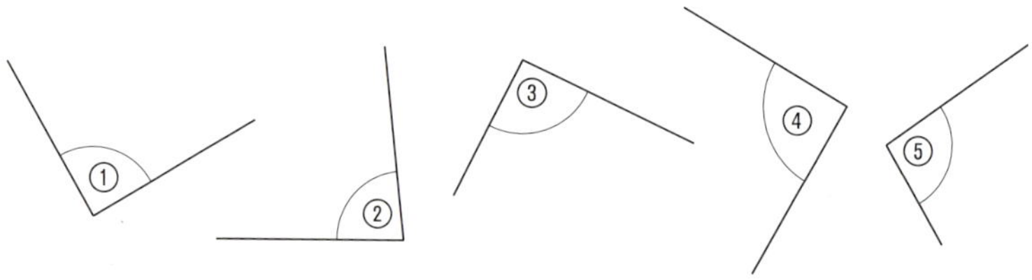


**1** Mithilfe eines DIN-A4-Blatts kannst du Winkelgrößen vergleichen. Welche Winkel sind rechte Winkel, welche größer oder kleiner?

*HINWEIS*
*Material für den Bau des Winkelmodells:*
- *zwei rechteckige Pappstreifen*
- *eine Musterbeutelklammer*

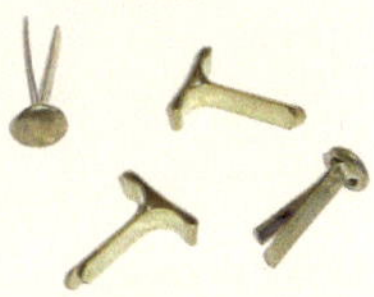

**2** Bauanleitung für ein Winkelmodell
① Zeichnet zwei unterschiedlich lange Streifen auf Pappe und schneidet sie aus.
② Beschriftet die beiden Streifen wie im Bild.
③ Verbindet beide Streifen mithilfe der Klammer.

Stellt einen rechten Winkel am Winkelmodell ein. Stellt dann einen Winkel ein, der …
**a)** halb so groß ist wie ein rechter Winkel.
**b)** doppelt so groß ist wie ein rechter Winkel.
**c)** größer, aber nicht doppelt so groß ist wie ein rechter Winkel.
**d)** dreimal so groß ist wie ein rechter Winkel.

## Verstehen

Für einen sicheren Stand der Leiter sollte der Winkel $\alpha$ mindestens 40° betragen.

**Merke** Die Größe eines Winkels wird in der Einheit **Grad** angegeben. 1 Grad (1°) erhält man, wenn ein Kreis in 360 gleich große Teile geteilt wird.

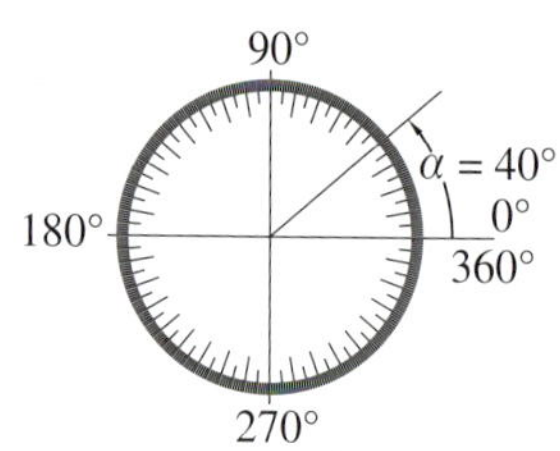


Bei einem Winkel $\alpha$ von 40 Grad schreibt man $\alpha = 40°$. Man sagt: „Alpha gleich 40 Grad“.

Winkel kann man nach ihrer Größe unterscheiden.

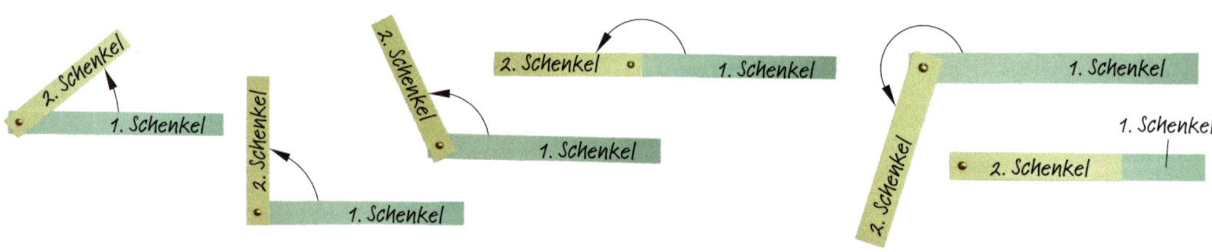


**Merke Winkelarten im Überblick**

| spitzer Winkel | rechter Winkel | stumpfer Winkel | gestreckter Winkel | überstumpfer Winkel | Vollwinkel |
|---|---|---|---|---|---|
| größer als 0°, aber kleiner als 90° | genau 90° | größer als 90°, aber kleiner als 180° | genau 180° | größer als 180°, aber kleiner als 360° | genau 360° |

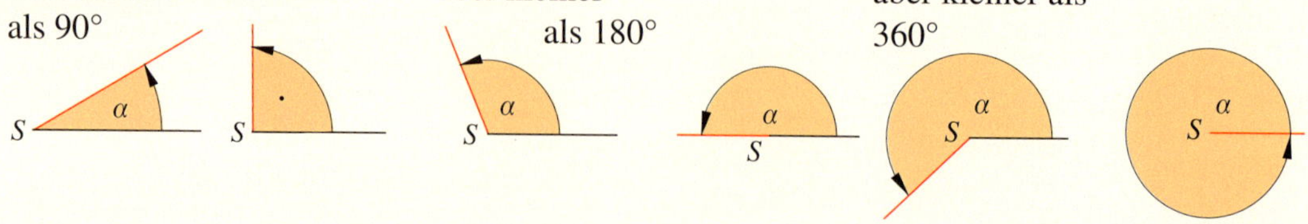

## Üben und anwenden

**1** Arbeitet zu zweit.
Zeige deinem Lernpartner mit deinen Armen spitze, rechte, stumpfe und gestreckte Winkel. Dein Lernpartner muss die Winkel erkennen und benennen. Wechselt euch gegenseitig ab.

**2** Prüfe mit einem DIN-A4-Blatt, welcher der Winkel ein spitzer, ein rechter oder ein stumpfer Winkel ist.

**2** Gib zu den Winkeln $\alpha$, $\beta$, $\gamma$, $\delta$ und $\varepsilon$ die Winkelart an.

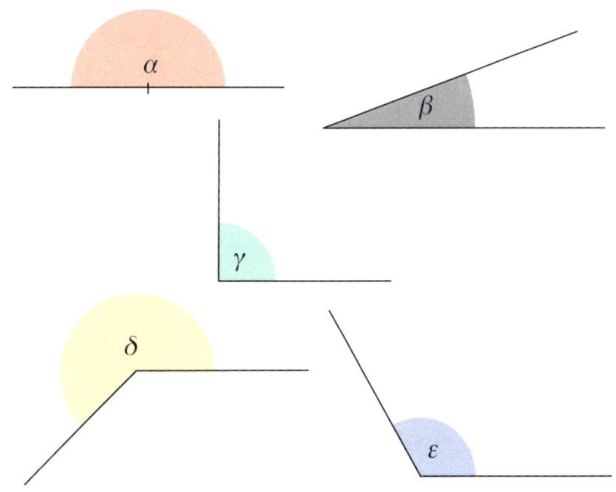


**3** Welche Winkelarten bilden die Zeiger der Uhren?

a) 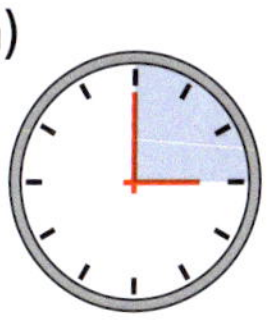

b) 

c) 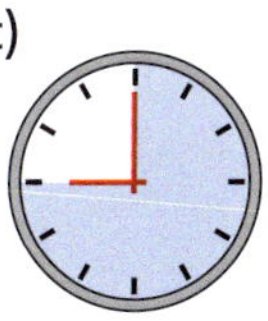

**3** Welche Winkelarten bilden die Zeiger der Uhren?

a) 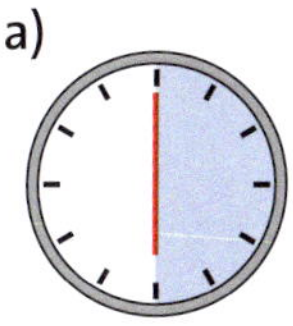

b) 

c) 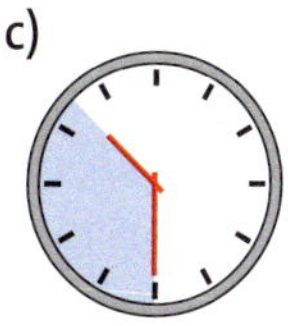

**4** Zeichne drei rechte, drei spitze und drei stumpfe Winkel in dein Heft.
Bezeichne die Winkel.

**4** Zeichne jeweils ein Dreieck, das mindestens einen rechten, einen spitzen und einen stumpfen Winkel hat.

**5** Ordne die verschiedenen Winkelgrößen den Winkeln $\alpha$ bis $\delta$ zu. Du musst dazu keine Winkel messen.
Begründe deine Vorgehensweise.
120°; 90°; 45°; 20°

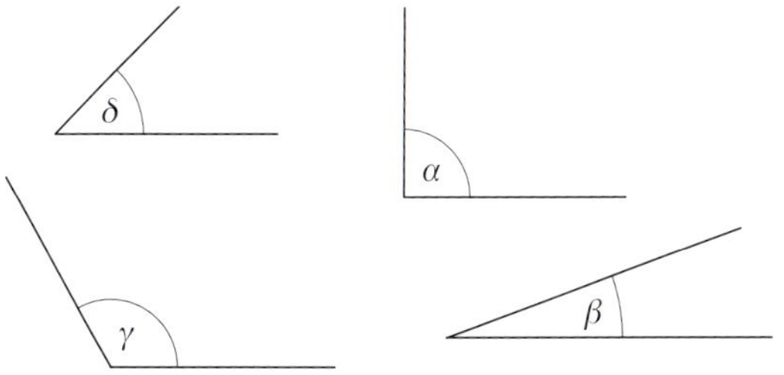


**5** Gib jeweils die Winkelart an und schätze die Größe des Winkels.
Begründe deine Schätzung.

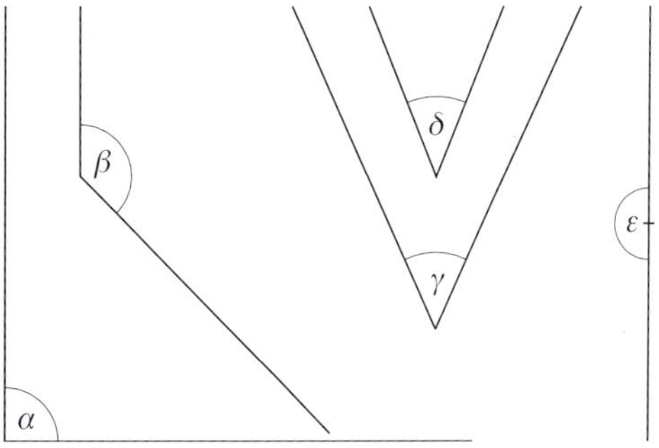


**HINWEIS**
053-1
*Unter dem Webcode findest du eine interaktive Übung zu den verschiedenen Winkelarten.*

**6** Ordne den Winkelgrößen ihre Winkelart zu:
360°; 45°; 138°; 253°; 17°; 90°; 179°; 180°; 89°; 91°

# Winkel messen

## Entdecken

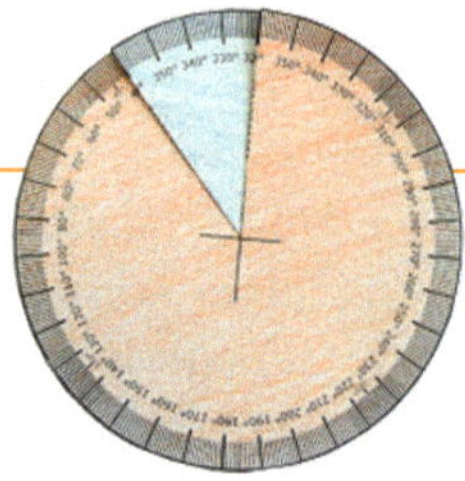

**1** Bauanleitung für eine Winkelscheibe:
① Klebt je eine Winkelskala auf die beiden Pappbögen. Schneidet die Skalen aus.
② Schneidet beide Scheiben vom Rand bis zur Mitte ein.
③ Steckt beide Scheiben ineinander. Achtet darauf, dass beide Winkelskalen oben sind.

Arbeitet zu zweit.
a) Stellt die folgenden Winkel an der Winkelscheibe ein: 90°; 45°; 180°; 75°; 235°.
b) Schätzt Winkel: Stelle einen Winkel ein. Dein Mitschüler schätzt jetzt die Winkelgröße, ohne dass er die Winkelskala sehen kann. Notiert in einer Tabelle die geschätzte und die tatsächliche Winkelgröße. Wechselt euch beim Schätzen ab.

| Winkelgröße | |
|---|---|
| geschätzt | gemessen |
| 55° | 70° |

**2** Tim misst mit dem Geodreieck einen Winkel und meint: „Der Winkel beträgt 145°."
Lisa widerspricht: „Das kann nicht stimmen, die Winkelgröße beträgt 45°."
a) Was meint ihr?
b) Warum ist sich Lisa sicher, dass 145° nicht stimmen kann?
c) Ist es möglich, dass der Winkel 135° groß ist?
d) Stellt eine Regel auf, mit der dieses Problem geklärt wird.

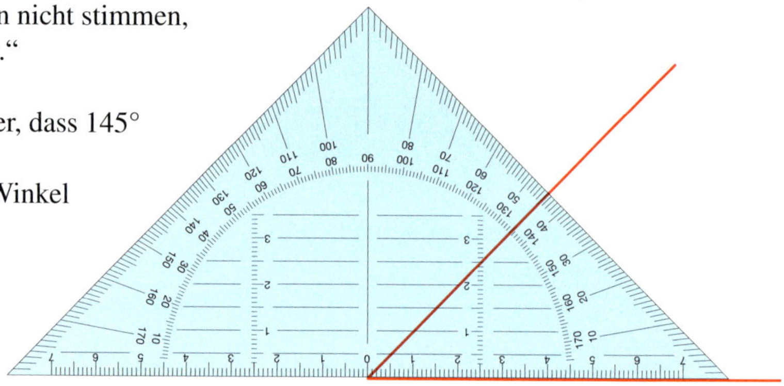

*HINWEIS*
*Material für den Bau einer Winkelscheibe:*
- *zwei verschiedenfarbige Bögen Pappe (DIN A4)*
- *zwei Winkelskalen*

054-1
*Unter dem Webcode findest du eine Winkelskala zum Ausdrucken.*

## Verstehen

Um 15 Uhr bilden die beiden Zeiger genau einen rechten Winkel.
Wie viel Grad ist der Winkel zwischen den beiden Zeigern um 15:05 Uhr?

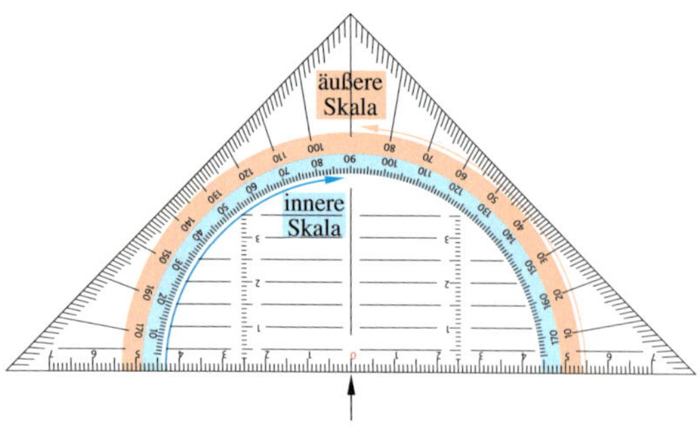


Winkel kann man mit dem Geodreieck messen.

Die beiden kürzeren Kanten des Geodreiecks haben eine **Gradeinteilung**.
Bei diesem Geodreieck läuft die **äußere Skala** gegen den Uhrzeigersinn (orange).
Die **innere Skala** läuft mit dem Uhrzeigersinn (blau).

*HINWEIS*
*Prüfe, ob die Skalen auf deinem eigenen Geodreieck wie in der Abbildung verlaufen.*

**Merke** **Messen eines spitzen Winkels**

**1. Anlegen:** Lege das Geodreieck so an, dass der Nullpunkt des Geodreiecks genau auf dem Scheitelpunkt des Winkels liegt.

**2. Skala wählen:** Da die *äußere Skala* an diesem Schenkel des Winkels mit 0° beginnt, wird auch an der *äußeren Skala* abgelesen.

**3. Ablesen:** An der *äußeren Skala* wird der Winkel abgelesen: 60°.

**Beispiel 1**

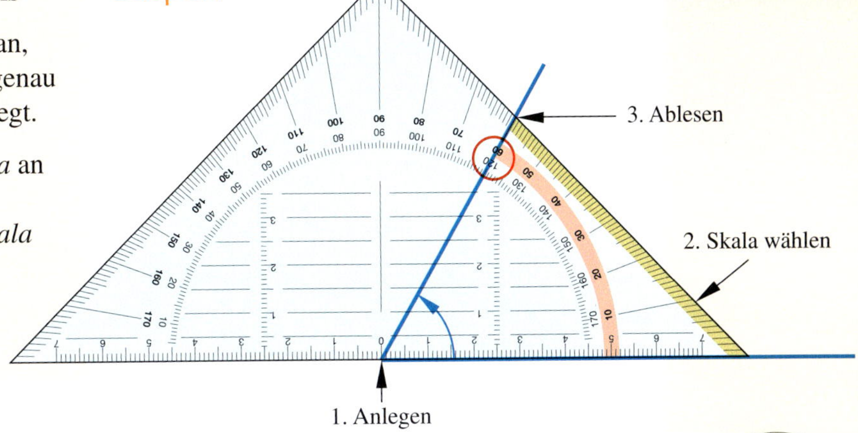


Um 21.05 Uhr kann zwischen den beiden Zeigern ein stumpfer Winkel gemessen werden.

**Merke** **Messen eines stumpfen Winkels**

**1. Anlegen:** Lege das Geodreieck so an, dass der Nullpunkt des Geodreiecks genau auf dem Scheitelpunkt des Winkels liegt.

**2. Skala wählen:** Da die *innere Skala* an diesem Schenkel des Winkels mit 0° beginnt, wird auch an der *inneren Skala* abgelesen.

**3. Ablesen:** An der *inneren Skala* wird der Winkel abgelesen: 120°.

**Beispiel 2**

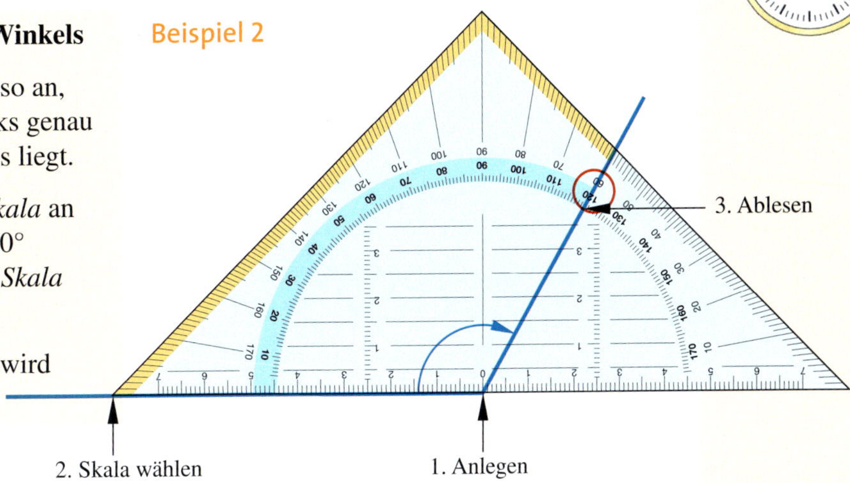


## Üben und anwenden

**1** Wie groß sind die Winkel? Lies die Größe am Geodreieck ab.

a)

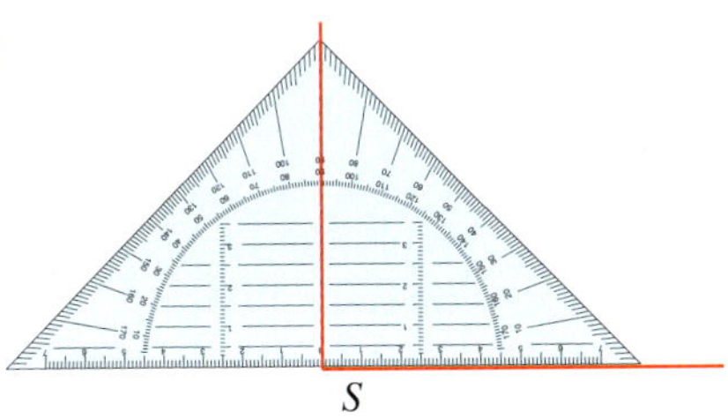


b)

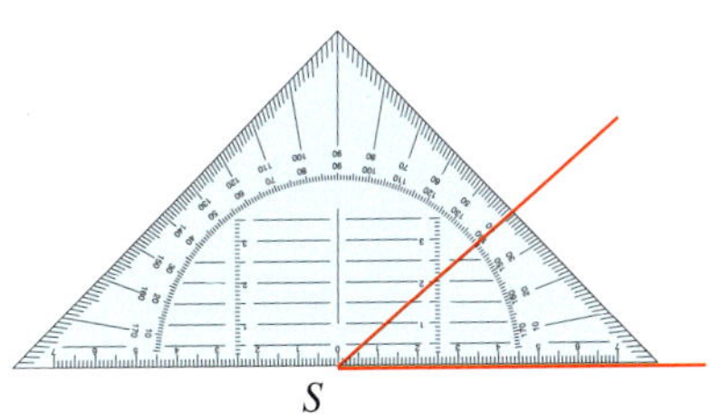


c)

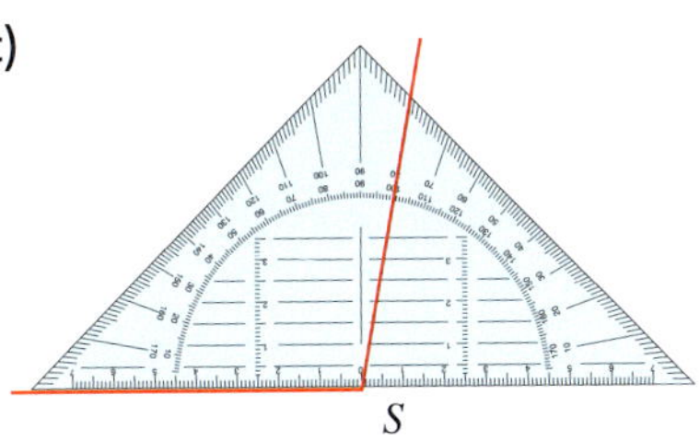


d)

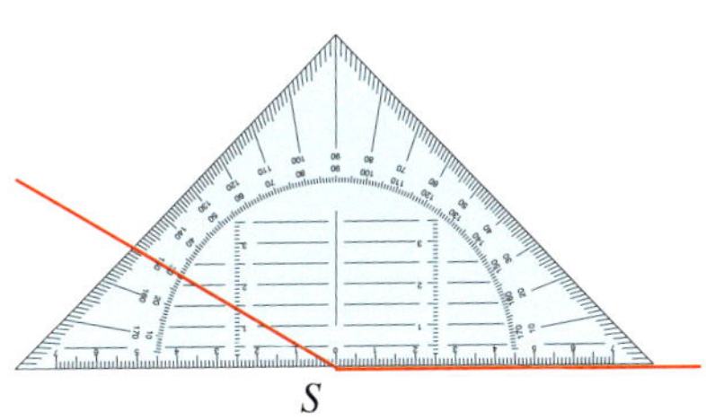

**2** Schätze zuerst die Winkelgröße. Miss dann mit einem Geodreieck.

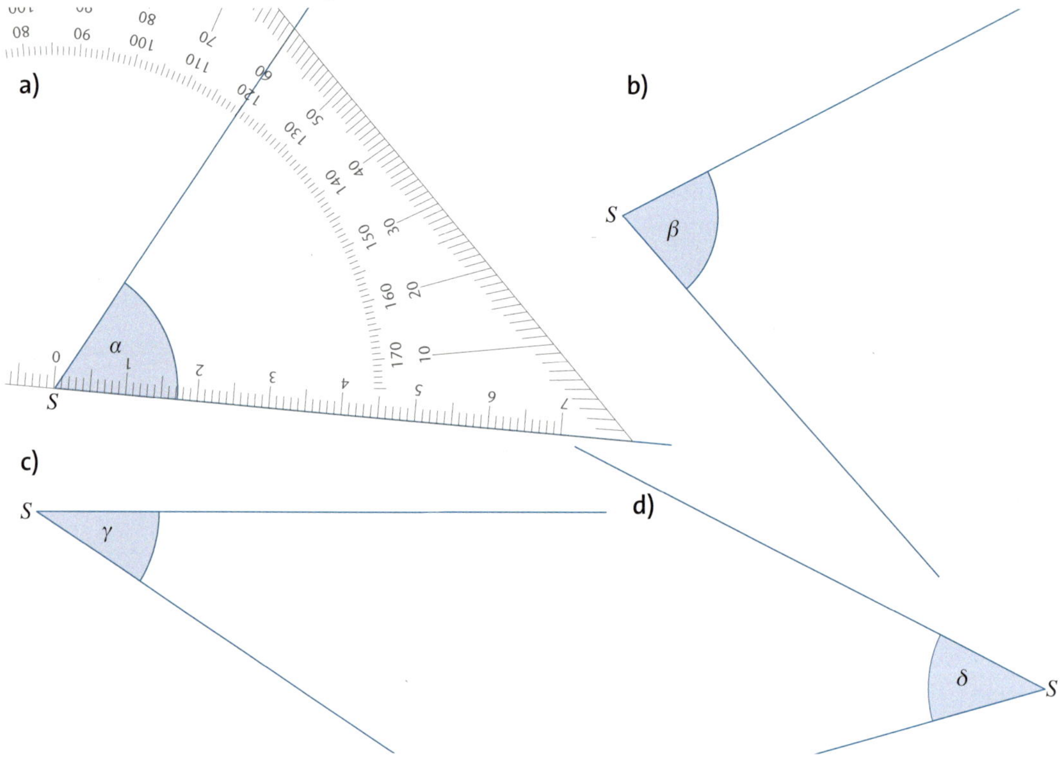


**3** Miss die Winkel mit einem Geodreieck.

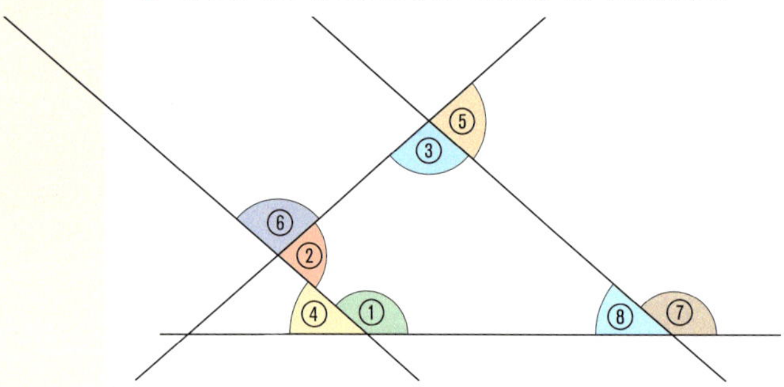

**3** Miss die Winkel mit einem Geodreieck.

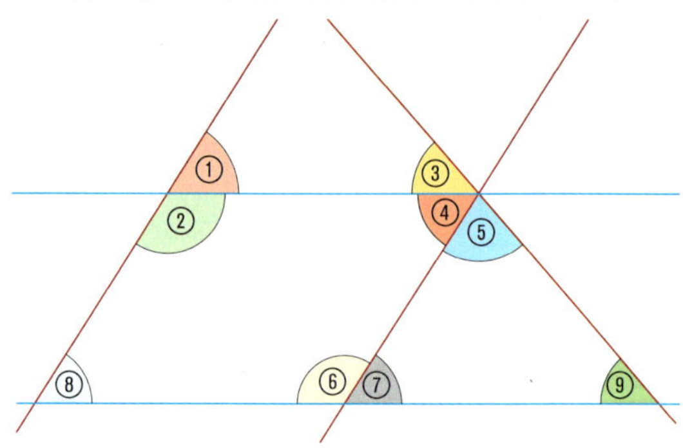

**4** Übertrage die Winkel in dein Heft.
Wie groß sind die Winkel?

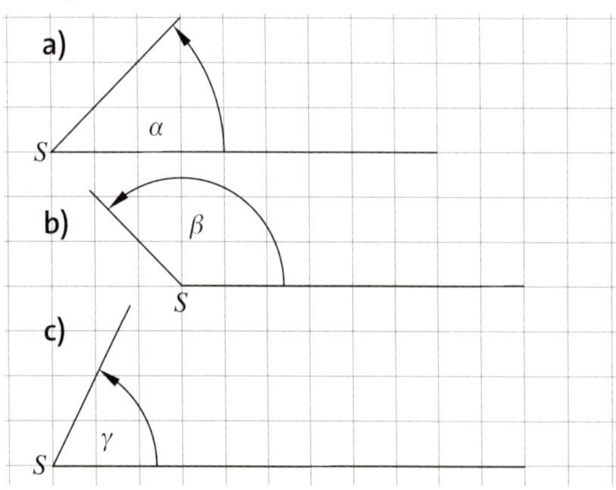


**4** Zeichne die drei Figuren in dein Heft.

a) Miss die Winkel und addiere sie jeweils. Was fällt dir auf?

b) Zeichne die drei Figuren mit vierfachen Seitenlängen und miss die Winkel. Haben die Winkelgrößen sich verändert?

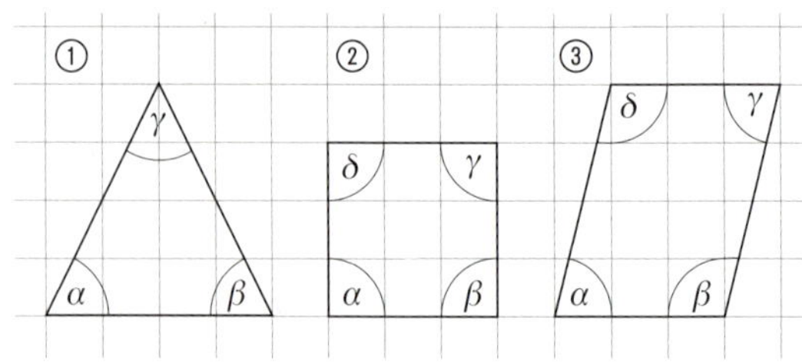

**5** Miss die Winkel mit einem Geodreieck. Addiere zur Kontrolle die Winkelgrößen. Summe der Winkelgrößen: 90°

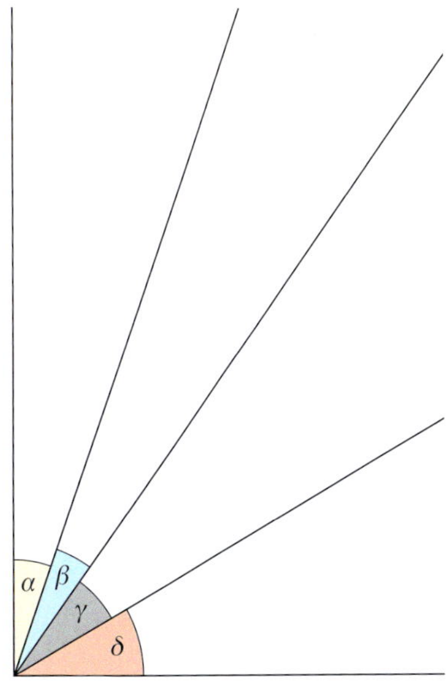


**5** Miss die Winkel mit einem Geodreieck. Addiere zur Kontrolle die Winkelgrößen. Summe der Winkelgrößen: 180°

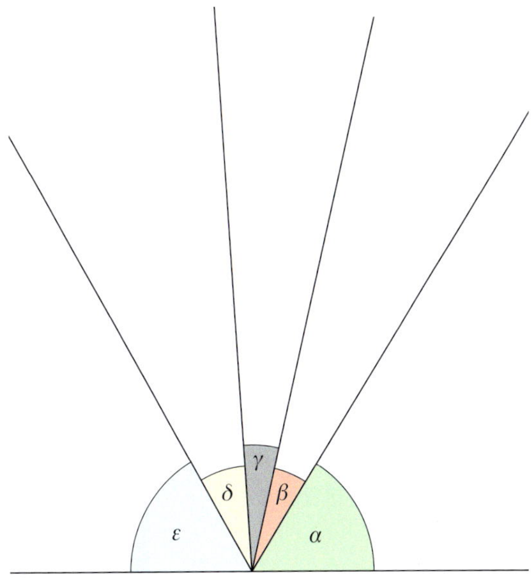


**6** Zeichne das Dreieck $ABC$ in ein Koordinatensystem. Wähle als Einheit ein Kästchen. Miss die Größe der Winkel innerhalb des Dreiecks und schreibe sie auf.

a) $A(1|5)$, $B(15|0)$, $C(7|10)$
b) $A(5|3)$, $B(15|3)$, $C(10|17)$
c) $A(2|2)$, $B(15|7)$, $C(0|11)$

**6** Zeichne das Viereck $ABCD$ in ein Koordinatensystem. Wähle als Einheit ein Kästchen. Miss die Größe der Winkel innerhalb des Vierecks und schreibe sie auf.

a) $A(4|11)$, $B(7|2)$, $C(10|11)$, $D(7|15)$
b) $A(2|4)$, $B(15|4)$, $C(21|10)$, $D(8|10)$
c) $A(2|1)$, $B(18|1)$, $C(12|8)$, $D(4|8)$

**7** Berechne jeweils die Größe des Winkels $\alpha$.

a)
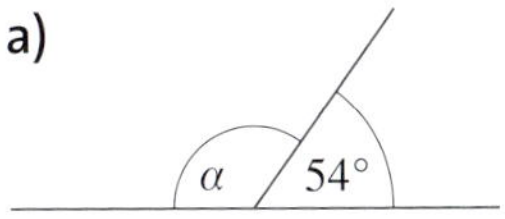


b)
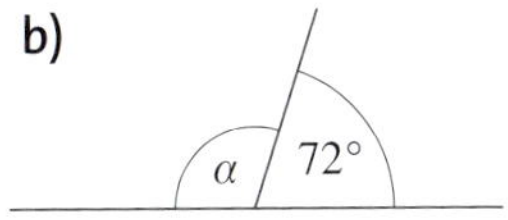


c)
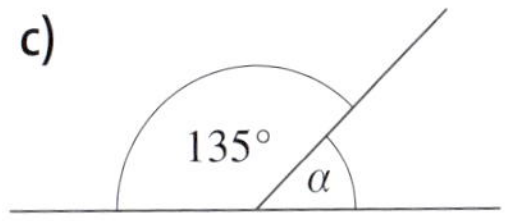


d)
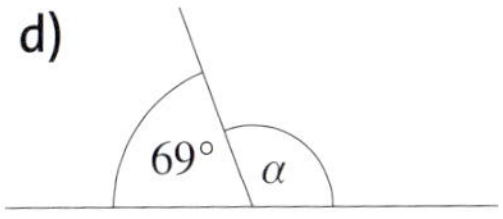


e)
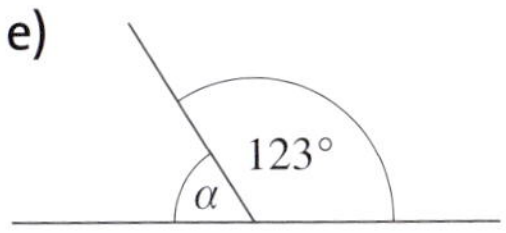


f)
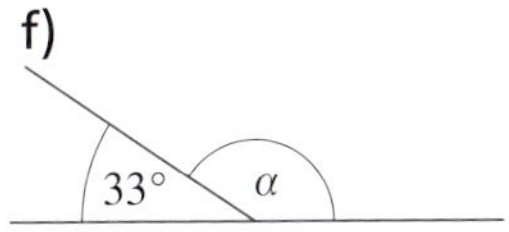


g)
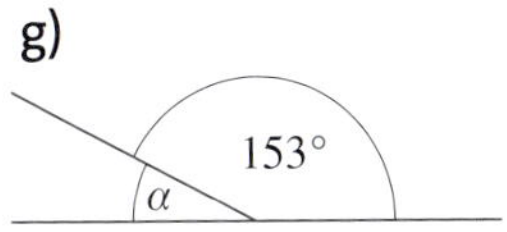


h)
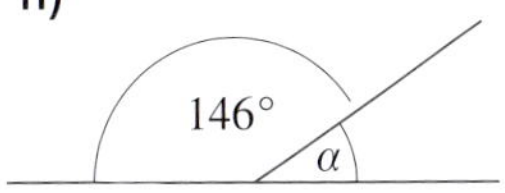


**BEISPIEL**
*für Aufgabe 7:*

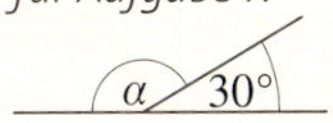


$\alpha = 180° - 30°$
$\alpha = 150°$

## Lerncheck

**1** Berechne. Kennst du noch die Rechenregeln?

a) $283 - 83 \cdot 2$ b) $(283 - 83) \cdot 2$ c) $300 + 17 \cdot 4$ d) $1000 - 488 : 8$

**2** Berechne. Nutze Rechenvorteile.

a) $17 \cdot 19 - 16 \cdot 19$ b) $98 \cdot 107 + 107 \cdot 2$ c) $25 \cdot 83 + 75 \cdot 83$ d) $123 \cdot 4 \cdot 0$

**3** Multipliziere die Summe der Zahlen 345 und 7890 mit 12.

**4** Dividiere die Differenz der Zahlen 5678 und 1234 durch 4.

# Winkel zeichnen

## Entdecken

**1** Lernt euer Geodreieck kennen.
Welche Winkel könnt ihr mit einem Geodreieck ganz besonders leicht zeichnen? Untersucht dazu z. B. die Ecken des Geodreiecks und besondere Linien. Präsentiert eure Ergebnisse.

rechte Winkel | stumpfe Winkel | spitze Winkel | gestreckte Winkel | überstumpfe Winkel | Vollwinkel

**2** Das Bild zeigt das Sternbild „Großer Wagen“ bei Nacht. Übertrage das Sternbild so genau wie möglich in dein Heft ohne abzupausen. Beschreibe, wie du dabei vorgehst.

## Verstehen

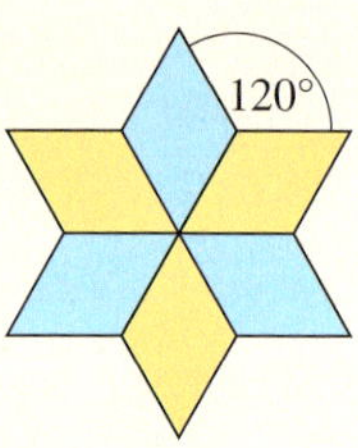


Die Theater-AG braucht für das Bühnenbild viele regelmäßige Sterne.
Dafür messen Rainer und Jeanine zuerst die Winkel und zeichnen sie mit dem Geodreieck.

**Merke** Winkel werden mit dem Geodreieck gezeichnet.
Dabei geht man nach dem **Markierungsverfahren** oder dem **Drehverfahren** vor.

**Beispiel 1 Markierungsverfahren**
für $\alpha = 120°$

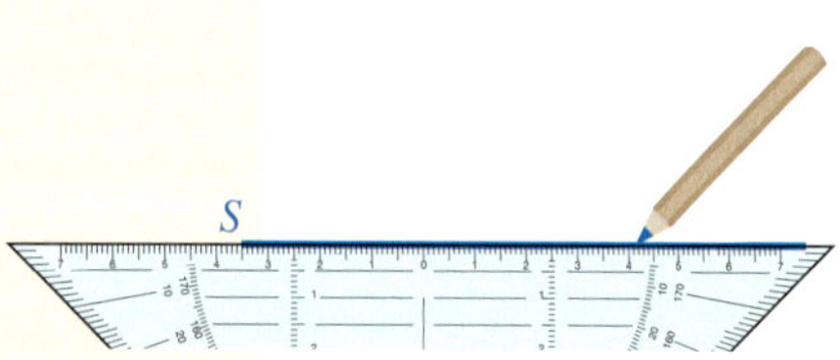


**1. Schritt:**
Zeichne den 1. Schenkel und markiere den Scheitelpunkt.

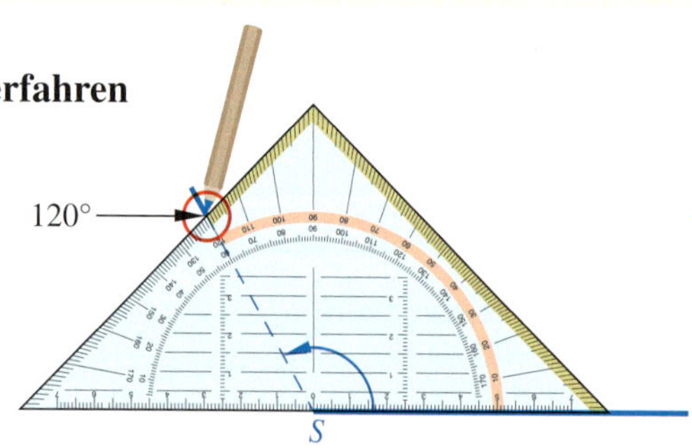


**2. Schritt:**
Lege die lange Kante des Geodreiecks an den Schenkel. Achte darauf, dass der Nullpunkt genau auf dem Scheitelpunkt liegt.
Markiere die Winkelgröße an der richtigen Winkelskala bei 120°.
(Hier im Bild ist es die äußere Skala.)

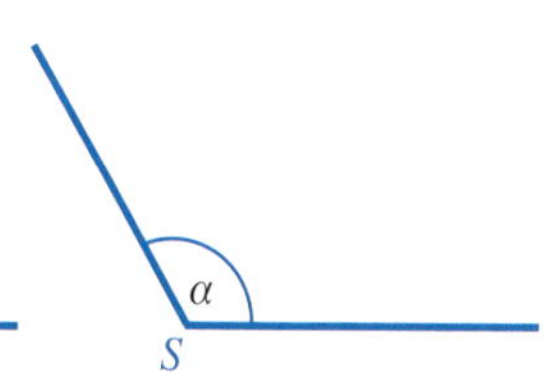


**3. Schritt:**
Verbinde deine Markierung mit dem Scheitelpunkt.
Beschrifte den Winkel.

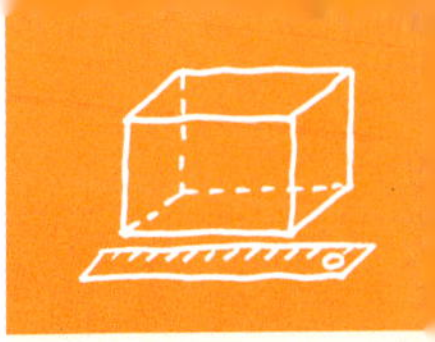

**Beispiel 2 Drehverfahren**
für $\alpha = 120°$

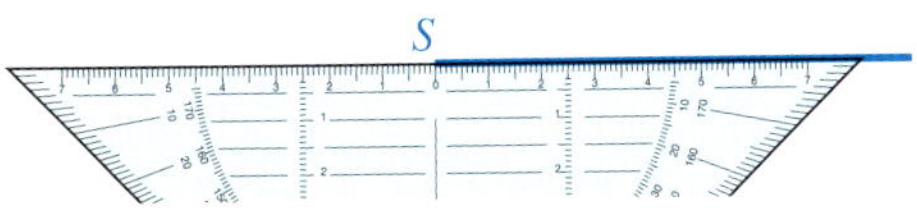


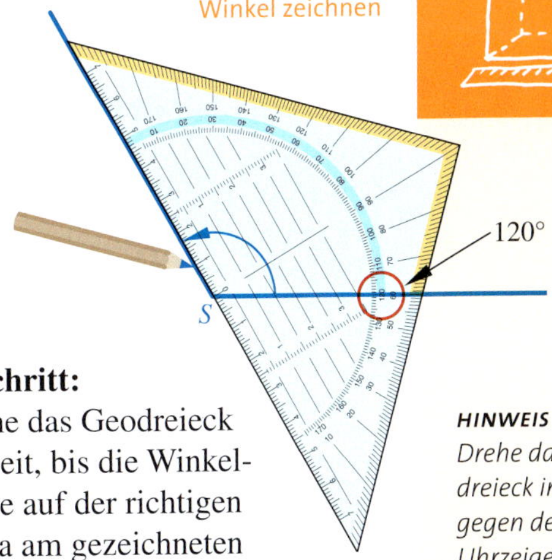


**1. Schritt:**
Zeichne den 1. Schenkel und markiere den Scheitelpunkt.

**2. Schritt:**
Lege die lange Kante des Geodreiecks an den Schenkel. Das Geodreieck zeigt dabei nach unten. Achte darauf, dass der Nullpunkt genau auf dem Scheitelpunkt liegt.

**3. Schritt:**
Drehe das Geodreieck so weit, bis die Winkelgröße auf der richtigen Skala am gezeichneten Schenkel liegt. (Hier im Bild ist es die innere Skala.)
Zeichne dann den 2. Schenkel, indem du an der langen Kante entlang bis zum Scheitelpunkt eine Linie ziehst.
Beschrifte den Winkel.

**HINWEIS**
*Drehe das Geodreieck immer gegen den Uhrzeigersinn.*

## Üben und anwenden

**1** Zeichne je einen spitzen, rechten, stumpfen und gestreckten Winkel ins Heft.
Beschrifte die Winkel und gib die Winkelgröße an. Vergleicht eure Ergebnisse untereinander.

**2** Zeichne die Winkel in dein Heft.
a) Beispiel

① 25° ② 50° ③ 65° ④ 70°

b) Beispiel

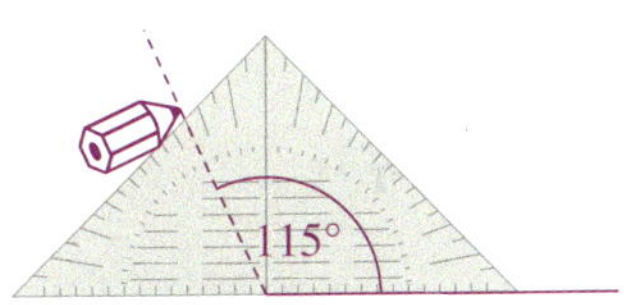


① 95° ② 110° ③ 125 ④ 160°

**2** Zeichne die Winkel ins Heft.
Probiere beide Verfahren zum Winkelzeichnen aus. Welches findest du einfacher?
Bestimme für jeden Winkel die Winkelart und überprüfe so deine Zeichnung.

a) 30° b) 65°
c) 78° d) 27°
e) 86° f) 105°
g) 135° h) 139°
i) 164° j) 6°
k) 86° l) 117°

**HINWEIS**
*Überprüfe deine gezeichneten Winkel stets mit deinem Wissen über Winkelarten.*

**3** Arbeitet zu zweit.
Stellt verschiedene Winkel an der Winkelscheibe ein und zeichnet sie ins Heft.
Wechselt euch beim Einstellen des Winkels ab.

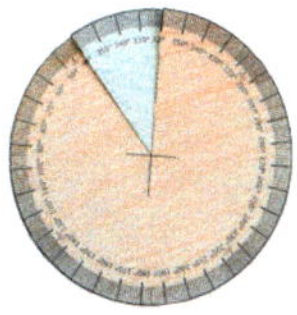

**4** Zeichne nach Augenmaß folgende Winkel in dein Heft:
$\alpha = 90°$ $\beta = 45°$
$\gamma = 60°$ $\delta = 135°$
Miss die gezeichneten Winkel mit dem Geodreieck nach.
Gib die Unterschiede zwischen Schätzung und Messung an.

**4** Zeichne Winkel mit den angegebenen Größen auf ein Blatt Papier:
32° 76° 60° 94° 158°

a) Schneide die Winkel aus und falte sie so zusammen, dass die Schenkel genau aufeinanderliegen.
Zeichne dann die Faltlinie rot nach.
b) Was hat die Faltlinie für eine Bedeutung?

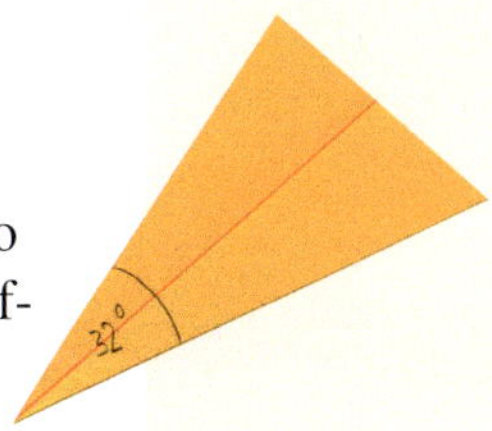

**5** Zeichne die Winkel mit den angegebenen Größen.
Gib an, ob es ein spitzer oder ein stumpfer Winkel ist.

a) 61° b) 85° c) 135° d) 91°
e) 36° f) 17° g) 48° h) 140°
i) Kontrolliert euch gegenseitig. Messt mit einem Geodreieck nach.

**5** Zeichne ein Dreieck mit den folgenden Eigenschaften ins Heft.
a) Es hat drei spitze Winkel.
b) Es hat einen rechten Winkel.
c) Es hat zwei rechte Winkel.
d) Es hat einen stumpfen Winkel.
Vergleicht eure Ergebnisse untereinander. Was fällt euch auf?

**6** Zeichne die Winkel in dein Heft. Berechne die Summe beider Winkel. Kontrolliere deine Zeichnungen mit dem Geodreieck.

a)
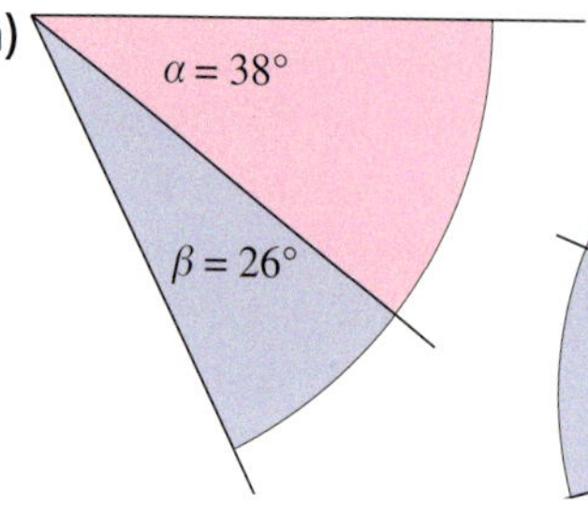


b)
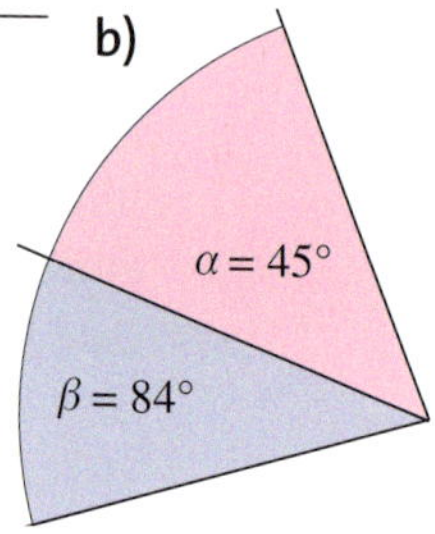


**6** Überlege dir zuerst, wie du vorgehst.
a) Zeichne einen Winkel von 123°. Teile den Winkel auf in zwei Winkel von 24° und ▢°. Wie viel Grad misst der zweite Winkel?
b) Zeichne einen Winkel von 88°. Unterteile ihn in zwei gleich große Winkel. Wie groß sind die Winkel?
c) Zeichne einen Winkel von 86° und direkt daneben einen Winkel von 112°. Wie groß sind beide Winkel zusammen?

**7** Zeichne einen Winkel von 55° und einen weiteren Winkel. Beide Winkel sollen zusammen 180° groß sein.

**7** Zeichne vier Winkel, die zusammen 90° groß sind. Miss nach und kontrolliere, indem du addierst.

**8** Zeichne den Drachen nach.
Beginne mit der Strecke $\overline{AB}$.

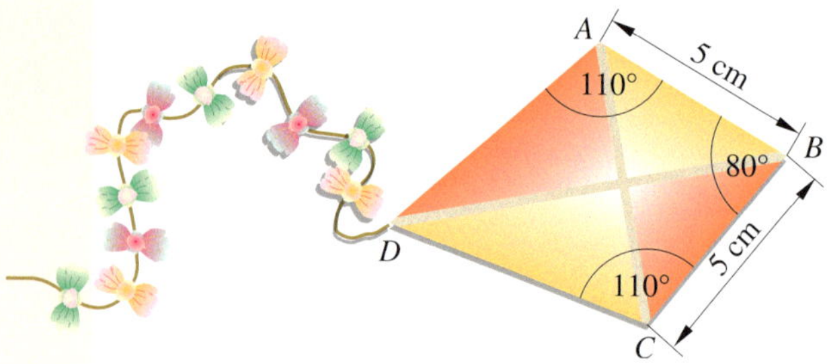


**8** Zeichne den Stern ins Heft.
Alle Seiten des Sterns sind 3 cm (4 cm) lang.
Beginne mit der Strecke $\overline{AB}$.

a)
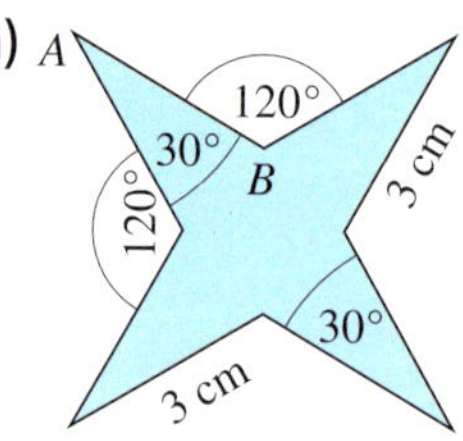


b)
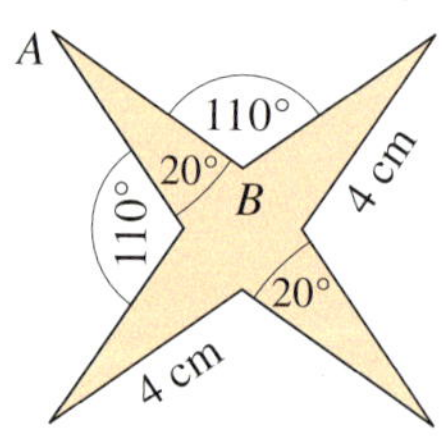


**9** Zeichne den gleichen Winkel mit demselben Scheitelpunkt so oft aneinander, dass ein stumpfer Winkel entsteht.
Wie viele Winkel musst du mindestens aneinander zeichnen?

a) 40° b) 30° c) 25° d) 20°

**10** Jana behauptet: „Mit einem Geodreieck kann man nur Winkel bis 180° zeichnen.“
Hat sie recht?

**10** Rafael behauptet: „Der größte Winkel, den es gibt, ist 359° groß.“
Was meinst du dazu?

**11** Bestimme jeweils die Größe des Winkels $\alpha$.
Jeder der Kreise wurde in gleich große Teile zerlegt.

a)
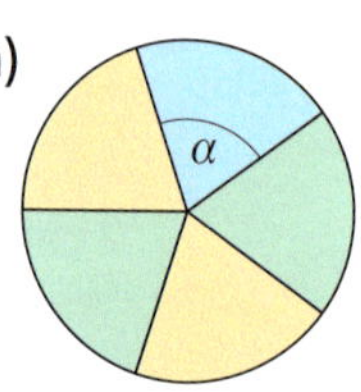


b)
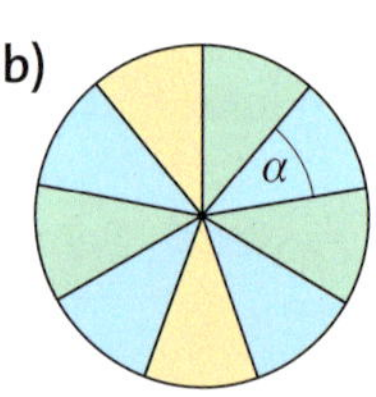


c)
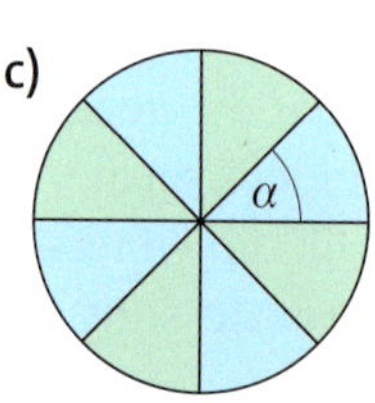

# Methode Überstumpfe Winkel messen und zeichnen

Alina und Niels sollen einen überstumpfen Winkel messen.
Ihr Geodreieck hat aber nur eine Einteilung bis 180°.
Da kommt Niels die Idee, vom Vollwinkel mit 360° auszugehen:
„Den kleinen Winkel können wir messen: 42°.
Bis zum Vollwinkel sind es noch 318°".

**ERINNERE DICH**
*Überstumpfe Winkel sind größer als 180°, aber kleiner als 360°.*

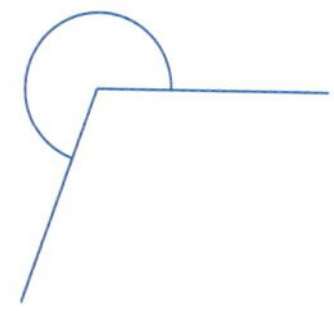

## Messen von überstumpfen Winkeln

**Beispiel 1**
Wie groß ist der Winkel $\beta$?

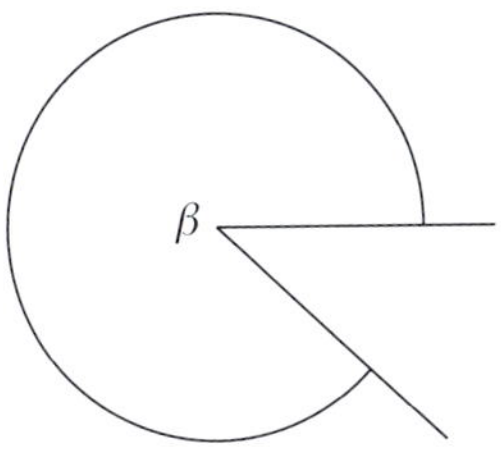


① Wir messen den kleinen Winkel: $\alpha = 42°$
② Wir berechnen den überstumpfen Winkel $\beta$:
$\beta = 360° - 42°$
$\beta = 318°$

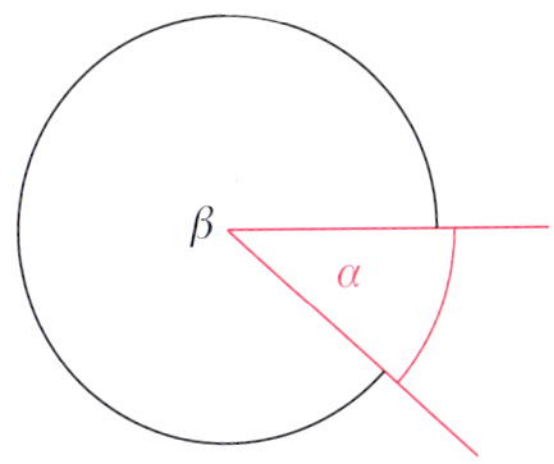


## Zeichnen von überstumpfen Winkeln

Auch beim Zeichnen von überstumpfen Winkeln geht man vom Vollwinkel aus.
So wird ein Winkel von 225° gezeichnet:

**Beispiel 2**
$\beta = 225°$

① Wir berechnen den kleinen Winkel $\alpha$:
$\alpha = 360° - 225°$
$\alpha = 135°$
② Wir zeichnen den kleinen Winkel $\alpha$.
③ Wir beschriften $\beta$ am großen Winkel.

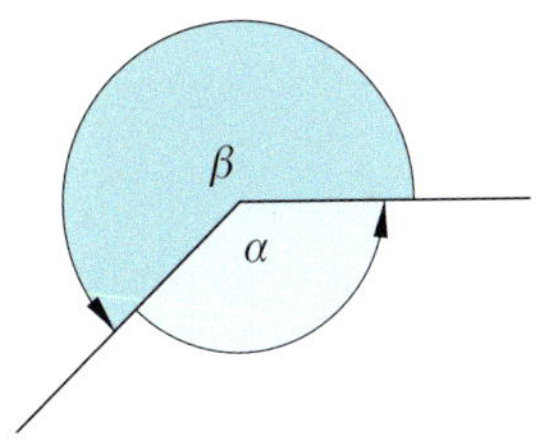


**1** Berechne jeweils die Größe des Winkels $\beta$.

a) 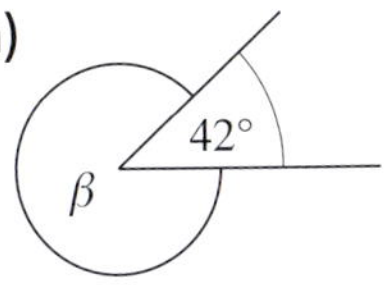


b) 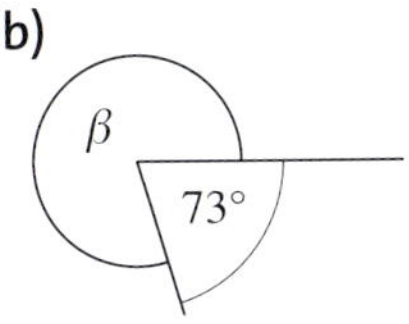


c) 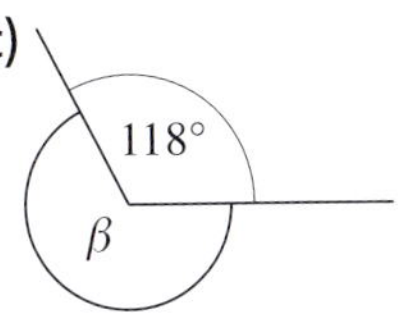


d) 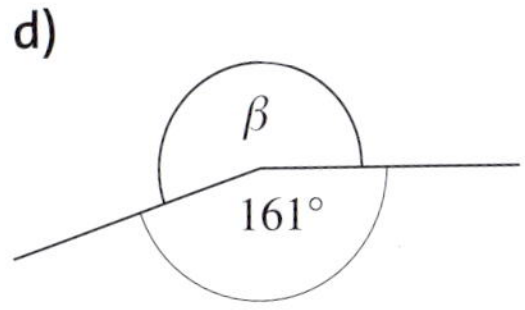


**2** Miss die folgenden Winkel.

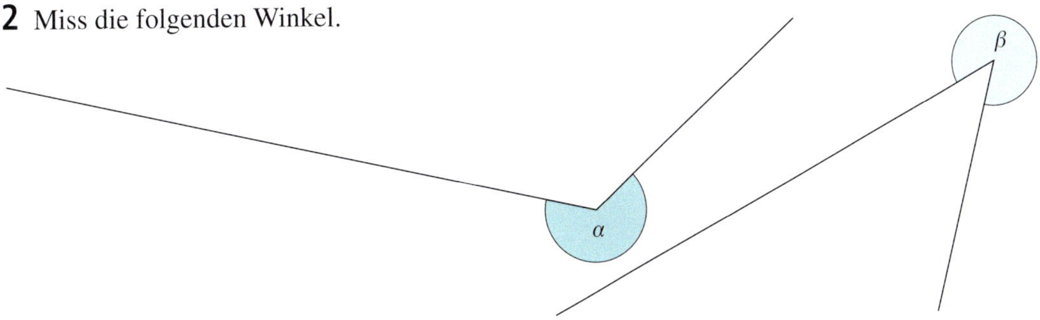


**3** Zeichne Winkel mit den Größen 280°; 295°; 325°; 310° und 250° in dein Heft.

# Achsensymmetrische Figuren

## Entdecken

**1** Klaus Heie schreibt seinen Namen in Druckbuchstaben auf sein Heft. Er hat einen Spiegel dabei und experimentiert damit.
a) Beschreibe, was dir in der Abbildung auffällt.
b) Mache das gleiche Experiment mit deinem eigenen Vornamen und Nachnamen.
c) Gibt es Buchstaben, die sich im Spiegel einfacher lesen lassen als andere? Woran liegt das?

**2** Falte ein Blatt Papier in der Mitte.
Zeichne die halbe Figur auf eine Papierhälfte.
Achte darauf, dass die Figur an der Faltlinie beginnt und endet.
Schneide entlang der Linie der halben Figur.
Vergleicht eure Bilder untereinander.
Was fällt euch auf?

## Verstehen

Auf dem Weg zur Schule sieht Jannis viele verschiedene Verkehrszeichen, z. B. das Schild „Achtung Fahrbahnverengung".

Ihm fällt auf, dass das Schild durch eine Gerade $g$ in zwei gleichartige Hälften geteilt werden kann.

**Merke** Eine Figur, die man so falten kann, dass die eine Hälfte der Figur genau auf die andere Hälfte passt, heißt **achsensymmetrisch**.
Die Faltlinie heißt **Symmetrieachse** oder **Spiegelachse**.
Die beiden Hälften der Figur sind **deckungsgleich**.

**Beispiel 1**

Mithilfe deines Geodreiecks kannst du achsensymmetrische Figuren zeichnen:

**Beispiel 2**

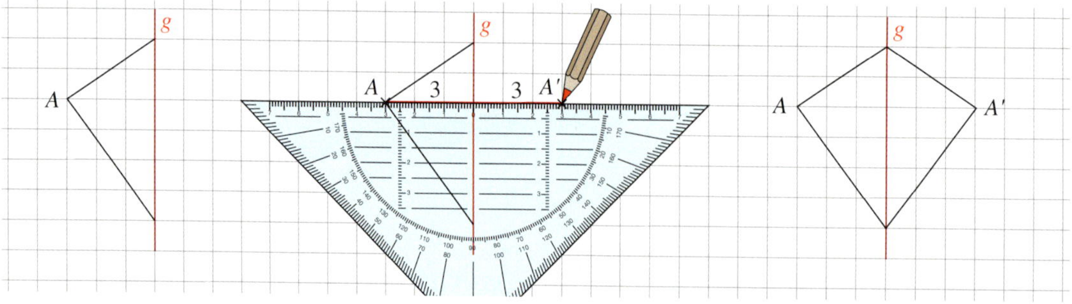

## Üben und anwenden

**1** Zeichne die Figuren ab und schneide sie aus. Prüfe durch Falten, ob sie achsensymmetrisch sind.

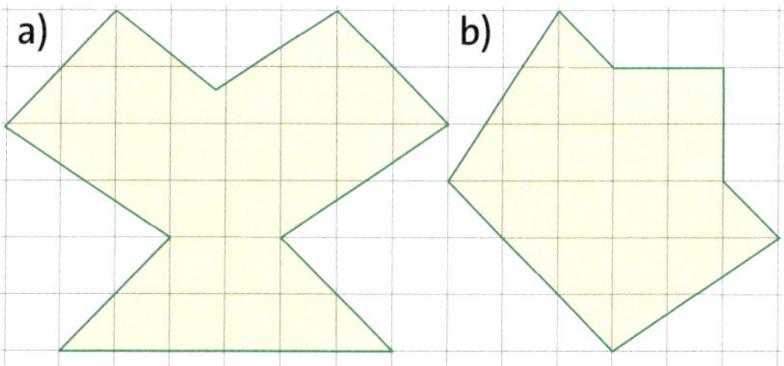


**1** Zeichne die Figuren ab und schneide sie aus. Prüfe durch Falten, ob sie achsensymmetrisch sind. Zeichne die Symmetrieachsen ein.

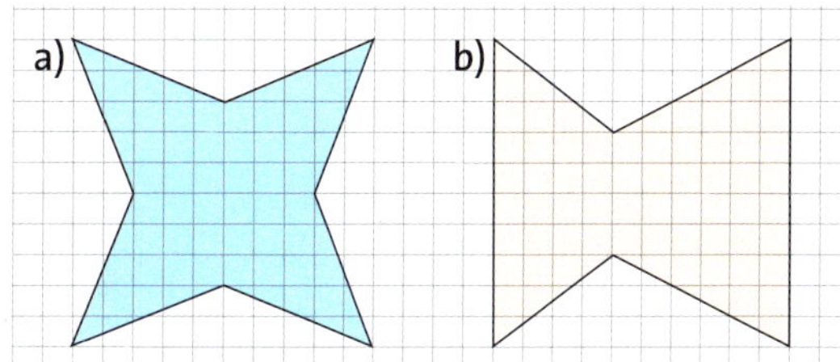


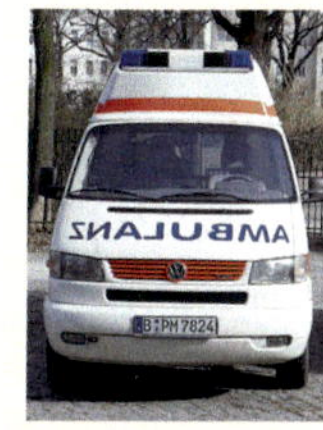

***NACHGEDACHT***
*Kannst du dir die Beschriftung des Rettungswagens erklären?*

**2** Übertrage die beiden Figuren ins Heft. Trage zuerst die Symmetrieachsen ein und gib dann jeweils deren Anzahl an.

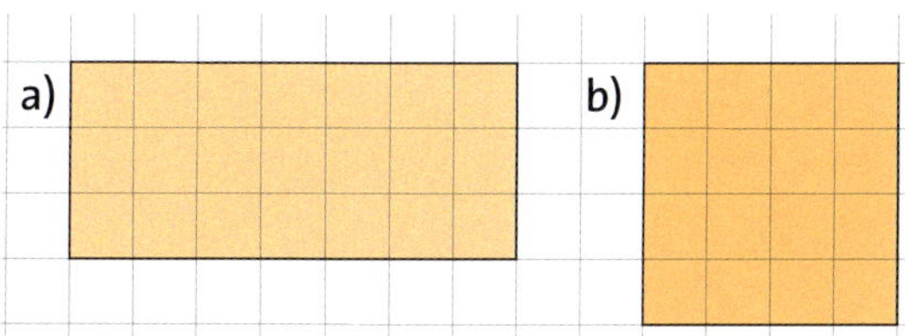


**2** Übertrage die Figuren, die eine Symmetrieachse haben, ins Heft.
Zeichne alle Symmetrieachsen ein.

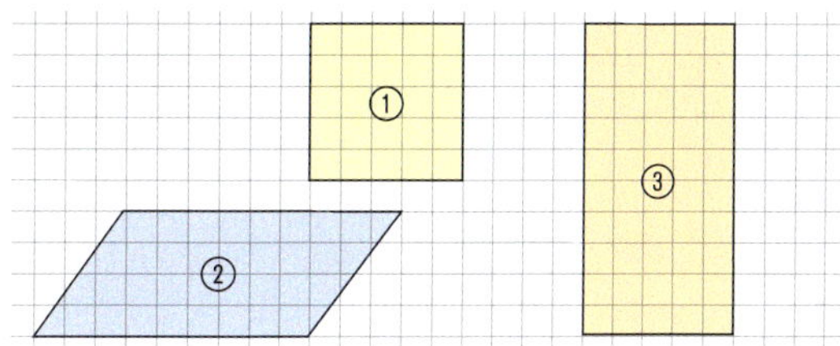


**3** Welche Verkehrsschilder sind achsensymmetrisch?
Bestimme für jede Figur alle Symmetrieachsen.

***HINWEIS***
*zu Aufgabe 3:*
*Wenn du die Symmetrieachsen nicht gleich erkennst, nimm einen Spiegel zu Hilfe.*

**4** Übertrage die Figuren in dein Heft und vervollständige sie achsensymmetrisch.

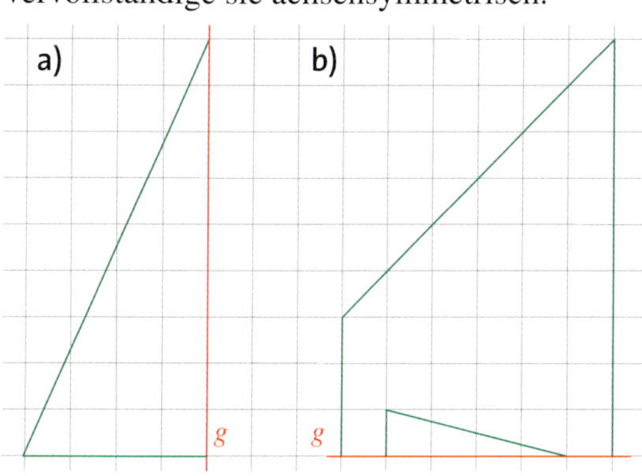


**4** Übertrage die Figuren in dein Heft und vervollständige sie achsensymmetrisch.

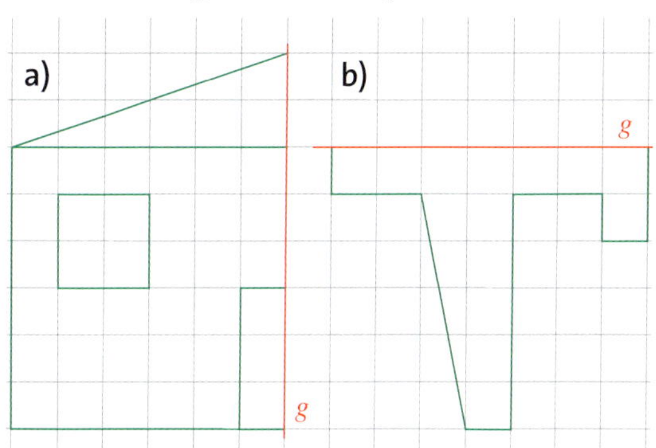


**5** Mit Tintenklecksen kannst du ebenfalls achsensymmetrische Figuren erzeugen. Erkläre, wie das funktioniert, und stelle eigene symmetrische Kleckse her.

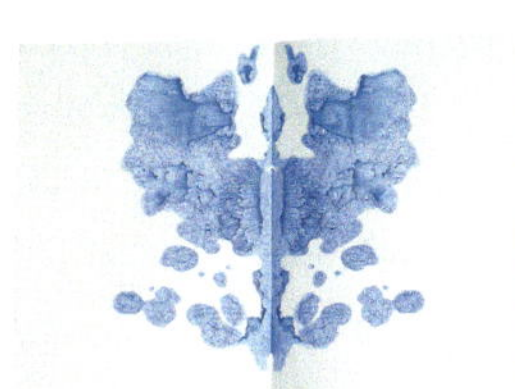

# Punktsymmetrische Figuren

## Entdecken

**1** Welche der Karten kommt in einem Skatblatt vor? Erkläre, wie die untere Hälfte der Karte jeweils unter Verwendung der oberen entstanden ist.

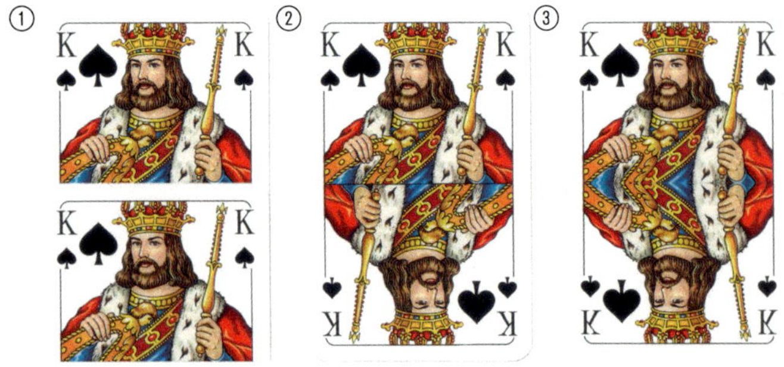


**2** Simon hat seinen Namen in großen Druckbuchstaben auf Papier geschrieben:

**S I M O N**

a) Drehe dein Mathematikbuch auf den Kopf. Was fällt dir an den einzelnen Buchstaben auf?
b) Funktioniert das auch bei deinem Namen? Probiere es aus.
c) Gib weitere Buchstaben an, die bei einer Drehung um 180° gleich bleiben.

## Verstehen

Michael und sein Onkel spielen zusammen Karten.
Michael stellt fest: Einige Karten sehen unverändert aus, wenn man sie auf den Kopf dreht.

**Merke** Eine Figur, die ihr Aussehen bei einer halben Drehung (also um 180°) *nicht* ändert, nennt man **punktsymmetrisch**.
Der Punkt, um den die Figur gedreht wird, heißt **Symmetriepunkt** ***S***.

Sich entsprechende Punkte sind vom Symmetriepunkt ***S*** gleich weit entfernt.

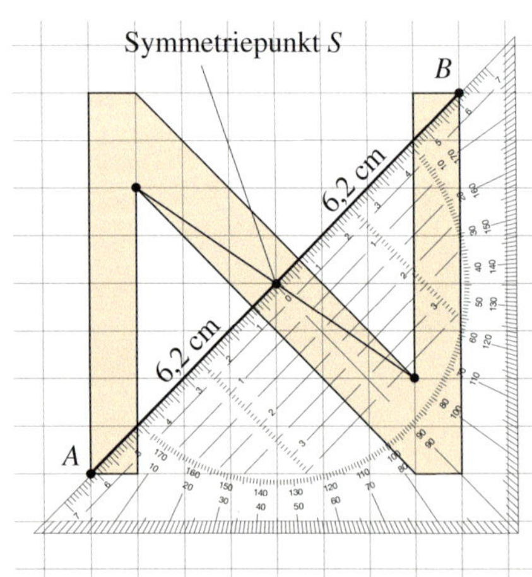


**Beispiel 2**
Der Punkt $A$ ist vom Symmetriepunkt $S$ genauso weit entfernt wie der Punkt $B$ von $S$.
Dies gilt für alle Eckpunkte der Figur.
Deswegen ist die Figur punktsymmetrisch.

## Üben und anwenden

**1** Einige Autofirmen haben symmetrische Logos.
a) Diskutiert untereinander und prüft, ob diese Logos punktsymmetrisch sind.
b) Gebt falls möglich den Symmetriepunkt an.
c) Kennt ihr noch weitere punktsymmetrische Logos? Skizziert sie in eurem Heft.

**2** Betrachte die Verkehrsschilder.

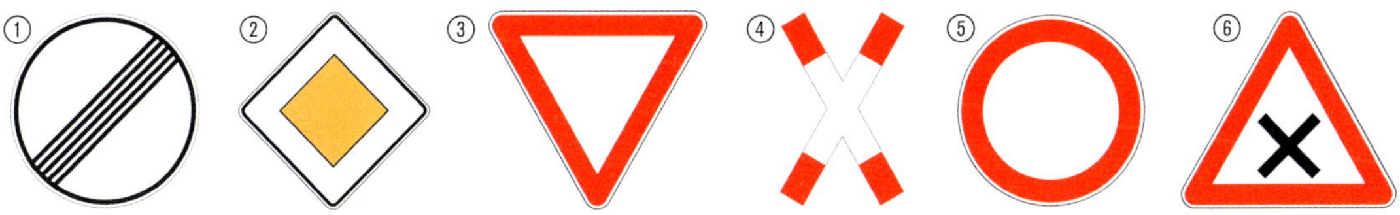


a) Welche der Schilder sind punktsymmetrisch?
b) Finde heraus, was die Schilder bedeuten.
c) Suche in deiner Umgebung weitere Schilder oder Figuren, die punktsymmetrisch sind. Skizziere sie im Heft und zeichne den Symmetriepunkt ein.

**3** Alle drei Figuren sind punktsymmetrisch. Wo liegt der Symmetriepunkt *S*?

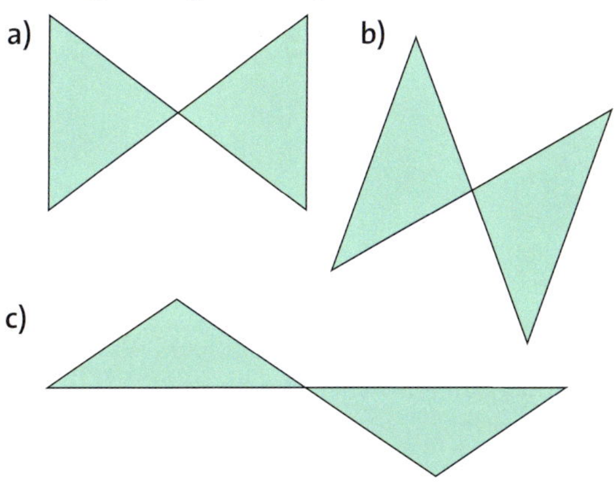


**4** Sind die Figuren punktsymmetrisch zu *S*? Übertrage sie ins Heft und prüfe mit dem Geodreieck.

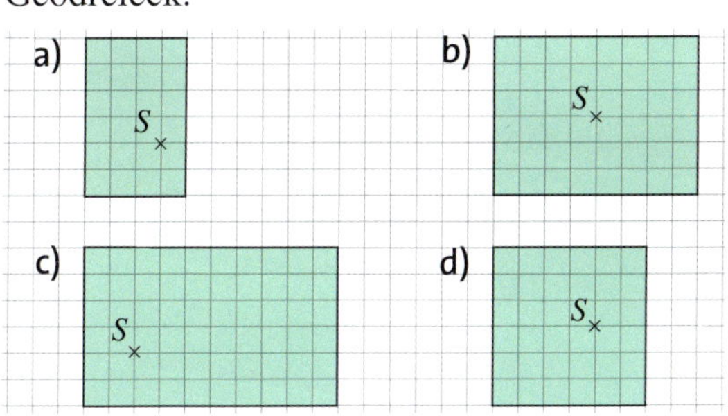


**3** Übertrage die Figuren in dein Heft und entscheide, ob sie punktsymmetrisch sind. Markiere gegebenenfalls den Symmetriepunkt.

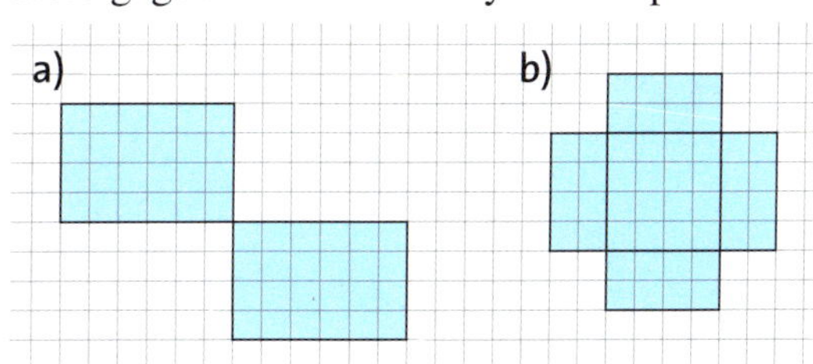


**4** Übertrage jede Figur zweimal auf Kästchenpapier und schneide sie aus.
a) Lege beide Figuren so aneinander, dass eine punktsymmetrische Figur entsteht.
b) Zeige jeweils den Symmetriepunkt.

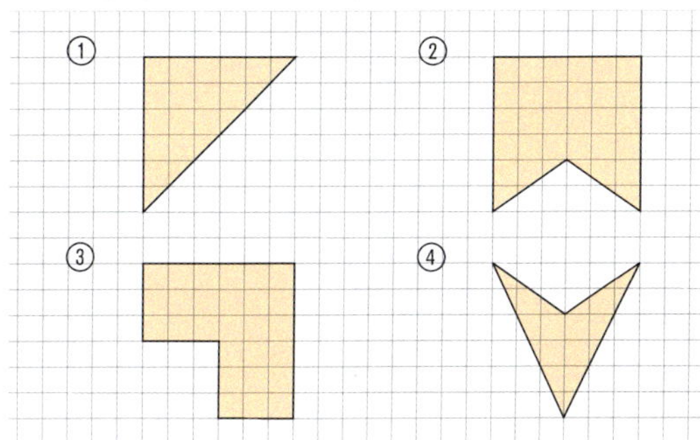

# Methode Figuren an einer Achse spiegeln

Achsensymmetrische Figuren kannst du auf verschiedene Weise zeichnen.

**Beispiel 1**

Du kannst die Figur achsensymmetrisch ergänzen, indem du Kästchen abzählst:

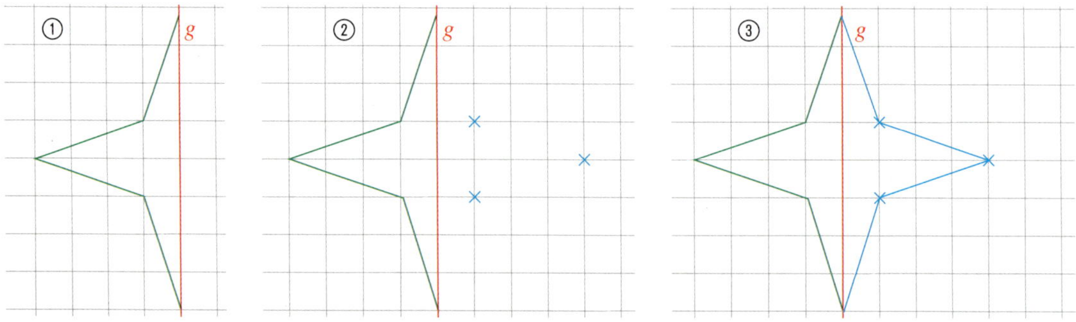


**Beispiel 2**

Du kannst auch mit dem Geodreieck arbeiten. So spiegelst du die Figur an einer Achse:

① Lege das Geodreieck genau auf die Symmetrieachse und miss den Abstand von der Symmetrieachse zum Punkt *A*.

② Spiegle den Punkt *A* auf die gegenüberliegende Seite mit dem gleichen Abstand. Der neue Punkt heißt *A'*.

③ Spiegle genauso die Punkte *B* und *C*. Verbinde alle neuen Punkte zur gespiegelten Figur.

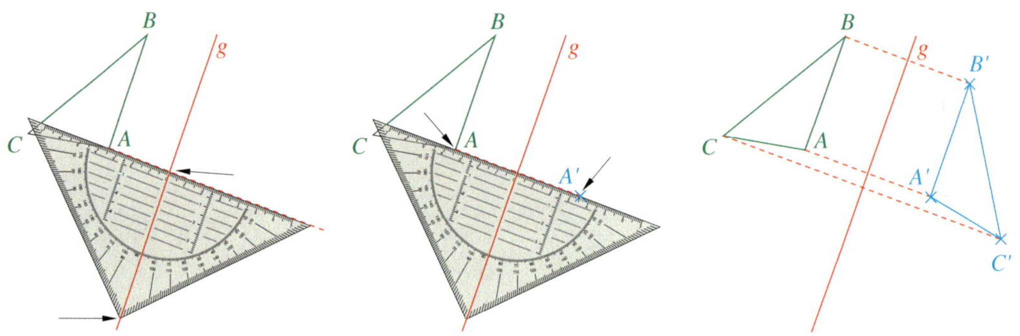


**HINWEIS**

066-1

*Unter dem Webcode findest du die Figur zu Aufgabe 4 und auch noch weitere Aufgaben zum Spiegeln an einer Achse.*

**1** Spiegle im Heft an der Spiegelachse *g*.

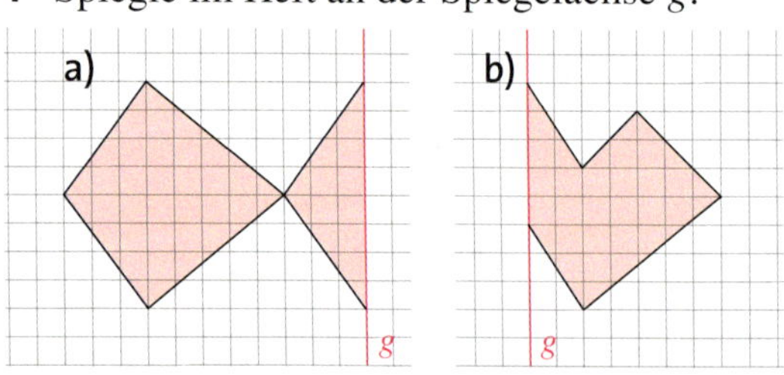


**2** Übertrage die Figuren in dein Heft und spiegle sie an der Spiegelachse *g*.

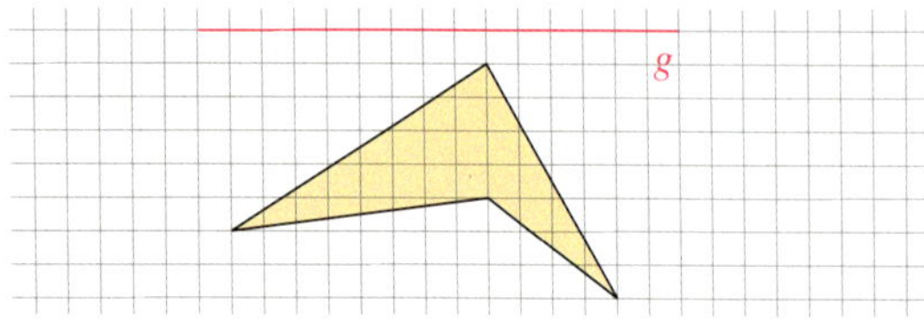


**3** Überprüfe mit dem Geodreieck, ob die Figur achsensymmetrisch ist.

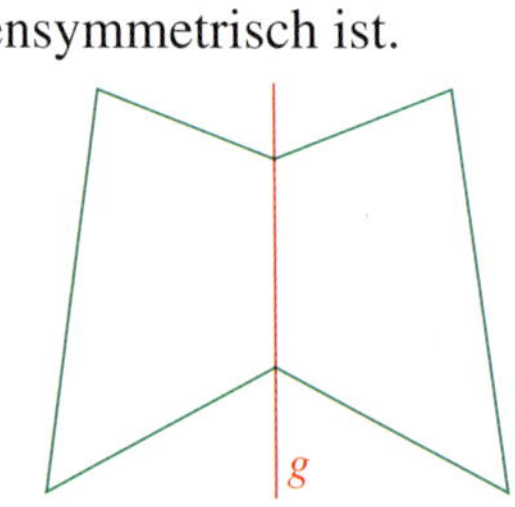


**4** Spiegle die Figur an der Achse *g*.

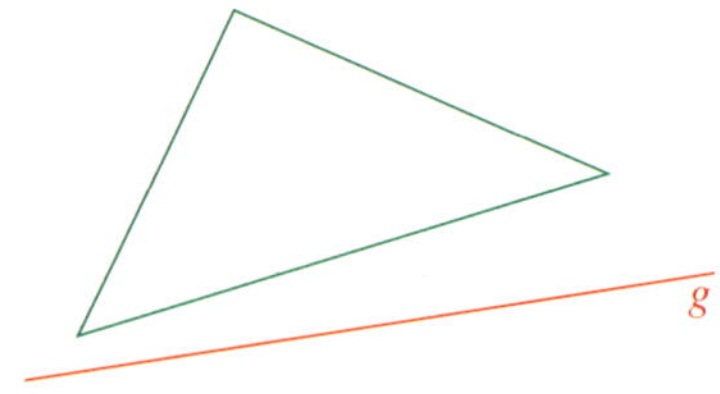

# Methode Figuren an einem Punkt spiegeln

Auch beim Spiegeln an einem Punkt hilft dir das Geodreieck.
Der Symmetriepunkt *S* kann dabei **innerhalb** oder **außerhalb** der Figur liegen.

**Beispiel 1** *S* liegt innerhalb der Figur.

① Miss den Abstand vom Punkt *A* zu *S*.

② Spiegle den Punkt *A* auf die gegenüberliegende Seite von *S* mit dem gleichen Abstand.
Der neue Punkt heißt *A'*.

③ Spiegle genauso die anderen Punkte und verbinde sie zur gespiegelten Figur.

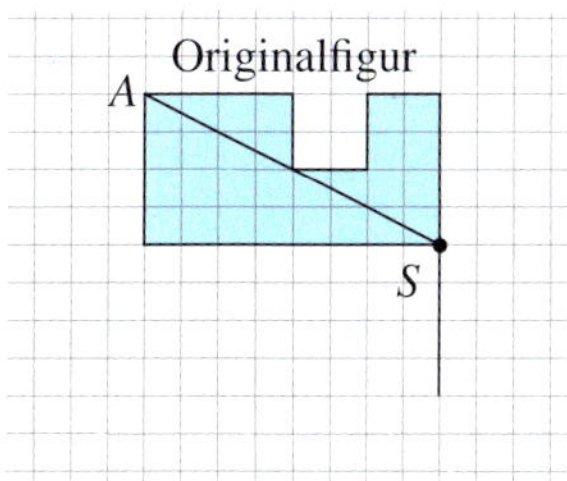


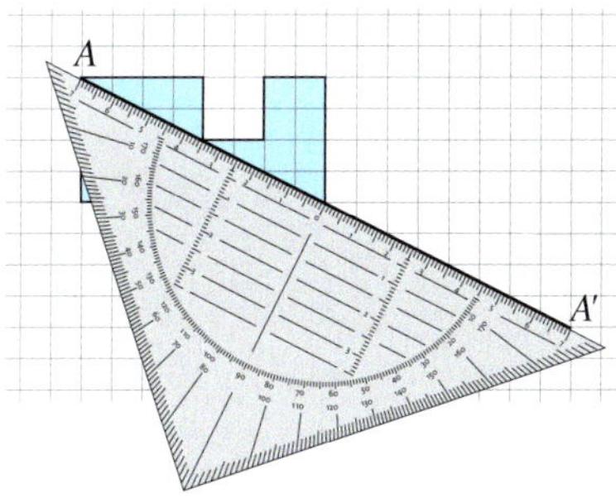


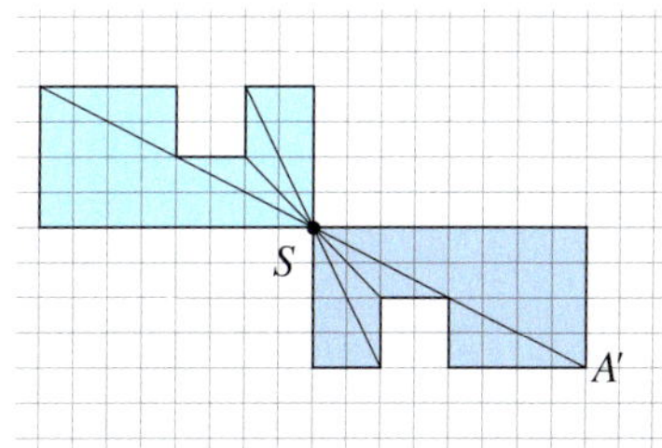


**Beispiel 2** *S* liegt außerhalb der Figur.

Auch hier misst man jeweils den Abstand vom Punkt zum Symmetriepunkt *S* und zeichnet ihn auf der anderen Seite mit dem gleichen Abstand ein.

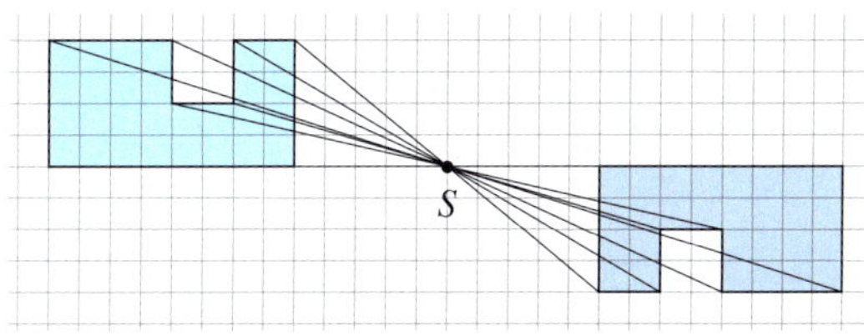


**1** Übertrage die Figuren ins Heft und spiegle die Figuren am Symmetriepunkt *S*.

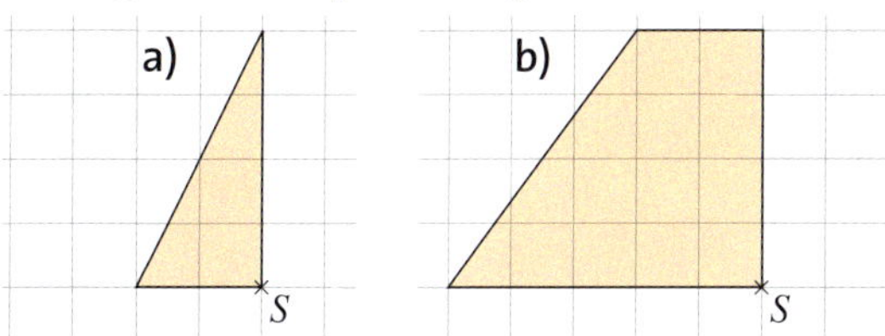


**2** Übertrage die Figuren in dein Heft.
Spiegle sie jeweils am zugehörigen Symmetriepunkt *S*.

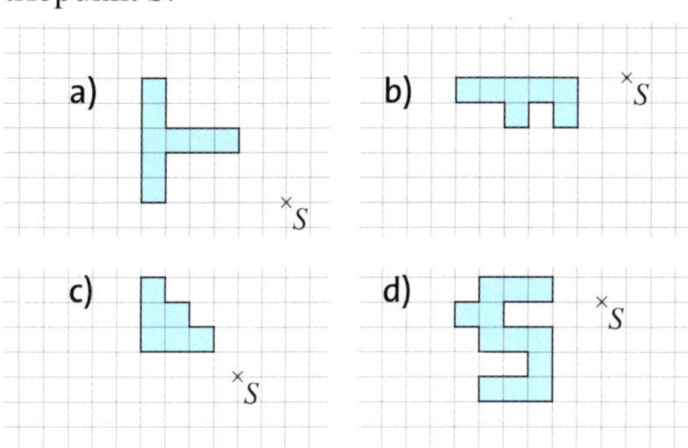


**3** Übertrage die Figuren ins Heft.
Zeichne einen Symmetriepunkt *S* ein und spiegle die Figuren an *S*.

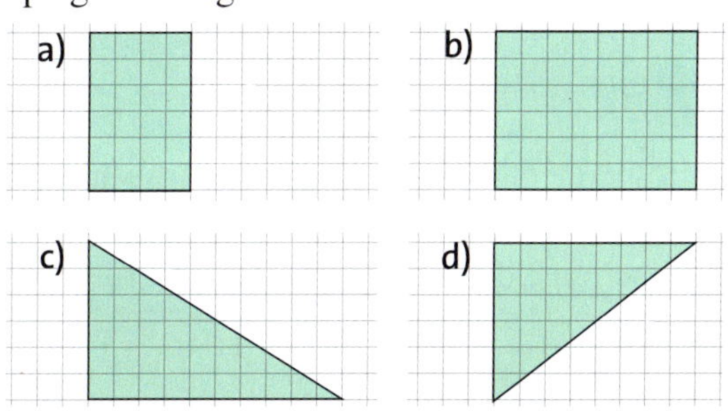


**4** Übertrage und ergänze zu einer punktsymmetrischen Figur.
*S* ist der Symmetriepunkt.

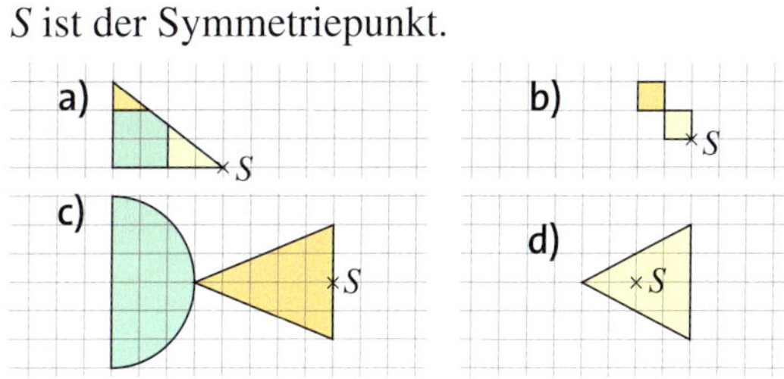

# Klar so weit?

→ Seite 50

## Winkel erkennen

**1** Zeige drei Winkel am Fliesenmuster.

**1** Zeige verschiedene Winkel am Fahrrad.

→ Seite 52

## Winkel bezeichnen

**2** Gib jeweils die Winkelart an.
Du brauchst dazu keine Winkel zu messen.
Schätze danach die Größe der Winkel.

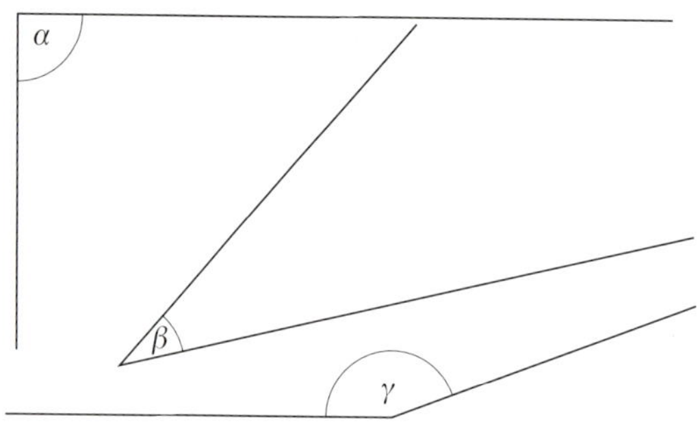


**2** Löse die Aufgabe, ohne zu messen.

a) Gib die jeweilige Winkelart an.

b) Zeichne zu jeder Winkelart zwei weitere Vertreter in dein Heft.

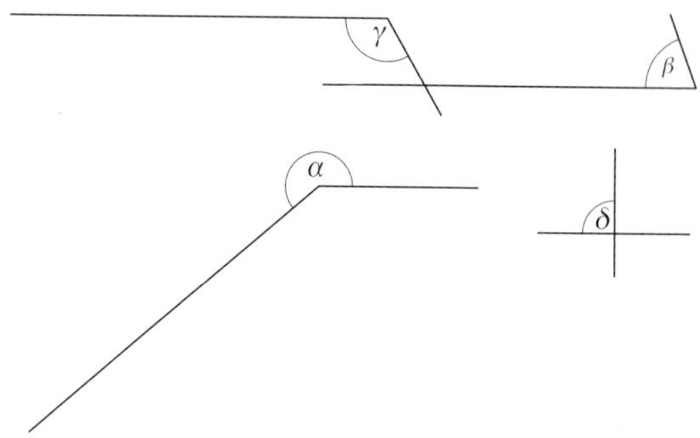


→ Seite 54

## Winkel messen

**3** Miss die Größe der Winkel in Aufgabe 2.

**3** Miss die Größe der Winkel in Aufgabe 2.

**4** Übertrage die Tabelle ins Heft und fülle sie aus.

| Winkel | Winkelart | geschätzte Größe | gemessene Größe |
|---|---|---|---|
| ① | | | |
| | | | |

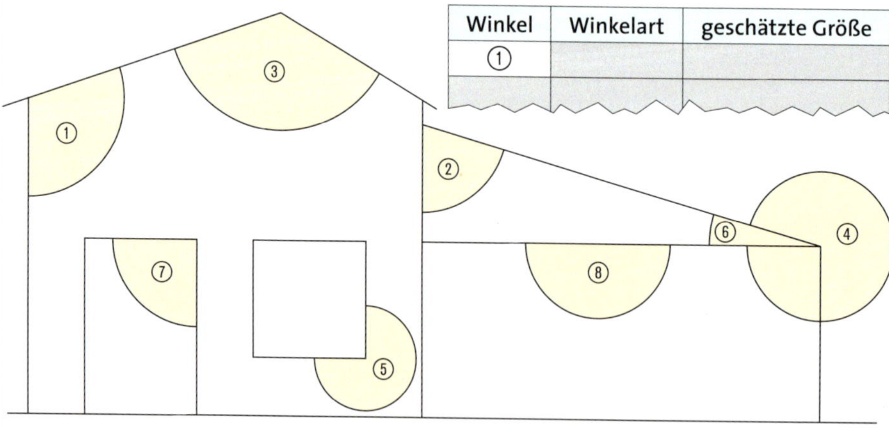

## Winkel zeichnen

→ Seite 58

**5** Zeichne die Winkel mit einem Geodreieck in dein Heft.
Bezeichne den Scheitelpunkt mit $S$.
a) rechter Winkel: $\alpha = 90°$
b) spitzer Winkel: $\beta = 40°$
c) stumpfer Winkel: $\gamma = 150°$
d) gestreckter Winkel: $\delta = 180°$

**5** Zeichne jeweils eine Gerade $g$ und einen Punkt $P$, der auf der Geraden $g$ liegt.
Trage in $P$ den Winkel mit der gegebenen Größe an.
a) spitze Winkel: 30°, 45°, 70°
b) rechter Winkel
c) stumpfe Winkel: 120°, 165°, 95°
d) gestreckter Winkel

## Achsensymmetrische Figuren

→ Seite 62

**6** Erkläre anhand der Bilder den Begriff Achsensymmetrie.

**7** Übertrage die Figuren ins Heft.
Ergänze sie zu achsensymmetrischen Figuren.

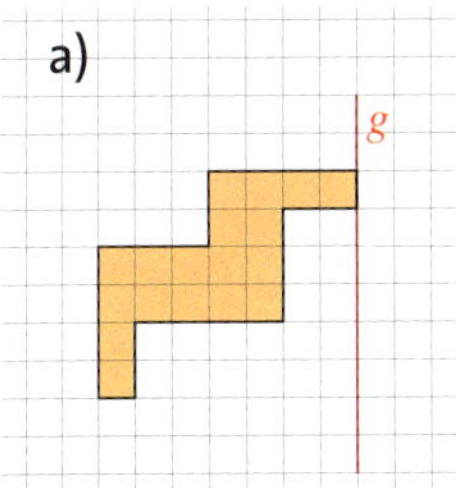


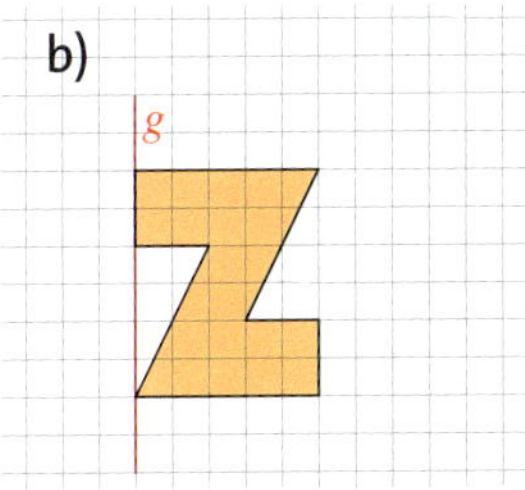


**7** Übertrage die Figuren ins Heft.
Ergänze sie zu achsensymmetrischen Figuren.

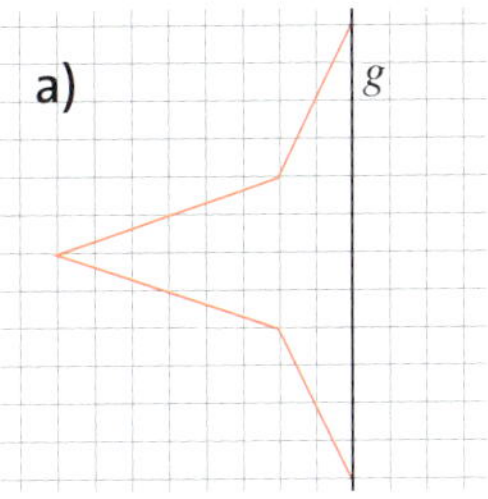


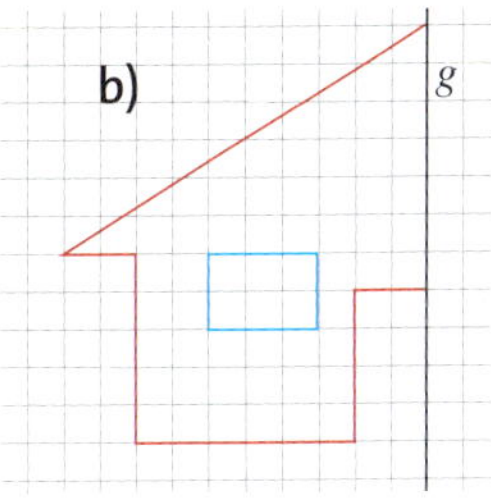


## Punktsymmetrische Figuren

→ Seite 64

**8** Welche Spielkarte ist punktsymmetrisch?

**8** Welche Flaggen sind punktsymmetrisch?

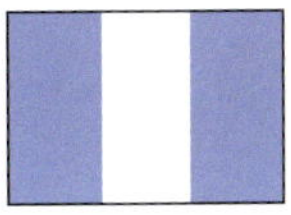
Guatemala

Türkei

Trinidad und Tobago

Jamaika

Dänemark

Panama

# Vermischte Übungen

**1** Miss die Winkel und zeichne sie in dein Heft.

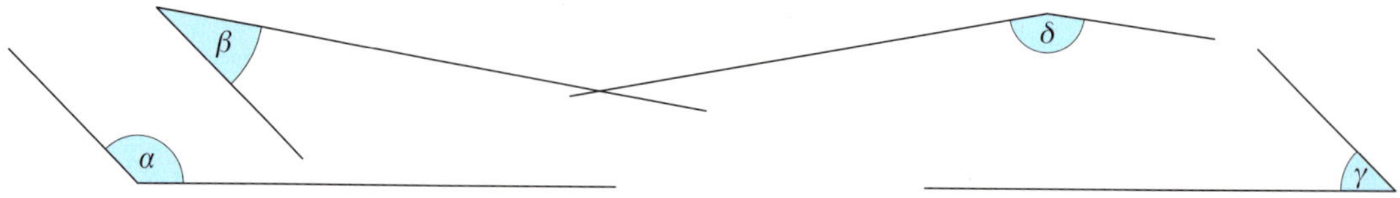


*HINWEIS*
*zu Aufgabe 2 (lila):*
*Du kannst die Figur abzeichnen und die Schenkel verlängern, um die Winkel besser messen zu können.*

**2** Miss die drei Winkel und addiere sie.

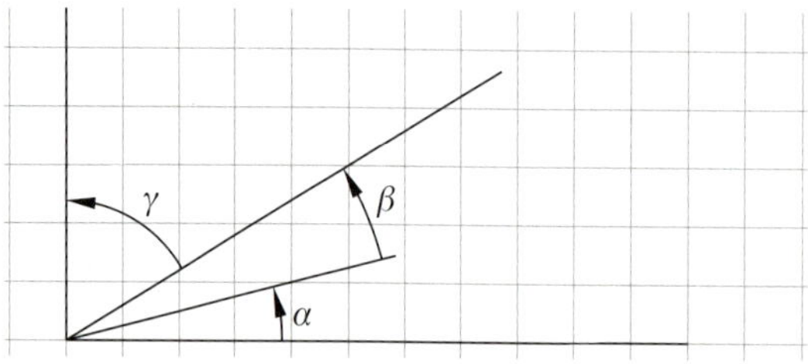


**2** Zeichne die Winkel ins Heft.

a) 180°; 30°; 90°; 120°

b) Zwei der Winkel ergeben zusammen einen weiteren der angegebenen Winkel. Zeichne die beiden Winkel so nebeneinander, dass dieser Winkel entsteht.

c) Welche Winkelgrößen lassen sich noch aus den gegebenen Winkeln zusammensetzen?

**3** Miss die Winkel und addiere ihre Größen. Zeichne zwei weitere Dreiecke in dein Heft und miss ebenfalls die Innenwinkel. Was fällt dir auf?

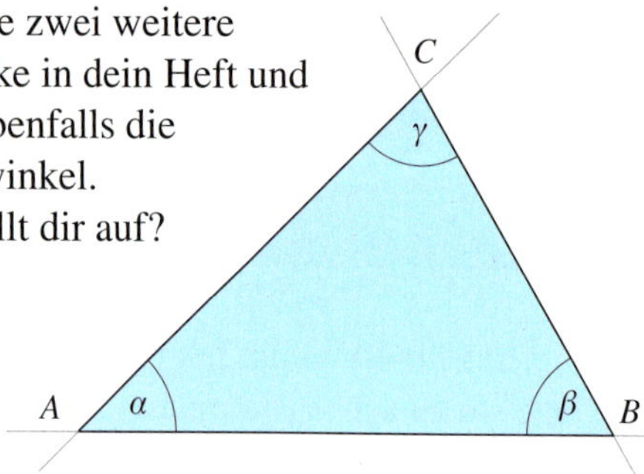


**3** Zeichne ein beliebiges Dreieck (Viereck) und miss die Winkel an jedem Eckpunkt …

a) innerhalb der Figur,

b) außerhalb der Figur.

c) Addiere jeweils die Innenwinkel aus a) und die Außenwinkel aus b). Was fällt dir auf?

d) Stellt zu zweit eine Vermutung auf und überprüft sie an weiteren Dreiecken (Vierecken).

**4** Berechne die Größe der Winkel. Überprüfe dein Ergebnis durch Messen.

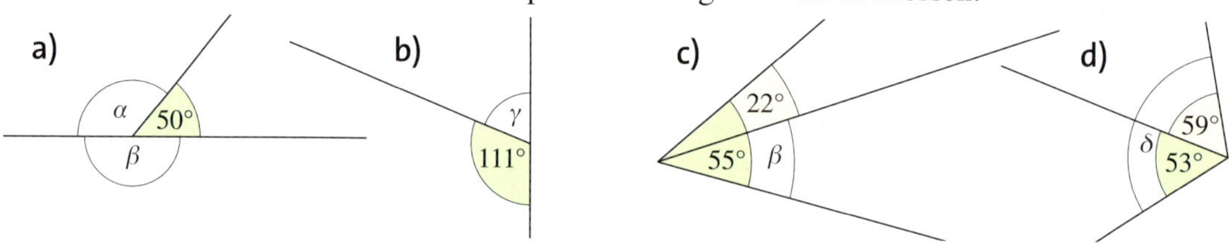


*HINWEIS*
070-1
*In dieser Übung kannst du Winkelarten untersuchen.*

**5** Welche Linien sind Symmetrieachsen?

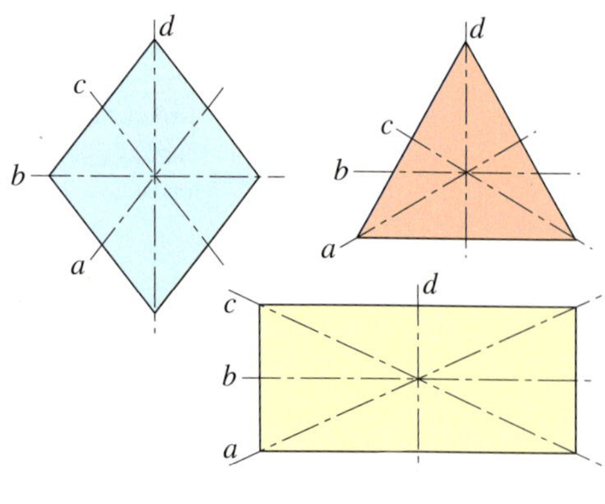


**5** Manche Uhren oder Anzeigetafeln zeigen Ziffern elektronisch an.

a) Suche alle Ziffern heraus, die achsensymmetrisch sind. Übertrage sie in dein Heft und zeichne die Symmetrieachse ein.

b) Suche alle Ziffern heraus, die punktsymmetrisch sind.

**6** Übertrage die Figur in ein Koordinatensystem in deinem Heft. Zeichne die Symmetrieachse ein. Gib die Koordinaten der Spiegelachse durch zwei Punkte an.

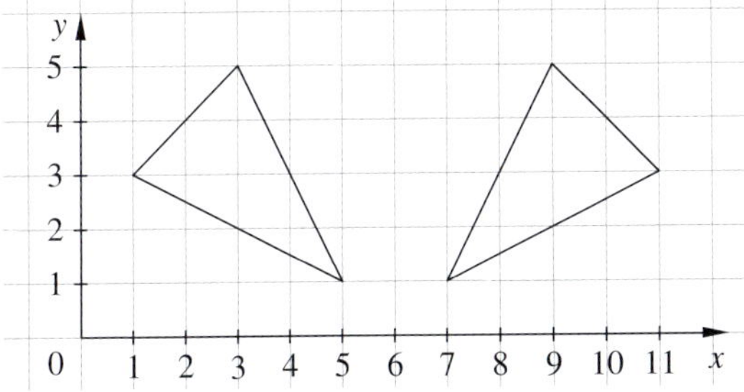


**6** Übertrage das halbe Haus in ein Koordinatensystem in deinem Heft.

a) Ergänze das Haus achsensymmetrisch.

b) Gib nach der Spiegelung an der Geraden $g$ die Koordinaten aller Eckpunkte an.

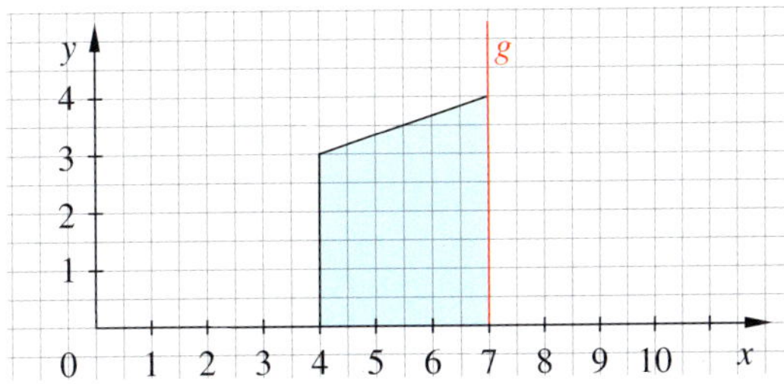


**7** Zeichne ein Koordinatensystem wie in Aufgabe 6. Zeichne die Punkte $A(1|1)$, $B(11|2)$ und $C(3|5)$ ein und verbinde sie zu einem Dreieck.
Bezeichne die Winkel innerhalb der Figur mit $\alpha$, $\beta$ und $\gamma$. Wie groß sind die Winkel?

**7** Zeichne das Dreieck mit den Eckpunkten $A(1|5)$, $B(7|1)$ und $C(5|8)$ in ein Koordinatensystem. Wähle als Einheit zwei Kästchen auf Karopapier.
Miss die Größe der Winkel innerhalb der Figur und schreibe sie ins Heft.

**8** Übertrage die Vierecke in dein Heft.

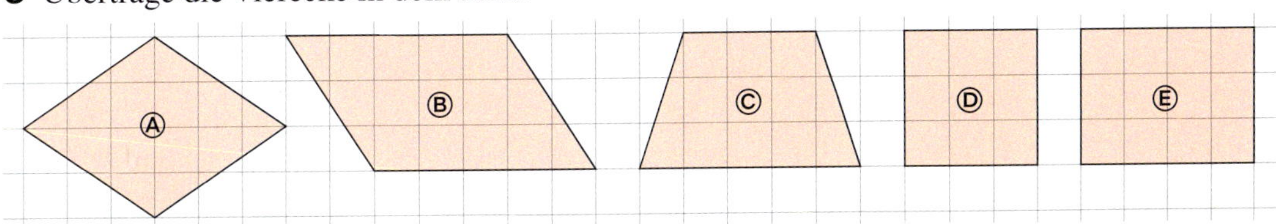


a) Benenne die Vierecksarten, die du bereits kennst, mit dem richtigen Namen.

b) Überprüfe die Vierecke auf Achsen- und Punktsymmetrie.
Zeichne alle Symmetrieachsen sowie den Symmetriepunkt ein.

**9** Ergänze die untere Hälfte der Figur im Heft zu einer punktsymmetrischen Figur.

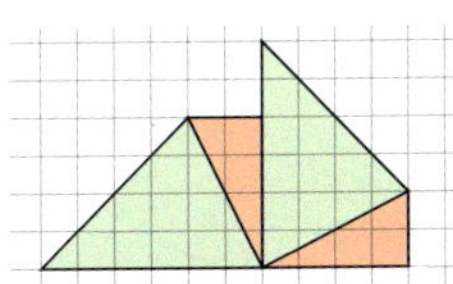

**9** „Rechtecke und Quadrate sind immer punktsymmetrisch." Stimmt das?
Stelle eine Regel auf, nach der du gegebenenfalls den Symmetriepunkt bestimmen kannst.

**10** Überprüfe die Kornkreise auf Punktsymmetrie.

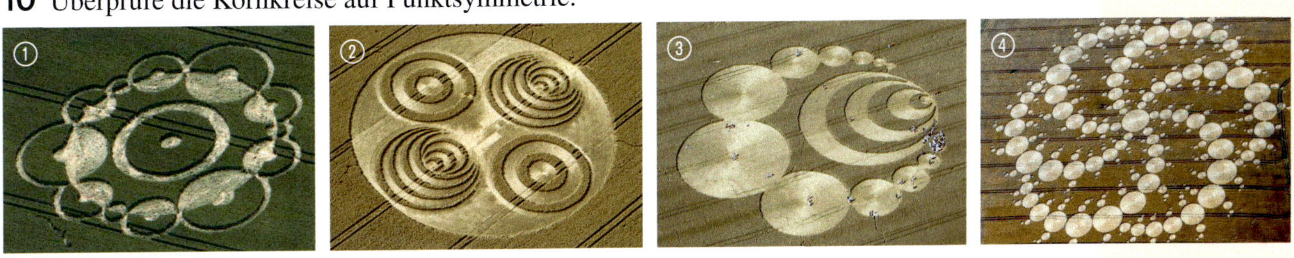


**11** Astrid behauptet:
„Ein Kreis hat unendlich viele Symmetrieachsen, aber nur einen Symmetriepunkt."
Erkläre, was sie damit meint.

**11** Zeichne eine Figur, die sowohl achsen- als auch punktsymmetrisch ist.
Kann ein Dreieck sowohl achsen- als auch punktsymmetrisch sein?

Checkliste
072-1

# Teste dich!

(4 Punkte) **1** Erkläre die Begriffe „Schenkel eines Winkels“ und „Scheitelpunkt eines Winkels“ am Beispiel des Vorfahrt-Achten-Schilds.

(5 Punkte) **2** Zeichne ein beliebiges Fünfeck ins Heft. Markiere die Winkel mit den griechischen Buchstaben alpha, beta, gamma, delta und epsilon.

(6 Punkte) **3** Welche der Skatkarten ist achsensymmetrisch, welche punktsymmetrisch? Begründe deine Antwort.

(8 Punkte) **4** Ordne die folgenden Winkelgrößen den entsprechenden Winkelarten zu.
a) 30° b) 254° c) 4° d) 90° e) 102° f) 64° g) 180° h) 335°

(6 Punkte) **5** Wie viele Spiegelachsen haben die Flaggen jeweils?

a) 

b) 

c) 

(3 Punkte) **6** Ordne den Winkeln $\alpha$, $\beta$ und $\gamma$ die zugehörige Winkelgröße zu.

70°

120°

220°

(6 Punkte) **7** Miss die Winkelgrößen.

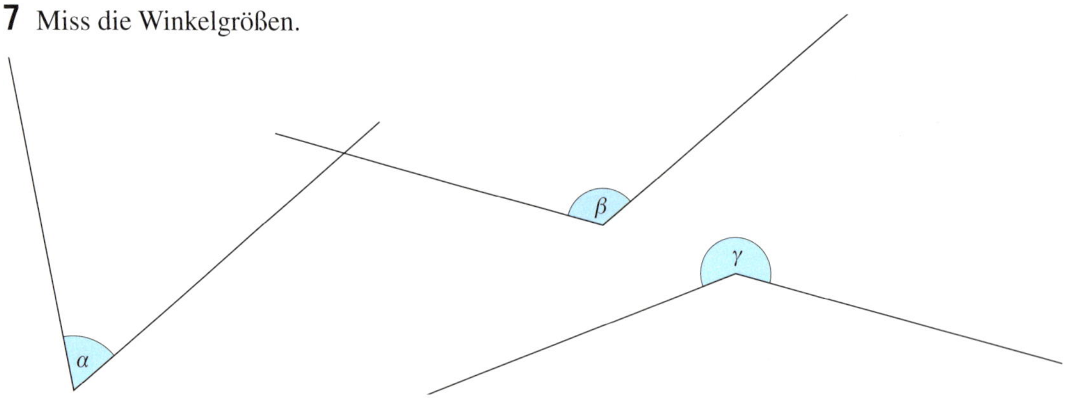

**8** Übertrage die Figuren in dein Heft. *(8 Punkte)*

a) Sind die Figuren achsensymmetrisch?

b) Sind die Figuren punktsymmetrisch?

c) Wie viele Symmetrieachsen hat die Figur Ⓒ?

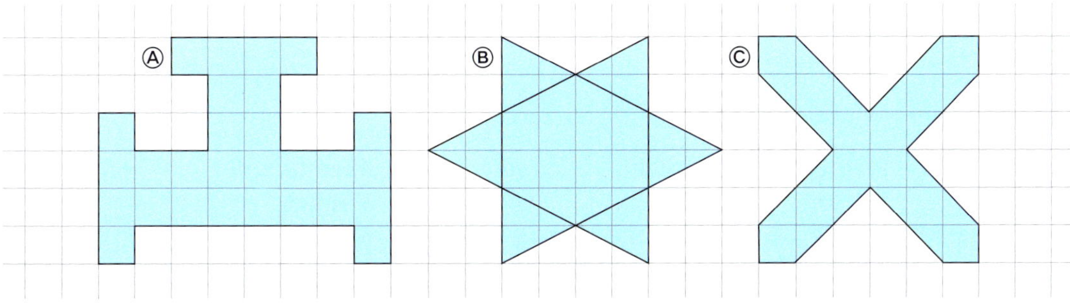


**9** Zeichne die gegebenen Winkel mit einem Geodreieck in dein Heft. *(16 Punkte)*
Beschrifte sie und gib die Winkelart an.

a) 15° b) 35° c) 99° d) 120° e) 147° f) 185° g) 244° h) 350°

**10** Übertrage die Figuren in dein Heft. Ergänze zu einer achsensymmetrischen Figur. *(10 Punkte)*

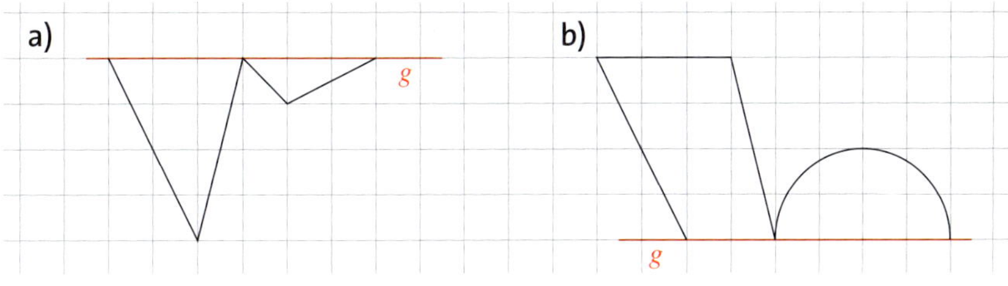


**11** Berechne die fehlenden Winkelgrößen. *(8 Punkte)*

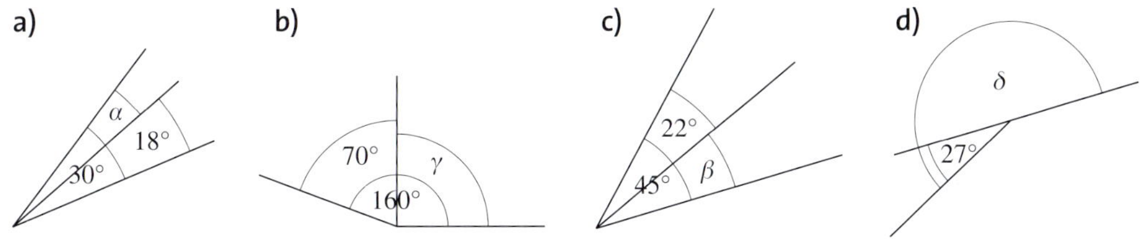


**12** Zeichne ein Koordinatensystem. Ergänze das Dreieck $A(3|1)$, $B(6|7)$ und $C(2|5)$ zu einer punktsymmetrischen Figur. Wähle den Punkt $B$ als Symmetriepunkt. *(4 Punkte)*

**13** Zeichne einen Kreis auf ein Blatt Papier und schneide ihn aus. *(8 Punkte)*
Wie groß sind jeweils die Winkel am Mittelpunkt des Kreises, wenn du den Kreis …

a) in acht gleich große Kreisausschnitte teilst?

b) in neun gleich große Kreisausschnitte teilst?

c) Mit welcher Rechnung kannst du jeweils deine Messung überprüfen?

**14** Zeichne das Dreieck mit den angegebenen Maßen in dein Heft. *(8 Punkte)*
Überlege dir, welche Strecke du zuerst zeichnest.

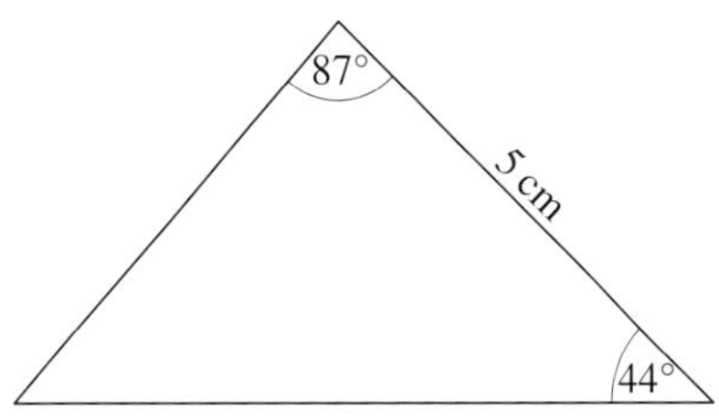


Gold: 94–100 Punkte, Silber: 77–93 Punkte, Bronze: 60–76 Punkte

# Zusammenfassung

→ Seite 50

## Winkel erkennen

Ein **Winkel** wird durch zwei **Schenkel** gebildet.
Die Schenkel beginnen im **Scheitelpunkt** $S$.

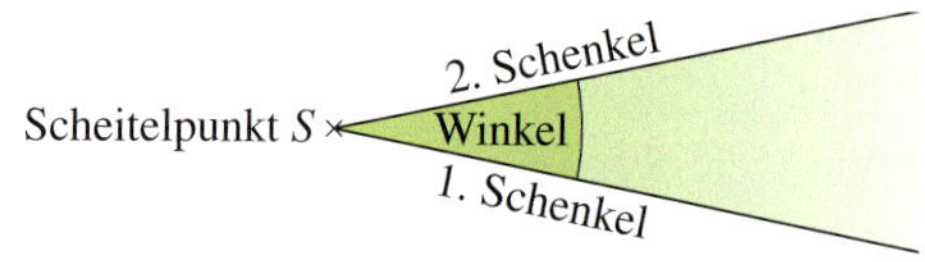


→ Seite 52

## Winkel bezeichnen

Die Größe eines Winkels wird in **Grad** (°) angegeben.

| **spitzer Winkel** | **rechter Winkel** | **stumpfer Winkel** | **gestreckter Winkel** | **überstumpfer Winkel** | **Vollwinkel** |
|---|---|---|---|---|---|
| $\alpha > 0°$, $\alpha < 90°$ | $\alpha = 90°$ | $\alpha > 90°$, $\alpha < 180°$ | $\alpha = 180°$ | $\alpha > 180°$, $\alpha < 360°$ | $\alpha = 360°$ |

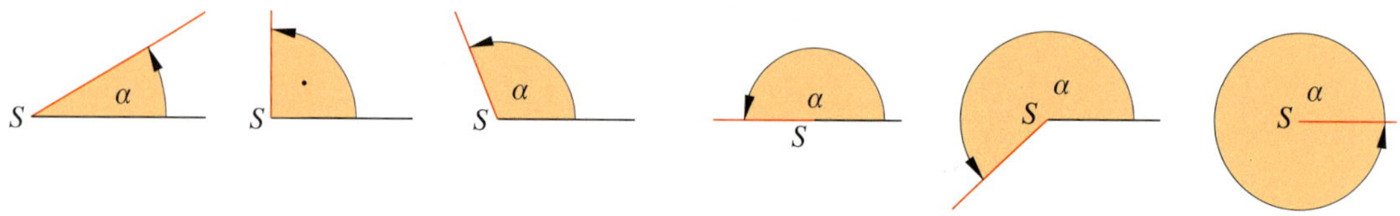


→ Seite 54

## Winkel messen

**1. Anlegen:** Der Nullpunkt des Geodreiecks liegt genau auf dem Scheitelpunkt des Winkels.
**2. Skala wählen:** Man wählt die Skala, die beim 1. Schenkel bei 0 beginnt.
**3. Ablesen:** Die Größe des Winkels beträgt 60°.

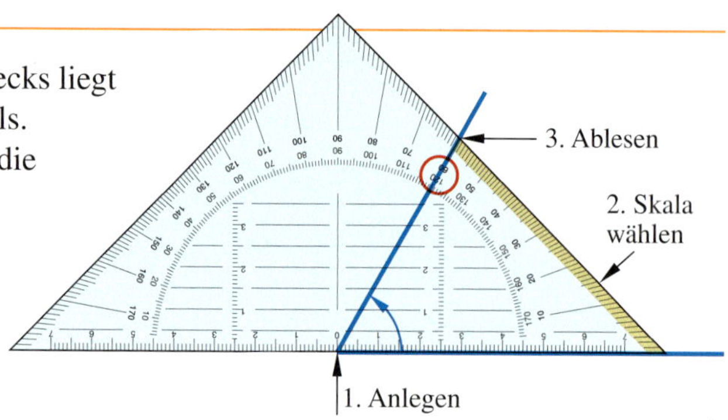


→ Seite 58

## Winkel zeichnen

**Markierungsverfahren**
Der Nullpunkt liegt auf dem Scheitelpunkt. Markiere die Winkelgröße an der richtigen Skala und verbinde.

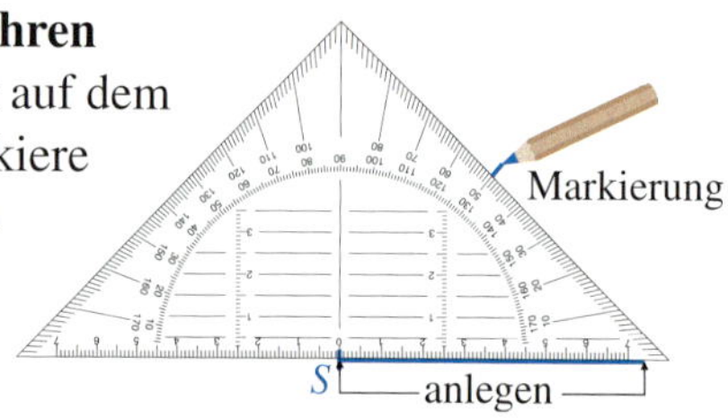


**Drehverfahren**
Das Geodreieck wird bis zur gewünschten Gradzahl um den Nullpunkt gedreht.

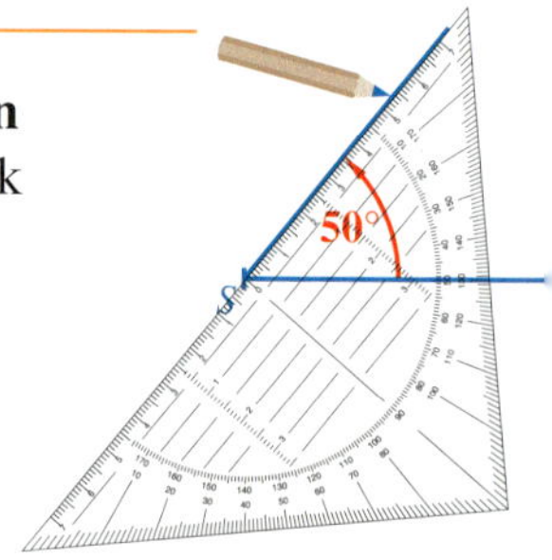


→ Seite 62

## Achsensymmetrische Figuren

Eine Figur, die man so falten kann, dass die eine Hälfte der Figur genau auf die andere Hälfte passt, heißt **achsensymmetrisch**.

→ Seite 64

## Punktsymmetrische Figuren

Eine Figur, die ihr Aussehen bei einer halben Drehung (also um 180°) *nicht* ändert, nennt man **punktsymmetrisch**.
Sich entsprechende Punkte sind vom Symmetriepunkt $S$ gleich weit entfernt.

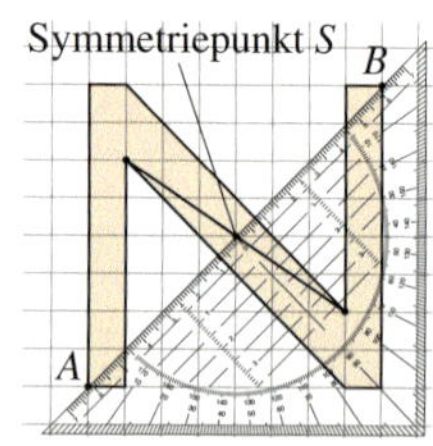

# Dezimalzahlen

7,09 Milliarden Menschen leben auf der Erde.
1,3 Milliarden leben allein in China.
Nur 0,08 Milliarden wohnen in Deutschland.

Der Anteil des Wassers am menschlichen Körper beträgt 60 %. Das Gehirn hat einen Anteil von 2 %. Die Muskelmasse nimmt 40 % ein und nur 12 % entfallen auf das Skelett.

# Noch fit?

## Einstieg

### 1 Zähler und Nenner
Stelle aus quadratischen und rechteckigen Papieren Bruchteile her. Erkläre daran:
a) Was sagt der Nenner aus?
b) Was sagt der Zähler aus?

### 2 Stellenwerttafel
Lies die Zahlen in der Stellenwerttafel.

| Tausend | | | | | |
|---|---|---|---|---|---|
| HT | ZT | T | H | Z | E |
| | | | 8 | 9 | 7 |
| | | 1 | 4 | 0 | 7 |
| | 4 | 8 | 3 | 2 | 8 |
| | 3 | 0 | 0 | 2 | 3 |
| 6 | 0 | 7 | 2 | 5 | 4 |

### 3 Anteile bestimmen
Gib für jede Farbe den Anteil als Bruch an.

a)
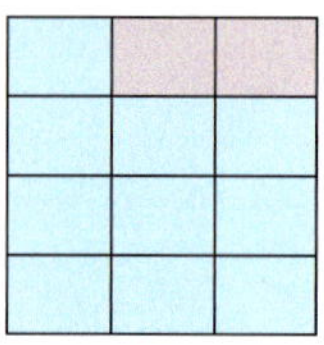

b)
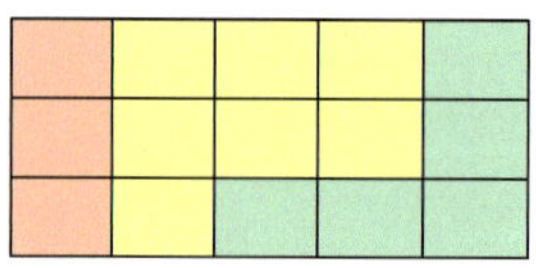

## Aufstieg

### 1 Zähler und Nenner
Wähle ein passendes Beispiel und erkläre an deinem Beispiel:
a) Was sagt der Nenner aus?
b) Was sagt der Zähler aus?

### 2 Stellenwerttafel
Übertrage die Tabelle in dein Heft. Trage die Zahlen 56; 4983; 110976 und 70004 ein.

| Tausend | | | | | |
|---|---|---|---|---|---|
| HT | ZT | T | H | Z | E |
| | | | | | |
| | | | | | |
| | | | | | |
| | | | | | |

### 3 Anteile bestimmen
Gib für jede Farbe den Anteil als Bruch an.

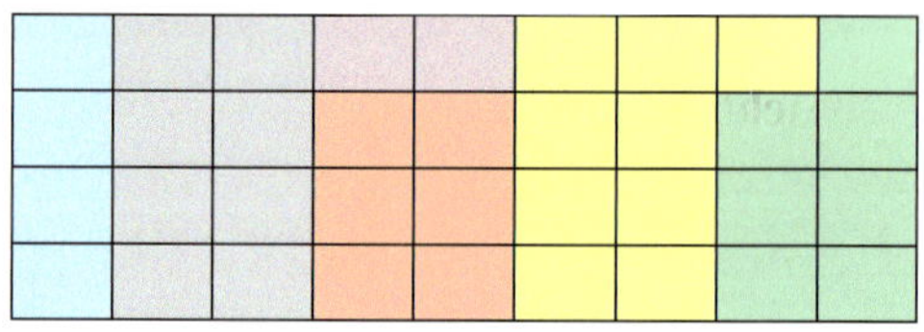

### 4 Bruchteile ausmalen
Übertrage die Flächen in dein Heft und male den angegebenen Flächenteil farbig aus. Findest du mehrere Möglichkeiten?

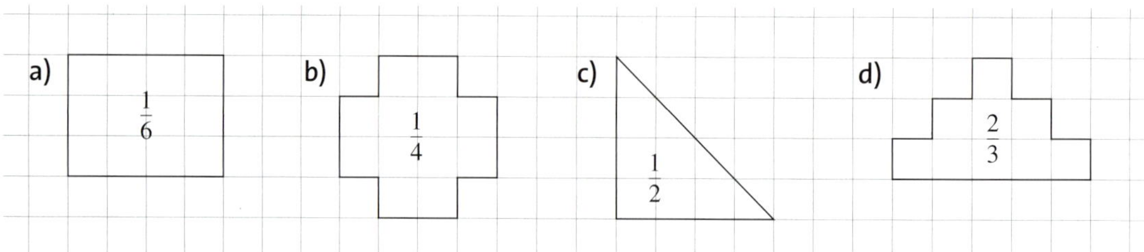


## Einstieg

### 5 Brüche zu einem Ganzen ergänzen
Welcher Anteil fehlt jeweils zu einem Ganzen?

a)
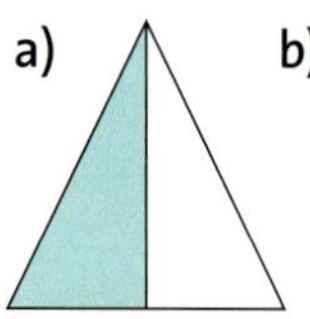

b)
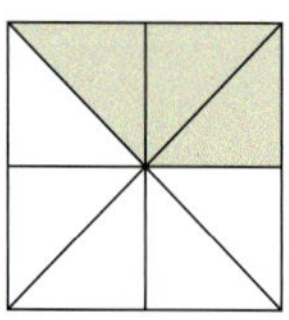

c)
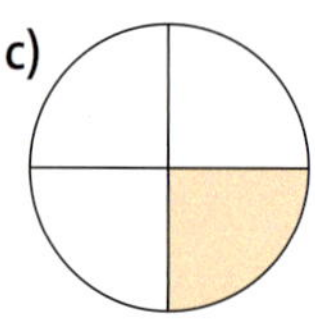

## Aufstieg

### 5 Brüche zu einem Ganzen ergänzen
Wie groß ist das Ganze? Miss jeweils die Seitenlängen und zeichne das Ganze in dein Heft.

a)
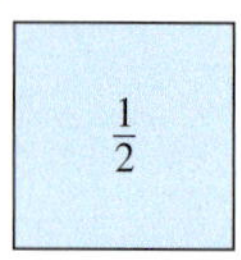


b)
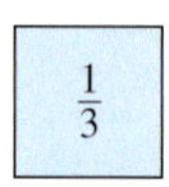


c)
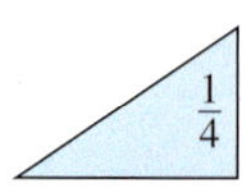

## 6 Zahlen am Zahlenstrahl
Welche Zahlen sind hier markiert?

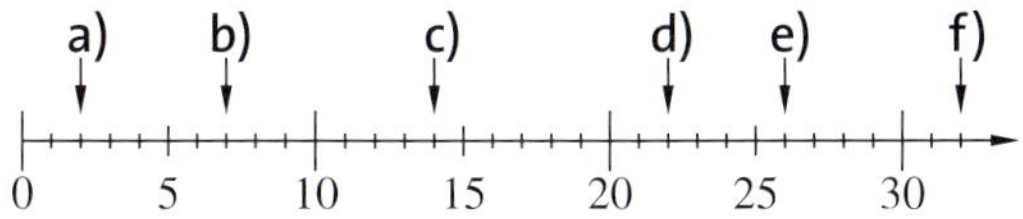


## 7 Zahlenstrahl zeichnen
Zeichne einen Zahlenstrahl in dein Heft und markiere die Zahlen 6; 11; 9; 4; 14 und 1.

## 8 Natürliche Zahlen vergleichen
Setze im Heft das richtige Zeichen (< oder >).

a) 2345 ☐ 2354  b) 254 325 ☐ 253 425

c) 56 565 656 ☐ 565 655 656

## 9 Natürliche Zahlen runden
Runde die natürlichen Zahlen jeweils …

a) auf Zehner:
① 53  ② 47  ③ 88  ④ 109

b) auf Hunderter:
① 162  ② 555  ③ 1449  ④ 999

## 10 Bruchteile von Größen
Berechne die Bruchteile der Größen.

a) $\frac{1}{2}$ von 36 €  b) $\frac{1}{4}$ von 72 kg

c) $\frac{3}{4}$ von 32 min  d) $\frac{5}{7}$ von 49 m

## 11 Brüche kürzen
Kürze die Brüche auf Zehntel.

a) $\frac{8}{40}$  b) $\frac{49}{70}$  c) $\frac{18}{60}$  d) $\frac{30}{50}$

## 12 Brüche erweitern
Erweitere auf den angegebenen Nenner.

a) $\frac{1}{2}$; $\frac{1}{5}$; $\frac{3}{5}$ auf $\frac{☐}{10}$

b) $\frac{1}{10}$; $\frac{1}{20}$; $\frac{1}{25}$ auf $\frac{☐}{100}$

## 6 Zahlen am Zahlenstrahl
Welche Zahlen sind hier markiert?

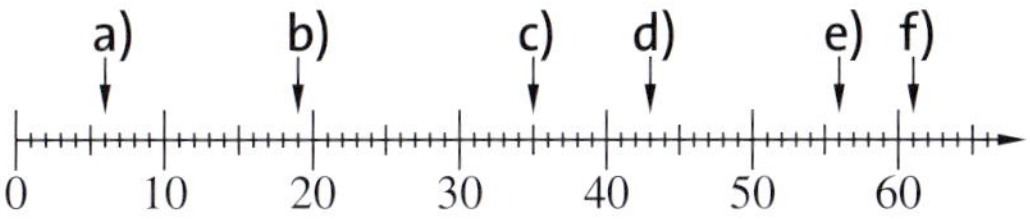


## 7 Zahlenstrahl zeichnen
Zeichne einen Zahlenstrahl in dein Heft und markiere die Zahlen 12; 21; 3; 0; 8 und 16.

## 8 Natürliche Zahlen vergleichen
Ordne die Zahlen der Größe nach.

a) 10 461; 6410; 4601; 6140; 14 461

b) 9478; 78 149; 9487; 104 979; 41 797

## 9 Natürliche Zahlen runden
Runde die natürlichen Zahlen jeweils auf Zehner, auf Hunderter und auf Tausender.

a) 4286  b) 25 498

c) 300 499  d) 4505

e) 9999  f) 890 909

## 10 Bruchteile von Größen
Rechne in die angegebene Einheit um.

a) $\frac{1}{4}$ m = ☐ cm  b) $\frac{3}{5}$ kg = ☐ g

c) $\frac{5}{8}$ t = ☐ kg  d) $\frac{3}{4}$ h = ☐ min

## 11 Brüche kürzen
Kürze die Brüche so weit wie möglich.

a) $\frac{4}{12}$  b) $\frac{8}{33}$  c) $\frac{33}{99}$  d) $\frac{7}{109}$

## 12 Brüche erweitern
Erweitere auf den angegebenen Nenner.

a) $\frac{1}{2}$; $\frac{2}{3}$; $\frac{3}{4}$; $\frac{4}{6}$ auf $\frac{☐}{12}$

b) $\frac{1}{3}$; $\frac{3}{2}$; $\frac{5}{6}$; $\frac{3}{10}$; $\frac{11}{15}$; $\frac{7}{20}$; $\frac{25}{30}$ auf $\frac{☐}{60}$

## 13 Messbecher
Mit welchem Bruchteil ist der Messbecher jeweils gefüllt? Wie viel Gramm sind das jeweils?

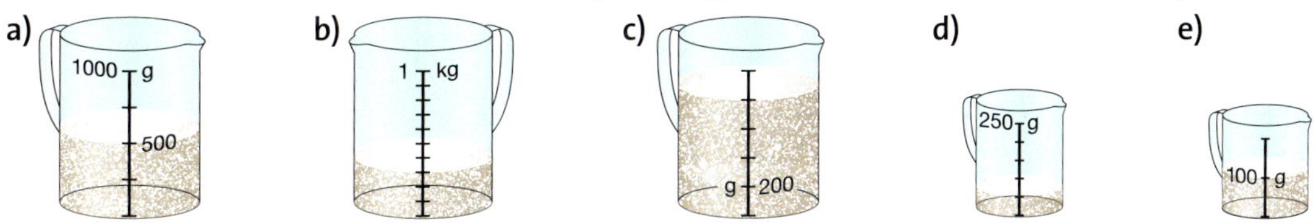

# Brüche und Dezimalzahlen

## Entdecken

**1** Bei vielen Sportarten kommen Messgeräte zum Einsatz. Beschreibe Skalen von Messgeräten, die zum Beispiel beim Laufen, Springen oder Werfen verwendet werden.

**2** Ergebnis beim Einbein-Weitsprung-Wettbewerb:
Alex: 1,21 m Max: 1,10 m Canan: 1,07 m
Kann man diese Zahlen in eine Stellenwerttafel eintragen? Begründe deine Antwort.

**3** Bei den Mädchen gewann Hanna den Einbein-Weitsprung mit 1,33 m vor Julia mit 1,25 m und Christina mit 1,03 m. Zeichne die erweiterte Stellenwerttafel ab und trage die Ergebnisse der Mädchen ein. Beschreibe, wie du vorgehst.

| ... | 100 | 10 | 1 | $\frac{1}{10}$ | $\frac{1}{100}$ | $\frac{1}{1000}$ | ... |
|---|---|---|---|---|---|---|---|
| ... | H | Z | E | z | h | t | ... |
| | | | | | | | |

**HINWEIS**
078-1
*Unter dem Webcode kannst du die erweiterte Stellenwerttafel zu Aufgabe 3 herunterladen und ausdrucken.*

## Verstehen

In deiner Umwelt findest du viele Zahlen mit einem Komma.
Zum Beispiel werden Längen, Preise oder Gewichte häufig mit Komma angegeben.

**Beispiel 1**

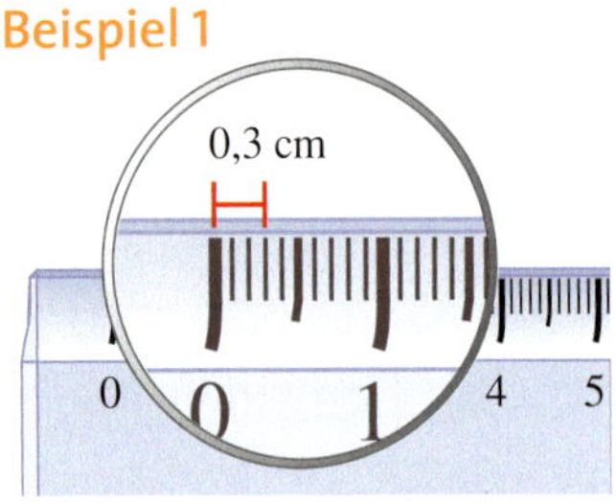


0,09 €

5,250 kg

**Merke** Zahlen mit einem Komma werden **Dezimalzahlen** genannt.
Dezimalzahlen sind Brüche in einer anderen Schreibweise.

Um Dezimalzahlen in eine **Stellenwerttafel** einzutragen, muss man für die Ziffern nach dem Komma die Stellenwerttafel nach rechts erweitern.
Hinzu kommen **Zehntel (z)**, **Hundertstel (h)**, **Tausendstel (t)**, …

**Beispiel 2**

$\frac{273}{1000} = 0{,}273$

Bruchzahl ↗ ↖ Dezimalzahl

Man spricht:
„null Komma zwei sieben drei"

**BEACHTE**
*Nullen am Ende einer Dezimalzahl kannst du weglassen:*
*2,40 m = 2,4 m*

*In der Mitte darfst du sie nicht weglassen:*
*12,075 km = 12 075 m*

**Beispiel 3**

| Z | E | , | z | h | t |
|---|---|---|---|---|---|
| | 0 | , | 3 | | |
| | 2 | , | 7 | 5 | |
| 1 | 3 | , | 0 | 4 | 9 |

$0{,}3 = \frac{3}{10}$ denn 0,3 heißt: 0 Einer und 3 Zehntel.

$2{,}75 = 2\frac{75}{100}$ denn 2,75 heißt: 2 Einer und 75 Hundertstel.

$13{,}049 = 13\frac{49}{1000}$ denn 13,049 heißt: 13 Einer und 49 Tausendstel.

## Üben und anwenden

**1** Arbeitet zu zweit. Einer liest die Zahl leise vor. Der andere schreibt auf, was er gehört hat (ohne die Zahl zu sehen).

a) 2,47 b) 3,042
c) 16,2413 d) 125,007
e) 0,0235 f) 78,4219

**1** Ergebnisse beim Bob-Rennen:
1. Canada: 45,5273 s
2. Deutschland: 45,6724 s
3. Schweiz: 45,7195 s
4. USA: 45,8224 s

Der Stadionsprecher liest die Ergebnisse vor.

**2** Übertrage die Stellenwerttafel mit den Dezimalzahlen in dein Heft.
Lies dann die Dezimalzahlen vor.

| | H | Z | E | z | h | t |
|---|---|---|---|---|---|---|
| a) | | | 2 | 3 | 6 | |
| b) | | | 5 | 1 | 4 | 9 |
| c) | | | 0 | 6 | 7 | 5 |
| d) | | 1 | 3 | 0 | 8 | 2 |
| e) | 4 | 5 | 0 | 0 | 0 | 1 |

**2** Gero hat Dezimalzahlen aus einer Stellenwerttafel abgelesen. Stimmt alles?
Berichtige die falsch abgelesenen Dezimalzahlen in deinem Heft.

| | H | Z | E | z | h | t | |
|---|---|---|---|---|---|---|---|
| a) | | | 3 | 4 | 5 | 6 | 3,456 |
| b) | | | 9 | 2 | 7 | 8 | 92,78 |
| c) | | | 0 | 0 | 4 | 5 | 0,45 |
| d) | 1 | 6 | 7 | 4 | | | 1,674 |

*HINWEIS*
*Der Doppelstrich in der Stellenwerttafeln steht für das Komma.*

**3** Zeichne eine Stellenwerttafel wie in Aufgabe 2. Trage die folgenden Dezimalzahlen ein.

a) 1,53 b) 7,259 c) 12,499
d) 0,428 e) 2,004 f) 798,568

**3** Trage die Dezimalzahlen in eine Stellenwerttafel ein und schreibe sie dann als Bruch.

a) 0,9 b) 0,7 c) 0,19 d) 0,03
e) 0,101 f) 0,1 g) 0,003 h) 0,097

**4** Schreibe die Brüche als Dezimalzahlen und trage sie in eine Stellenwerttafel ein.

a) $\frac{7}{10}$ b) $\frac{14}{100}$ c) $\frac{717}{1000}$
d) $\frac{17}{1000}$ e) $\frac{8}{100}$ f) $1\frac{16}{1000}$

**4** Schreibe die Brüche als Dezimalzahlen und trage sie in eine Stellenwerttafel ein.

a) $\frac{9}{10}$ b) $\frac{99}{100}$ c) $\frac{999}{1000}$
d) $\frac{909}{1000}$ e) $\frac{9}{100}$ f) $99\frac{9}{1000}$

**5** Finde gleich lange Strecken.

0,8 km; $1\frac{4}{100}$ km; 1,04 km; 1,004 km; $1\frac{4}{1000}$ km; $\frac{8}{10}$ km; 0,008 km; $\frac{8}{1000}$ km; $\frac{8}{100}$ km; 0,08 km

**6** Schreibe als Dezimalzahl.

a) $\frac{9}{10}$ b) $\frac{63}{100}$ c) $\frac{49}{1000}$ d) $7\frac{7}{10}$

**6** Schreibe als Dezimalzahl.

a) $\frac{3}{10}$ b) $\frac{556}{1000}$ c) $3\frac{7}{10}$ d) $\frac{76}{1000}$

**7** Schreibe als Bruch.

a) 0,6 b) 0,1 c) 0,79 d) 0,53
e) 0,127 f) 0,859 g) 0,9 h) 0,047

**7** Schreibe als Bruch.

a) 0,4 b) 0,5 c) 0,12 d) 0,08
e) 0,25 f) 0,84 g) 0,125 h) 0,005

**8** Schreibe als Dezimalzahl.

a) 7 Zehntel b) 99 Einer 9 Zehntel
c) fünf Einer drei Zehntel
d) 2 Einer 17 Tausendstel

**8** Bedeutet 3,75…

a) 3 Einer 75 Zehntel?
b) 3 Einer 7 Zehntel 5 Hundertstel?
c) oder weder a) noch b)?

# Dezimalzahlen am Zahlenstrahl

## Entdecken

**1** Informiere dich über den Aufbau eines Fieberthermometers.

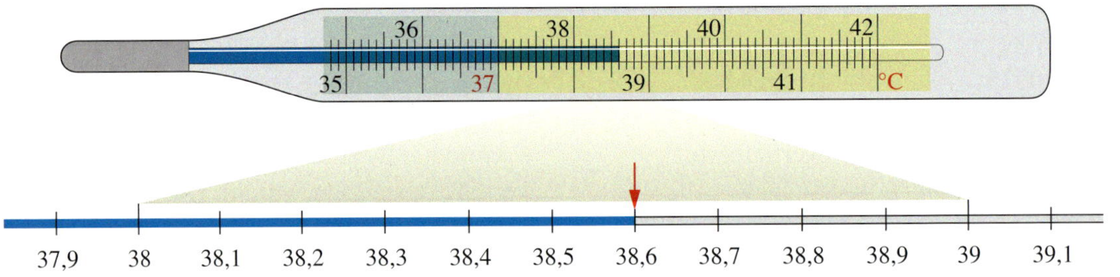


*HINWEIS*

080-1

*Hier kannst du den Lückentext zu Aufgabe 1a) herunterladen und ausdrucken.*

a) Beschreibe die Abbildung möglichst genau und ergänze folgende Sätze in deinem Heft:
Der Abstand zwischen 38 Grad und 39 Grad beträgt ■ Grad.
Dieses Teilstück wird in ■ kleinere Teilstücke unterteilt. Man kann nicht nur die Einer ablesen, sondern sogar die ■. Jedes Teilstück entspricht 0,■ Grad.
Markiert ist die Temperatur ■ Grad.

b) Zeichne einen Ausschnitt des Temperaturbereichs von 36 Grad bis 37 Grad.
Markiere verschiedene Temperaturen und lass sie von deinem Nachbarn ablesen.

**2** Findet gemeinsam weitere Beispiele, bei denen man ähnlich fein unterteilte Skalen benötigt.

## Verstehen

Miriam ist 3,86 m weit gesprungen. Das Ergebnis liegt zwischen 3,80 m und 3,90 m.
Um Miriams Weite genau darzustellen, müssen wir Hundertstel ablesen können.

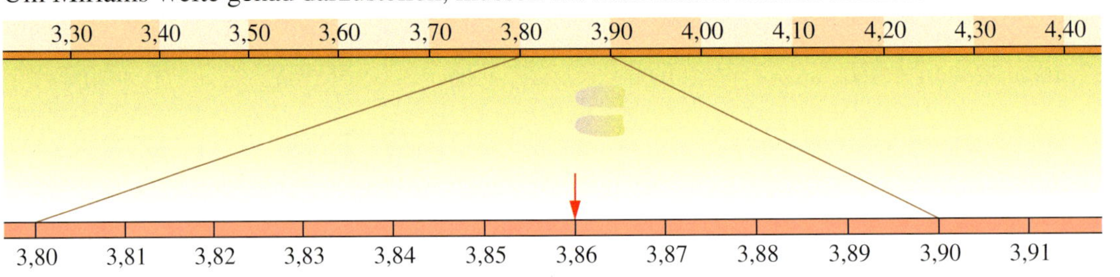


Der Abstand zwischen 3,8 m und 3,9 m beträgt 0,1 m oder $\frac{1}{10}$ m.

Jedes der zehn Teilstücke zwischen 3,80 m und 3,90 m entspricht daher 0,01 m oder $\frac{1}{100}$ m.

**Merke** Dezimalzahlen kann man auf dem **Zahlenstrahl** als Punkte einzeichnen.

Dazu unterteilt man den Zahlenstrahl in Zehntel, Hundertstel, Tausendstel usw.

**Beispiel 1**

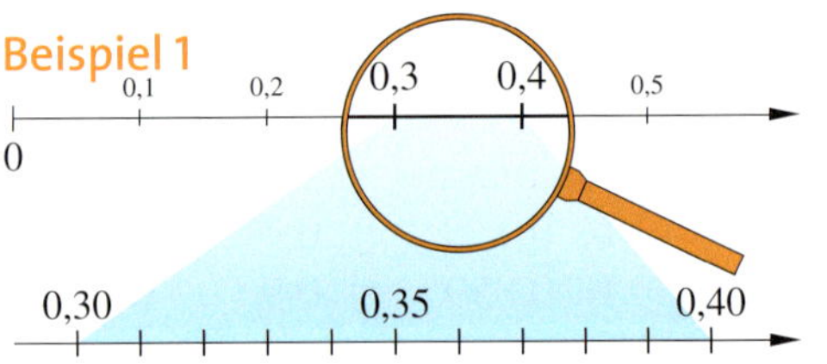


**Beispiel 2**

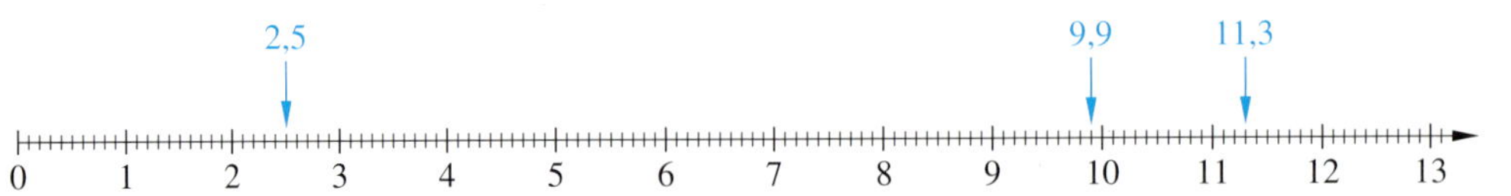

## Üben und anwenden

**1** Lege dein Heft quer. Vervollständige und setze den Zahlenstrahl bis zur 3 fort.

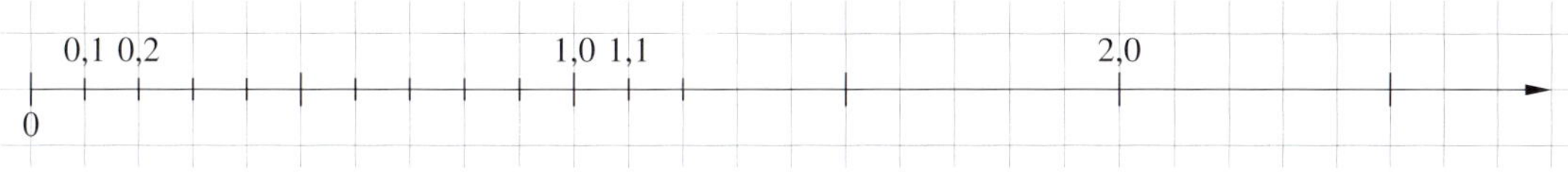


**2** Übertrage diese Zahlenstrahlen in dein Heft und vervollständige die Beschriftung.

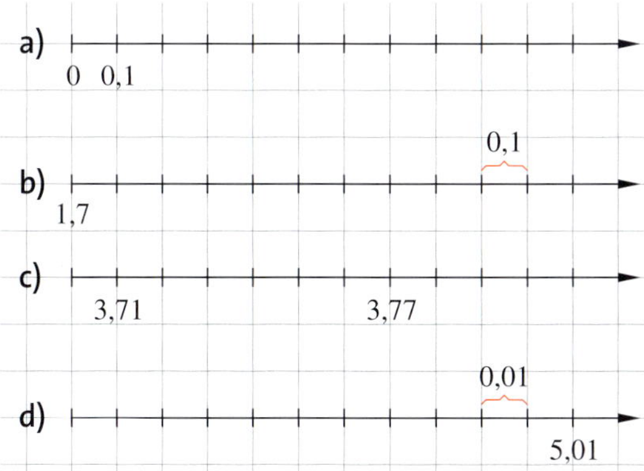


**2** Übertrage den Zahlenstrahl ordentlich in dein Heft.
Ergänze die Beschriftung.

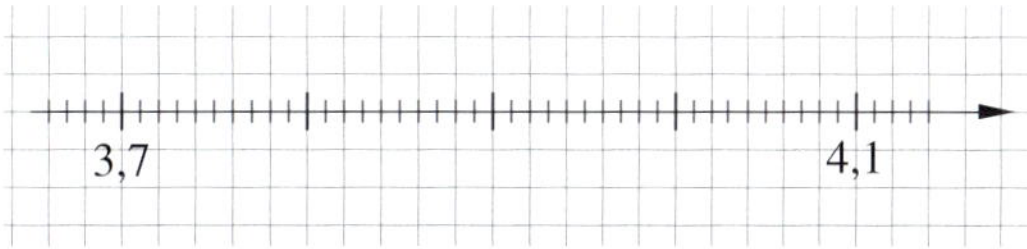


Trage die Dezimalzahlen ein.

a) 3,8 b) 3,9
c) 4 d) 4,05
e) 3,71 f) 3,95
g) 3,83 h) 4,14
i) 3,68 j) 4,09

**3** Zähle fünf Zehntelschritte vorwärts.

a) 0,2 b) 5,1 c) 11,5
d) 7,8 e) 20,9 f) 4,6
g) 2,7 h) 3,0 i) 99,8

**3** Zähle fünf Zehntelschritte zurück.

a) 0,6 b) 1,5 c) 3,2
d) 4,8 e) 5,1 f) 17,0
g) 2,7 h) 30,2 i) 0,55

**SCHON GEWUSST?**
*Dezimal geteilte Skalen findet man an vielen Messgeräten.*

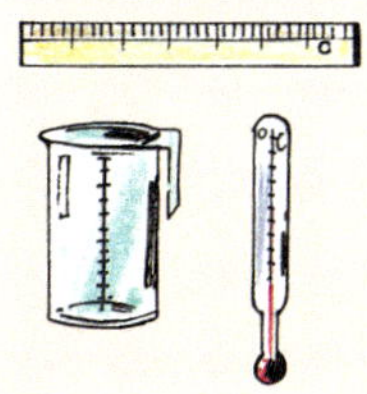

**4** Jonas behauptet: „Zwischen 0,5 und 0,6 gibt es keine Zahlen mehr.“ Stimmt das?

**4** Gibt es Zahlen zwischen 0,11 und 0,12? Begründe deine Antwort.

**5** Trage die Zahlen auf einem Zahlenstrahl ein. Wie gehst du dabei vor?

a) 0,5; 0,6; 1,2; 1,8; 2,0
b) 2,6; 3,8; 4,6; 1,4; 3,2
c) 0,06; 0,08; 0,12; 0,1; 0,11

**5** Trage die Zahlen auf einem Zahlenstrahl ein. Wie gehst du dabei vor?

a) 0,2; 0,8; 0,4; 0,5; 0,25
b) 0,95; 1,25; 1,23; 1,01; 1,08
c) 13; 12,8; 13,4; 12,3; 13,8

**6** Lies die markierten Dezimalzahlen ab.

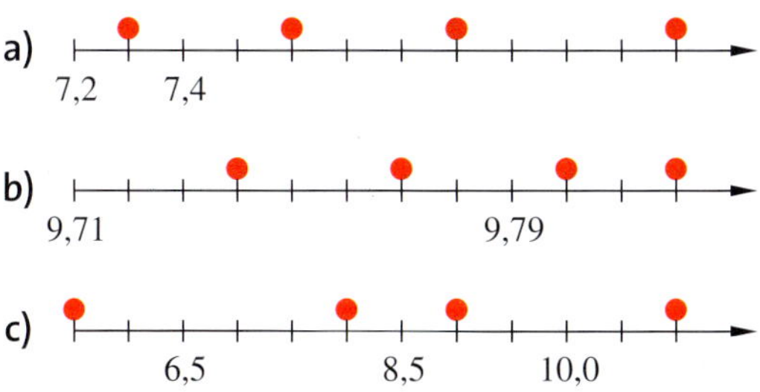


**6** Lies die markierten Dezimalzahlen am Zahlenstrahl ab.

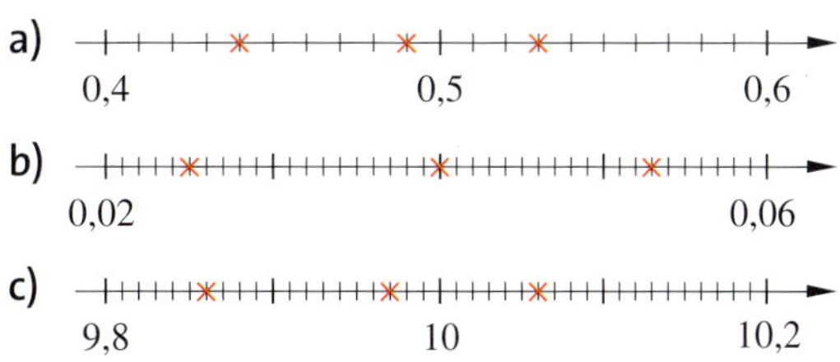


**7** Beschreibe die Anzeigen und gib die markierten Werte an.

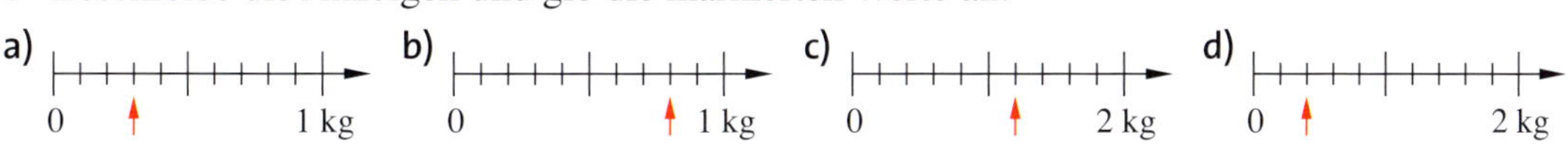

# Dezimalzahlen vergleichen und ordnen

## Entdecken

**1** Diese Weltrekorde sind durcheinander geraten. Bringe die Weltrekorde in die richtige Reihenfolge. Wie gehst du vor?

| Weltrekorde der Frauen im Kugelstoßen | |
|---|---|
| Iwanka Christowa (BUL) | 21,87 m |
| Helena Fibingerová (TCH) | 22,32 m |
| Marianne Adam (GDR) | 21,67 m |
| Natalja Lissowskaja (URS) | 22,63 m |
| Margitta Gummel (GDR) | 20,10 m |
| Nadeschda Tschischowa (URS) | 21,20 m |
| Ilona Slupianek (GDR) | 22,36 m |

**2** Beschreibe Situationen aus deinem Alltag, bei denen du Dezimalzahlen vergleichen musst.

**3** Finde eine Dezimalzahl, die möglichst nah an der Zahl 0 liegt. Sie darf aber nicht gleich 0 sein. Wer hat die Zahl gefunden, die am nächsten an der 0 liegt?

## Verstehen

Ergebnisse des 100-m-Laufs der Frauen bei der Weltmeisterschaft in Berlin 2009:
Wer hat Gold, wer Silber und wer Bronze gewonnen?

| Bahn | Läuferin | Land | Zeit (in s) |
|---|---|---|---|
| A | Aleen Bailey | Jamaika | 11,16 |
| B | Chandra Sturrup | Bahamas | 11,05 |
| C | Shelly-Ann Fraser | Jamaika | 10,73 |
| D | Kerron Stewart | Jamaika | 10,75 |
| E | Carmelita Jeter | USA | 10,90 |
| F | Veronica Campbell-Brown | Jamaika | 10,95 |
| G | Debbie Ferguson-McKenzie | Bahamas | 11,05 |
| H | Lauryn Williams | USA | 11,01 |

Dezimalzahlen lassen sich gut am Zahlenstrahl vergleichen:
Die kleinere Dezimalzahl steht immer links von der größeren Dezimalzahl.

**Beispiel 1**

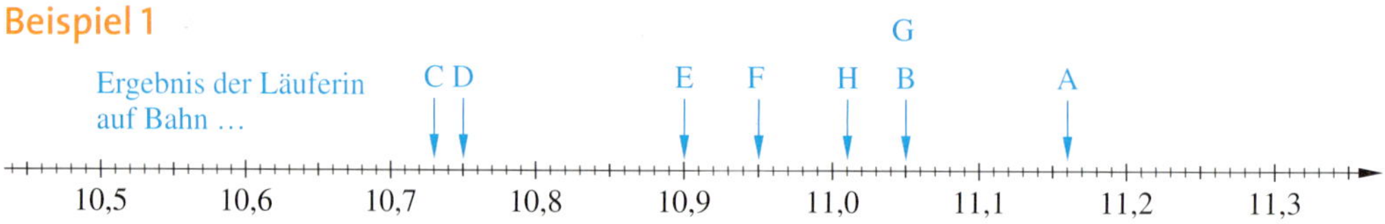


**Merke** Dezimalzahlen vergleicht man **stellenweise**.
Zuerst vergleicht man die Ganzen.
Sind die Ganzen gleich, vergleicht man die Zehntel.
Stimmen auch die Zehntel überein, vergleicht man die Hundertstel usw.

**Beispiel 2**

a) $8,27 < 8,32$ ($2 < 3$)

b) $0,53 > 0,52$ ($3 > 2$)

c) $0,71 > 0,705$ ($1 > 0$)

d) $88,9919 < 88,9951$ ($1 < 5$)

## Üben und anwenden

**1** Welche der beiden Dezimalzahlen ist größer? Begründe.

a) 3,45 oder 3,54  b) 0,241 oder 0,247
c) 12,101 oder 12,104  d) 4,34 oder 3,34
e) 0,473 oder 0,48  f) 0,708 oder 0,71
g) 33,05 oder 33,50  h) 0,4 oder 0,34

**2** Ordne die Dezimalzahlen der Größe nach.

a) 0,9; 0,99; 0,31; 0,314; 0,413
b) 2,7; 2,07; 0,77; 0,207; 0,707
c) 0,21; 2,01; 1,2; 1,75
d) 17,3; 14,80; 15,75; 17,28; 14,09

**3** Ergebnisse der Sommerjugendspiele: Gib die drei besten Schüler im Weitsprung, im Ballwurf und im 50-m-Lauf an.

| | Weitsprung | Ballwurf | 50-m-Lauf |
|---|---|---|---|
| Martin | 3,45 m | 27,5 m | 10,0 s |
| Oliver | 3,24 m | 26,0 m | 9,9 s |
| Erkan | 2,98 m | 27,0 m | 10,4 s |
| Jan | 3,14 m | 26,5 m | 10,8 s |
| Thomas | 3,46 m | 28,5 m | 10,2 s |

**4** Ergänze die Reihen um vier weitere Werte.

a) 0 cm; 0,2 cm; 0,4 cm; …
b) 0 cm; 0,3 cm; 0,6 cm; …
c) 1,45 m; 1,50 m; 1,55 m; …
d) 0,2 m; 0,5 m; 0,8 m; …
e) 4,85 m; 4,8 m; 4,75 m; …

**5** Roman schreibt $1{,}5 < 1{,}45$.
Was hat er falsch gemacht?
Erkläre die richtige Lösung.

**6** Finde vier Dezimalzahlen, die größer als 1,1 und kleiner als 1,2 sind.
Wie viele kannst du noch finden?

**1** Setze im Heft zwischen die Zahlen das richtige Zeichen ($>$ oder $<$).

a) 1,203 ▢ 1,204  b) 37,098 ▢ 47,089
c) 5,475 ▢ 5,427  d) 12,03 ▢ 0,213
e) 0,7 ▢ 0,69  f) 0,70 ▢ 0,07
g) 2,349 ▢ 2,35  h) 1,32 ▢ 1,321

**2** Ordne die Dezimalzahlen der Größe nach.

a) 0,5; 0,55; 0,41; 0,494; 0,314; 0,413; 0,449
b) 3,2; 2,7; 3,02; 0,72; 0,327; 0,037; 0,77
c) 0,71; 0,17; 1,7; 7,1; 2,17; 1,07; 7,01
d) 24,6; 2,46; 6,42; 4,26; 0,246; 6,24; 42,6

**3** Stelle die Rangliste für ein Qualifying in der Formel 1 auf.

| Fahrer | Team | Zeit (in min) |
|---|---|---|
| Alonso | Scuderia Ferrari | 1:39,792 |
| Button | McLaren-Mercedes | 1:39,823 |
| Hamilton | McLaren-Mercedes | 1:39,425 |
| Massa | Scuderia Ferrari | 1:40,202 |
| Vettel | Red Bull Racing | 1:39,394 |
| Webber | Red Bull Racing | 1:39,925 |

**4** Ergänze die Reihen um fünf weitere Werte.

a) 0,8 cm; 1,2 cm; 1,6 cm; …
b) 7,7 kg; 7,4 kg; 7,1 kg; …
c) 6,6 t; 6,55 t; 6,5 t; …
d) 0,06 m; 0,07 m; 0,09 m; 0,12 m; …
e) 1,15 €; 1,12 €; 1,09 €; 1,06 €; …

**5** Erkläre.
$0{,}3 = 0{,}30 = 0{,}300 = 0{,}3000 = \ldots$,
aber $0{,}3 < 0{,}33 < 0{,}333 < 0{,}3333 < \ldots$

**6** Finde zwölf Dezimalzahlen, die …

a) größer als 2,25 und kleiner als 2,27 sind.
b) größer als 0,01 und kleiner als 0,02 sind.

***HINWEIS***

083-1
*Hier findest du eine vorbereitete Tabellenkalkulation, mit der du Dezimalzahlen vergleichen kannst.*

**7** Für die Selbstbedienungstruhe eines Supermarkts wurde Käse in Portionen geschnitten und gewogen.
Welches Preisschild gehört zu welcher Portion?

# Dezimalzahlen runden

## Entdecken

**1** Sabrina soll für ihre Mutter im Supermarkt 500 g Hackfleisch einkaufen. Welche Packung soll sie nehmen? Diskutiere mit deinem Tischnachbarn.

**2** Frau Kreis hat mit dem Taschenrechner die beiden Durchschnitte der Mathearbeiten berechnet. Welchen Durchschnitt wird sie jeweils an die Tafel der beiden Klassen schreiben? Begründe.

Klasse 6 a

Klasse 6 b

## Verstehen

An der Tankstelle sind die Preise für ein Liter Benzin mit drei Stellen hinter dem Komma angegeben.

An der Kasse wird der Endpreis gerundet: Für ein Liter Super E10 zahlt man 1,53 €.

**Merke** Die Rundungsregeln für natürliche Zahlen gelten auch für das Runden von Dezimalzahlen.
Man betrachtet die Ziffer **rechts** neben der Stelle, auf die gerundet werden soll.

Ist diese Ziffer eine **0; 1; 2; 3 oder 4**, dann wird **abgerundet**.
Ist diese Ziffer eine **5; 6; 7; 8 oder 9**, dann wird **aufgerundet**.

Beim Runden verwendet man das Zeichen ≈ („ist ungefähr gleich").

*ERINNERE DICH*
*2,30 = 2,3*
*2,040 = 2,04*

### Beispiel 1

Runden auf Zehntel:

2,30 2,31 2,32 2,33 2,34 ≈ 2,3 (abrunden)

2,35 2,36 2,37 2,38 2,39 ≈ 2,4 (aufrunden)

### Beispiel 2

Die Zahl 5,147 soll auf Hundertstel gerundet werden.

① Markiere die Stelle, an der gerundet werden soll: Hundertstel (h).

| E | z | h | t |
|---|---|---|---|
| 5 | 1 | 4 | 7 |

② Die Stelle rechts davon ist die Rundungsziffer: 7
Sie gibt an, wie man rundet.

| E | z | h | t |
|---|---|---|---|
| 5 | 1 | 4 | 7 |

Die Rundungsziffer ist 7. Deshalb wird das Hundertstel 4 zu 5 Hundertstel aufgerundet:

5,147 ≈ 5,15

## Üben und anwenden

**1** Runde die markierten Dezimalzahlen auf Zehntel.

a)

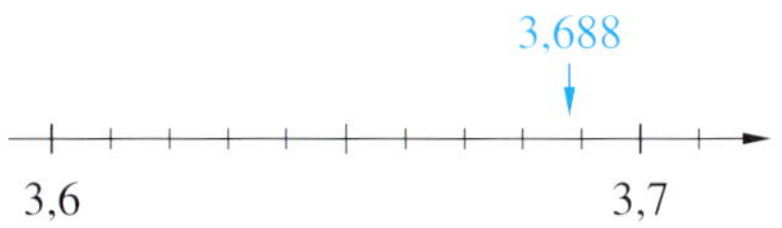


b)

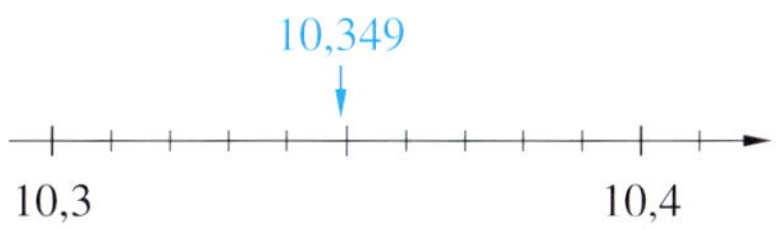


**2** Runde auf volle Einer.

**Beispiel** 4,73 ≈ 5

a) 7,9 b) 4,6 c) 0,71
d) 3,204 e) 13,801 f) 94,39

**3** Runde auf Zehntel.

**Beispiel** 4,734 ≈ 4,7

a) 3,77 b) 0,773 c) 0,09
d) 14,728 e) 3,445 f) 0,9009

**4** Runde auf Hundertstel.

**Beispiel** 4,738 ≈ 4,74

a) 0,411 b) 2,007 c) 5,928
d) 8,445 e) 14,096 f) 15,739

**5** Vivyan sagt: „Ich bin etwa 1,60 m groß.“ Thomas sagt: „ Ich wiege ungefähr 34 kg.“ Wie groß bzw. schwer könnten sie sein? Gib jeweils drei Beispiele an.

**6** Runde auf Cent.

**Beispiel** 1,0389 € ≈ 1,04 €

a) 2,743 € b) 5,007 €
c) 0,660 € d) 0,439 €
e) 10,009 € f) 8,595 €
g) 7,4369 € h) 6,0255 €

**1** Runde die markierten Dezimalzahlen auf Hundertstel.

a)

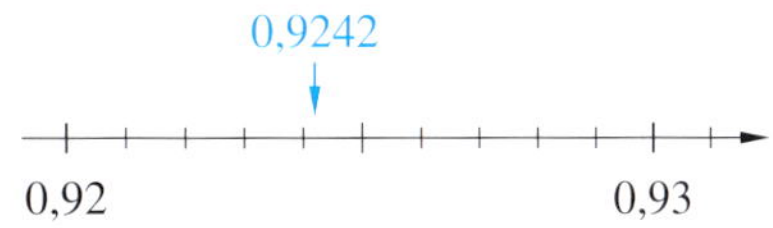


b)

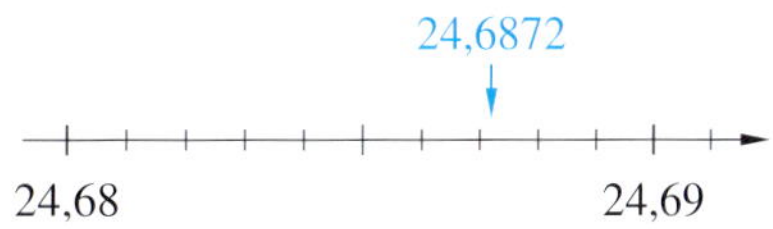


**2** Runde auf Zehntel und auf Hundertstel.

a) 0,411 b) 2,007 c) 5,928
d) 8,445 e) 14,096 f) 15,739
g) 3,77 h) 0,773 i) 0,09

**3** Runde auf Tausendstel.

a) 2,397 6 b) 8,741 25
c) 5,063 16 d) 0,043 9
e) 0,417 88 f) 5,006 915

**4** Runde die Dezimalzahlen an drei verschiedenen Stellen und vergleiche die Ergebnisse. Was fällt dir auf?

a) 6,999 b) 0,008

**5** Gib jeweils drei Ausgangszahlen an, aus denen diese Dezimalzahlen durch Runden entstanden sein können.

a) 0,6 b) 2,37 c) 77,609

**6** Runde …

a) auf hundertstel Euro:
① 2,6745 € ② 0,4588 €

b) auf hundertstel Meter:
① 23,4008 m ② 3,999 m

c) auf tausendstel Kilogramm:
① 264,8721 kg ② 0,0096 kg

**NACHGEDACHT**

*Auf welche Stelle wurde hier gerundet: Zehntel, Hundertstel oder Tausendstel?*

*a) 0,9209 ≈ 0,9*

*b) 2,0845 ≈ 2,085*

**7** Welche Angaben sind sinnvoll?
Diskutiert zu zweit und rundet die Angaben, falls es sinnvoll ist.

a) Paul ist 1,556 m groß.
b) Der Lkw wiegt 4633,749 kg.
c) Der Telefonhörer ist 22,482 cm lang.
d) Annikas Schultasche wiegt 5,736 kg.
e) Ein Blatt Papier kostet 2,99 Cent.
f) Julia muss 3,51 € bezahlen.
g) Eine deutsche Familie hat durchschnittlich 1,3 Kinder.
h) Der Apotheker benötigt 0,082 g zur Herstellung einer Arznei.

# Brüche in Dezimalzahlen umwandeln

## Entdecken

**1** Beim Metzger:
Tim hat eine Einkaufsliste.

*Einkaufsliste für Tim*
$\frac{1}{2}$ kg Fleischwurst
$\frac{1}{4}$ kg Speck
$1\frac{3}{4}$ kg Rollbraten

Speck
1 kg 3,60 €

Rollbraten
1 kg 4,20 €

Fleischwurst
1 kg 3,20 €

Schreibe die Brüche auf der Einkaufsliste mit Angaben in Dezimalschreibweise um.

**2** Derek meint: „Auf Getränkeflaschen steht oft 0,7 Liter. Das sind $\frac{3}{4}$ Liter.“
Was meinst du dazu?

**3** Bea rechnet $\frac{3}{15}$ kg Paprika in Dezimalschreibweise um:
$\frac{3}{15} = \frac{3:3}{15:3} = \frac{1}{5} = \frac{2}{10} = 0{,}2$
Also sind $\frac{3}{15}$ kg = 0,2 kg.

Erkläre ihren Rechenweg.

## Verstehen

***ERINNERE DICH***
*Dezimalzahlen sind Brüche in einer anderen Schreibweise.*

Für Größenangaben können Brüche und Dezimalzahlen verwendet werden.

### Merke
Umwandeln von **einem Bruch in eine Dezimalzahl**:
Brüche mit den Nennern 10; 100; 1000; … kann man sofort als Dezimalzahl schreiben.

Andere Brüche müssen zuerst auf einen der Nenner 10; 100; 1000 usw. erweitert oder gekürzt werden.

### Beispiel 1
a) $\frac{3}{10} = 0{,}3$

b) $5\frac{27}{100} = 5{,}27$

c) $\frac{18}{1000} = 0{,}018$

### Beispiel 2
a) Brüche erweitern auf die Nenner 10; 100; 1000:

$\frac{1}{2} = \frac{1\cdot5}{2\cdot5} = \frac{5}{10} = 0{,}5$ $\quad$ $\frac{3}{25} = \frac{3\cdot4}{25\cdot4} = \frac{12}{100} = 0{,}12$ $\quad$ $\frac{103}{500} = \frac{103\cdot2}{500\cdot2} = \frac{206}{1000} = 0{,}206$

b) Brüche kürzen auf die Nenner 10; 100; 1000:

$\frac{18}{30} = \frac{18:3}{30:3} = \frac{6}{10} = 0{,}6$ $\quad$ $\frac{28}{200} = \frac{28:2}{200:2} = \frac{14}{100} = 0{,}14$ $\quad$ $\frac{45}{5000} = \frac{45:5}{5000:5} = \frac{9}{1000} = 0{,}009$

c) Manchmal ist es vorteilhaft, erst zu kürzen und dann zu erweitern:

$\frac{15}{75} = \frac{15:5}{75:5} = \frac{1}{5} = \frac{1\cdot2}{5\cdot2} = \frac{2}{10} = 0{,}2$

## Üben und anwenden

**1** Schreibe als Dezimalzahl.

a) $\frac{7}{10}$ b) $\frac{13}{100}$ c) $\frac{7}{100}$

d) $\frac{187}{1000}$ e) $\frac{69}{1000}$ f) $6\frac{23}{100}$

**1** Schreibe als Dezimalzahl.

a) $\frac{9}{10}$ b) $4\frac{3}{10}$ c) $99\frac{89}{100}$

d) $1\frac{1}{100}$ e) $\frac{404}{1000}$ f) $4\frac{4}{1000}$

**HINWEIS**

087-1

*Hier findest du ein Arbeitsblatt zu Hundertstelbrüchen und Prozenten zum Ausdrucken.*

**2** Schreibe als Dezimalzahl, indem du …

a) erweiterst:

① $\frac{2}{5}$ ② $\frac{9}{20}$ ③ $\frac{8}{25}$

b) kürzt:

① $\frac{8}{20}$ ② $\frac{36}{300}$ ③ $\frac{88}{8000}$

**2** Schreibe als Dezimalzahl, indem du erweiterst oder kürzt.

a) $\frac{4}{5}$ b) $\frac{3}{2}$ c) $\frac{11}{25}$

d) $\frac{21}{20}$ e) $\frac{56}{700}$ f) $\frac{154}{2000}$

**3** Wandle die Längenangaben in Dezimalschreibweise wie im Beispiel um.

**Beispiel** $\frac{2}{5}\,\text{m} = \frac{4}{10}\,\text{m} = 0{,}4\,\text{m}$

a) $\frac{1}{4}\,\text{m}$ b) $\frac{11}{20}\,\text{m}$ c) $\frac{14}{25}\,\text{m}$

**3** Wandle die Längenangaben in Dezimalschreibweise um.

a) $\frac{3}{50}\,\text{km}$ b) $\frac{3}{5}\,\text{km}$ c) $2\frac{120}{200}\,\text{cm}$

d) $\frac{3}{8}\,\text{mm}$ e) $\frac{376}{500}\,\text{cm}$ f) $1\frac{8}{4}\,\text{m}$

**4** Schreibe als Dezimalzahl, indem du zuerst kürzt und dann erweiterst.

**Beispiel** $\frac{6}{30} = \frac{1}{5} = \frac{2}{10} = 0{,}2$

a) $\frac{3}{12}$ b) $\frac{21}{35}$ c) $\frac{25}{125}$

**4** Schreibe als Dezimalzahl, indem du zuerst kürzt und dann erweiterst.

a) $\frac{4}{80}$ b) $\frac{27}{45}$ c) $\frac{9}{150}$

d) $\frac{20}{16}$ e) $\frac{12}{75}$ f) $\frac{28}{35}$

**5** Welche Zahlen sind gleich?

$\frac{3}{5}$ 0,35 $\frac{3}{4}$ $\frac{9}{20}$ 0,75 $\frac{3}{50}$ 0,625 0,45 $\frac{9}{15}$ $\frac{75}{100}$ $\frac{5}{8}$ 0,06 0,6

**6** Schreibe die Zutatenliste mit Dezimalzahlen.

**Frucht-Cocktail**

$\frac{3}{4}$ ℓ Maracuja-Mango-Saft,
$\frac{1}{2}$ ℓ Ananassaft, $\frac{1}{5}$ ℓ Orangensaft,
$\frac{1}{4}$ ℓ Grapefruitsaft, $\frac{1}{10}$ ℓ Grenadine

**6** Schreibe die Zutatenliste mit Dezimalzahlen.

**Apfeltörtchen**

$\frac{3}{4}$ ℓ Apfelmus, $\frac{1}{4}$ ℓ saure Sahne,
1 TL Zitronensaft, 7 Blatt Gelatine,
$\frac{1}{2}$ ℓ Schokoladensauce, $\frac{1}{8}$ ℓ Sahne,
Minze und gebratene Apfelspalten

**7** Schreibe den blauen Anteil als Bruch und als Dezimalzahl.

a) 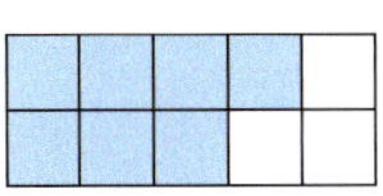

b) 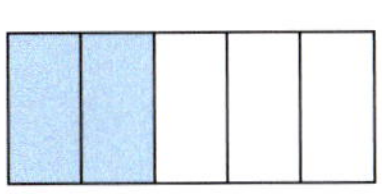

c) 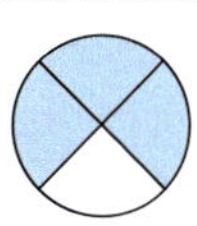

d) 

# Brüche – Dezimalzahlen – Prozentzahlen

## Entdecken

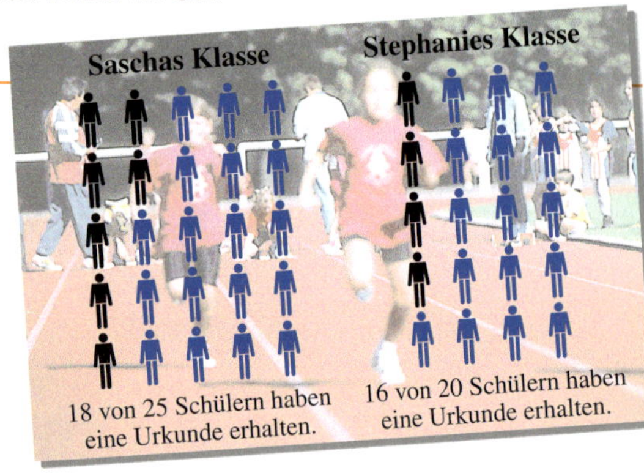


**1** Vergleicht die Ergebnisse der Klassen beim Sportfest.

**2** Sascha sagt: „Unsere Klasse hat mehr Urkunden erhalten. Wir sind besser.“

**3** Stephanie vergleicht so:
„$\frac{18}{25}$ ist weniger als $\frac{16}{20}$.
Das sehe ich, wenn ich beide Brüche auf den Nenner 100 erweitere.“
Erkläre, wie Stephanie rechnet.

**4** Wandle $\frac{18}{25}$ und $\frac{16}{20}$ in Dezimalzahlen um und vergleiche diese Zahlen.

**5** Das Gewicht der Schultasche soll 10 % des Körpergewichts nicht überschreiten.
a) Wie schwer sollte die Tasche eines 40 kg schweren Schülers maximal sein?
b) Übertragt die Tabelle in euer Heft und ergänzt sie.
c) Untersucht, ob das Gewicht eurer Schultaschen der Regel entspricht.

| Körpergewicht | Gewicht der Tasche |
|---|---|
| 35 kg | 3,5 kg |
| 38 kg | |
| | 4,2 kg |
| 48 kg | |
| | 3,9 kg |

## Verstehen

120 von 400 Schülern der Ernst-Reuter-Schule haben ein Haustier.
Bei den Lehrern haben 15 von 20 ein Haustier.

Haben im Vergleich mehr Lehrer oder mehr Schüler ein Haustier?

***HINWEIS***
*Das Zeichen % bedeutet „von Hundert“.*

**Merke** **Prozente** sind Anteile (Brüche) mit dem Nenner 100.

Sie sind **Hundertstelbrüche** in einer anderen Schreibweise: $\frac{1}{100} = 1\,\%$

Daher kann man sie leicht in Dezimalzahlen umwandeln.

Mit Prozentzahlen kann man Angaben gut vergleichen.

### Beispiel 1

120 von 400 Schülern haben ein Haustier.

Umwandeln in einen **Hundertstelbruch**:

120 von 400 $= \frac{120}{400} = \frac{120 : 4}{400 : 4} = \frac{30}{100}$

Für $\frac{30}{100}$ sagt man auch 30 % („30 Prozent“).

30 % der Schüler haben ein Haustier.

### Beispiel 2

15 von 20 Lehrer haben ein Haustier.

Umwandeln in einen **Hundertstelbruch**:

15 von 20 $= \frac{15}{20} = \frac{15 \cdot 5}{20 \cdot 5} = \frac{75}{100}$

Für $\frac{75}{100}$ sagt man auch 75 % („75 Prozent“).

75 % der Lehrer haben ein Haustier.

An der Ernst-Reuter-Schule haben im Vergleich mehr Lehrer als Schüler ein Haustier.

## Üben und anwenden

**1** Gib in Prozentschreibweise an.

a) **Beispiel** $\frac{25}{100} = 25\,\%$

① $\frac{35}{100}$ ② $\frac{65}{100}$ ③ $\frac{16}{100}$ ④ $\frac{1}{100}$

b) Kürze oder erweitere zuerst auf den Nenner 100.

**Beispiel** $\frac{11}{50} = \frac{11 \cdot 2}{50 \cdot 2} = \frac{22}{100} = 22\,\%$

① $\frac{15}{50}$ ② $\frac{10}{25}$ ③ $\frac{5}{20}$ ④ $\frac{30}{200}$

**2** Schreibe als Bruch und als Dezimalzahl.

a) 15 % b) 85 % c) 14 %
d) 78 % e) 50 % f) 9 %

**3** Welche Angaben gehören zusammen?

**Beispiel** 35 von 100 = 35 % = $\frac{35}{100}$ = 0,35

| Anteil von 100 | Prozent | Bruch | Dezimalzahl |
|---|---|---|---|
| 55 von 100 | 1 % | $\frac{10}{100}$ | 0,46 |
| 46 von 100 | 10 % | $\frac{1}{100}$ | 0,10 |
| 10 von 100 | 55 % | $\frac{46}{100}$ | 0,55 |
| 1 von 100 | 46 % | $\frac{55}{100}$ | 0,01 |

**4** Gib den Anteil der gelben (roten, blauen) Teilfläche der Hundertertafel in Prozent an.

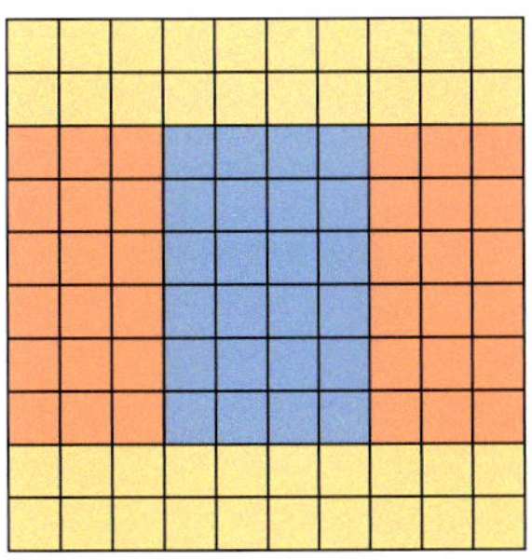

**5** Zeichne eine Hundertertafel mit ähnlichem Muster wie in Aufgabe 4.
Gib die Anteile der Farben in Prozent an.

**6** Finde fünf verschiedene Brüche, die 50 % (30 %, 75 %) entsprechen.
Vergleiche mit deinem Tischnachbarn.

**1** Gib in Prozentschreibweise an.

a) ① $\frac{37}{100}$ ② $\frac{9}{100}$ ③ $\frac{29}{100}$ ④ $\frac{7}{100}$
⑤ $\frac{18}{100}$ ⑥ $\frac{1}{100}$ ⑦ $\frac{50}{100}$ ⑧ $\frac{100}{100}$

b) Kürze oder erweitere zuerst auf den Nenner 100.

**Beispiel** $\frac{6}{25} = \frac{6 \cdot 4}{25 \cdot 4} = \frac{24}{100} = 24\,\%$

① $\frac{29}{50}$ ② $\frac{14}{25}$ ③ $\frac{60}{1000}$ ④ $\frac{18}{300}$

**2** Schreibe als Bruch und als Dezimalzahl.

a) 17 % b) 99 % c) 3 %
d) 10 % e) 50 % f) 8 %

**3** Welche Angaben gehören zusammen?

**Beispiel** 28 von 100 = 28 % = $\frac{28}{100}$ = 0,28

96 von 100 | 0,11 | $\frac{7}{100}$ | 0,96 | $\frac{3}{100}$ | 3 % | 7 von 100 | 0,96 % | 11 von 100 | 7 % | 11 % | 3 von 100 | $\frac{11}{100}$ | 0,07 | 0,03 | $\frac{96}{100}$

**4** Wie viel Prozent sind jeweils bunt gefärbt?

a) 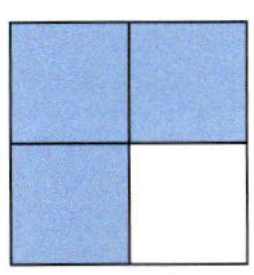

b) 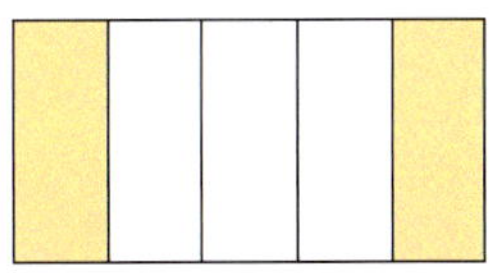

c) 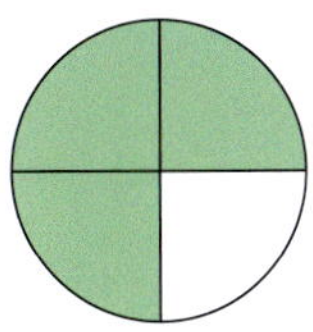

d) 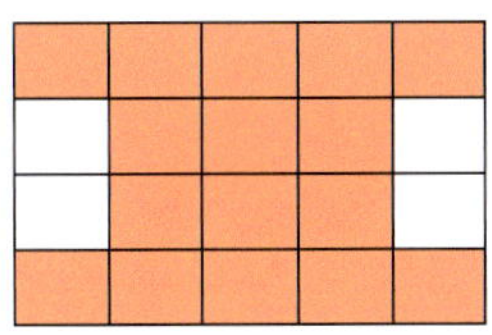

**5** Zeichne drei Rechtecke mit je 5 × 4 Kästchen. Färbe darin folgende Anteile.

a) 10 % b) 25 % c) 80 %

**6** Finde fünf verschiedene Brüche, die 25 % entsprechen. Begründe: Gibt es zu jeder Prozentzahl mehrere gleichwertige Brüche?

# Klar so weit?

→ Seite 78

## Brüche und Dezimalzahlen

**1** Lies die Zahlen aus der Stellenwerttafel mit Komma vor.
Schreibe sie auch in dein Heft.

| | H | Z | E | z | h | t |
|---|---|---|---|---|---|---|
| a) | | | 2 | 3 | 6 | |
| b) | | | 5 | 1 | 4 | 9 |
| c) | | | 0 | 6 | 7 | 5 |
| d) | | 1 | 3 | 0 | 8 | 2 |
| e) | 4 | 5 | 0 | 0 | 0 | 1 |

**2** Schreibe als Dezimalzahl.

a) $\frac{4}{10}$ b) $\frac{35}{100}$ c) $\frac{321}{1000}$

**3** Schreibe als Bruch.

a) 0,8 b) 0,16 c) 0,03
d) 6,45 e) 0,431 f) 0,033

**1** Übertrage die Stellenwerttafel ins Heft. Ergänze die fehlenden Zahlen in der Stellenwerttafel und die passende Dezimalzahl.

| H | Z | E | z | h | t | |
|---|---|---|---|---|---|---|
| | | 5 | 2 | 8 | | 5,28 |
| 1 | 1 | 7 | 8 | 0 | 9 | |
| | | 0 | 4 | 7 | | |
| | | | | | | 270,5 |
| | | | | | | 81,927 |

**2** Schreibe als Dezimalzahl.

a) $3\frac{1}{10}$ b) $7\frac{7}{100}$ c) $403\frac{12}{1000}$

**3** Wandle in vollständig gekürzte Brüche um.

a) 0,2 b) 0,4 c) 0,15
d) 0,04 e) 0,19 f) 1,54

→ Seite 80

## Dezimalzahlen am Zahlenstrahl

**4** Lies die markierten Zahlen ab.

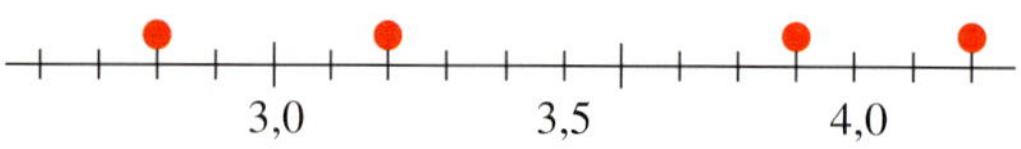


**5** Gib fünf Dezimalzahlen an, die zwischen 4 und 5 liegen.

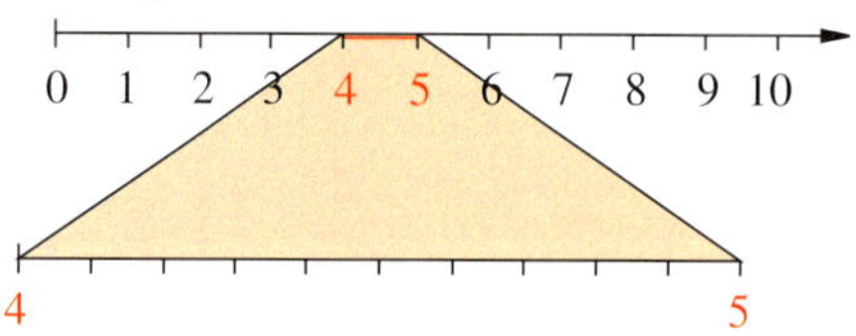


**4** Lies die markierten Zahlen ab.

**5** Gib fünf Dezimalzahlen an, die zwischen 4,5 und 4,6 liegen.

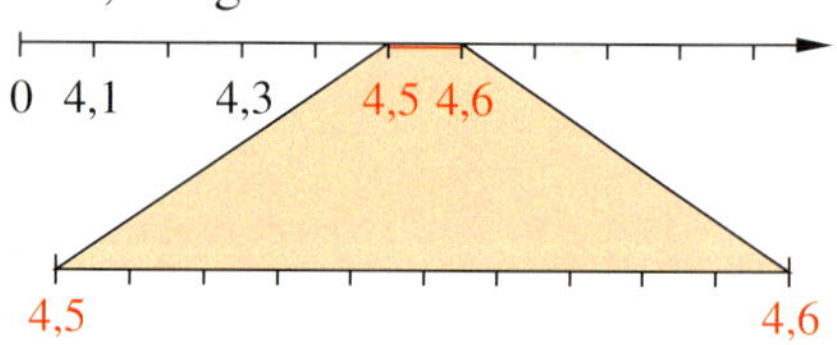


→ Seite 82

## Dezimalzahlen vergleichen und ordnen

**6** Welche der beiden Dezimalzahlen ist größer? Begründe.

a) 5,87 oder 5,78 b) 2,91 oder 2,93
c) 0,634 oder 0,64 d) 0,609 oder 0,69

**7** Gib drei verschiedene Dezimalzahlen an, die zwischen den beiden Zahlen liegen.

a) 1 und 2 b) 3,8 und 3,9
c) 1,52 und 1,53 d) 3,89 und 3,90

**6** Ordne die Zahlen der Größe nach.

a) 2,347; 2,437; 2,417; 2,341; 2,440
b) 0,5; 0,47; 0,365; 0,056; 0,24
c) 0,9; 0,99; 0,999; 0,09; 0,009

**7** Gib drei verschiedene Dezimalzahlen an, die zwischen den beiden Zahlen liegen.

a) 3,61 und 3,62 b) 7,9 und 8
c) 5,001 und 5,002 d) 4,12 und 4,128

## Dezimalzahlen runden

→ Seite 84

**8** Runde die Dezimalzahlen …

a) auf Zehntel:
3,05  2,82  4,96  15,29

b) auf Hundertstel:
3,752  6,6793  0,0074  0,0109

**9** Überprüfe die Rundungsergebnisse.

a) 1,75 s ≈ 1,7 s
b) 2,456 € ≈ 2,45 €
c) 7,234 g ≈ 7,24 g
d) 1,992 m ≈ 2,00 m

**8** Übertrage die Tabelle ins Heft und ergänze.

| Zahl | Rundungsstelle | gerundete Zahl |
|---|---|---|
| 5,58 | Zehntel | |
| 6,789 | | 6,79 |
| | Zehntel | 3,4 |

**9** Überprüfe die Rundungsergebnisse.

a) 4,61 kg ≈ 4,8 kg
b) 4,007 € ≈ 4,1 €
c) 0,770 m ≈ 0,77 m
d) 39,9 mm ≈ 40 mm

## Brüche in Dezimalzahlen umwandeln

→ Seite 86

**10** Schreibe die Brüche als Dezimalzahl, indem du erweiterst oder kürzt.

a) $\frac{1}{5}$  b) $\frac{14}{50}$  c) $\frac{13}{50}$
d) $\frac{444}{4000}$  e) $\frac{175}{500}$  f) $\frac{3}{8}$

**11** Schreibe die Brüche als Dezimalzahl, indem du zuerst kürzt und dann erweiterst.

a) $\frac{12}{30}$  b) $\frac{6}{12}$  c) $\frac{28}{35}$

**10** Schreibe die Brüche als Dezimalzahlen in dein Heft.

a) $\frac{1}{2}$  b) $5\frac{3}{4}$  c) $\frac{6}{25}$
d) $\frac{1}{8}$  e) $\frac{8}{125}$  f) $\frac{45}{150}$

**11** Schreibe die Brüche als Dezimalzahl, indem du zuerst kürzt und dann erweiterst.

a) $\frac{12}{80}$  b) $\frac{33}{150}$  c) $\frac{25}{125}$

## Brüche – Dezimalzahlen – Prozentzahlen

→ Seite 88

**12** Gib in Prozentschreibweise an.

a) $\frac{7}{100}$  b) $\frac{18}{100}$  c) $\frac{9}{10}$
d) $\frac{1}{2}$  e) $\frac{4}{5}$  f) $\frac{18}{200}$
g) 0,12  h) 0,05  i) 0,9

**13** Gib als Bruch und als Dezimalzahl an.

a) 80 %  b) 13 %  c) 8 %
d) 100 %  e) 44 %  f) 80,5 %

**12** Gib in Prozentschreibweise an.

a) $\frac{3}{100}$  b) $\frac{27}{100}$  c) $\frac{7}{10}$
d) $\frac{3}{4}$  e) $\frac{800}{1000}$  f) $\frac{13}{26}$
g) 0,7  h) 0,07  i) 0,777

**13** Gib als Bruch und als Dezimalzahl an.

a) 50 %  b) 2 %  c) 35 %
d) 8 %  e) 11 %  f) 120 %

**14** Welcher Anteil der Fläche ist jeweils rot gefärbt? Gib den Anteil als Bruch und in Prozentschreibweise an.

a) 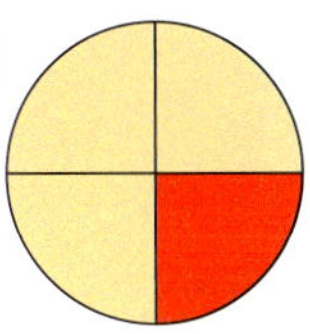
b) 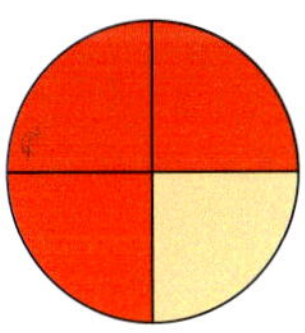
c) 
d) 
e) 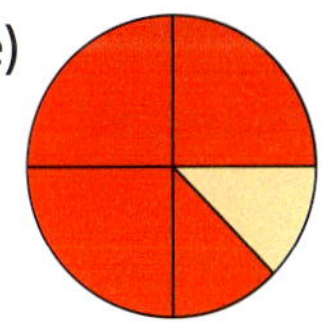

# Vermischte Übungen

**1** Schreibe die Dezimalzahlen in eine Stellenwerttafel. Schreibe sie dann als Brüche.

**Beispiel** $3{,}08 = 3\frac{8}{100}$

a) 0,7 b) 0,24 c) 0,99 d) 1,4
e) 2,03 f) 0,231 g) 0,041 h) 12,56

**1** Schreibe als Bruch. Kürze, wenn möglich.

**Beispiel** $2{,}08 = 2\frac{8}{100} = 2\frac{2}{25}$

a) 0,44 b) 0,13 c) 0,06 d) 0,124
e) 0,027 f) 0,025 g) 1,05 h) 5,35
i) 7,002 j) 3,029 k) 0,80 l) 4,96

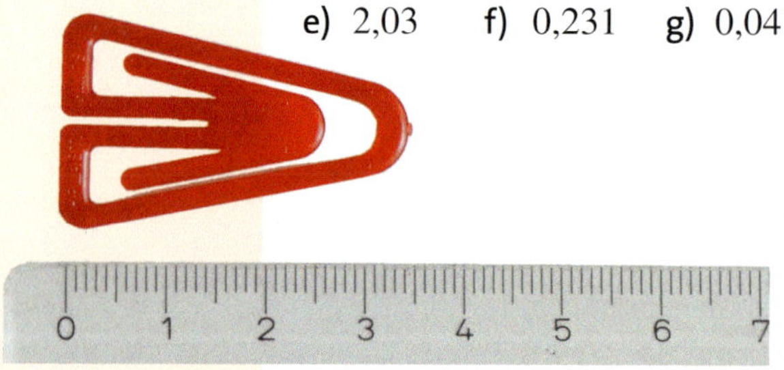


**2** Arbeitet zu zweit.
Beschreibt das Bild in der Randspalte und vergleicht es mit einem Zahlenstrahl.
Welche Gemeinsamkeiten und welche Unterschiede findet ihr?
Nennt Messgeräte, die ähnliche Skalen haben, und präsentiert eure Ergebnisse der Klasse.

**3** Schreibe die Brüche als Dezimalzahl.

a) $\frac{3}{10}$ b) $\frac{3}{100}$ c) $\frac{117}{100}$
d) $\frac{8}{25}$ e) $\frac{64}{400}$ f) $\frac{3}{12}$

**3** Schreibe die Brüche als Dezimalzahl.

a) $\frac{2}{25}$ b) $\frac{175}{500}$ c) $\frac{20}{16}$
d) $\frac{15}{8}$ e) $\frac{28}{80}$ f) $\frac{1}{250}$

**4** Welcher Anteil ist rosa eingefärbt? Gib den Anteil in Prozent an.

**Beispiel** 3 von $4 = \frac{3}{4} = \frac{75}{100} = 75\,\%$

a) 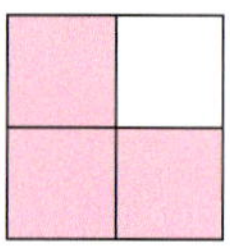
b) 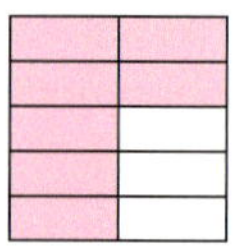
c) 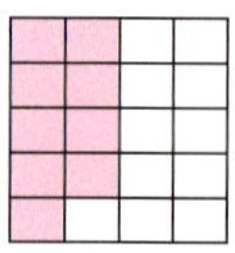
d) 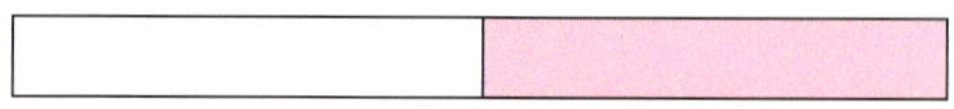

**5** Wandle in Prozentzahlen um.

a) 0,25 b) 0,8 c) 0,06
d) $\frac{1}{25}$ e) $\frac{63}{700}$ f) $\frac{1200}{600}$

**5** Wandle in Prozentzahlen um.

a) 0,1 b) 0,11 c) 0,111
d) $\frac{6}{75}$ e) $\frac{102}{100}$ f) $\frac{11}{4}$

**6** Ordne die Dezimalzahlen der Größe nach. Beginne mit der kleinsten.

a) 0,12; 0,012; 0,1; 0,2
b) 2,3; 2,23; 2,32; 2,2
c) 7,58; 7,805; 7,588; 7,508; 7,80

**6** Überprüfe, ob die Dezimalzahlen richtig geordnet sind. Berichtige, falls nötig.

a) $2{,}3 < 2{,}25 < 2{,}235 < 2{,}2341$
b) $0{,}89 < 0{,}8905 < 0{,}891 < 0{,}8901 < 0{,}918$
c) $1{,}061 < 1{,}116 < 1{,}106 < 10{,}60 < 1{,}661$

**7** Diese Umrechnungen von Brüchen in Dezimalzahlen und Prozentzahlen kommen häufig vor. Schreibe die ausgefüllte Tabelle in dein Merkheft und präge dir die Werte ein.

| Bruch | $\frac{1}{2}$ | $\frac{1}{4}$ | $\frac{1}{8}$ | $\frac{1}{5}$ | $\frac{1}{10}$ | $\frac{3}{4}$ | $\frac{3}{8}$ | $\frac{5}{8}$ | $\frac{7}{8}$ | $\frac{2}{5}$ | $\frac{3}{5}$ | $\frac{4}{5}$ |
|---|---|---|---|---|---|---|---|---|---|---|---|---|
| Dezimalzahl | | | | | | | | | | | | |
| Prozentzahl | | | | | | | | | | | | |

**8** Erkläre, warum $\frac{3}{50}$ nicht 0,6 sind. Gib den richtigen Bruch an.

**8** Erkläre diesen Satz: „Die Wahrscheinlichkeit, dass etwas passiert, ist ca. 50 %.“

**9** Welche Zahlen sind hier markiert?

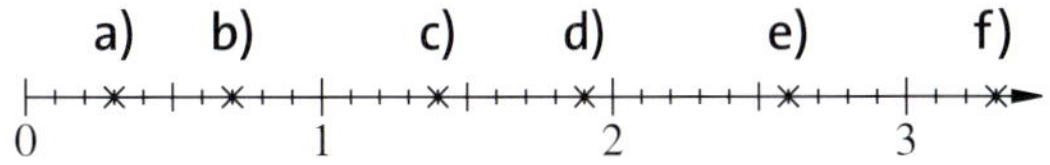


**10** Wie groß seid ihr?
Messt eure Körpergröße, schreibt die Größen auf und ordnet sie.

| Rangliste | Namen, Vorname | Größe in m |
|---|---|---|
| 2 | Schmitt, Nele | 1,53 m |
| 1 | Wohmann, Timo | 1,56 m |

**11** Runde die Dezimalzahlen …

a) auf Zehntel:

| | | | |
|---|---|---|---|
| 6,14 | 14,86 | 0,87 | 44,09 |
| 2,734 | 7,106 | 45,454 | 2,005 |

b) auf Hundertstel:

| | | | |
|---|---|---|---|
| 3,421 | 5,587 | 24,007 | 13,001 |
| 5,5555 | 0,0208 | 0,8715 | 2,0057 |

**12** Beim Weltcup der Bobfahrer am Königssee wurden folgende Zeiten gefahren.

| Team | Land | 1. Lauf | 2. Lauf |
|---|---|---|---|
| Rüegg | Schweiz | 53,65 s | 53,61 s |
| Langen | Deutschland | 53,54 s | 53,53 s |
| Lueders | Kanada | 53,57 s | 53,67 s |
| Lange | Deutschland | 53,73 s | – |

Erläutere die Tabelle. Stell eine Rangfolge auf (für jeden Lauf sowie insgesamt).

**13** Zeichne einen Zahlenstrahl von 0 bis 12 in dein Heft.
Markiere folgende Zahlen.
4 1,5 5,5 7,5 0,5 3,5

**14** Eine Laufzeit für 100 m wurde auf 11,3 s gerundet. Welche Zeit könnte gelaufen worden sein? Finde Beispiele und begründe. Vergleiche mit den Ergebnissen in der Klasse.

**9** Welche Zahlen sind hier markiert?

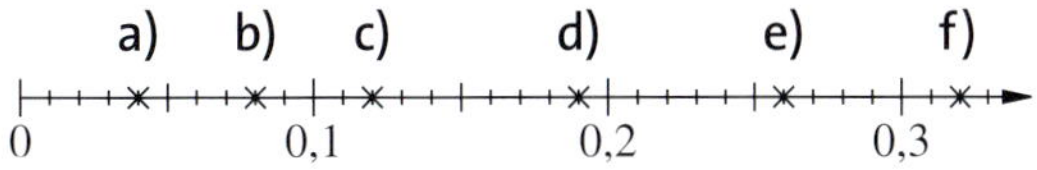


**10** Arbeitet in kleinen Gruppen zusammen. Markiert auf einer 2,50 m langen Holzleiste diese Längen. Verwendet zum Messen das Tafellineal und euer Zeichenlineal.

a) 70 cm b) 45 cm c) 1,08 m
d) 0,9 m e) 1,8 m f) 0,06 m
g) 2,35 m h) 0,002 km i) 3,8 dm

**HINWEIS**
*zu Aufgabe 10 (türkis):*
*Anstatt einer Holzleiste könnt ihr auch mehrere DIN-A4-Blätter zusammenkleben und darauf die Längen markieren.*

**11** Runde die Dezimalzahlen …

a) auf Zehntel:

| | | | |
|---|---|---|---|
| 10,34 | 156,48 | 0,05 | 440,99 |
| 1,247 | 3,509 | 77,777 | 22,008 |

b) auf Hundertstel:

| | | | |
|---|---|---|---|
| 8,462 | 10,615 | 88,856 | 54,007 |
| 0,002 | 0,7984 | 9,9962 | 0,9999 |

**12** In der Metzgerei wurde Rindergulasch in verschiedenen Portionen abgewogen. Ordne die Preise den Portionen zu. Begründe deine Lösung.

| | |
|---|---|
| 0,508 kg | 2,44 € |
| 0,375 kg | 2,03 € |
| 0,254 kg | 3,27 € |
| 0,503 kg | 3,30 € |
| 0,313 kg | 1,65 € |

**13** Markiere die Weitwurfergebnisse der Schüler im Heft auf einem Zahlenstrahl.
Max 27,5 m; Lars 26,0 m; Hasan 26,5 m; Jonas 27,0 m; Alexander 28,5 m

**14** Folgende Angaben wurden auf Zentimeter gerundet. Gib jeweils die kleinstmögliche und die größtmögliche Ausgangsgröße an.

a) 4,34 m b) 8,67 m c) 0,81 m

**15** Lies die Temperaturen am Fieberthermometer ab.

a) 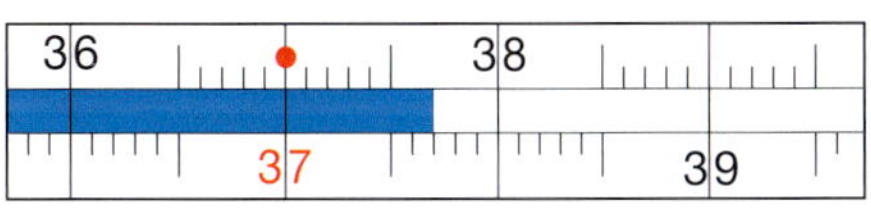


b) 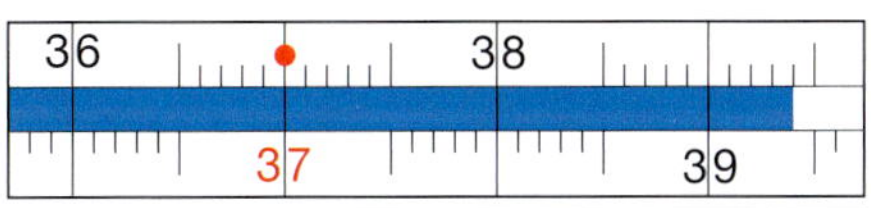


c) 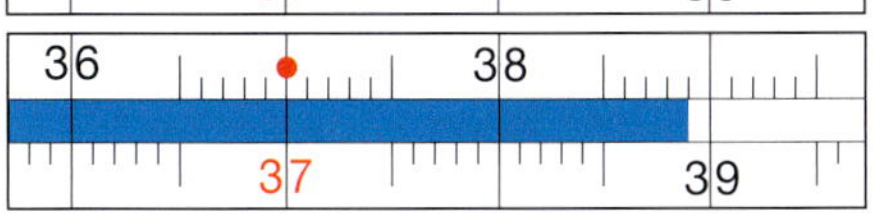


d) 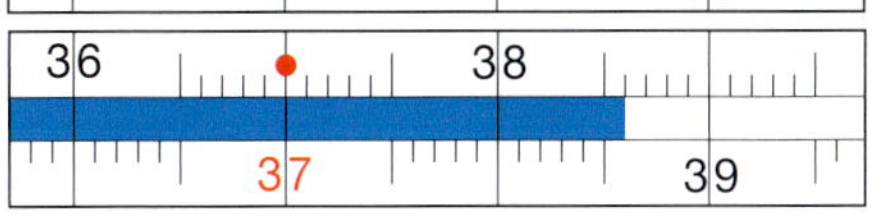

**16** Ergänze die Tabellen im Heft.

a)

| | | | | | |
|---|---|---|---|---|---|
| 0,78 | | 2,04 | | 7,003 | |
| $\frac{78}{100}$ | $\frac{17}{100}$ | | $2\frac{11}{1000}$ | | $7\frac{9}{1000}$ |

b)

| | | | | | |
|---|---|---|---|---|---|
| | | | | $\frac{1}{2}$ | |
| 8 % | 11 % | 24 % | 48 % | 50 % | 99 % |

**17** Nenne fünf Dezimalzahlen zwischen …

a) 66 und 76
b) 3,1 und 3,2
c) 5,42 und 5,43
d) Vergleiche deine Ergebnisse mit deinem Tischnachbarn.
Was fällt euch auf?

***NACHGEDACHT***
*Was bedeuten diese Prozentzahlen hier?*

**18** Nele wiegt im Supermarkt Äpfel ab:

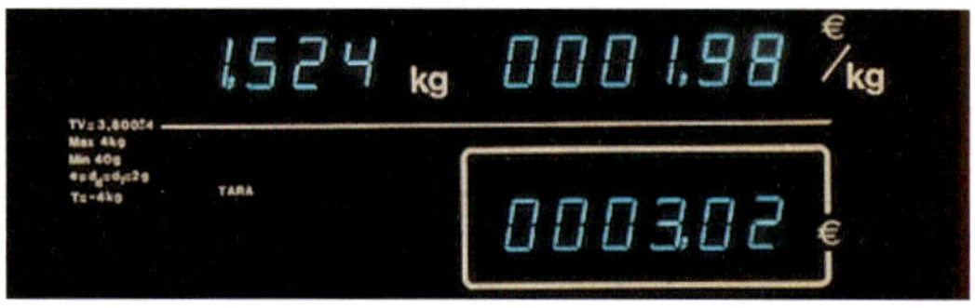


a) Beschreibe die Anzeige der Waage.
b) Zu Hause rechnet Nele mit dem Taschenrechner nach. Sie tippt 1.524 × 1.98 und erhält das Ergebnis 3.017 52.
Erkläre den Eurobetrag auf der Anzeige der Waage.
c) Runde die Beträge in der Tabelle so, wie die Waage rundet.

| Gewicht der Ware in kg | Kilopreis der Ware | genauer Betrag | Betrag auf der Waage |
|---|---|---|---|
| 4,678 | 3,95 € | 18,4781 | € |
| 2,078 | 0,89 € | 1,84942 | € |
| 0,157 | 12,57 € | 1,97349 | € |
| 0,258 | 8,69 € | 2,24202 | € |
| 7,890 | 2,59 € | 20,4351 | € |

**19** Schreibe eine Rechengeschichte, bei der Prozentzahlen vorkommen.
Präsentiere deine Geschichte vor der Klasse.

**20** In der Klasse 6 a sind von 25 Schülern sechs Nichtschwimmer.
In der Klasse 6 b beträgt der Anteil der Nichtschwimmer 22 %.
Vergleiche.

**16** Ergänze die Tabelle im Heft.

| | | | | | |
|---|---|---|---|---|---|
| **Bruch** | $\frac{1}{2}$ | | | | $\frac{2}{5}$ |
| **Hundertstelbruch** | $\frac{50}{100}$ | | | | |
| **Dezimalzahl** | 0,50 | | 0,2 | | |
| **Prozentzahl** | 50 % | 30 % | | 8 % | |

**17** Nenne fünf Dezimalzahlen zwischen …

a) 5,5 und 5,6
b) 0 und 0,5
c) 7,02 und 7,03
d) 18,556 und 18,557
e) Wie viele Dezimalzahlen findest du noch zwischen den jeweiligen Dezimalzahlen?

**18** In Prospekten werden Längen häufig in Millimeter angegeben.

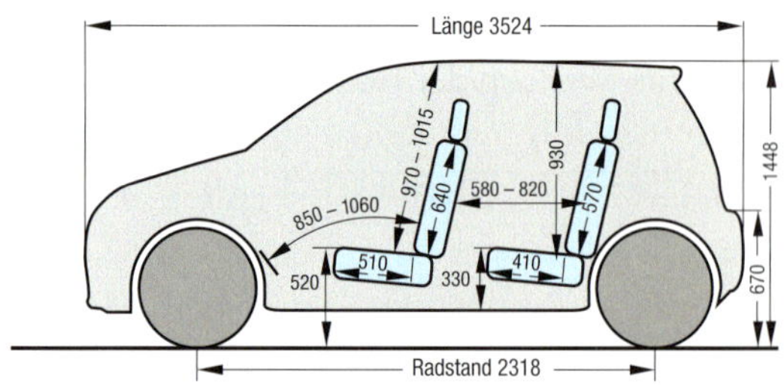


a) Gib die Maße in Meter mit zwei Stellen hinter dem Komma an.
Warum ist es sinnvoll so zu runden?
b) Runde folgende Längenangaben ebenso wie bei a).
① 7254 mm
② 1350 mm
③ 875 mm
④ 12 387 mm
⑤ 4008 mm
⑥ 18 322 mm

**19** Schreibe und präsentiere eine Rechengeschichte, bei der folgendes vorkommt:
10 %; Fahrrad; Geld; 20 %

**20** Die Klasse 6 c wählte ihren Klassensprecher mit 8 von 20 Stimmen.
In der Klasse 6 d sind 25 Schülerinnen und Schüler. Ihr Klassensprecher wurde mit 9 Stimmen gewählt.

**HINWEIS**

095-1

*Unter dem Webcode findest du eine interaktive Übung zu Dezimalzahlen, Brüchen und Prozentangaben.*

**21** Welche Zahlen sind gleich?
Rechne zunächst alle Brüche in Dezimalzahlen um.

$\frac{1}{50}$ 0,20 $\frac{2}{10}$ 0,2 $\frac{2}{1}$ 0,02 $\frac{1}{5}$ 2,0 $\frac{20}{10}$

**21** Welche Zahlen sind gleich?

$\frac{3}{5}$ 0,6 $\frac{3}{50}$ 0,45 $\frac{9}{15}$ 0,35 0,75 $\frac{3}{4}$ 0,06 $\frac{9}{20}$ $\frac{5}{8}$ 0,625 $\frac{75}{100}$

**22** Vergleiche jeweils die Brüche mit den Dezimalzahlen wie im Beispiel.

**Beispiel** $\frac{4}{25}$ und 0,2 $\quad \frac{4}{25} = \frac{16}{100} = 0{,}16 \quad$ Es gilt: $0{,}16 < 0{,}2$

a) $1\frac{3}{5}$ und 1,55
b) $\frac{3}{8}$ und 0,4
c) $\frac{3}{4}$ und 0,8
d) 0,28 und $\frac{7}{25}$
e) $3\frac{2}{5}$ und 3,5
f) $5\frac{1}{10}$ und 5,1
g) $7\frac{3}{75}$ und 7,05
h) $\frac{72}{90}$ und 0,8

**23** Vergleiche die Zahlen und setze im Heft das richtige Zeichen ein: < oder >.

a) 0,08 ▢ 2
b) 0,12 ▢ 0,08
c) 0,09 ▢ 0,16
d) 0,077 ▢ 0,6
e) 2,8 ▢ 2,07
f) 0,6 ▢ $\frac{1}{2}$
g) 0,3 ▢ $\frac{1}{4}$
h) 0,5 ▢ $\frac{1}{5}$
i) 0,6 ▢ $\frac{1}{6}$
j) 0,1 ▢ $\frac{1}{12}$

**23** Ordne der Größe nach.
Beginne mit der kleinsten Zahl.

a) 0,550 55; 5; 0,5; 0,5555
b) 703; 0,37; 3,703; 0,073
c) 0,2; $\frac{1}{4}$; 0,02; $\frac{2}{5}$
d) $\frac{1}{8}$; 0,126; $\frac{1}{5}$; 0,024
e) 88; $\frac{1}{8}$; 8,08; $\frac{176}{88}$; $8\frac{4}{8}$;

**24** Auf vielen Verpackungen von Lebensmitteln findet man Prozentangaben.

**Beispiel** 3,5 % Fett im Joghurt sagt uns, dass in 100 g Joghurt 3,5 g Fett enthalten ist.

a) Wie viel Gramm Kakao und Zucker enthält eine Tafel Schokolade von 100 g?
b) Suche Verpackungen mit Prozentangaben und bringe sie mit.
c) Überlegt euch Umrechnungen zu den mitgebrachten Verpackungen.

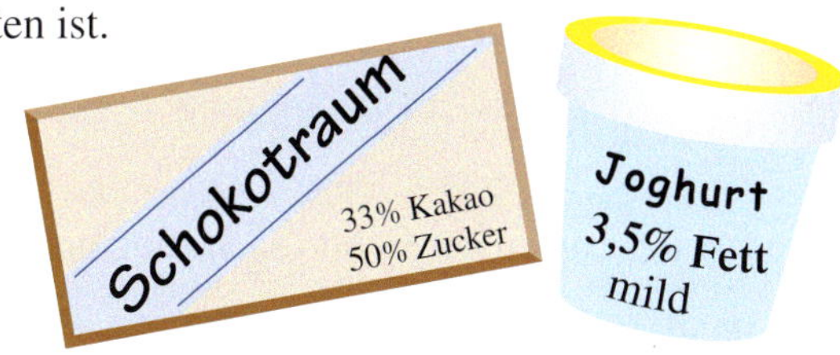


**25** Schreibe die Zutatenliste mit Dezimalzahlen in dein Heft.

*Rezept für 7 Pfannkuchen*

$\frac{1}{4}$ kg Mehl; $\frac{3}{8}$ ℓ Milch;
4 Eier; 1 Esslöffel Zucker;
1 Prise Salz; $\frac{1}{8}$ ℓ Mineralwasser;
ca. 7 Esslöffel Speiseöl

**25** Reicht der Vorrat, um die Kekse zu backen? Oder muss noch einmal eingekauft werden?

Checkliste 096-1

# Teste dich!

*(8 Punkte)* **1** Schreibe die Brüche als Dezimalzahl und in Prozentschreibweise.

a) $\frac{87}{100}$ b) $\frac{4}{5}$ c) $\frac{72}{120}$ d) $5\frac{14}{25}$

e) $\frac{7}{8}$ f) $\frac{12}{75}$ g) $\frac{18}{24}$ h) $\frac{84}{56}$

*(8 Punkte)* **2** Schreibe die Dezimalzahlen als Bruch und kürze so weit wie möglich.

a) 0,3 b) 0,8 c) 0,25 d) 0,05

e) 3,002 f) 1,06 g) 20,124 h) 0,0107

*(8 Punkte)* **3** Gib die Prozentangaben als vollständig gekürzten Bruch und als Dezimalzahl an.

a) 20 % b) 70 % c) 45 % d) 6 %

e) 17 % f) 30 % g) 12,5 % h) 100 %

*(15 Punkte)* **4** Ordne den farbigen Teilflächen passende Brüche, Dezimalzahlen und Prozentangaben zu. Einige Brüche musst du vorher kürzen oder erweitern.

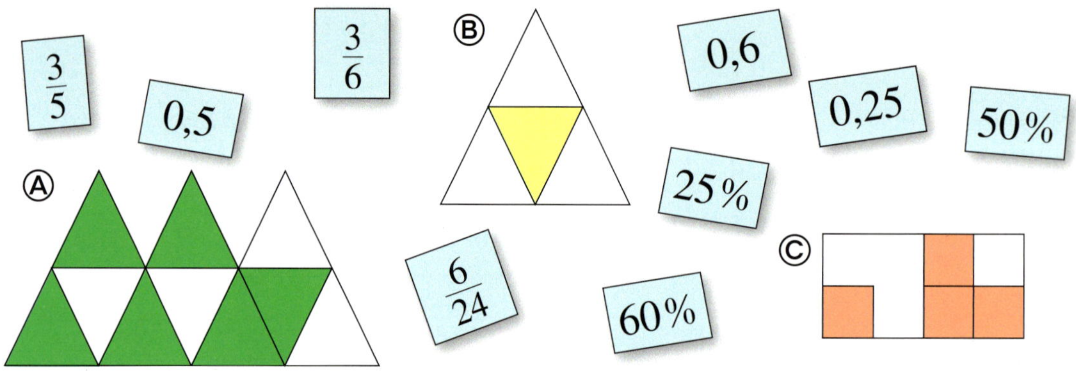


*(4 Punkte)* **5** Übertrage in dein Heft und setze die Zeichen (<; > oder =) richtig ein.

a) 0,37 ▢ 0,32 b) 1,6 ▢ 1,65

c) 0,077 ▢ 0,707 d) 6,636 ▢ 6,363

*(10 Punkte)* **6** Ordne die Zahlen der Größe nach. Beginne jeweils mit der kleinsten Zahl.

a) 0,38; 0,035; 0,309; 0,305; 0,385 b) 0,25; $\frac{1}{8}$; 0,75; $\frac{4}{5}$; 0,5

*(8 Punkte)* **7** Zeichne das Rechteck in dein Heft.
Markiere den angegebenen Anteil farbig. Gib ihn auch als Bruch an.

a) Rechteck mit 10 × 10 Kästchen: 30 %
b) Rechteck mit 5 × 4 Kästchen: 50 %
c) Rechteck mit 10 × 5 Kästchen: 10 %
d) Rechteck mit 4 × 5 Kästchen: 25 %

*(8 Punkte)* **8** Runde die Dezimalzahlen auf Zehntel und auf Hundertstel.

a) 0,368 b) 2,905

c) 4,006 d) 1,9901

*(4 Punkte)* **9** Eine Zahl mit zwei Nachkommastellen wurde auf 19,5 gerundet.
Bestimme die kleinstmögliche und die größtmögliche Ausgangszahl.

**10** Überprüfe und berichtige die Fehler. *(6 Punkte)*

a) $0{,}71 > 0{,}09$ b) $2{,}01 > 2{,}1$

c) $0{,}99 < 0{,}0999$ d) $7{,}28 > 7{,}280$

e) $0{,}4 > \frac{1}{4}$ f) $0{,}7 > \frac{3}{5}$

**11** Schreibe die Einwohnerzahlen in Millionen und runde auf eine Stelle hinter dem Komma. *(8 Punkte)*

**Beispiel** Berlin: 3 499 879 = 3,5 Mio.

| | | | |
|---|---|---|---|
| Madrid: | 3 154 000 | Hamburg: | 1 738 483 |
| Rom: | 2 553 873 | Istanbul: | 10 034 830 |
| London: | 7 421 209 | New York: | 8 108 040 |
| Hongkong: | 6 898 686 | Peking: | 15 224 754 |

**12** Gib die Dicke des jeweiligen Materials als Dezimalzahlen an. *(4 Punkte)*

Schreibpapier: $\frac{1}{10}$ mm

Alufolie: $\frac{4}{100}$ mm

Postkarte: $\frac{3}{10}$ mm

Blattgold: $\frac{2}{1000}$ mm

**13** „Ewige Weltbestenliste“ der 200-m-Läufe der Frauen: *(9 Punkte)*

| | |
|---|---|
| Marion Jones | 21,62 s |
| Grace Jackson | 21,72 s |
| Merlene Ottey | 21,64 s |
| Heike Drechsler | 21,71 s |
| Marita Koch | 21,71 s |
| Gwen Torrence | 21,72 s |
| Florence Griffith-Joyner | 21,34 s |

a) Erstelle eine Rangliste.
Wer hält den Weltrekord der Frauen beim 200-m-Lauf?

b) Welche Läuferinnen erzielten die gleiche Zeit, wenn die Genauigkeit der Messung auf Zehntelsekunden erfolgt wäre?

c) Welche Zeiten könnte die schnellste Läuferin erreicht haben, wenn die Messgenauigkeit Tausendstelsekunden betragen hätte?

Gold: 94–100 Punkte, Silber: 77–93 Punkte, Bronze: 60–76 Punkte

# Zusammenfassung

→ Seite 78

## Brüche und Dezimalzahlen

Zahlen mit einem Komma werden **Dezimalzahlen** genannt.
Dezimalzahlen sind Brüche in einer anderen Schreibweise.

Dezimalzahlen kann man übersichtlich in einer **erweiterten Stellenwerttafel** darstellen.

$0{,}8 = \frac{8}{10}$ $\quad 0{,}19 = \frac{19}{100}$ $\quad 6{,}039 = 6\frac{39}{1000}$

| Z | E | , | z | h | t | |
|---|---|---|---|---|---|---|
| | 0 | , | 3 | | | $0{,}3 = \frac{3}{10}$ |
| | 2 | , | 7 | 5 | | $2{,}75 = 2\frac{75}{100}$ |
| 1 | 3 | , | 0 | 4 | 9 | $13{,}049 = 13\frac{49}{1000}$ |

→ Seite 80

## Dezimalzahlen am Zahlenstrahl

Dezimalzahlen kann man auf dem **Zahlenstrahl** als Punkte einzeichnen.
Dazu unterteilt man den Zahlenstrahl in Zehntel, Hundertstel, Tausendstel usw.

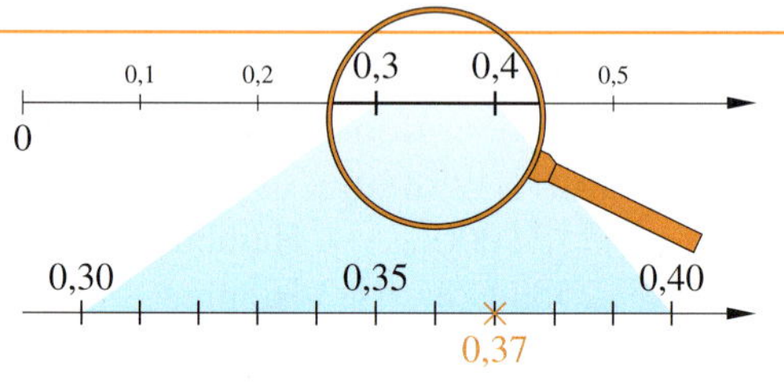


→ Seite 82

## Dezimalzahlen vergleichen und ordnen

Dezimalzahlen vergleicht man **stellenweise**.

8,27 < 8,32 (2 < 3) $\qquad$ 0,71 > 0,705 (1 > 0)

→ Seite 84

## Dezimalzahlen runden

Betrachte die Ziffer rechts von der Stelle, auf die gerundet werden soll.
Ist die Stelle rechts eine
- 0; 1; 2; 3 oder 4, wird **abgerundet**.
- 5; 6; 7; 8 oder 9, wird **aufgerundet**.

5,17 auf Zehntel gerundet:
$5{,}17 \approx 5{,}2$

12,0837 auf Hundertstel gerundet:
$12{,}0837 \approx 12{,}08$

→ Seite 86

## Umwandeln von Bruchzahlen in Dezimalzahlen

Brüche mit den Nennern 10; 100; 1000; … kann man sofort als Dezimalzahl schreiben.

$\frac{3}{10} = 0{,}3$ $\quad 5\frac{27}{100} = 5{,}27$ $\quad \frac{18}{1000} = 0{,}018$

Andere Brüche müssen zuerst auf einen der Nenner 10; 100; 1000 usw. erweitert oder gekürzt werden.

$\frac{1}{4} = \frac{25}{100} = 0{,}25$

$\frac{26}{200} = \frac{13}{100} = 0{,}13$

→ Seite 88

## Brüche – Dezimalzahlen – Prozentzahlen

**Prozente** sind Anteile mit dem Nenner 100. Sie sind **Hundertstelbrüche** in einer anderen Schreibweise: $\frac{1}{100} = 1\,\%$

$\frac{19}{100} = 0{,}19 = 19\,\%$ $\quad \frac{4}{100} = 0{,}04 = 4\,\%$

$\frac{7}{20} = \frac{35}{100} = 0{,}35 = 35\,\%$

# Körper

Kennst du den Zauberwürfel?
Er besteht aus einem Gelenkwürfel in der Mitte und 26 kleinen Würfeln, die man in Schichten gegeneinander verdrehen kann.

Ziel ist es, die Schichten mit den kleinen Würfeln so lange zu drehen, bis jede der sechs Flächen des Zauberwürfels nur aus einer Farbe besteht.

# Noch fit?

## 1 Vierecke benennen

Von welchen Vierecken kennst du den Namen?

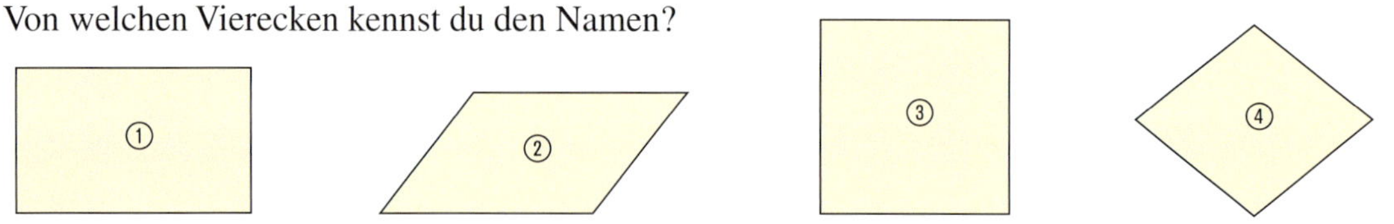


## Einstieg

### 2 Längeneinheiten

Wandle in die angegebenen Einheiten um.

a) 4 cm (mm) b) 13 m (dm)
c) 1,2 dm (cm) d) 33 m (cm)

### 3 Umfang berechnen

Wie viel cm Umfang haben die Rechtecke?

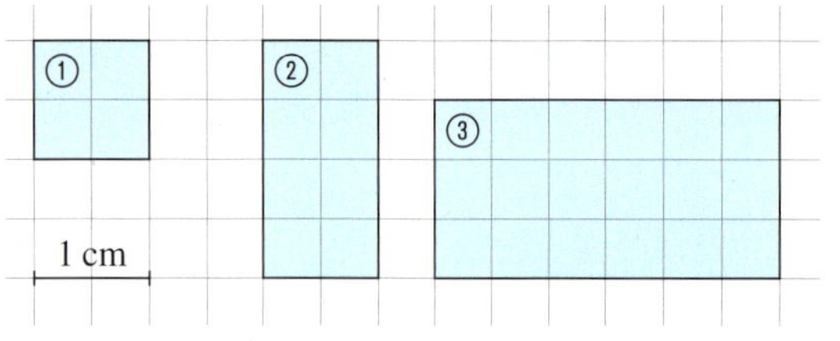


### 4 Vergleichen von Flächen

Begründe: Die orangefarbene und die gelbe Figur haben den gleichen Flächeninhalt.

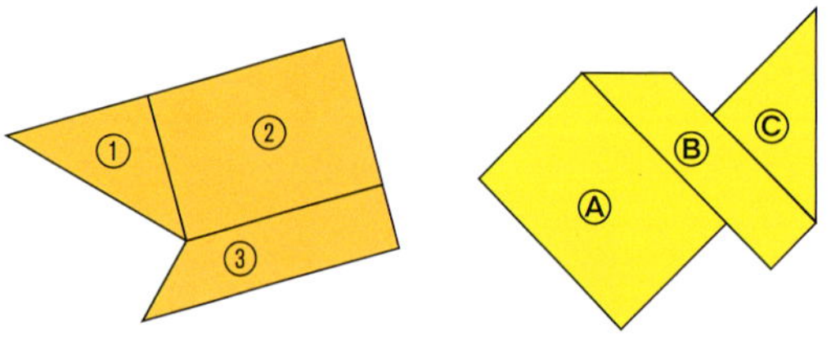


## Aufstieg

### 2 Längeneinheiten

Wandle in die angegebenen Einheiten um.

a) 60 mm (cm) b) 27 dm (m)
c) 0,9 cm (mm) d) 45 m (cm)

### 3 Umfang berechnen

Berechne den Umfang der Rechtecke.
Rechne vorher in die gleiche Längeneinheit um.

| | Seite *a* | Seite *b* | Umfang *u* |
|---|---|---|---|
| a) | 3 dm | 3 dm | |
| b) | 15 cm | 13 cm | |
| c) | 8 dm | 26 cm | |
| d) | 12 cm | 1,2 dm | |

### 4 Vergleichen von Flächen

Zeige, dass die Figur Ⓐ den gleichen Flächeninhalt hat wie die Figur Ⓑ.

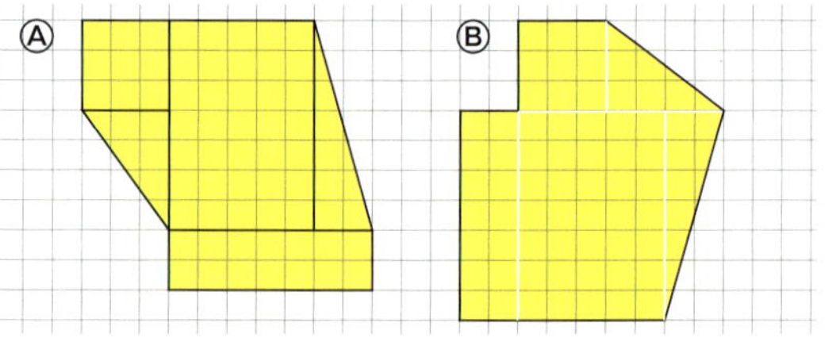


**HINWEIS**

↻ 100-1
*Hier findest du ein Arbeitsblatt zum Ausdrucken mit den Figuren zu Aufgabe 4 (lila und türkis).*

## 5 Einheitsquadrate

Mit welchen Einheitsquadraten kann man die Flächen am besten ausmessen?
Wähle eine sinnvolle Einheit und ordne sie den Flächen zu.

Meterquadrat
$mm^2$
Millimeterquadrat
$cm^2$
$dm^2$
Dezimeterquadrat
$m^2$
Zentimeterquadrat

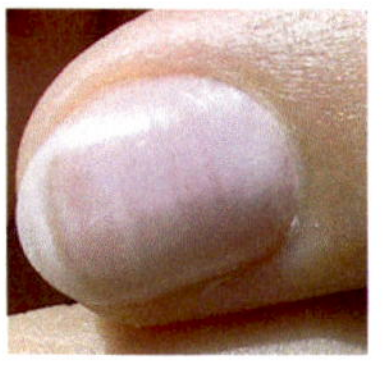

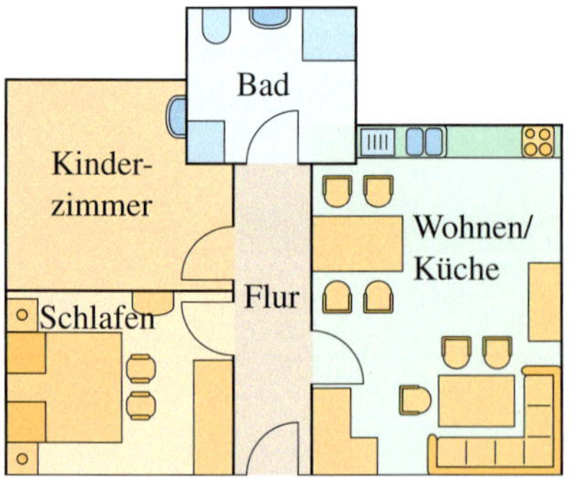

## 6 Flächeninhalt berechnen
Zeichne Rechtecke mit den angegebenen Maßen und unterteile sie in Zentimeterquadrate. Wie viele $cm^2$ sind sie groß?
a) Länge 4 cm; Breite 3 cm
b) Länge 5 cm; Breite 2 cm
c) Länge 12 mm; Breite 10 mm

## 7 Mit Formeln rechnen
Ein Rechteck ist 15 cm lang und 4 cm breit. Berechne den Umfang und den Flächeninhalt des Rechtecks mithilfe der Formeln.

$u = 2 \cdot a + 2 \cdot b$

$A = a \cdot b$

## 8 Parallele und Senkrechte

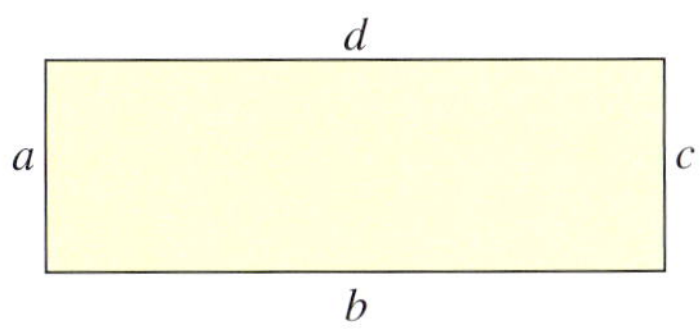


a) Welche Strecken sind parallel zueinander?
**Beispiel** $a \parallel c$
b) Welche Strecken sind senkrecht zueinander?
**Beispiel** $a \perp b$

## 9 Spielwürfel drehen

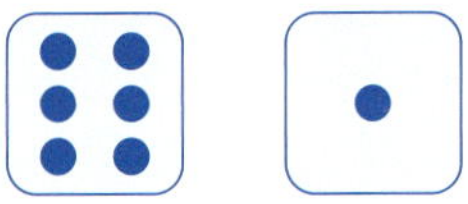

Leonie stellt bei einem Spielwürfel fest:
„Die 6 liegt gegenüber von der 1."
„Die 5 liegt gegenüber von …"
„Die …
Vervollständige die Sätze in deinem Heft.

## 10 Kartons stapeln

a) Wie viele Kartons stehen in der untersten Schicht? Gib dazu eine Rechnung an.
b) Wie viele Kartons stehen insgesamt auf der Palette? Gib dazu eine Rechnung an.

## 6 Flächeninhalt berechnen
Berechne den Flächeninhalt der Rechtecke.

| | Länge | Breite | Flächeninhalt |
|---|---|---|---|
| a) | 8 cm | 7 cm | |
| b) | 9 dm | 18 dm | |
| c) | 15 mm | 21 mm | |
| d) | 5 m | 19 m | |

## 7 Mit Formeln rechnen
Berechne jeweils den Umfang und den Flächeninhalt mithilfe der Formeln.
a) Rechteck: 6 cm lang und 5 cm breit
b) Rechteck: 33 cm lang und 4 dm breit
c) Quadrat: 13 m lang

## 8 Parallele und Senkrechte

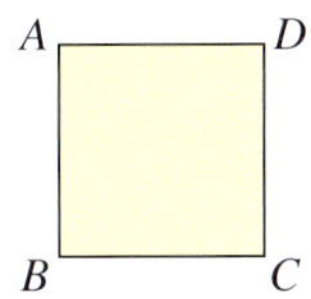


a) Welche Strecken sind parallel zueinander?
**Beispiel** $\overline{AB} \parallel \overline{DC}$
b) Welche Strecken sind senkrecht zueinander?
**Beispiel** $\overline{AB} \perp \overline{AD}$

**HINWEIS**
*zu Aufgabe 8 (türkis): Die Strecke vom Anfangspunkt A zum Endpunkt B kann man so angeben:* $\overline{AB}$

## 9 Spielwürfel drehen

Bei dem Würfel liegt die 6 oben. Welche Augenzahl liegt oben, wenn du den Würfel so kippst?
a) einmal nach rechts
b) einmal nach vorne
c) dreimal nach hinten

## 10 Kartons stapeln

a) Wie viele Kartons stehen auf der Palette, wenn alle drei Reihen übereinander voll wären? Gib dazu eine Rechnung an.
b) Wie viele Kartons stehen wirklich auf der Palette? Gib auch dazu eine Rechnung an.

# Körper beschreiben

## Entdecken

*Vorbereitung:*
Bringt von zuhause viele verschiedene Verpackungen mit, z. B. von Lebensmitteln, Spielen usw.

**1** Verpackungen ordnen
Arbeitet in Vierergruppen.
Seht euch die mitgebrachten Verpackungen an.
a) Ordnet die Verpackungen. Nach welchen Merkmalen habt ihr die Verpackungen sortiert?
b) Beschreibt die Formen der Verpackungen.
c) Gestaltet zu euren Ergebnissen aus a) und b) ein Plakat.

**HINWEIS**
*Wenn du keinen Baukasten hast, kannst du die Modelle auch mit Zahnstochern oder Strohhalmen und kleinen Kugeln aus Knete herstellen.*

**2** Kantenmodelle von Körpern herstellen
Baue mit einem geometrischen Baukasten einige der oben abgebildeten Körper nach.
a) Welche der Körper kannst du nachbauen?
Bei welchen Körpern funktioniert das nicht? Warum nicht?
b) Welche Bauteile benötigst du für den Bau der Körper?

## Verstehen

Aus Magnetstäben und Kugeln kann man verschiedene Körper herstellen.
Für jede Ecke benötigt man eine Kugel und für jede Kante einen Magnetstab.

Ⓐ

Ⓑ

Ⓒ

Ⓓ
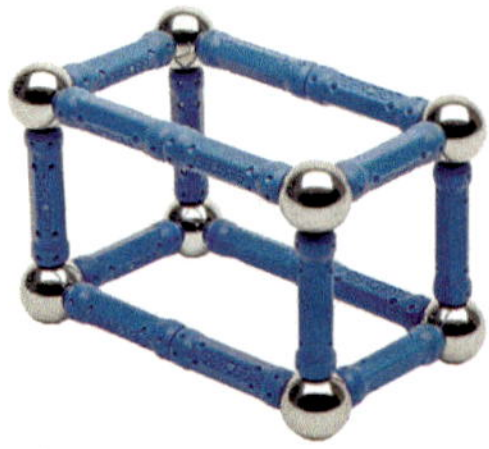

Ⓔ

**Merke** Geometrische **Körper** werden von Flächen begrenzt.
Dabei werden **Grundfläche, Deckfläche** und **Seitenflächen** unterschieden.

Dort, wo zwei Flächen zusammentreffen, entstehen **Kanten**.
Treffen mindestens drei Kanten aufeinander, entstehen **Ecken**.

**Beispiel 1**

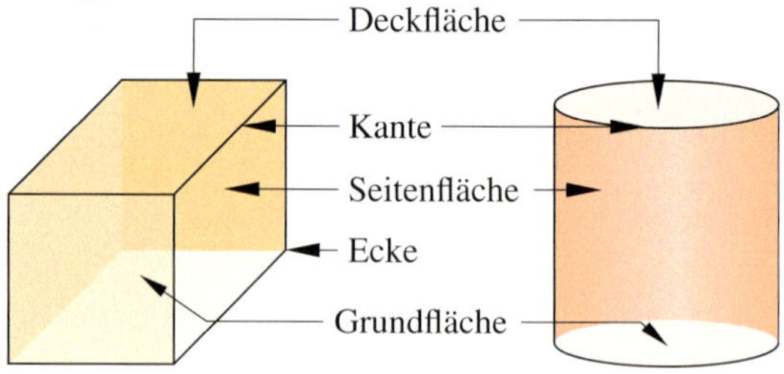

## Üben und anwenden

**1** Ordne den Nummern die geometrischen Fachbegriffe zu.

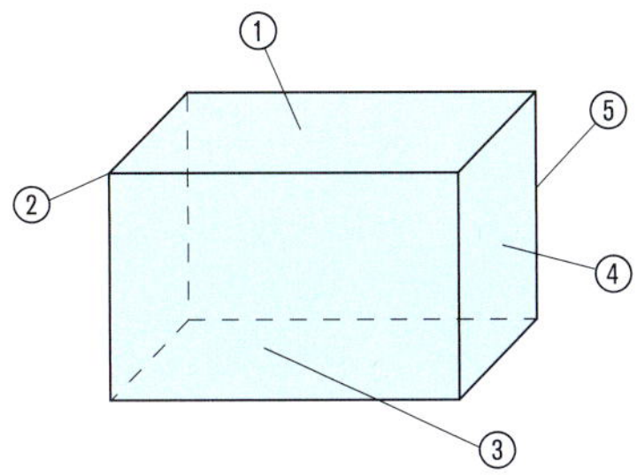


**1** Ordne den Nummern die geometrischen Fachbegriffe zu.

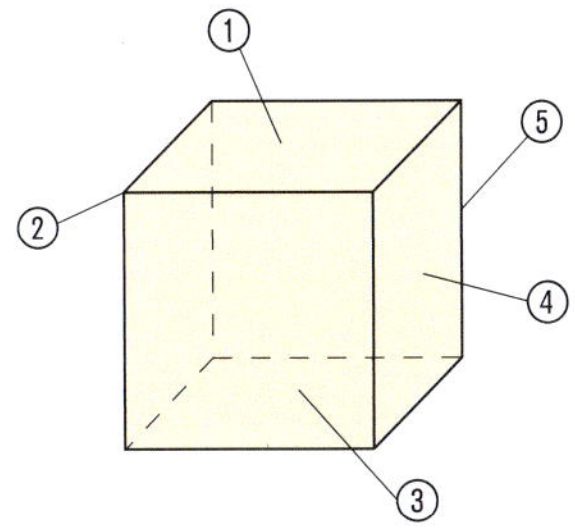


**2** Welche Gegenstände aus dem Alltag haben die gleiche Form wie die Modelle auf Seite 102 unten? Gibt es kleine Unterschiede? Arbeitet zu zweit.
Übertragt die Tabelle ins Heft und ergänzt sie.

| Modell | Beispiel | Gibt es kleine Unterschiede? Wenn ja, welche? |
|---|---|---|
| Ⓐ | – Spielwürfel<br>– Würfelzucker<br>– … | – abgerundete Kanten<br>– … |
| Ⓑ | – Turmdach | … |
| Ⓒ | | |

**3** Suche dir ein Modell auf Seite 102 unten aus. Übertrage und ergänze die Tabelle.

| Modell … | |
|---|---|
| Anzahl der Ecken | |
| Anzahl der Kanten | |
| Anzahl der Flächen | |

**3** Betrachte die Modelle auf Seite 102 unten.

a) Welcher Körper hat die meisten Ecken?
b) Welcher Körper hat die meisten Kanten?
c) Welcher Köper hat die meisten Flächen?
d) Welcher Körper besteht nur aus Vierecken?
e) Bei welchem Körper sind alle Flächen gleich?

**4** Welche Gegenstände könntest du nicht mit einem Kantenmodell nachbauen? Begründe deine Antwort.

# Besondere Körper

## Entdecken

*Vorbereitung:*
Für die beiden Spiele benötigt ihr noch einmal die verschiedenen Verpackungen.

***HINWEIS***
*Verwendet in euren Beschreibungen oder Fragen Begriffe wie z. B. Ecke, Kante, Fläche, Rechteck, Quadrat, Kreis, usw.*

**1** Verpackungsformen erraten (2 Spieler)
Einer von euch beschreibt die Form einer Verpackung mit zwei Sätzen möglichst genau, z. B.: „Meine Verpackung besteht aus acht Flächen: eine Grund- und eine Deckfläche und sechs weitere gleich große Flächen."

**2** Verpackungsformen erfragen (6 Spieler)
Eine Person sucht sich eine Verpackung aus.
Die anderen dürfen der Reihe nach Fragen zur Form stellen, bis sie erraten, welche Verpackung gemeint ist. Wer es erraten hat, darf sich die nächste Verpackung auswählen.
Es dürfen nur Fragen zu der Form gestellt werden, die man mit „ja" oder „nein" beantworten kann, z. B.: „Besteht deine Verpackungsform nur aus Rechtecken?"
Wenn eine Antwort „nein" lautet, ist der Nächste mit Fragen an der Reihe.

## Verstehen

Einige dieser geometrischen Körper kommen häufig bei Verpackungen vor:

### Beispiel 1

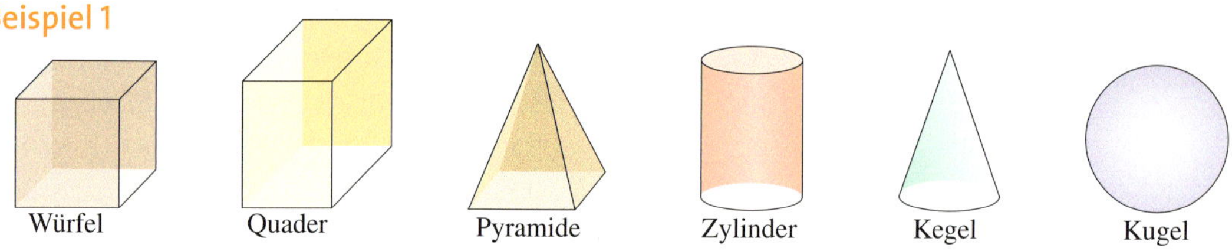


Quader und Würfel findet man häufig im Alltag.

**Merke**
Ein **Quader** wird durch sechs rechteckige Flächen begrenzt.

Gegenüberliegende Flächen eines Quaders sind gleich groß.

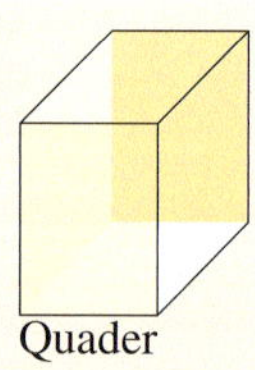


### Beispiel 2

**Merke**
Ein **Würfel** ist ein besonderer Quader.
Er wird durch sechs quadratische Flächen begrenzt.

Alle Flächen sind gleich groß.

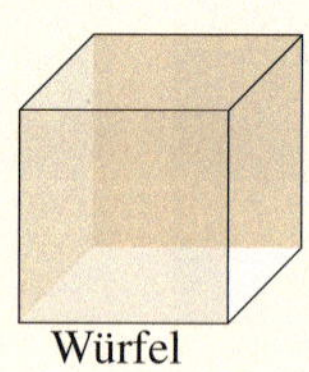


### Beispiel 3

## Üben und anwenden

**1** Aus welchen geometrischen Körpern bestehen die Holzklötze?

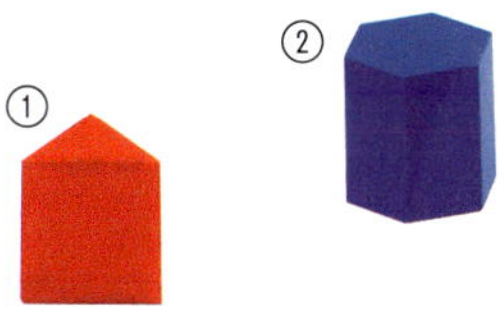

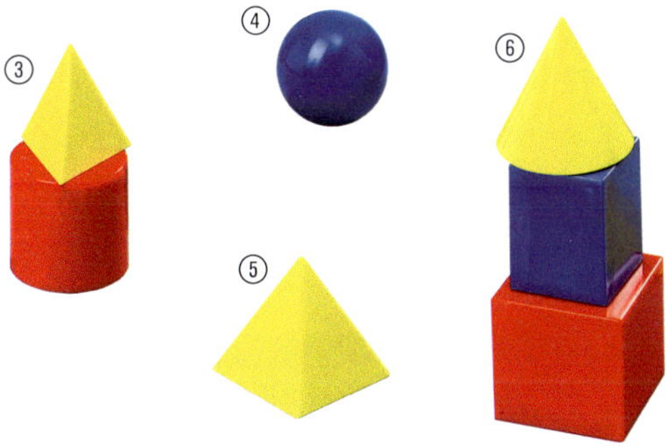

**1** Aus welchen geometrischen Körpern bestehen die Gegenstände?
Begründe deine Antwort, indem du die Gegenstände beschreibst.

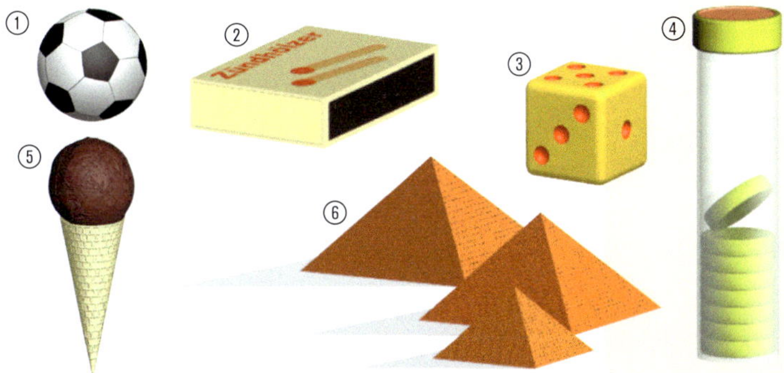

**2** Ergänze zu den Körpern weitere Beispiele aus deiner Umgebung.

| Würfel | Quader | Zylinder | Kegel | Pyramide | Kugel |
|---|---|---|---|---|---|
| Spielwürfel | Ziegelstein | Konservendose | Trichter | Turmdach | Fußball |
| … | … | … | … | … | … |

**3** Aus welchen geometrischen Körpern bestehen diese Figuren?
a) Welche Figur hat die meisten Ecken?
b) Welche Figur hat die meisten Kanten?
c) Welche Figur hat die meisten Seitenflächen?

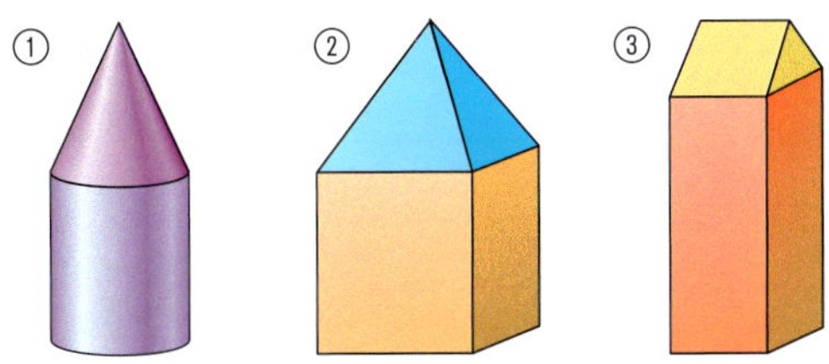

**3** Welche geometrischen Körper erkennst du? Schreibe Sätze wie: „Die Spitze des Burgturms besteht aus einem …"

**4** Welche Körperformen erkennst du bei der Kirche?

**4** Bei Wohnhäusern findet man oft geometrische Körper.
Welche Körper erkennst du?

**HINWEIS**
*zu Aufgabe 5 (türkis): Das sind die Lösungswörter zum Einsetzen: gegenüberliegende; 8; rechteckigen; senkrecht; 6; 3; 12; gegenüberliegende; gegenüberliegende*

**5** Welcher Körper ist gesucht?

[redacted]

1. Er hat 8 Ecken, 12 Kanten und 6 Flächen.
2. Gegenüberliegende Kanten sind parallel zueinander.
3. An jeder Ecke des Körpers treffen sich 3 Kanten, die zueinander senkrecht stehen.
4. Alle Flächen sind gleich groß.
5. Alle Kanten sind gleich lang.
6. Er wird von 6 quadratischen Flächen begrenzt.

Von welcher Angabe an wusstest du, um welchen Körper es sich handelt? Begründe.

**6** Welche Kanten des Würfels sind …

a) zueinander parallel?
**Beispiel** $\overline{DH} \parallel \overline{CG}$

b) im Punkt $E$ senkrecht zueinander?

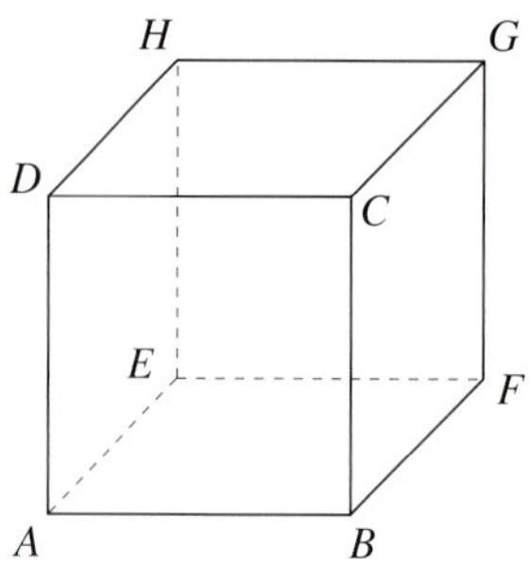


**7** Aus wie vielen kleinen Würfeln ist der große zusammengesetzt?

**8** Jonas sagt: „Jeder Würfel ist ein Quader." Julia sagt: „Dann ist auch jeder Quader ein Würfel." Wer hat recht?
Begründe deine Antwort mit einem Gegenbeispiel.

**HINWEIS**
*zu Aufgabe 8 (lila): Erinnere dich: Ein Gegenbeispiel ist ein Beispiel, das zeigt, dass die Behauptung falsch ist.*

**5** Übertrage und ergänze den Steckbrief.

Der Quader

1. Er hat ■ Ecken, ■ Kanten und ■ Flächen.
2. [redacted] Kanten sind parallel zueinander.
3. An jeder Ecke des Körpers treffen sich ■ Kanten, die zueinander [redacted] stehen.
4. [redacted] Flächen sind gleich groß.
5. [redacted] Kanten sind gleich lang.
6. Er wird von 6 [redacted] Flächen begrenzt.

**6** Welche Kanten des Quaders sind …

a) gleich lang?

b) zueinander parallel?

c) im Punkt $B$ senkrecht zueinander?

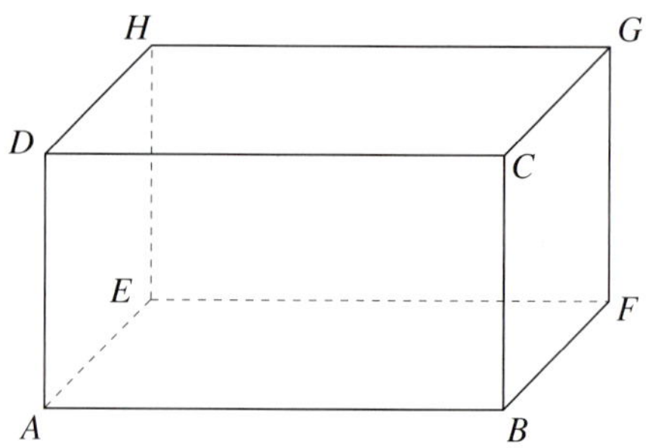


**7** Aus wie vielen Würfeln besteht diese Figur? Wie viele Würfel fehlen mindestens, um die Figur zu einem Quader zu ergänzen?

**8** Hannah behauptet: „In jeder Ecke eines Quaders stoßen drei Kanten zusammen. Da ein Quader acht Ecken hat, gibt es also $3 \cdot 8 = 24$ Kanten." Stimmt das?

# Thema Verpackungen basteln

Sarah möchte eine schöne Schachtel basteln.
Die Schachtel soll die Form eines Würfels haben.

Sarah hat die Umrisse der Schachtel aufgezeichnet und dann den Bastelbogen ausgeschnitten.
Zum Schluss faltet und klebt sie die Klebefalzen zusammen.

**1** Bastle auch eine würfelförmige Schachtel.
Übertrage dazu das Schnittmuster auf kariertes Papier.

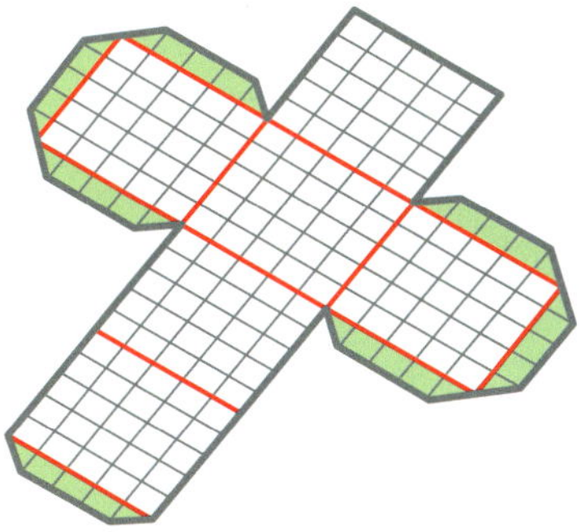

a) Erkläre, was du mit den grünen Flächen gemacht hast.

b) Was bedeuten die roten Linien?

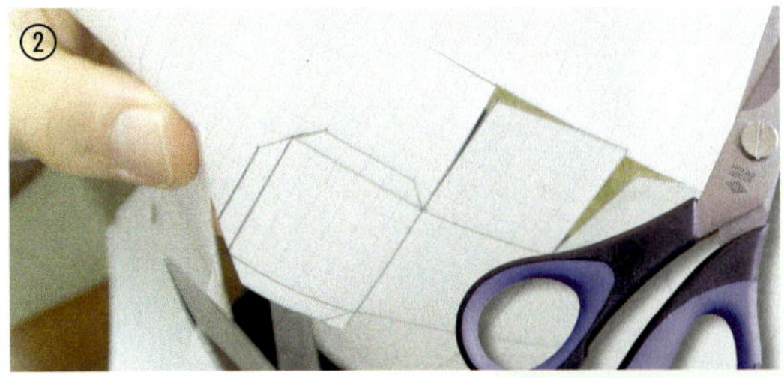


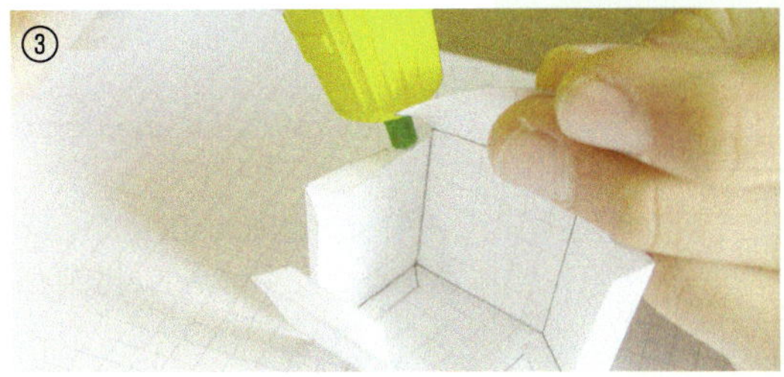


**2** Stellt Würfel in verschiedenen Größen her.

**3** Aus diesem Schnittmuster soll ein Spielwürfel gebastelt werden.
Sind die Augenzahlen richtig aufgezeichnet?
Berichtige die Beschriftung in deinem Heft.

**5** In diesem Schnittmuster für Pyramiden wurden die Klebefalzen vergessen.
Übertrage es auf kariertes Papier und ergänze die Klebefalzen.

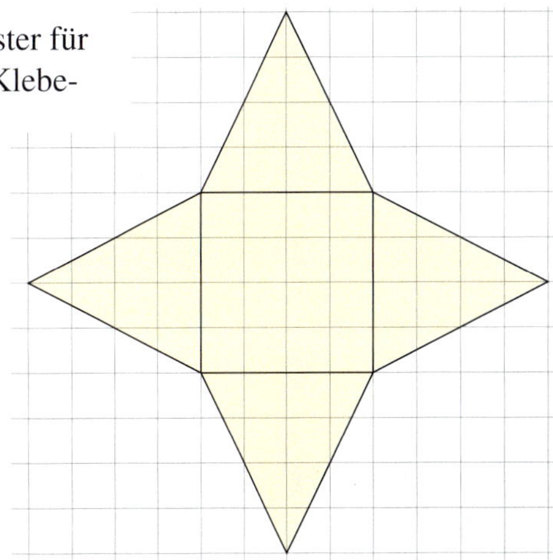

**4** Welche Form hat die Schachtel, die aus diesem Schnittmuster entsteht?

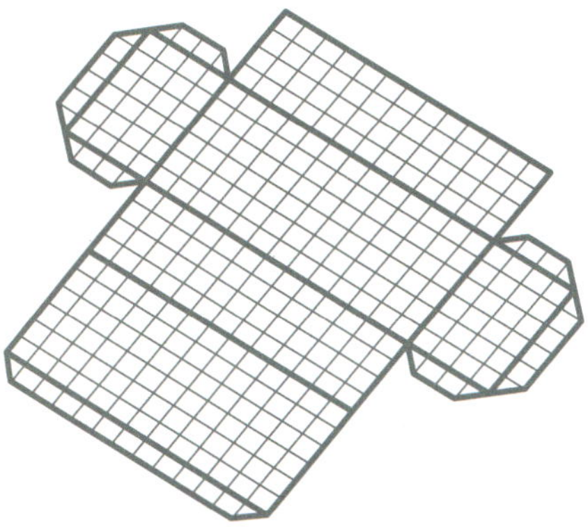

**6** Arbeitet in Gruppen zusammen.
Baut mihilfe von Pappe oder Papier eine Burg.

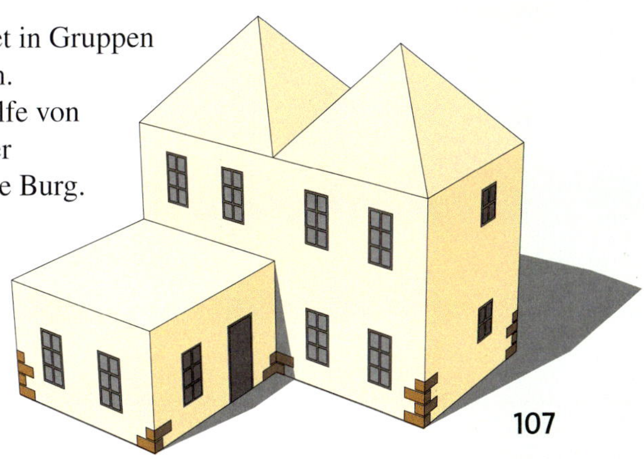

# Methode Netze von Quader und Würfel

Zwei quaderförmige Trinkpäckchen wurden an verschiedenen Kanten aufgeschnitten und auseinandergefaltet.

Ⓐ

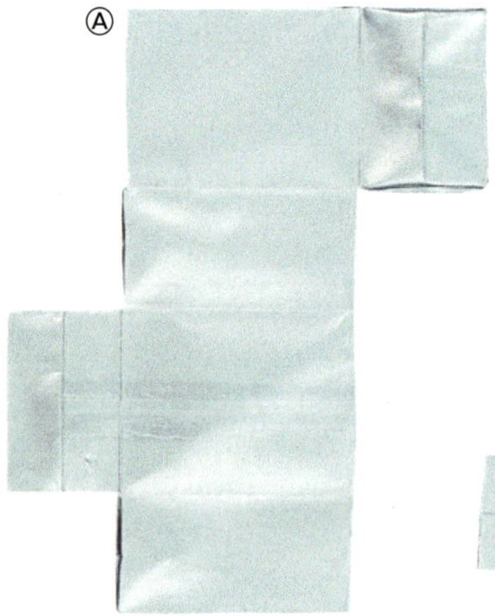

Ⓑ

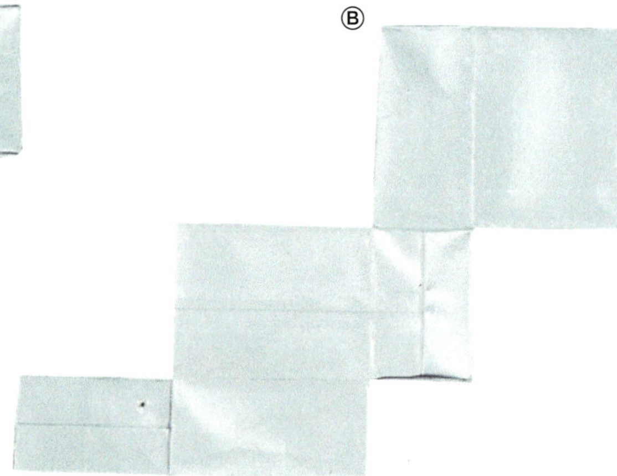

Bei jedem Aufschneiden und Auseinanderfalten ist ein Netz entstanden.

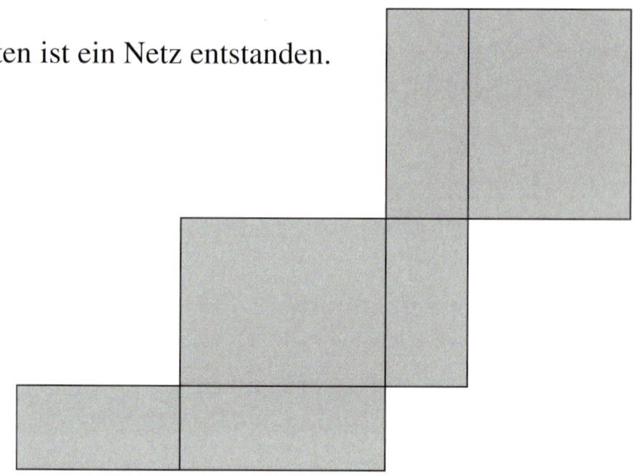

Zeichne das graue Netz ab.
Miss dazu die verschiedenen Längen mit deinem Geodreieck.
Schneide es aus und falte das Körpernetz wieder zum Quader zusammen.
Probiere auch das zweite Netz zu zeichnen.

Man hätte das Trinkpäckchen auch anders aufschneiden können.
Welche Netze wären dann entstanden?

***NACHGEDACHT***
*Was ist der Unterschied zwischen einem Körpernetz und den Schnittmustern von S. 107?*

Ein **Netz eines Körpers** besteht aus den zusammenhängenden Flächen, die den Körper bilden.

**1** Zeichne die beiden Köpernetze ab.
Schneide die Netze aus und falte sie zusammen.
Welche Körper sind entstanden?

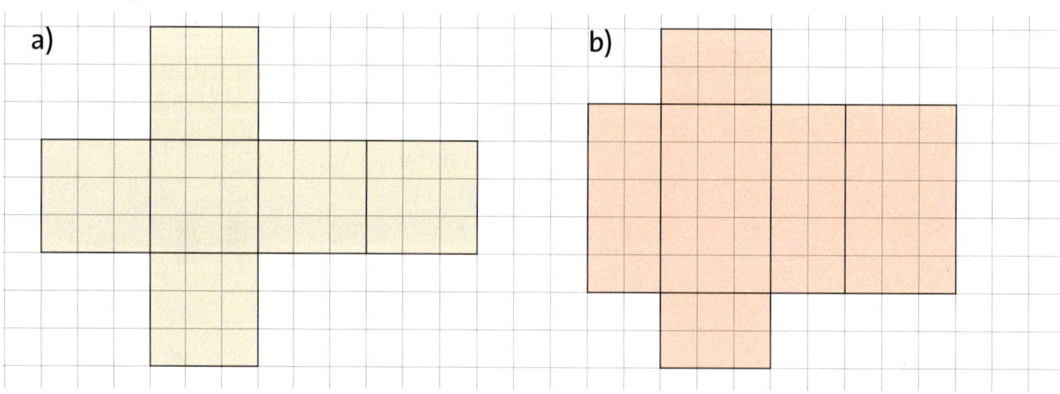

**2** Würfelnetz

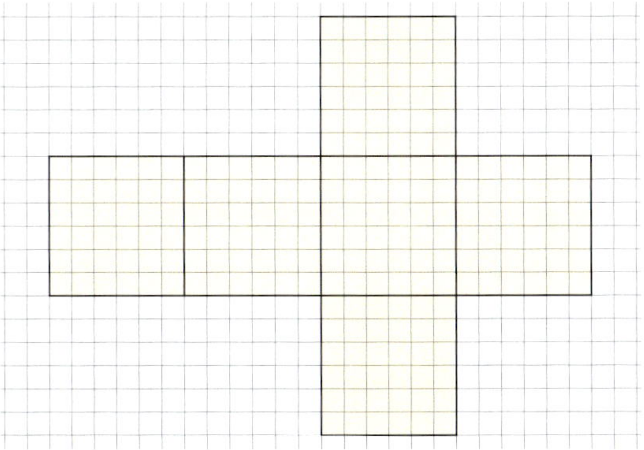

a) Zeichne das Netz des Würfels auf kariertes Papier. Schneide es aus und falte.
b) Färbe gegenüberliegende Flächen mit gleicher Farbe.

**3** Welche der Figuren sind Netze von Quadern?
Wenn du dir nicht sicher bist, zeichne sie ab, schneide sie aus und falte.

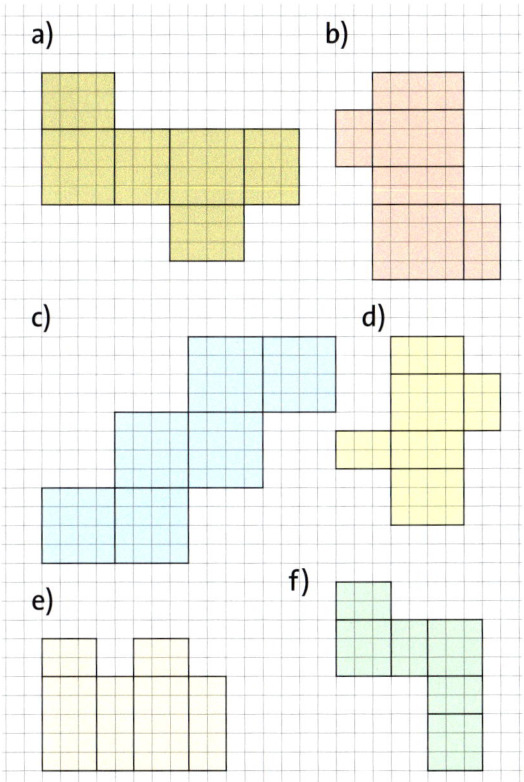


**4** Zeichne die Netze …
a) eines Würfels mit 3 cm Kantenlänge.
b) von einem Quader mit den Kantenlängen 5 cm, 4 cm und 3 cm.

**5** Welches Netz lässt sich zu einem Quader falten?
Welches sogar zu einem Würfel?

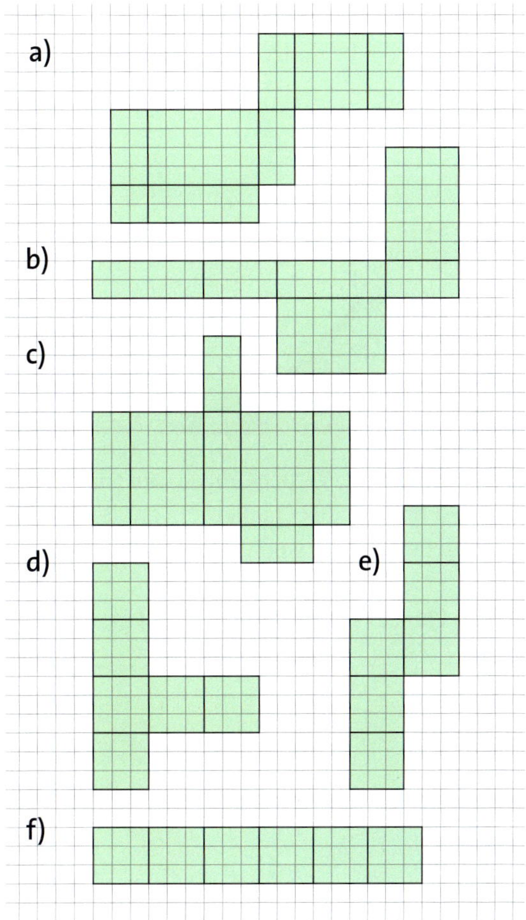


**6** Aus diesen Netzen können Würfel gebaut werden. Nenne zu jedem Würfel die Farben der Flächen, die sich gegenüber liegen.

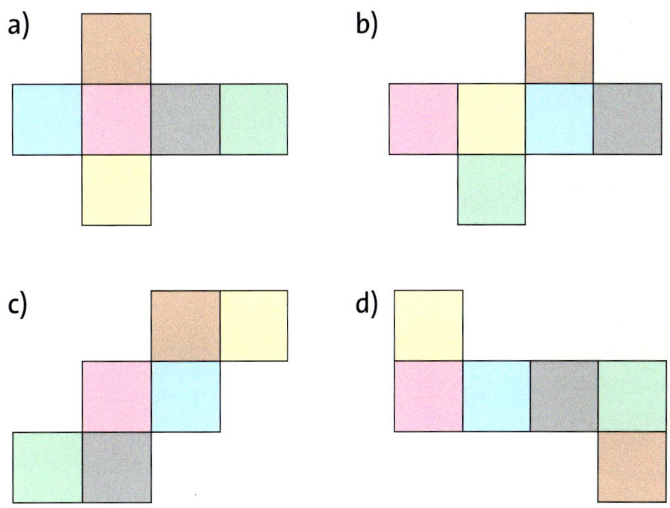


***HINWEIS***
109-1
*Unter dem Webcode findest du Vorlagen von Körpernetzen zum Ausdrucken.*

# Oberfläche von Quader und Würfel

## Entdecken

**1** Nehmt eine leere, quaderförmige Verpackung.

a) Schneidet die Verpackung so auf, dass ein Quadernetz entsteht.
b) Zerschneidet das Quadernetz an den Faltkanten.
c) Welche Flächen sind entstanden? Vergleicht und ordnet die Flächen nach ihrer Größe.

**ERINNERE DICH**
*Die Fläche wird in Quadratzentimeter (cm²) oder in Quadratmillimeter (mm²) oder in Quadratmeter (m²) gemessen.*

**2** Ein Quader hat die Maße $a = 5\,\text{cm}$, $b = 4\,\text{cm}$ und $c = 2\,\text{cm}$. Frank zeichnet das Netz.

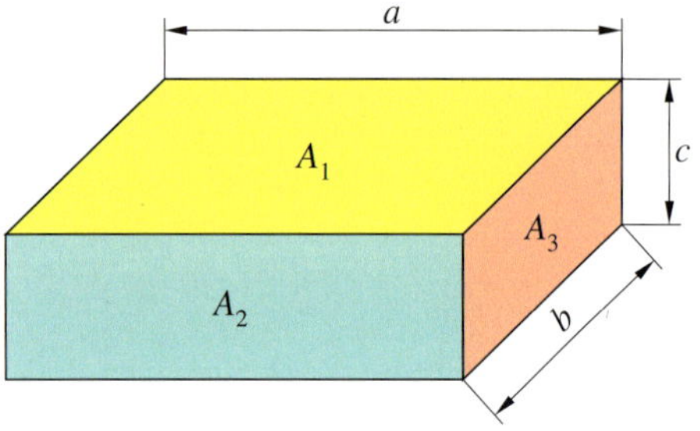


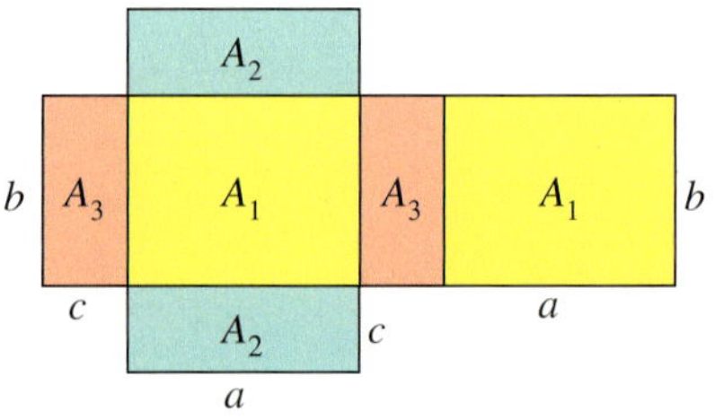


a) Erkläre die Rechnung, die rechts steht. $O$ steht hier für die gesamte Oberfläche des Körpers.
b) Berechne die Oberfläche des Quaders, indem du wie rechts rechnest.

$O = A_1 + A_1 + A_2 + A_2 + A_3 + A_3$

$O = 2 \cdot A_1 + 2 \cdot A_2 + 2 \cdot A_3$

$O = 2 \cdot a \cdot b + 2 \cdot a \cdot c + 2 \cdot b \cdot c$

**3** Beschreibe, wie du die Oberfläche eines Würfels berechnen würdest. Geh dabei vor wie in Aufgabe 2.

## Verstehen

Laura möchte eine quaderförmige und eine würfelförmige Schachtel mit Geschenkpapier bekleben.
Wie viel Quadratzentimeter Geschenkpapier benötigt sie dafür jeweils?

Dazu berechnet sie die Oberfläche.

**HINWEIS**
*Die Oberfläche wird in der Mathematik mit einem großen O abgekürzt.*

**Merke** Die **Oberfläche *O*** eines Würfels oder Quaders ist die Summe der Flächeninhalte aller Teilflächen.

Bei einem Quader besteht die Oberfläche aus drei verschiedenen Rechtecken, die jeweils zweimal vorkommen: $2 \cdot A_1 + 2 \cdot A_2 + 2 \cdot A_3$

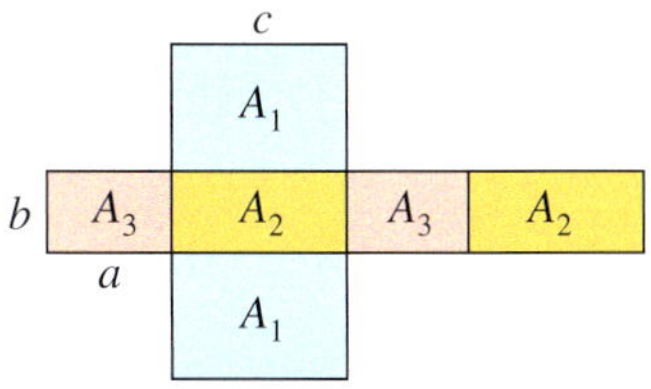


Bei einem Würfel besteht die Oberfläche aus sechs Quadraten, die alle gleich groß sind: $6 \cdot A$

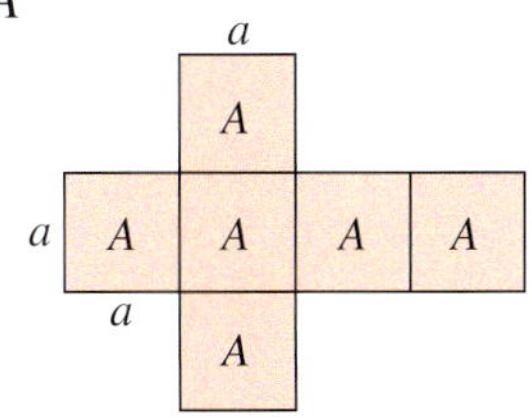


**ERINNERE DICH**
*Die Fläche eines Rechtecks berechnest du so:*
$A = a \cdot b$
*Die Fläche eines Quadrats berechnest du so:*
$A = a \cdot a$

**Merke Oberfläche $O$ eines Quaders**

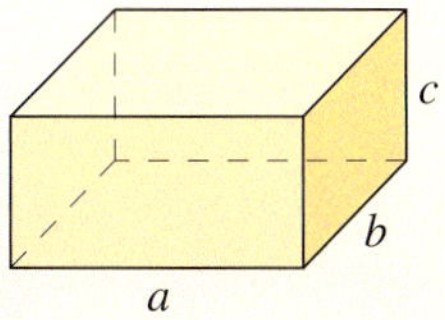


$O = 2 \cdot a \cdot b + 2 \cdot a \cdot c + 2 \cdot b \cdot c$

**Merke Oberfläche $O$ eines Würfels**

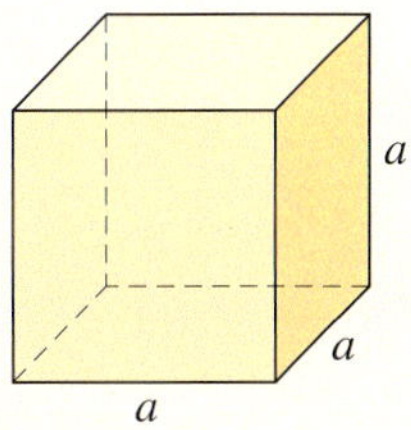


$O = 6 \cdot a \cdot a$

### Beispiel 1

Ein Quader ist 5 cm lang, 3 cm breit und 2 cm hoch.
Also ist $a = 5\,\text{cm}$, $b = 3\,\text{cm}$ und $c = 2\,\text{cm}$.
Seine Oberfläche wird so berechnet:

$\boldsymbol{O = 2 \cdot a \cdot b \quad + 2 \cdot a \cdot c \quad + 2 \cdot b \cdot c}$

$O = 2 \cdot 5 \cdot 3\,\text{cm}^2 + 2 \cdot 5 \cdot 2\,\text{cm}^2 + 2 \cdot 3 \cdot 2 \cdot \text{cm}^2$
$O = 2 \cdot 15\,\text{cm}^2 \quad + 2 \cdot 10\,\text{cm}^2 \quad + 2 \cdot 6\,\text{cm}^2$
$O = 62\,\text{cm}^2$
Die Oberfläche $O$ des Quaders beträgt $62\,\text{cm}^2$.

### Beispiel 2

Ein Würfel hat 3 cm lange Kanten.

Also ist $a = 3\,\text{cm}$.
Seine Oberfläche wird so berechnet:

$\boldsymbol{O = 6 \cdot a \cdot a}$

$O = 6 \cdot 3 \cdot 3\,\text{cm}^2$
$O = 6 \cdot 9\,\text{cm}^2$
$O = 54\,\text{cm}^2$
Die Oberfläche $O$ des Würfels beträgt $54\,\text{cm}^2$.

## Üben und anwenden

**1** Das ist jeweils ein Netz eines Quaders. Berechne die Oberflächen.

a)

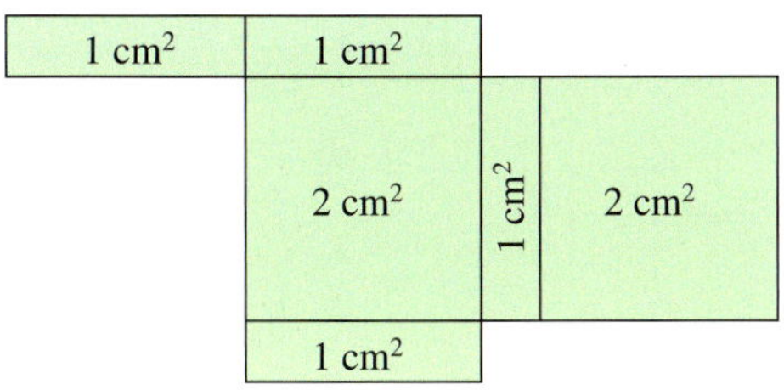


b)

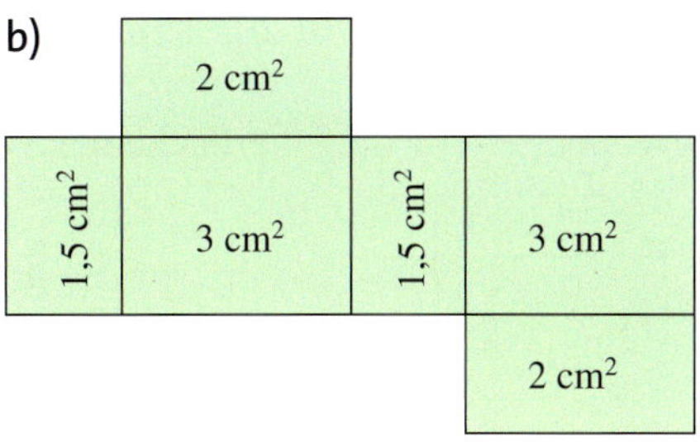


**2** Berechne die Oberfläche des Quaders.

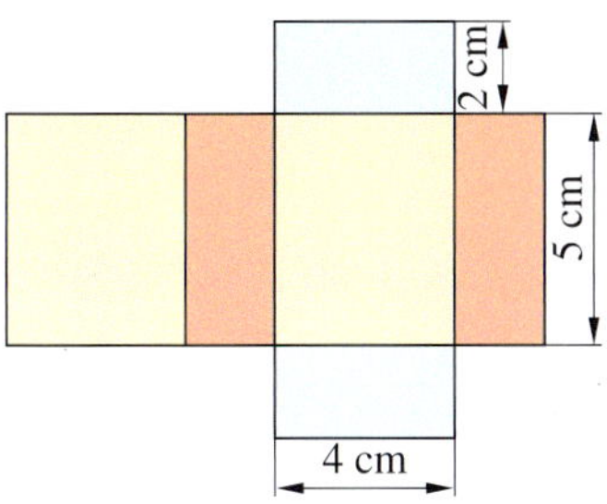


**2** Berechne die Oberfläche des Quaders.

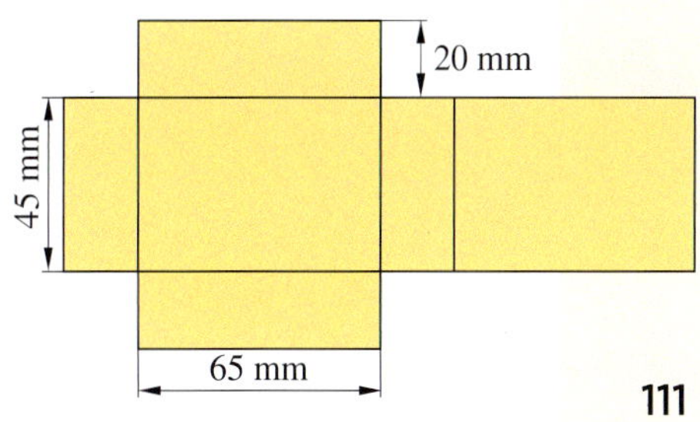

**3** Berechne jeweils die Oberfläche der Quader.

a) 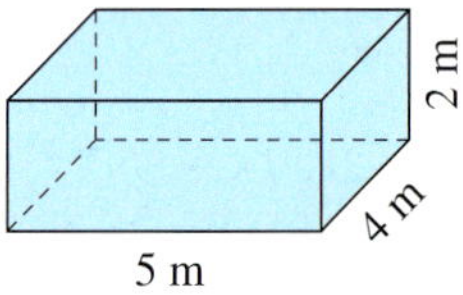


b) 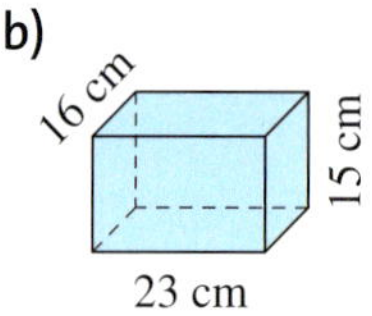


c) 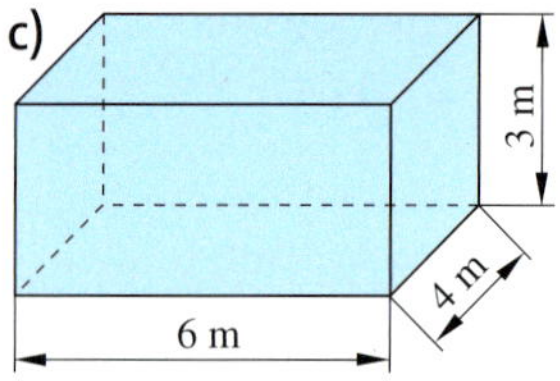


d) 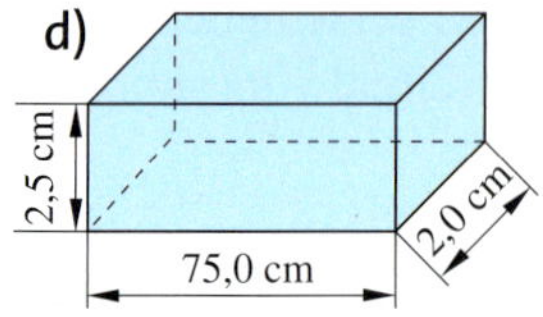


**4** Berechne die Oberfläche der Quader mit den folgenden Kantenlängen.

a) $a = 5\,\text{cm}$, $b = 4\,\text{cm}$, $c = 3\,\text{cm}$
b) $a = 7\,\text{dm}$, $b = 2\,\text{dm}$, $c = 5\,\text{dm}$
c) $a = 5\,\text{m}$, $b = 2\,\text{m}$, $c = 15\,\text{m}$

**4** Berechne die Oberfläche der Quader mit den folgenden Kantenlängen.

a) $a = 4\,\text{cm}$, $b = 6\,\text{cm}$, $c = 3\,\text{cm}$
b) $a = 2\,\text{cm}$, $b = 10\,\text{cm}$, $c = 7\,\text{cm}$
c) $a = 5{,}0\,\text{mm}$, $b = 3{,}0\,\text{mm}$, $c = 8{,}5\,\text{mm}$

**5** Berechne die Oberfläche dieser Verpackung ($3\,\text{cm} \times 3\,\text{cm} \times 10\,\text{cm}$).

**5** Berechne die Oberfläche der Streichholzschachtel ($5\,\text{cm} \times 1{,}5\,\text{cm} \times 3{,}4\,\text{cm}$).

**6** Berechne die Oberfläche des Würfels.

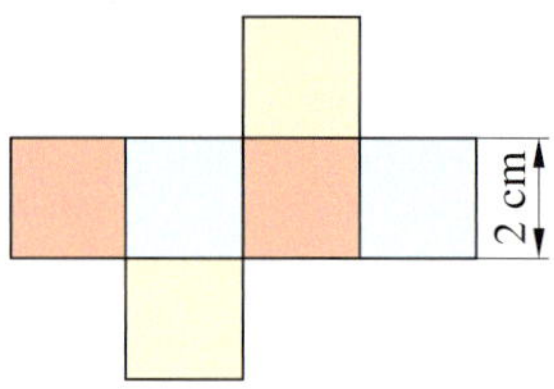


**6** Berechne die Oberfläche des Würfels.

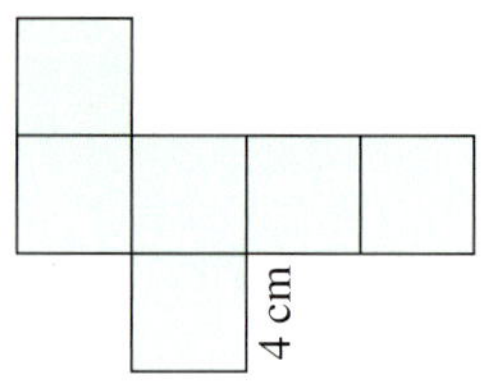


**7** Zeichne jeweils ein Netz des Würfels und berechne seine Oberfläche.

a) $a = 2\,\text{cm}$
b) $a = 15\,\text{mm}$

**7** Ein würfelförmiger Behälter hat eine Kantenlänge von 1 dm.
Berechne die Oberfläche des Behälters.

**8** Berechne jeweils die Oberfläche des Würfels.

a) 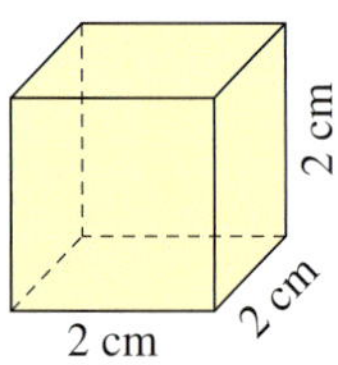


b) 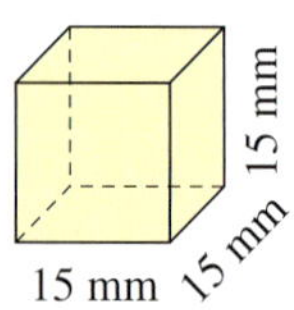


c) 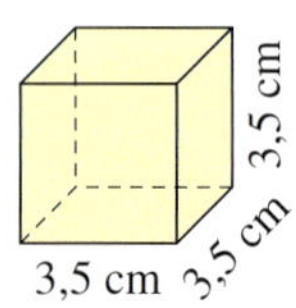


d) 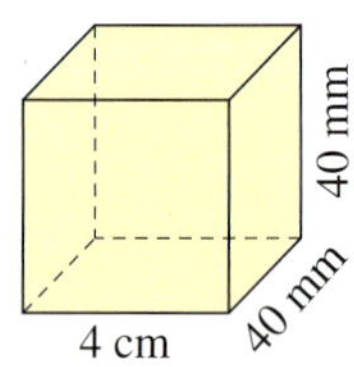


**9** Berechne jeweils die Oberfläche des Würfels.

a) $a = 4\,\text{cm}$
b) $a = 8\,\text{cm}$
c) $a = 8\,\text{m}$
d) $a = 12\,\text{m}$
e) $a = 10\,\text{mm}$
f) $a = 11\,\text{dm}$

**9** Berechne jeweils die Oberfläche des Würfels.

a) $a = 3\,\text{cm}$
b) $a = 10\,\text{cm}$
c) $a = 20\,\text{dm}$
d) $a = 15\,\text{mm}$
e) $a = 37\,\text{m}$
f) $a = 12\,\text{dm}$

**10** Zeichne das Netz in dein Heft.

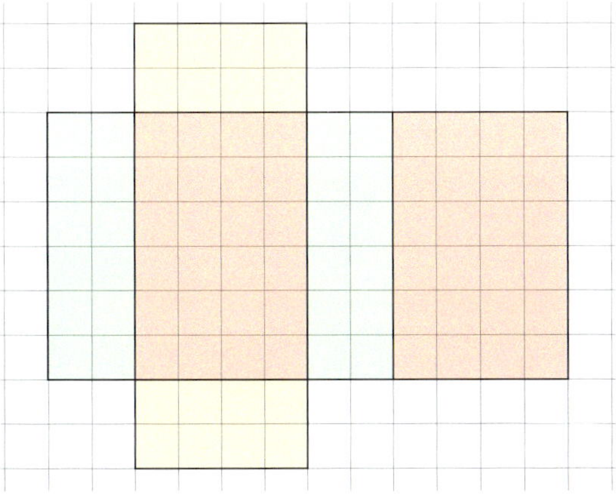

Berechne die Oberfläche des Quaders.
Alle Kantenlängen kannst du an deiner Zeichnung messen.

**10** Das ist das Netz eines Quaders.

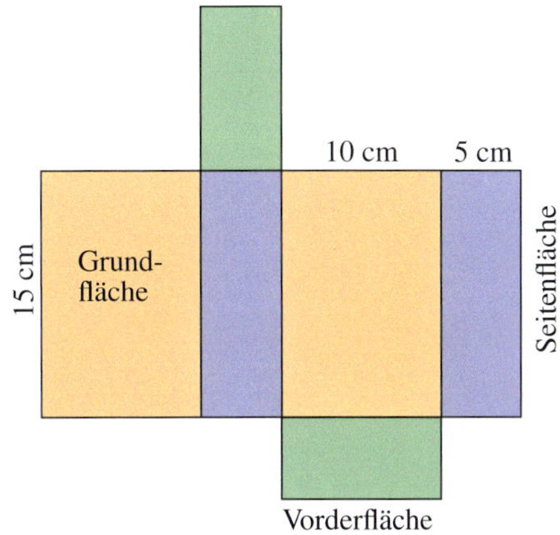


Lege nach den Angaben der Zeichnung Länge, Breite und Höhe des Quaders fest und berechne seine Oberfläche.

**11** Arbeitet zu zweit.
Aus 8 Zentimeterwürfeln könnt ihr verschiedene Körper bauen. Vergleicht die Oberflächen der abgebildeten Körper.

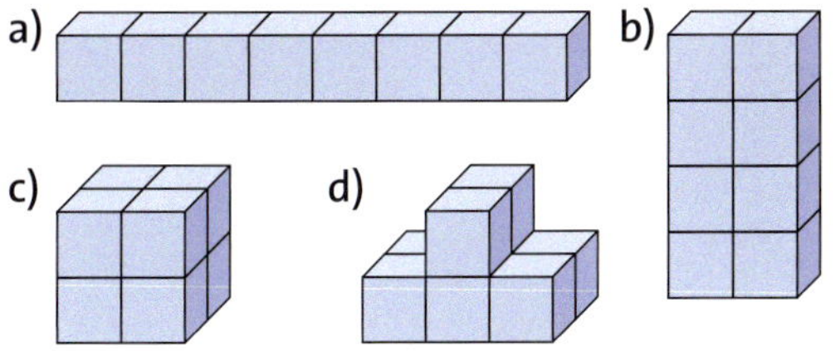


**11** Arbeitet zu zweit.
Beschreibt, wie man die Oberfläche von diesem aus Würfeln zusammengesetzten Körper berechnen kann.
Vergleicht euer Ergebnis in der Klasse.

Der Flächeninhalt der markierten Fläche beträgt 1 cm².

**12** Viele Waren werden mit Containerschiffen verschickt.
Container haben die Form eines Quaders. Die Container haben Kantenlängen von $a = 6{,}0\,\text{m}$, $b = 2{,}5\,\text{m}$ und $c = 2{,}5\,\text{m}$. Um die Container vor Rost zu schützen, werden sie außen mit Rostschutzfarbe gestrichen. Ein Liter Rostschutzfarbe reicht für $6\,\text{m}^2$.
Wie viel Liter Farbe benötigt man für den Rostschutzanstrich eines Containers?

## Lerncheck

**1** Rechne in Cent um und subtrahiere.
a) 15 € 76 ct – 8 € 10 ct
b) 28 € 50 ct – 12 € 17 ct
c) 2745 ct – 27 € 44 ct
d) 17 € 45 ct – 12 € 7 ct

**2** Wandle die Einheiten fortlaufend in kleinere Maßeinheiten um.
**Beispiel** 7 m = 70 dm = 700 cm = 7000 mm
a) 9 m  b) 12 m  c) 25 dm
d) 8 dm  e) 230 m  f) 433 dm

**3** Für einen Wettbewerb müssen 3 Stoßkugeln zu je 7500 g und 8 zu je 4000 g transportiert werden.
Die Transportkiste wiegt 2500 g.
Wie schwer ist die Kiste mit den Kugeln?

**4** Wandle in Stunden und Minuten um.
**Beispiel** 185 min = 3 h 5 min
a) 140 min  b) 155 min
c) 41 min  d) 197 min

# Vergleichen und Messen von Körpern

## Entdecken

**1** Wie wurden die Quader gebaut? Beschreibe auch die Bausteine.

**2** Kai hat aus Würfeln mit der Kantenlänge von 1 cm verschiedene Körper gebaut. Welcher Körper ist am größten? Welcher Körper ist am kleinsten? Diskutiere mit deinem Tischnachbarn.

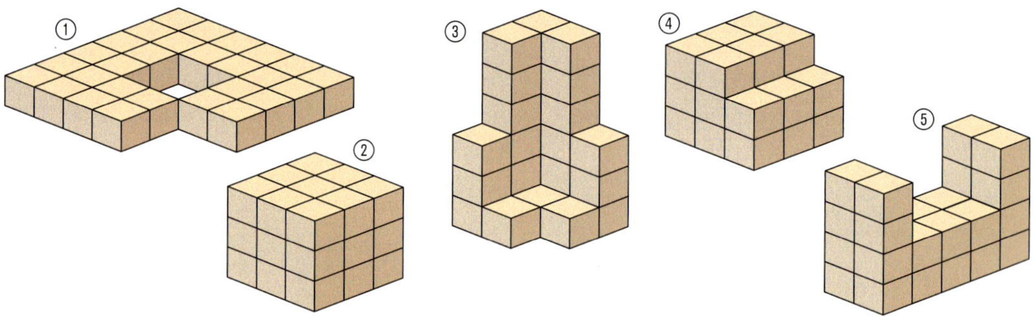


## Verstehen

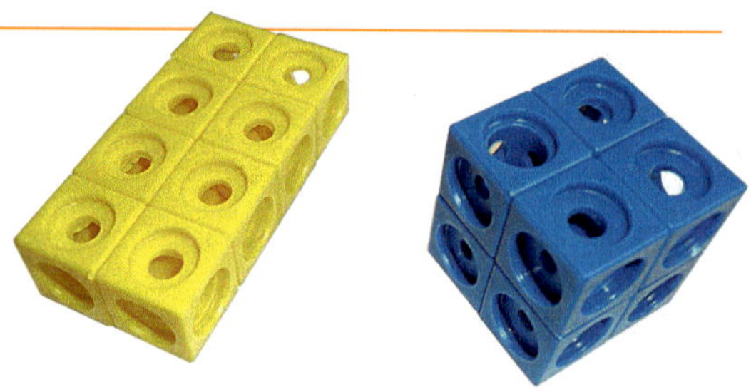

Sind die beiden Körper gleich groß?

Da der gelbe Quader und der blaue Würfel beide jeweils aus acht gleich großen Teilkörpern gebaut sind, sind beide Körper gleich groß.
Sie haben also den gleichen **Rauminhalt**.
Statt Rauminhalt sagt man auch **Volumen**.

Das Volumen wird durch Vergleich mit Einheitswürfeln gemessen.

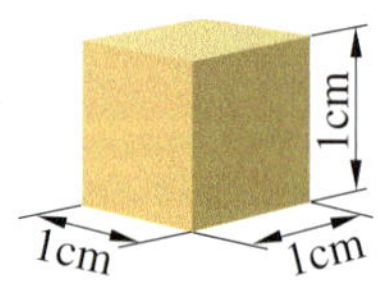


Ein Würfel mit der Kantenlänge 1 cm heißt **Zentimeterwürfel**.
Er hat das Volumen von 1 $cm^3$ (gelesen: „ein Kubikzentimeter").

**Merke Einheitswürfel und ihr Volumen**

| **Einheitswürfel:** | Meterwürfel | Dezimeterwürfel | Zentimeterwürfel | Millimeterwürfel |
|---|---|---|---|---|
| **Beispiel:** |  Mülltonne |  Milchkarton | 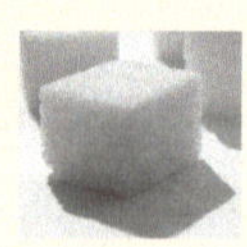 Zuckerwürfel | 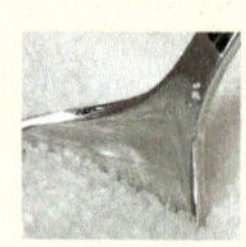 Zuckerkorn |
| **Kantenlänge:** | 1 Meter (1 m) | 1 Dezimeter (1 dm) | 1 Zentimeter (1 cm) | 1 Millimeter (1 mm) |
| **Volumen:** | 1 Kubikmeter 1 $m^3$ | 1 Kubikdezimeter 1 $dm^3$ | 1 Kubikzentimeter 1 $cm^3$ | 1 Kubikmillimeter 1 $mm^3$ |

## Üben und anwenden

**1** Bringt Spielwürfel in die Schule mit. Arbeitet in Gruppen.
Setzt verschiedene Körper aus dieser Anzahl von gleich großen Würfeln zusammen.
a) aus 6 Würfeln  b) aus 8 Würfeln  c) aus 12 Würfeln  d) aus 16 Würfeln
Vergleicht die Volumina.

**HINWEIS**
*Die Mehrzahl von Volumen heißt **Volumina**.*

**2** Aus wie vielen Würfeln bestehen diese Körper? Ordne sie nach der Größe ihres Volumens. Beginne mit dem Kleinsten.

a)

b)
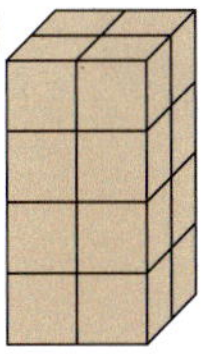
c)
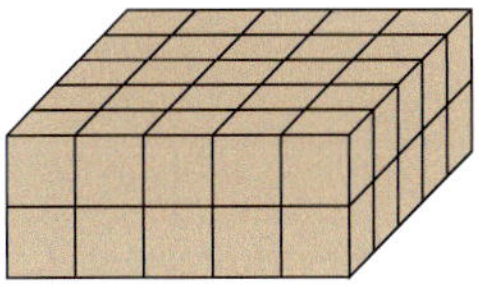

**2** Aus wie vielen Würfeln bestehen diese Körper?
Ordne sie nach der Größe ihres Volumens. Beginne mit dem Kleinsten.

a)
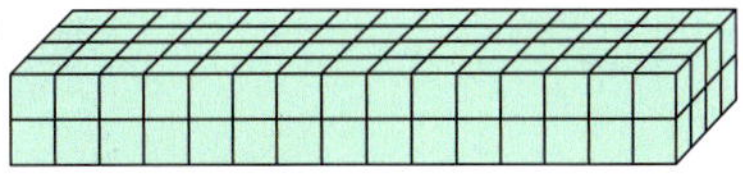
b)
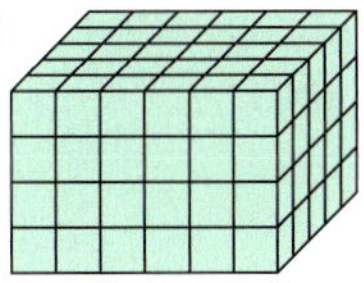
c)
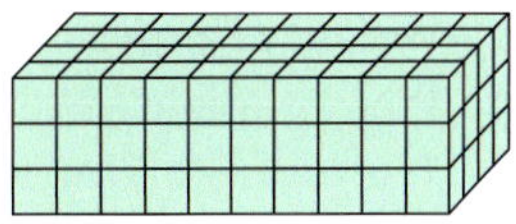

**3** Aus wie vielen Würfeln bestehen die folgenden Körper? Gib das Volumen an, wenn jeder Würfel ein Zentimeterwürfel ist.

**3** Aus wie vielen Würfeln bestehen die folgenden Körper? Gib das Volumen an, wenn jeder Würfel ein Dezimeterwürfel ist.

a)
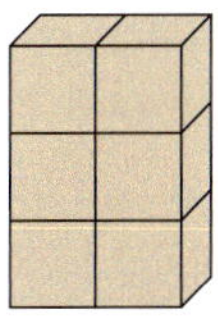
b)
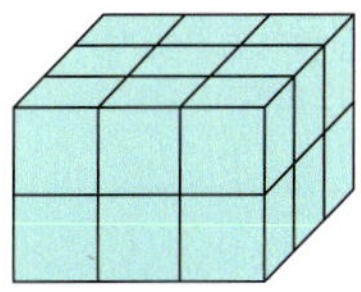
c)
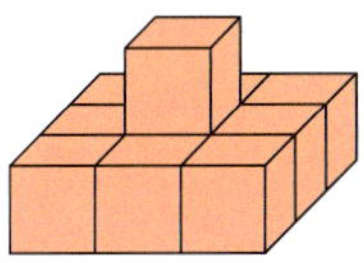
d)
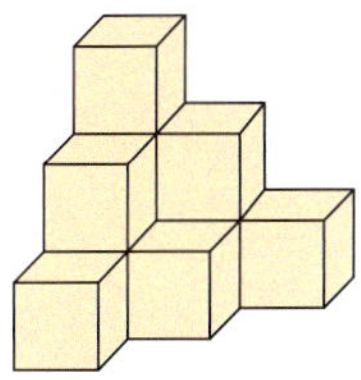

**HINWEIS**
115-1
*Unter dem Webcode findest du eine interaktive Übung zum Schätzen von Volumina.*

**4** In welcher Volumeneinheit würdest du das Volumen der folgenden Körper angeben?
a) euer Klassenschrank  b) Eiswürfel
c) Samenkorn  d) einen Pflasterstein
e) Anhänger eines LKWs  f) Schuhkarton
g) eine Mülltonne  h) euer Klassenzimmer

**5** Arbeitet in kleinen Gruppen zusammen.
Einen Würfel mit einer Kantenlänge von 1 m nennt man Meterwürfel.
Sein Volumen beträgt 1 Kubikmeter ($m^3$).
Wie ihr seht, passen in einen Meterwürfel etwa 7 Kinder und eine Katze.
a) Nennt Gegenstände, die ein Volumen von 1 $m^3$ haben.
b) Wie viele Meterwürfel passen wohl in eure Klasse hinein?
c) Wie viele Meterwürfel passen wohl in euer Schulgebäude hinein?

# Volumen von Quader und Würfel

## Entdecken

**1** Die drei Körper sind aus kleinen Würfeln zusammengebaut.
a) Vergleicht die Volumina dieser Körper.
b) Erklärt eurem Tischnachbarn, wie ihr bei der Berechnung vorgeht.

①
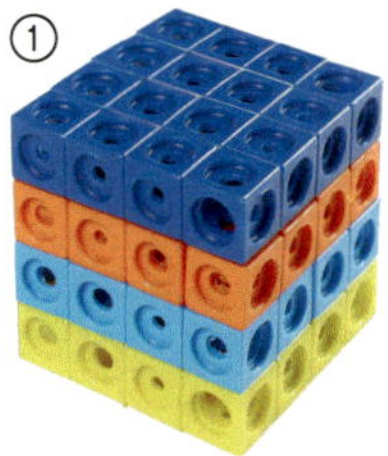
②

③

**2** Dieser Körper soll mit Zentimeterwürfeln gefüllt werden.
a) Welcher Körper ist dargestellt?
b) Welche Maße hat der Körper?
c) Wie viele Zentimeterwürfel ($1\,cm^3$) passen in den Körper?
d) Wie könnte ein anderer Körper aussehen, der aus der gleichen Anzahl von Zentimeterwürfeln besteht?

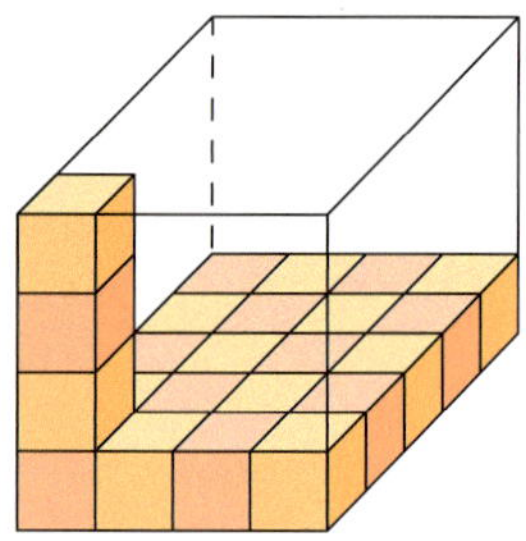

## Verstehen

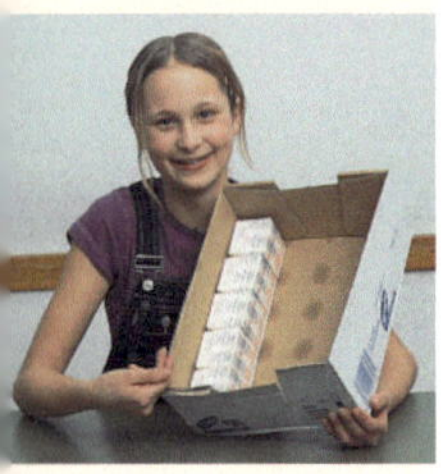

Margarinewürfel mit einer Kantenlänge von 1 dm werden in einem Karton verpackt. Der Karton ist 5 dm lang, 3 dm breit und 2 dm hoch.

①
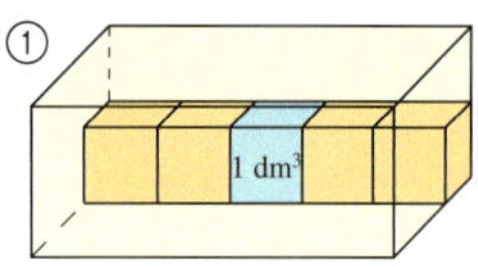


In eine Reihe passen 5 Würfel.

②
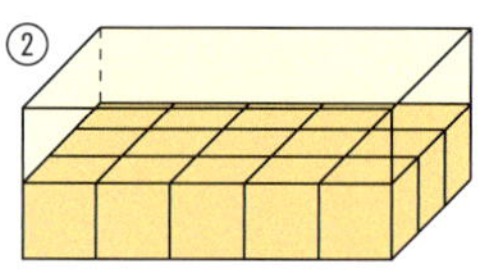

In die unterste Schicht passen 3 Reihen, also $5 \cdot 3$ Würfel.

③
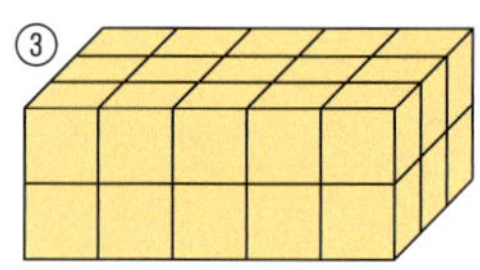

Es passen 2 Schichten übereinander, also $5 \cdot 3 \cdot 2 = 30$ Würfel.

Da ein Würfel $1\,dm^3$ groß ist, hat der Karton ein Volumen von $5 \cdot 3 \cdot 2 \cdot \boxed{1\,dm^3} = 30\,dm^3$.

Zur Berechnung des Volumens wird die Grundfläche eines Quaders oder eines Würfels (= Länge · Breite) mit der Höhe multipliziert.

***HINWEIS***
*Das Volumen wird in der Mathematik mit einem großen V abgekürzt.*

**Merke** Das **Volumen $V$ eines Quaders** wird mit der Formel
$V = a \cdot b \cdot c$ berechnet.

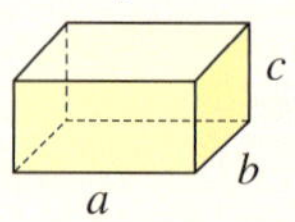


**Merke** Das **Volumen $V$ eines Würfels** wird mit der Formel
$V = a \cdot a \cdot a$ berechnet.

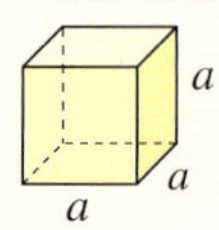


### Beispiel 1

gegeben: $a = 6\,cm$, $b = 2\,cm$, $c = 4\,cm$
gesucht: Volumen $V$
Rechnung: $V = a \cdot b \cdot c$
$V = 6 \cdot 2 \cdot 4\,cm^3$
$V = 48\,cm^3$

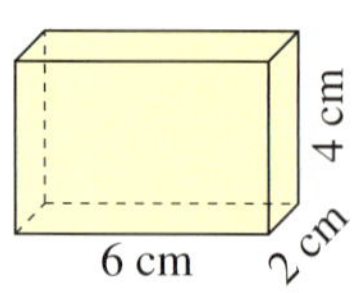


### Beispiel 2

gegeben: $a = 0{,}2\,cm = 2\,mm$
gesucht: Volumen $V$
Rechnung: $V = a \cdot a \cdot a$
$V = 2 \cdot 2 \cdot 2\,mm^3$
$V = 8\,mm^3$

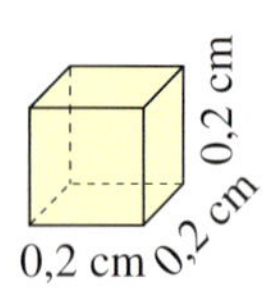

## Üben und anwenden

**1** Die Quader bestehen aus Zentimeterwürfeln. Wie viele Würfel sind es in einer Reihe? Wie viele sind es in der untersten Schicht? Wie viele insgesamt? Gib das Volumen an.

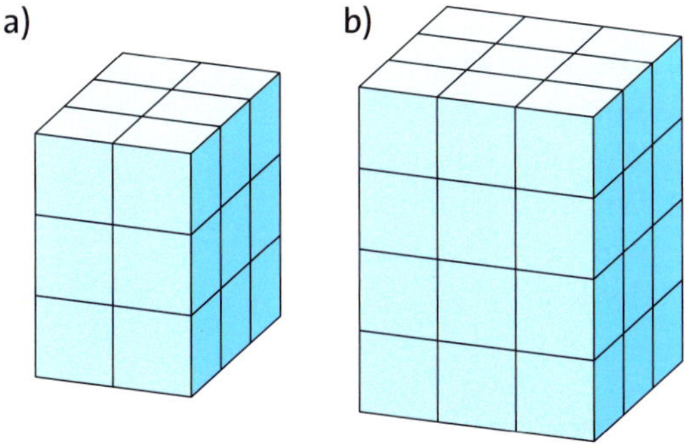


**1** Gib die Anzahl der Zentimeterwürfel in der untersten Schicht an.
Wie viel Schichten sind es?
Gib jeweils das Volumen der Quader an.

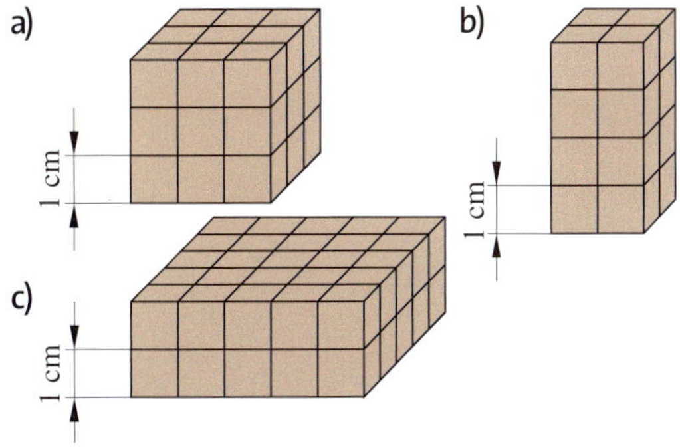


**2** Berechne jeweils das Volumen der Quader.

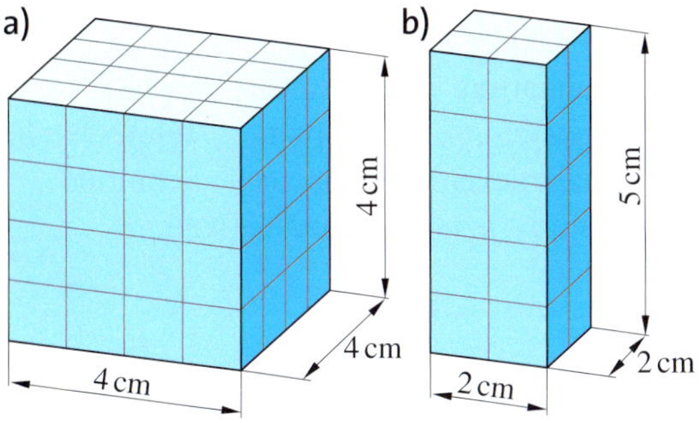


**2** Berechne jeweils das Volumen der Quader.

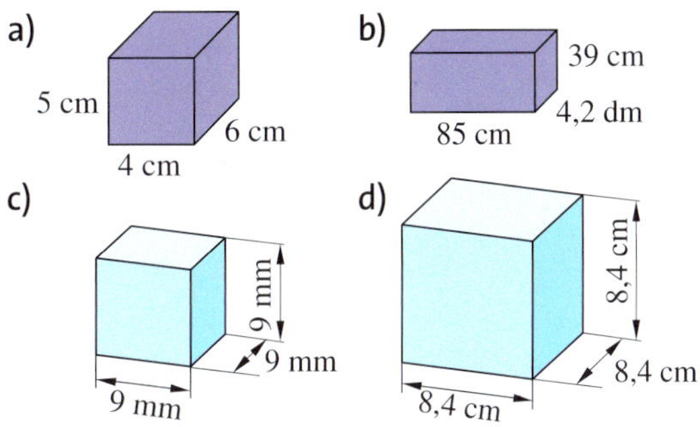


**NACHGEDACHT**
*Warum sind Würfel besondere Quader?*

**3** Berechne jeweils das Volumen.
a) Quader:
① $a = 5\,\text{cm}$; $b = 2\,\text{cm}$; $c = 3\,\text{cm}$
② $a = 2\,\text{cm}$; $b = 7\,\text{cm}$; $c = 8\,\text{cm}$
b) Würfel:
① $a = 2\,\text{cm}$ ② $a = 6\,\text{cm}$ ③ $a = 9\,\text{cm}$

**3** Berechne die Volumina der Quader.
Welche Quader haben dasselbe Volumen?
a) $a = 4\,\text{cm}$; $b = 5\,\text{cm}$; $c = 6\,\text{cm}$
b) $a = 3\,\text{dm}$; $b = 6\,\text{dm}$; $c = 6\,\text{dm}$
c) $a = 2\,\text{m}$; $b = 5\,\text{m}$; $c = 12\,\text{m}$
d) $a = 6\,\text{mm}$; $b = 3\,\text{mm}$; $c = 12\,\text{mm}$

**4** Berechne die Volumina der Quader.

| | Länge | Breite | Höhe |
|---|---|---|---|
| a) | $a = 4\,\text{cm}$ | $b = 2\,\text{cm}$ | $c = 6\,\text{cm}$ |
| b) | $a = 5\,\text{m}$ | $b = 1\,\text{m}$ | $c = 3\,\text{m}$ |
| c) | $a = 3\,\text{dm}$ | $b = 3\,\text{dm}$ | $c = 30\,\text{cm}$ |
| d) | $a = 5\,\text{dm}$ | $b = 8\,\text{cm}$ | $c = 4\,\text{cm}$ |
| e) | $a = 50\,\text{cm}$ | $b = 6\,\text{dm}$ | $c = 4\,\text{dm}$ |

**4** Übertrage und ergänze die Tabelle im Heft.

| | Länge | Breite | Höhe | Volumen |
|---|---|---|---|---|
| a) | 2 cm | 3 cm | 4 cm | |
| b) | 1 m | 3 dm | 2 dm | |
| c) | 3 dm | 0,5 m | 7 dm | |
| d) | | 3 mm | 2 mm | $30\,\text{mm}^3$ |
| e) | 5 cm | 7 cm | | $210\,\text{cm}^3$ |

**HINWEIS**
*zu Aufgabe 4 (lila und türkis): Achte darauf, dass alle Längen in derselben Einheit gegeben sind, bevor du das Volumen berechnest.*

**5** Welches Klassenzimmer ist größer?
Klasse 6b:
8 m lang, 7 m breit und 3,50 m hoch
Klasse 6c:
7 m lang, 10 m breit und 2,80 m hoch

**5** Ein Schwimmbecken ist 25 m lang, 12 m breit und 2 m tief.
a) Wie viel Kubikmeter Wasser fasst es?
b) Wie teuer ist es, das Becken zu füllen, wenn ein Kubikmeter Wasser 4,30 € kostet?

# Klar so weit?

→ Seite 102

## Körper beschreiben

**1** Welche Farben hat der Körper? Ergänze die Tabelle im Heft.

| Eigenschaft | Farbe |
|---|---|
| Deckfläche | |
| Ecken | |
| Kanten | |
| Grundfläche | |
| Seitenfläche | |

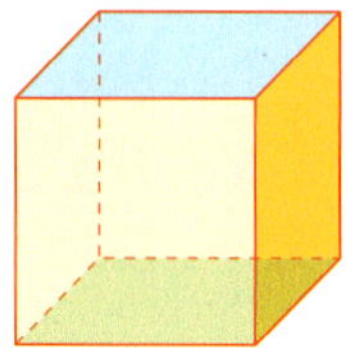

**1** Betrachte den geometrischen Körper.

a) Wie viele Seitenflächen hat der Körper?

b) Wie viele Kanten hat der Körper?

c) Wie viele Ecken hat er?

d) Wie viele Grund- und wie viele Deckflächen hat der Körper?

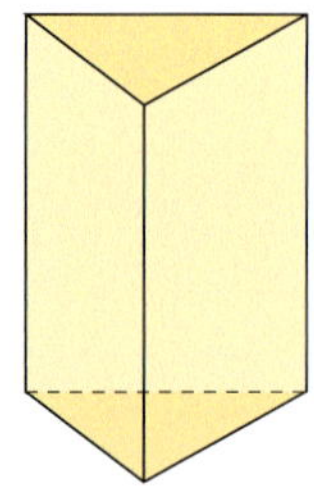

→ Seite 104

## Besondere Körper

**2** Wie heißen diese Körper? Ordne richtig zu.

a) Zylinder b) Kugel c) Würfel
d) Kegel e) Quader f) Pyramide

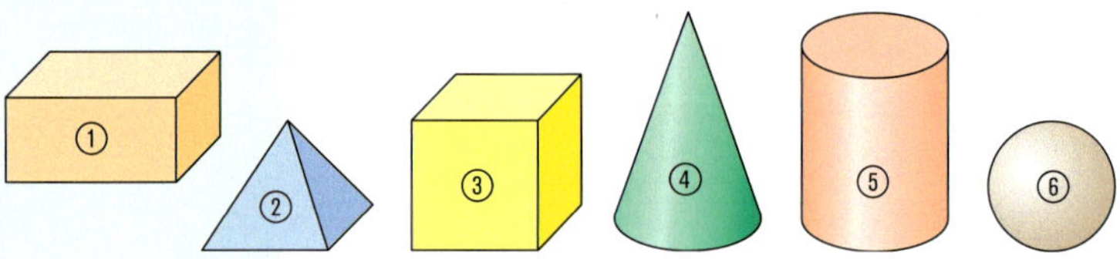


**2** Geometrische Körper im Alltag

a) Welchen geometrischen Körpern ähneln diese Gegenstände?
Schuhkarton, Apfelsine, Eistüte,
Ziegelstein, CD- Spindel, Telefonbuch,
Würfelzucker, Seifenblase, Schultüte

b) Nenne zu jedem Körper ein weiteres Beispiel.

**HINWEIS**

118-1
*Hier findest du ein Arbeitsblatt mit der Tabelle zu Aufgabe 3 zum Ausdrucken.*

**3** Vergleiche die Eigenschaften von Würfel und Quader. Übertrage und ergänze die Tabelle dazu im Heft.

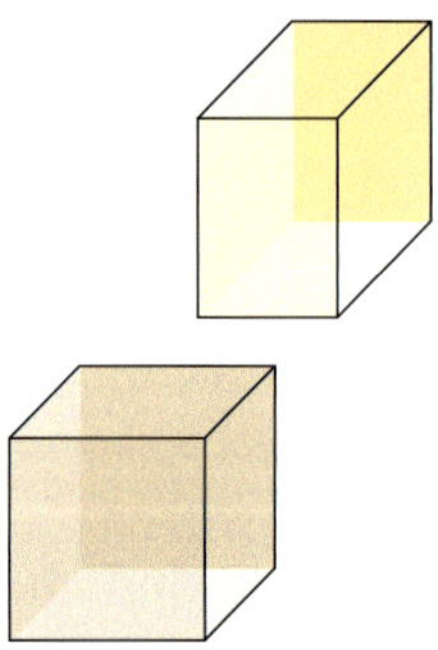

| Eigenschaft | Würfel | Quader |
|---|---|---|
| Der Körper besteht aus 6 rechteckigen Flächen. | | |
| Der Körper besteht aus 6 quadratischen Flächen. | ✓ | |
| Alle Flächen sind gleich groß. | | |
| Gegenüberliegende Flächen sind gleich groß. | | |
| Der Körper besitzt 12 Kanten. | | |
| Alle Kanten sind gleich lang. | | |
| Gegenüberliegende Kanten sind gleich lang. | | |
| Der Körper besitzt 8 Ecken. | | |

→ Seite 110

## Oberfläche von Quader und Würfel

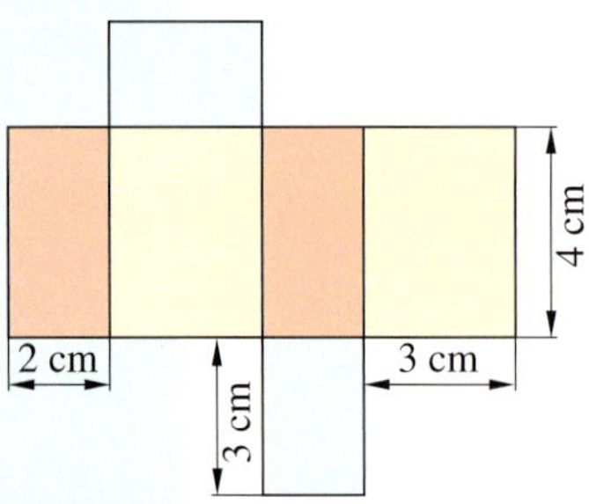


**4** Das ist das Netz eines Quaders.
Entnimm die Maße der Zeichnung und berechne die Oberfläche.

**4** Das ist das Netz eines Quaders.
Entnimm der Zeichnung die notwendigen Maße und berechne die Oberfläche.

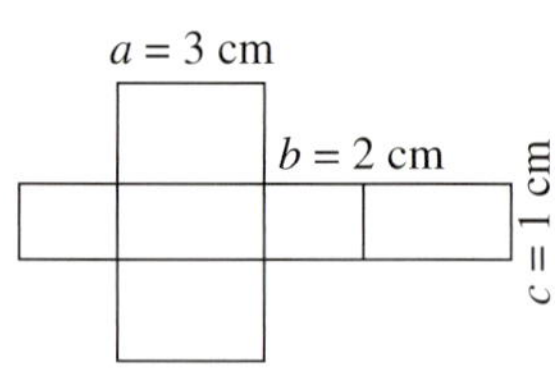

**5** Berechne die Oberflächen der Würfel mit folgenden Kantenlängen in $cm^2$.

a) $a = 5\,cm$ b) $a = 3\,cm$
c) $a = 2{,}5\,cm$ d) $a = 7{,}5\,cm$

**5** Berechne die Oberflächen der Würfel mit folgenden Kantenlängen.

a) $a = 4\,mm$ b) $a = 3{,}5\,cm$
c) $a = 6{,}2\,m$ d) $a = 2{,}3\,dm$

## Vergleichen und Messen von Körpern

→ Seite 114

**6** Vergleiche die Körper.

a) Aus wie vielen Würfeln besteht jeder?
b) Welcher Körper hat das größere Volumen?

Ⓐ
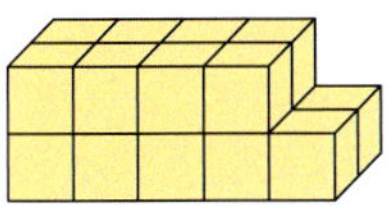

Ⓑ
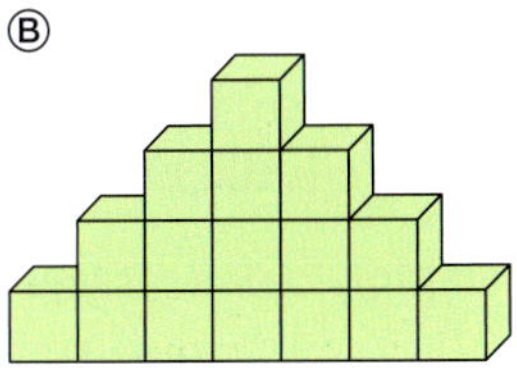

**6** Vergleiche die Körper.
Welcher Körper hat das größere Volumen? Begründe.

Ⓐ
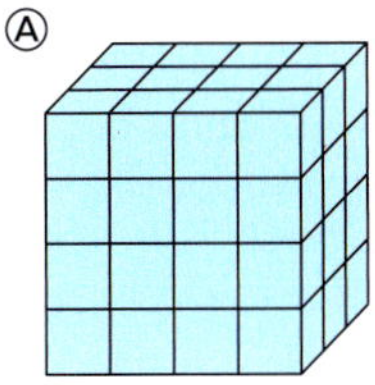

Ⓑ
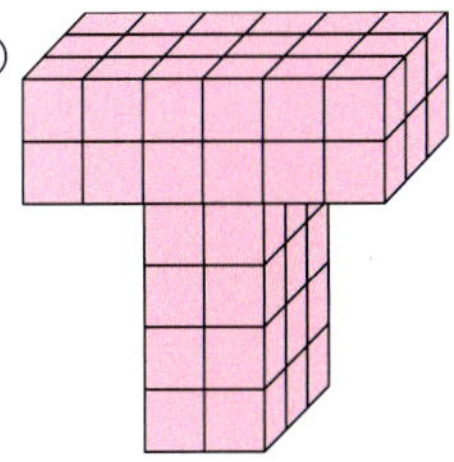

**7** Bestimme jeweils das Volumen der Körper aus Aufgabe 6, wenn sie aus diesen Einheitswürfeln zusammengebaut sind.

a) Zentimeterwürfeln
b) Dezimeterwürfeln

**7** Bestimme jeweils das Volumen der Körper aus Aufgabe 6, wenn sie aus diesen Einheitswürfeln zusammengebaut sind.

a) Dezimeterwürfeln
b) Meterwürfeln

**8** Mit welcher Einheit würdest du das Volumen dieser Gegenstände angeben? Ordne in deinem Heft zu.

Brotdose | $m^3$ | $mm^3$ | Sandkasten | $cm^3$ | Würfelzucker | $dm^3$ | Stecknadelkopf

## Volumen von Quader und Würfel

→ Seite 116

**9** Berechne die Volumina der Körper.

a) Würfel

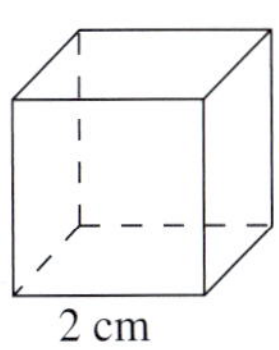


b) Quader

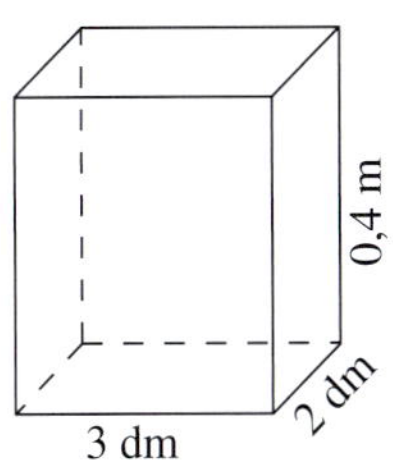


**9** Berechne die Volumina der Körper.

a)

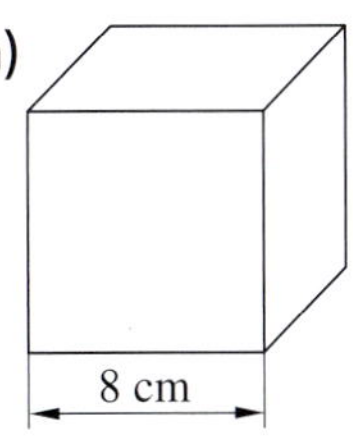


b)

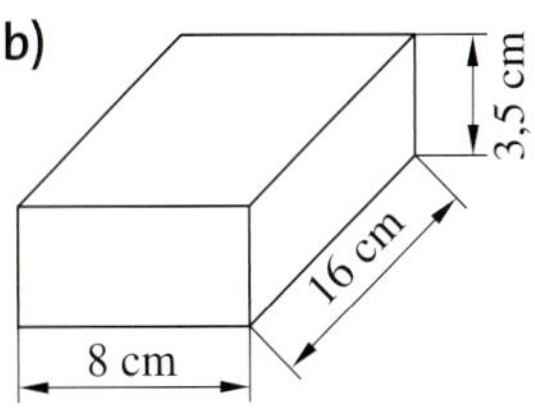


**10** Welcher Karton hat das größere Volumen? Begründe.

| | Länge | Breite | Höhe |
|---|---|---|---|
| Karton A | 7 dm | 2 dm | 2 dm |
| Karton B | 3 dm | 3 dm | 3 dm |

**10** Vergleiche die Volumina der Pakete.

| | Länge | Breite | Höhe |
|---|---|---|---|
| Paket S | 20 cm | 17 cm | 10 cm |
| Paket M | 37 cm | 30 cm | 12,5 cm |
| Paket L | 45 cm | 35 cm | 20 cm |

# Vermischte Übungen

**1** Welche geometrischen Körper erkennst du in dem Bild?

**2** Eine Metallbox soll mit einer rechteckigen Platte geschlossen werden.
Welche Platte passt auf die offene Seite der Box? Begründe deine Antwort.

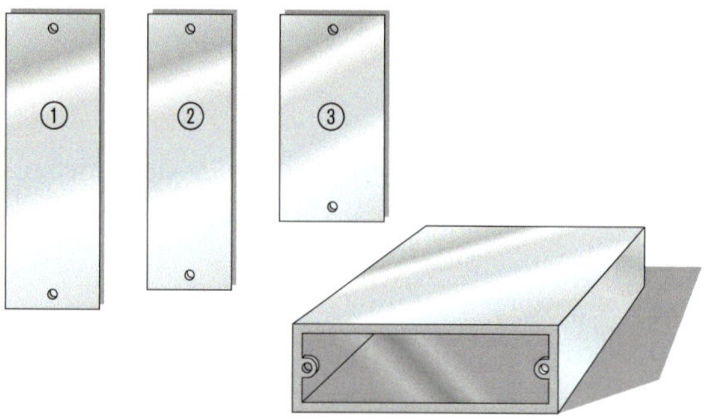


**3** Sind in den Zeichnungen Würfelnetze dargestellt? Begründe.

Ⓐ

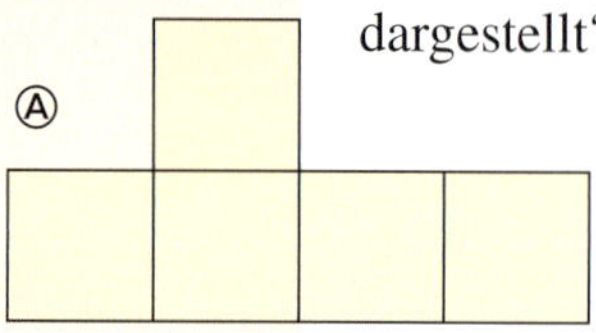

Ⓑ

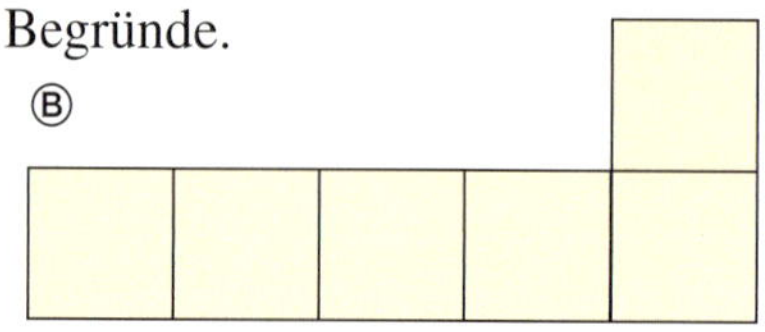

**4** Die Quader wurden aus Zentimeterwürfeln zusammengesetzt.
Berechne das Volumen der Quader.

a)

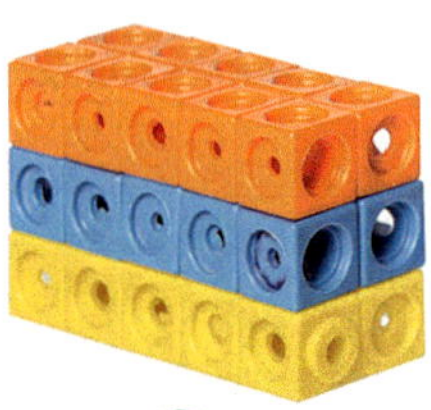

b)

c)

d)

**2** Welche Flächen des Quaders sind gleich groß?
Welche Form haben die Flächen?
Gib jeweils die Eckpunkte der Fläche an.

**Beispiel** Das Rechteck mit den Eckpunkten *ABCD* ist genauso groß wie …

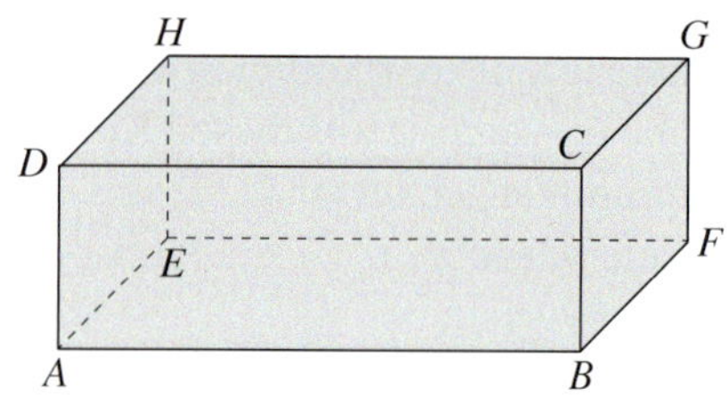


**3** Ein Würfel hat eine Kantenlänge von 2 cm. Zeichne zwei unterschiedliche Netze des Würfels in dein Heft.
Kann man beim Zeichnen eines Körpernetzes die Seitenflächen beliebig aneinanderzeichnen? Begründe deine Antwort.

**4** Die Quader wurden aus Würfeln mit einer Kantenlänge von 1 cm zusammengesetzt.
Berechne das Volumen der Quader.

a)

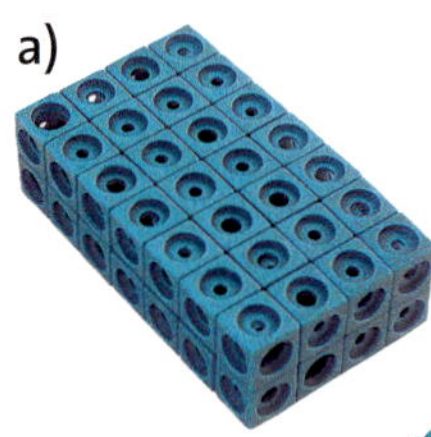

b)

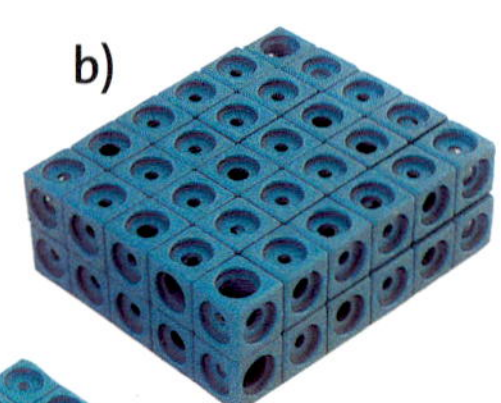

c)

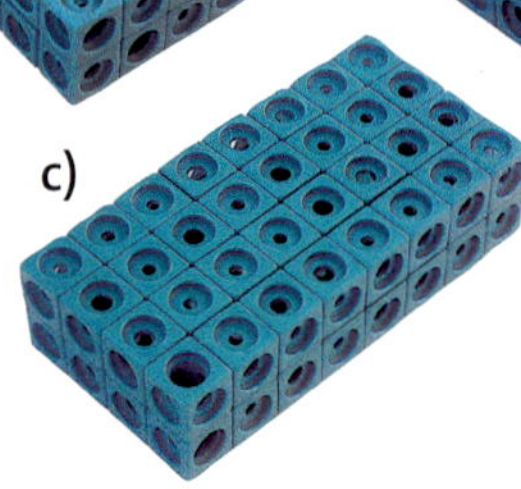

**5** In welcher Einheit würdest du das Volumen dieser Gegenstände angeben: $m^3$, $dm^3$, $cm^3$ oder $mm^3$?

Kofferraum

Schulhaus

Hamsterhaus

Schmuckschachtel

Sandkorn

**6** Berechne die Volumina der Quader.

| | Länge | Breite | Höhe |
|---|---|---|---|
| a) | $a = 5\,cm$ | $b = 8\,cm$ | $c = 3\,cm$ |
| b) | $a = 12\,cm$ | $b = 3\,m$ | $c = 4\,m$ |
| c) | $a = 30\,dm$ | $b = 4\,dm$ | $c = 7\,dm$ |
| d) | $a = 6\,cm$ | $b = 30\,mm$ | $c = 5\,cm$ |

**7** Würfel stapeln

a) Wie viele kleine Würfel wurden hier gestapelt?

b) Wie viele kleine Würfel fehlen noch zum Ausfüllen des großen Würfels?

c) Berechne das Volumen des großen Würfels, wenn die kleinen Würfel Zentimeterwürfel sind.

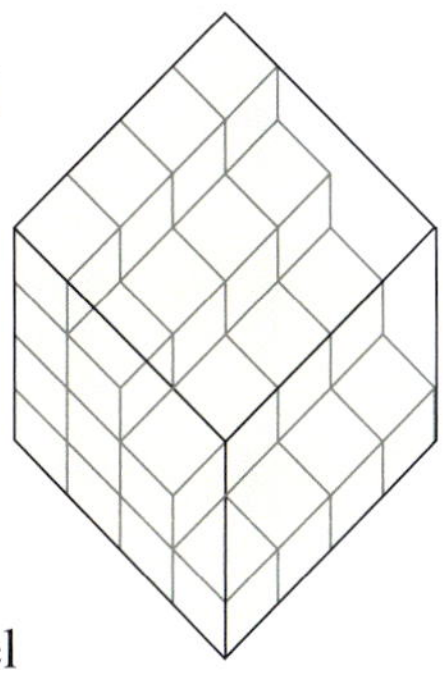

**8** Eine quaderförmige Kiste soll mit 40 Würfeln gefüllt werden.
Wie können die Würfel darin angeordnet sein? Beschreibe die einzelnen Schichten.
Es gibt mehrere Möglichkeiten.

**9** Zeichne ein Netz eines beliebigen Quaders.

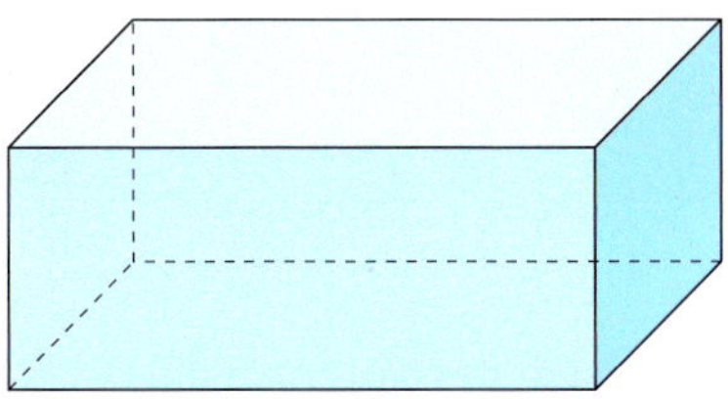

**10** Berechne jeweils die Oberflächen der Würfel mit dieser Kantenlänge.

a) $a = 4\,m$  b) $a = 20\,dm$

c) $a = 1000\,mm$  d) $a = 2{,}5\,cm$

**5** Ordne in deinem Heft den Gegenständen jeweils das passende Volumen zu.

Streichholzschachtel

150 $m^3$

8 $cm^3$

Edelstein

18 $mm^3$

1500 $m^3$

Schultasche

Klassenraum

Milchkarton

1 $dm^3$

Schwimmbecken

12 $dm^3$

**6** Berechne die Volumina der Quader.

| | Länge | Breite | Höhe |
|---|---|---|---|
| a) | $a = 9\,cm$ | $b = 7\,cm$ | $c = 10\,cm$ |
| b) | $a = 12\,mm$ | $b = 15\,mm$ | $c = 2\,cm$ |
| c) | $a = 3\,m$ | $b = 2\,cm$ | $c = 12\,dm$ |
| d) | $a = 15{,}0\,cm$ | $b = 1{,}5\,dm$ | $c = 15{,}0\,cm$ |

**7** Welches Volumen haben die kleinen Dezimeterwürfel zusammen?
Welches Volumen hat der große Würfel?

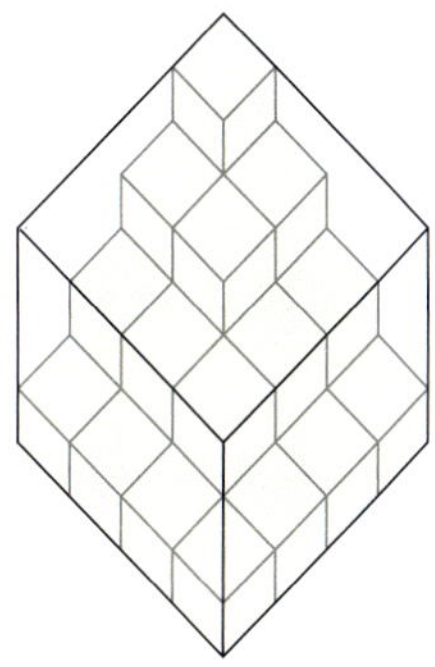

**8** Eine quaderförmige Kiste ist mit 60 Würfeln gefüllt.
Die Würfel sind in 4 (5; 6; 10; 12) Schichten angeordnet.
Wie viele Würfel sind in einer Schicht?

**9** Zeichne das Netz der abgebildeten Verpackung.

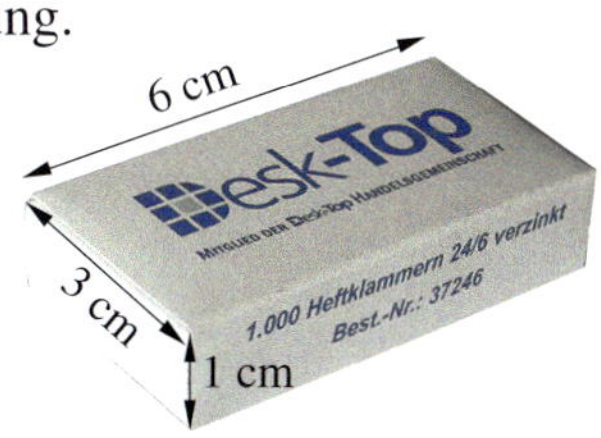


**10** Berechne jeweils die Oberflächen der Würfel mit dieser Kantenlänge.

a) $a = 6\,dm$  b) $a = 17\,mm$

c) $a = 0{,}5\,m$  d) $a = 2{,}2\,cm$

***HINWEIS***
*zu Aufgabe 6 (lila und türkis): Achte darauf, dass alle Längen in derselben Einheit gegeben sind, bevor du das Volumen berechnest.*

**11** Berechne jeweils die Oberfläche und das Volumen der Schachteln.

a)

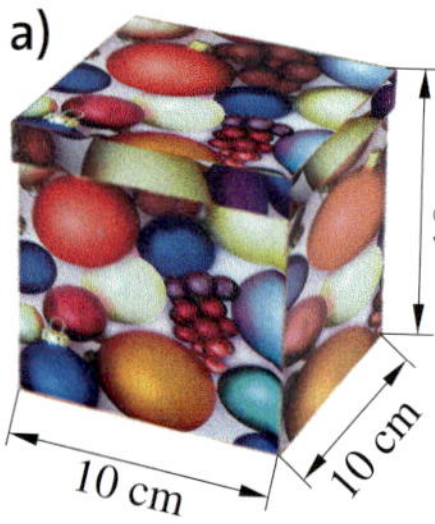


b)

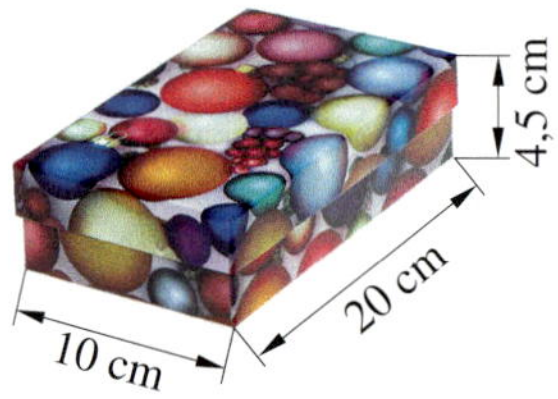


**11** Berechne jeweils Oberfläche und Volumen der Verpackungen.

**12** Schätze die Maße der folgenden Gegenstände.
Berechne ihre Oberflächen.

a) Butterstück
b) Schuhkarton
c) Streichholzschachtel
d) Zimmertür
e) Kühlschrank
f) Trinkpäckchen
g) Radiergummi
h) Schultasche

**13** Kai hat aus Würfeln mit der Kantenlänge von 1 cm verschiedene Körper gebaut.
Welche Abmessungen müsste eine quaderförmige Kiste jeweils mindestens haben, damit die Körper dort hineinpassen?

a)

b)

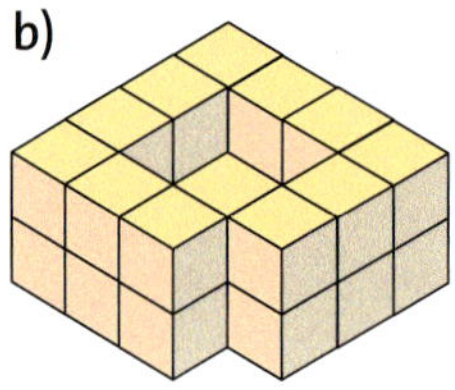

**13** Merle hat aus Zentimeterwürfeln verschiedene Körper gebaut.
Welche Abmessungen müsste eine quaderförmige Kiste jeweils mindestens haben, damit die Körper dort hineinpassen?

a)

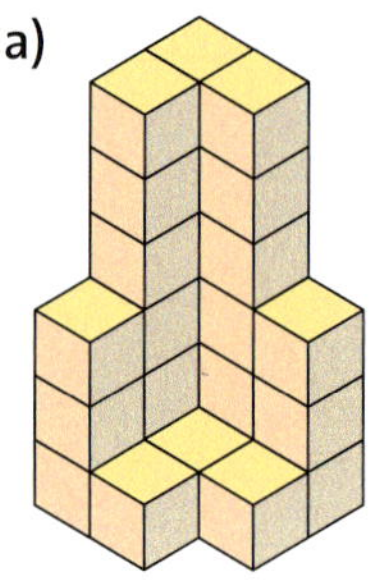

b)

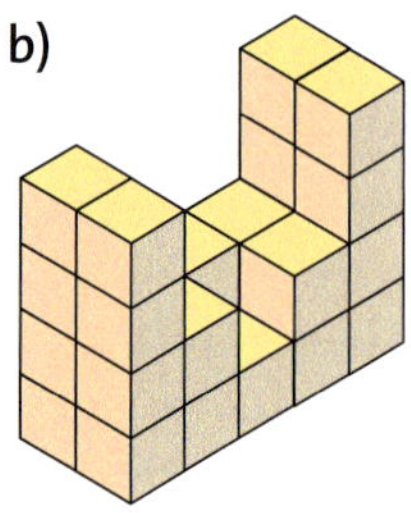

***HINWEIS***

122-1
*Hier findest du ein Arbeitsblatt mit der Tabelle zu Aufgabe 14 zum Ausdrucken.*

**14** Übertrage die Tabelle ins Heft und ergänze sie.

| Anzahl der … | Würfel  | Quader 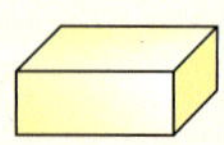 | Pyramide 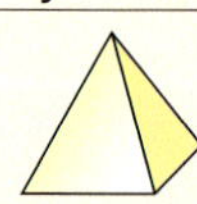 | Zylinder  | Kegel  | Kugel 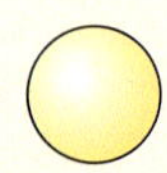 |
|---|---|---|---|---|---|---|
| Ecken | 8 | | | keine | | |
| geraden Kanten | | | | | | |
| gekrümmten Kanten | | keine | | | 1 | |
| ebenen Flächen | | | 5 | | | |
| gekrümmten Flächen | | | | | | 1 |

**15** Berechne das Volumen eines Würfels mit einer Kantenlänge von $a = 2\,\text{cm}$.

a) Verdoppple die Kantenlänge des Würfels.
b) Berechne das Volumen des neuen Würfels.
c) Hat sich auch das Volumen verdoppelt?
d) Überprüfe an weiteren Beispielen.

**15** Wie ändert sich das Volumen eines Würfels, wenn man die Kantenlängen verdoppelt?
Stelle eine Vermutung auf.
Überprüfe sie am Beispiel von Würfeln mit den Kantenlängen $a = 4\,\text{m}$ und $a = 6\,\text{m}$.

**16** Arbeitet zu zweit.

a) Berechnet jeweils die Oberfläche der Quader ①, ②, ③ und ④. Ordnet sie nach der Größe.

b) Berechnet die Volumina und ordnet die Quader nach der Größe.

c) Was fällt euch bei den Reihenfolgen auf?

| | ① | ② | ③ | ④ |
|---|---|---|---|---|
| **Länge** | 5 cm | 14 cm | 5 cm | 4 cm |
| **Breite** | 5 cm | 4 cm | 6 cm | 4 cm |
| **Höhe** | 5 cm | 2 cm | 4 cm | 8 cm |

**17** Ein Aquarium hat die Maße 80 cm × 40 cm × 40 cm. Wie viele Fische kann Sebastian darin unterbringen, wenn er für jeden Fisch etwa 1000 $cm^3$ Wasser einplanen muss?

**17** Eine Baugrube für Reihenhäuser ist 200 m lang, 12 m breit und 3 m tief. Die Erde wird von einem Lkw abtransportiert. Der Lkw kann 12 $m^3$ laden. Wie viele Fahrten sind mindestens nötig, um die Erde wegzuschaffen?

**18** Übertrage und ergänze die Tabelle mit den Größen eines Quaders in dein Heft.

| Länge | Breite | Höhe | Volumen |
|---|---|---|---|
| 5 cm | 7 cm | 8 cm | |
| | 3 mm | 4 mm | 24 $mm^3$ |
| 6 m | 5 m | | 90 $m^3$ |

**18** Übertrage und ergänze die Tabelle mit den Größen eines Quaders in dein Heft.

| Länge | Breite | Höhe | Volumen |
|---|---|---|---|
| 2 cm | | 12 cm | 12 $cm^3$ |
| 4 m | 4 m | | 64 $m^3$ |
| | 3 mm | 4 mm | 180 $mm^3$ |

**19** Zusammengesetzte Körper

a) Welcher der beiden Körper hat das größere Volumen? Begründe deine Antwort.

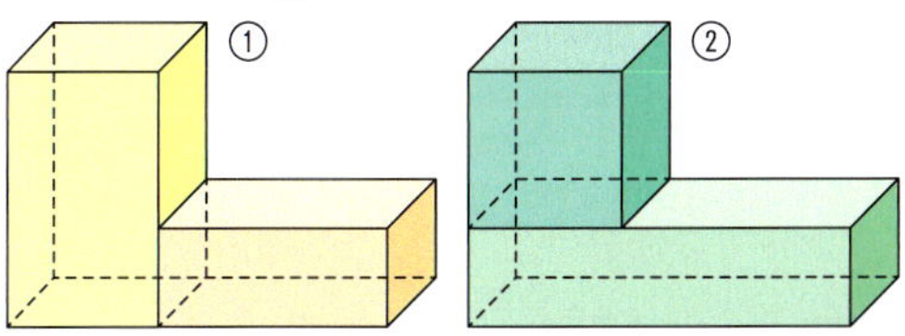


b) Berechne das Volumen des Werkstücks. Alle Maße sind in cm angegeben.

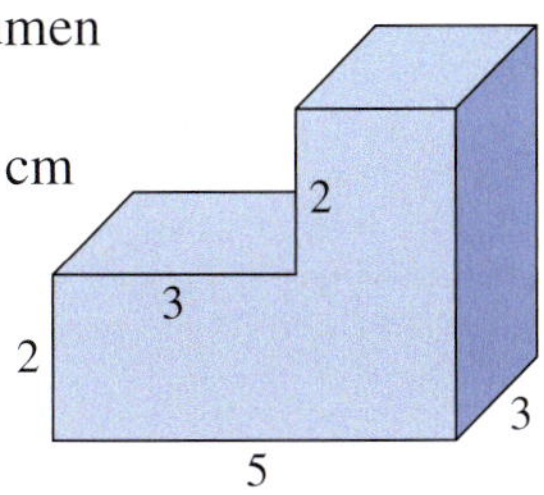


**19** Zusammengesetzte Körper

Berechne jeweils das Volumen der Körper. Alle Maße sind in cm angegeben.

a)

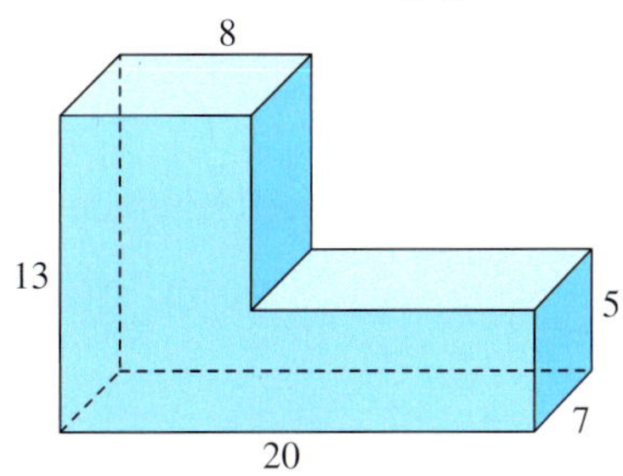


b)

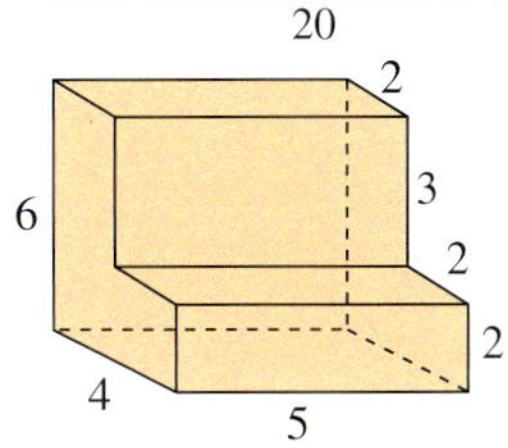


**20** Arbeitet in Gruppen zusammen.

Erkläre, wie die beiden Mädchen ihr Volumen vergleichen. Welches Volumen hat Anna?

Checkliste ↻ 124-1

# Teste dich!

(12 Punkte)

**1** Wie heißen die geometrischen Körper?
Nenne jeweils zwei Eigenschaften des Körpers.

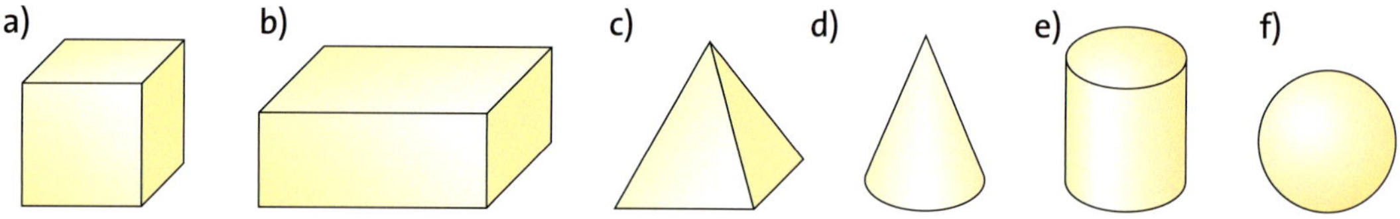


(10 Punkte)

**2** Beschrifte den geometrischen Körper mit den Fachbegriffen im Heft.
Wie oft findest du die Bestandteile an diesem Körper?

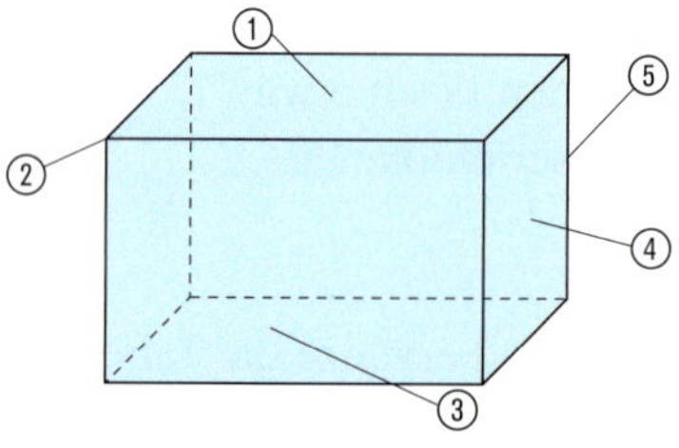


(10 Punkte)

**3** Zu welchem Körper gehören diese Netze?
Berechne jeweils die Oberfläche der Körper.

a)
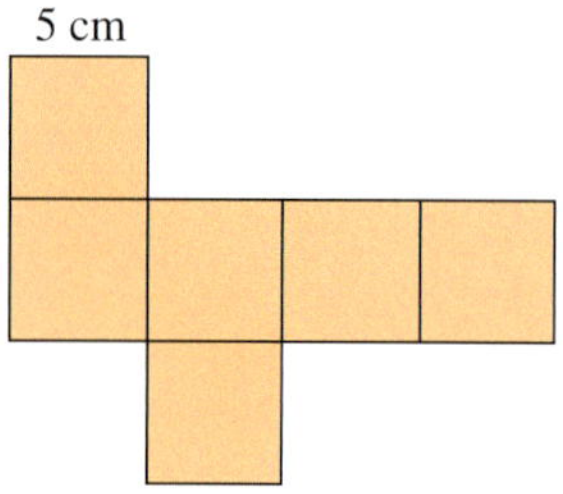


b)
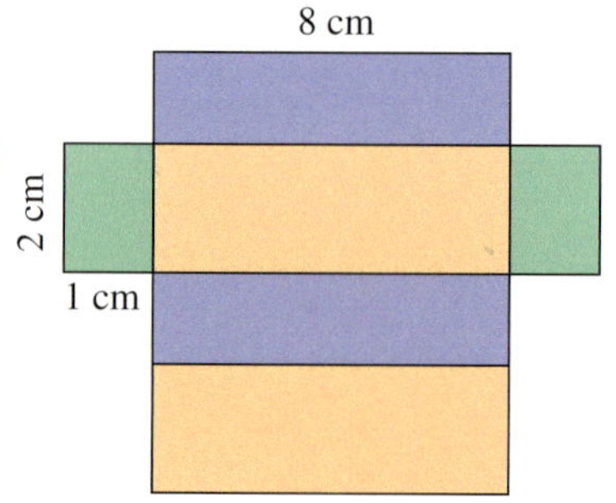


(12 Punkte)

**4** Berechne jeweils die Oberflächen der Körper.

a)

| Würfel | Kantenlänge |
|---|---|
| ① | $a = 3\,\text{cm}$ |
| ② | $a = 4\,\text{m}$ |
| ③ | $a = 8\,\text{dm}$ |

b)

| Quader | Länge | Breite | Höhe |
|---|---|---|---|
| ① | $a = 4\,\text{cm}$ | $b = 6\,\text{cm}$ | $c = 3\,\text{cm}$ |
| ② | $a = 2\,\text{m}$ | $b = 7\,\text{m}$ | $c = 5\,\text{m}$ |
| ③ | $a = 12\,\text{mm}$ | $b = 0{,}5\,\text{cm}$ | $c = 4\,\text{mm}$ |

(4 Punkte)

**5** Herr Ritter möchte eine Sauna aus Holz bauen.
Die Sauna soll 4 m lang, 3 m breit und 2 m hoch werden.
Wie viel $m^2$ Holz muss er mindestens kaufen?

(10 Punkte)

**6** Die Körper sind aus Einheitswürfeln mit einer Kantenlänge von 1 cm zusammengesetzt.
Wie groß ist ihr Volumen?

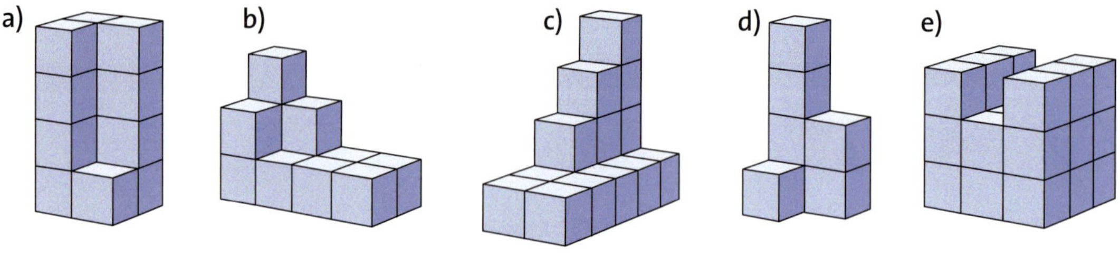

**7** Ordne die Sandkästen nach der Größe ihres Volumens. Beginne mit dem kleinsten. *(6 Punkte)*

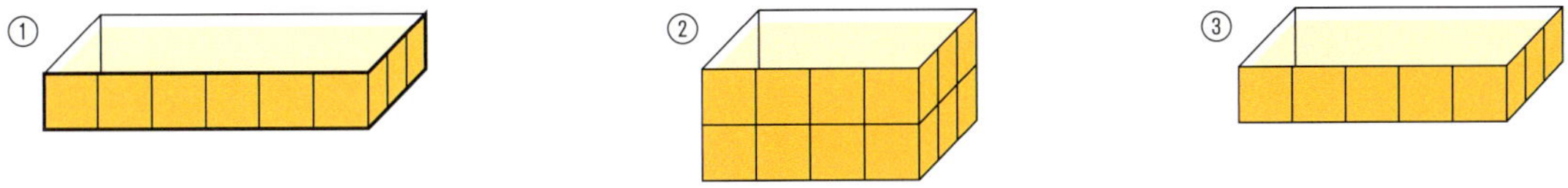


**8** Nenne jeweils einen Gegenstand, dessen Volumen du in dieser Einheit angeben würdest. *(4 Punkte)*

a) $m^3$ b) $dm^3$ c) $cm^3$ d) $mm^3$

**9** Berechne jeweils das Volumen der Quader. *(15 Punkte)*
Achte dabei auf die Einheiten.

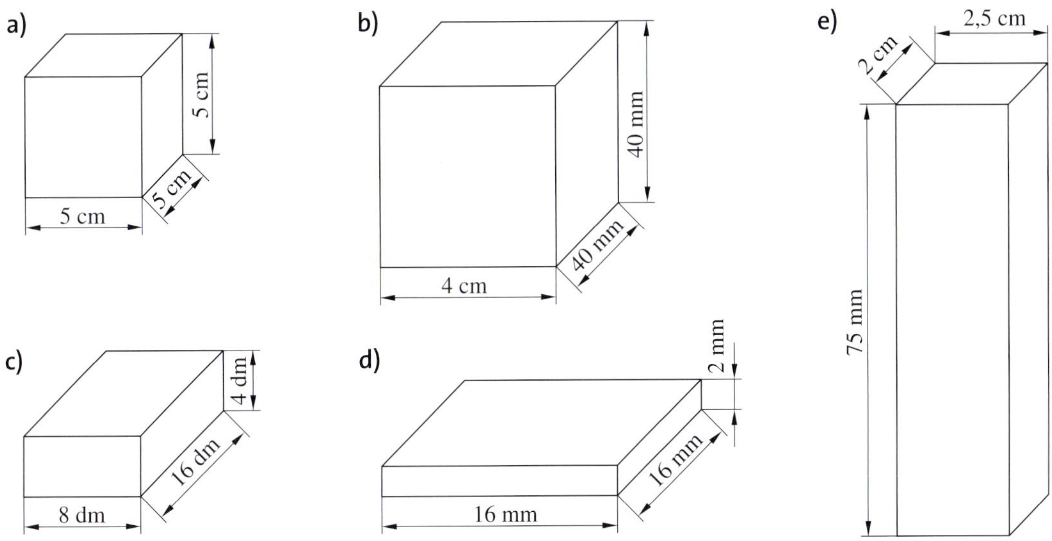


**10** Berechne jeweils das Volumen der zusammengesetzten Körper. *(9 Punkte)*

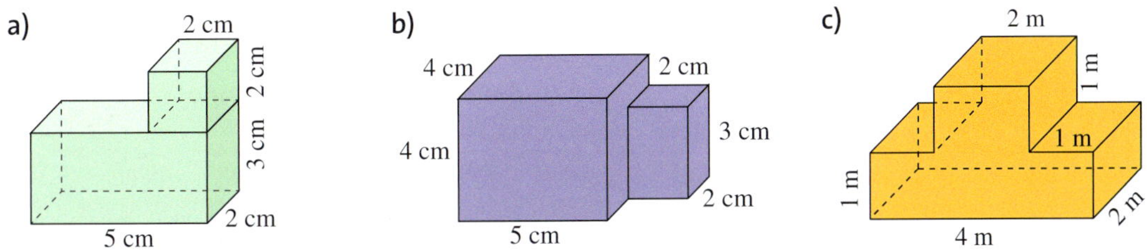


**11** Das Sportbecken im Freibad ist 50 m lang, 20 m breit und 2 m tief. Das Sprungbecken ist 25 m lang, 20 m breit und 5 m tief. *(8 Punkte)*

a) In welchem Becken ist mehr Wasser? Begründe deine Antwort.
b) Aus einem Wasserhahn in der Wohnung läuft in 2 Stunden 1 $m^3$ Wasser. Wie lange würde es dauern, die Becken auf diese Weise zu füllen?

Gold: 94–100 Punkte, Silber: 77–93 Punkte, Bronze: 60–76 Punkte

# Zusammenfassung

→ Seite 102

## Körper beschreiben

Geometrische **Körper** werden von **Flächen** begrenzt.
Dort, wo zwei Flächen zusammentreffen, entstehen **Kanten**.
Treffen mindestens drei Kanten aufeinander, entstehen **Ecken**.

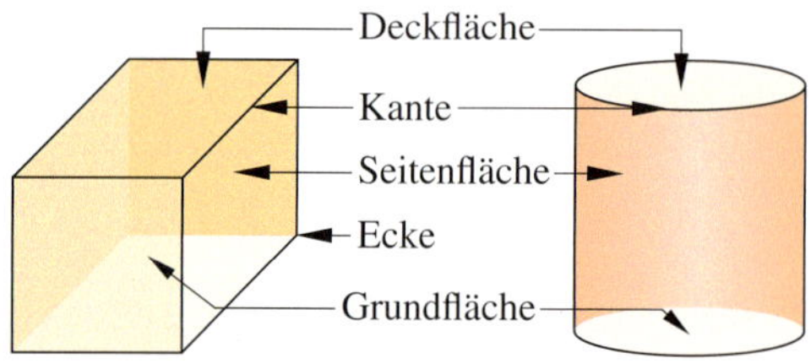


→ Seite 104

## Besondere Körper

Ein **Quader** wird durch sechs rechteckige Flächen begrenzt. Gegenüberliegende Flächen sind gleich groß.

Ein **Würfel** ist ein besonderer Quader.
Er wird durch sechs quadratische Flächen begrenzt.
Alle Flächen sind gleich groß.

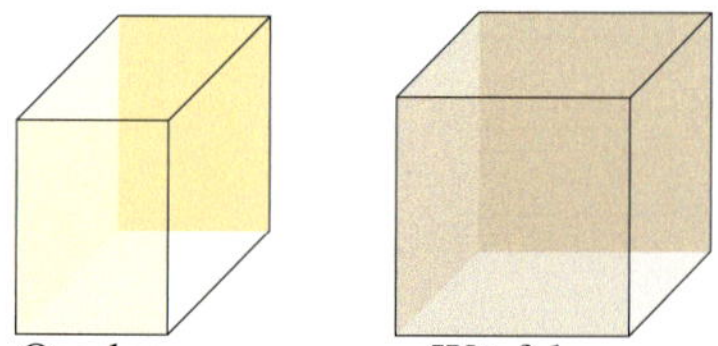


→ Seite 110

## Oberfläche von Quader und Würfel

Die **Oberfläche** eines Quaders ist die Summe der Flächeninhalte aller Teilflächen.

**Oberfläche eines Quaders:**
$O = 2 \cdot a \cdot b + 2 \cdot a \cdot c + 2 \cdot b \cdot c$

**Oberfläche eines Würfels:**
$O = 6 \cdot a \cdot a$

**Netz eines Quaders**
$\boldsymbol{O = 2 \cdot a \cdot b + 2 \cdot a \cdot c + 2 \cdot b \cdot c}$
$O = 2 \cdot 3 \cdot 4\,\text{cm}^2 + 2 \cdot 3 \cdot 2\,\text{cm}^2 + 2 \cdot 4 \cdot 2\,\text{cm}^2$
$O = 52\,\text{cm}^2$

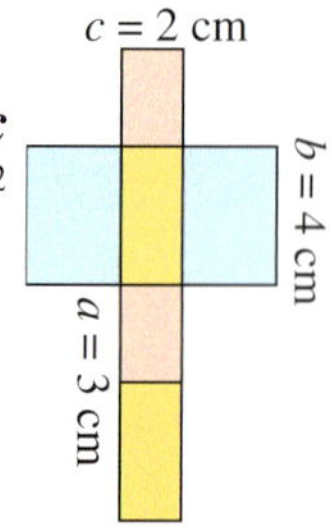


**Netz eines Würfels**
$\boldsymbol{O = 6 \cdot a \cdot a}$
$O = 6 \cdot 5 \cdot 5\,\text{cm}^2$
$O = 150\,\text{cm}^2$

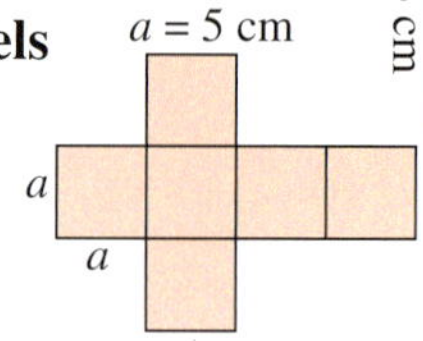


→ Seite 114

## Vergleichen und Messen von Körpern

Wenn man zwei Körper mit der gleichen Anzahl gleicher Teilkörper auslegen kann, dann haben sie das gleiche **Volumen**.

Zum Messen von Körpern vergleicht man mit **Einheitswürfeln**.

Die Einheitswürfel haben ein Volumen von $1\,\text{m}^3$, $1\,\text{dm}^3$, $1\,\text{cm}^3$, $1\,\text{mm}^3$.

Ein **Zentimeterwürfel** hat eine Kantenlänge von 1 cm.
Er hat ein Volumen von $1\,\text{cm}^3$.

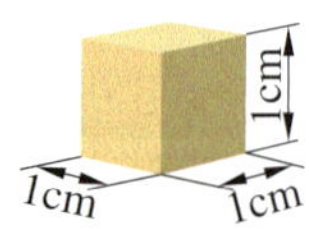


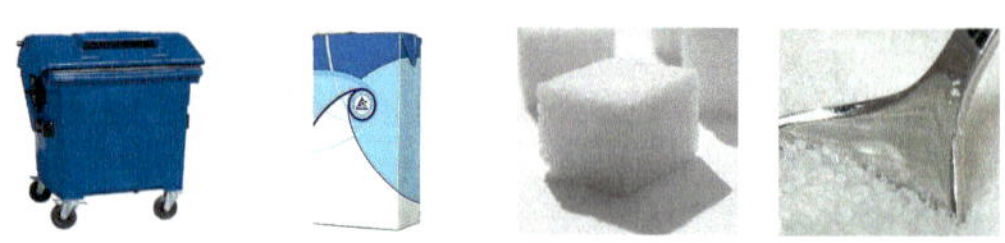

$1\,\text{m}^3$ | $1\,\text{dm}^3$ | $1\,\text{cm}^3$ | $1\,\text{mm}^3$

→ Seite 116

## Volumen von Quadern und Würfeln

Man berechnet das **Volumen** eines Quaders, indem man den Flächeninhalt der Grundseite mit der Höhe multipliziert.

**Volumen eines Quaders:** $V = a \cdot b \cdot c$

**Volumen eines Würfels:** $V = a \cdot a \cdot a$

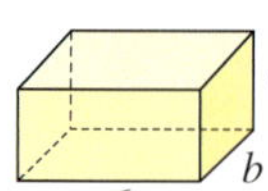


$\boldsymbol{V = a \cdot b \cdot c}$
$V = 6 \cdot 3 \cdot 2\,\text{m}^3$
$V = 36\,\text{m}^3$

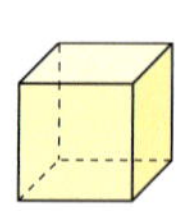


$\boldsymbol{V = a \cdot a \cdot a}$
$V = 2 \cdot 2 \cdot 2\,\text{m}^3$
$V = 8\,\text{m}^3$

# Rechnen mit Dezimalzahlen

Im Alltag rechnen wir häufig mit Dezimalzahlen.
Gerade beim Einkaufen trifft man selten auf ganze Zahlen.
Durch den Preis 4,99 € soll dem Kunden vermittelt werden,
dass der Artikel günstiger ist,
da oft zuerst auf die Zahl vor dem Komma geschaut wird.

# Noch fit?

## Einstieg

### 1 Überschlagsrechnung
Begründe mit einem Überschlag, welches der Ergebnisse richtig ist.

a) 787 + 631 =

1418 | 1841 | 4118

b) 509 – 189 =

238 | 320 | 129

c) 4,86 + 9,61 =

10,52 | 14,47 | 22,91

### 2 Fehlersuche
Erkläre den Fehler und schreibe die Rechnung richtig in dein Heft.

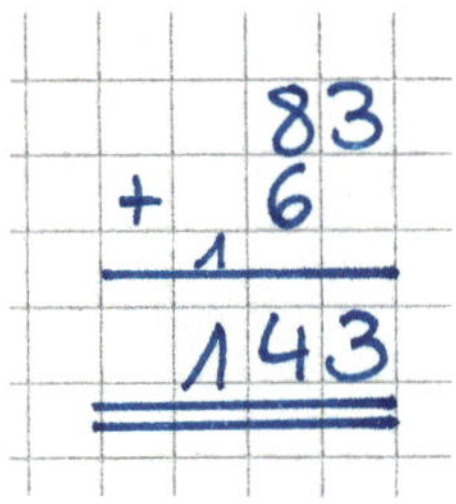


### 3 Schriftlich addieren
Schreibe stellengerecht untereinander und addiere in deinem Heft.

a) 2904 + 677
b) 878 + 4205
c) 6435 + 1248
d) 536 + 1987 + 499

### 4 Subtraktionsmauer
Subtrahiere die Zahlen, die nebeneinander stehen. Schreibe die Differenz darunter.

120 | 64 | 32 | 18
56 | ☐ | ☐
☐ | ☐
☐

### 5 Kopfrechnen
Berechne im Kopf.
Was stellst du fest?

a) 126 · 10
126 · 100
126 · 1000

b) 384 000 : 10
384 000 : 100
384 000 : 1000

## Aufstieg

### 1 Überschlagsrechnung
Begründe mit einem Überschlag, welches der Ergebnisse richtig ist.

a) 918 + 74 – 631 =

631 | 361 | 136

b) 75,43 + 22,69 =

55,02 | 85,91 | 98,12

c) 81,8 – 6,91 – 69,1 =

121,44 | 44,04 | 5,79

### 2 Fehlersuche
Erkläre den Fehler und schreibe die Rechnung richtig in dein Heft.

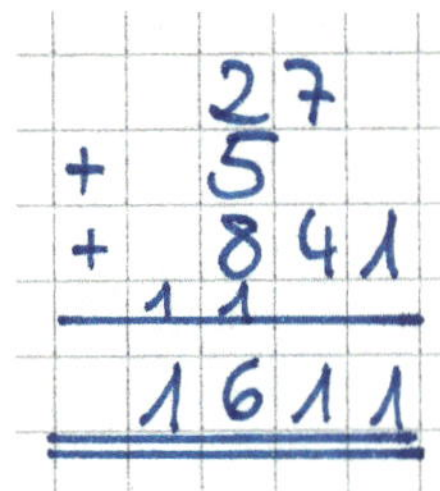


### 3 Schriftlich addieren
Schreibe stellengerecht untereinander und addiere in deinem Heft.

a) 9785 + 315
b) 9708 + 50 582
c) 6797 + 539 + 19 687
d) 94 658 + 6297 + 3402

### 4 Subtraktionsmauer
Ergänze die Subtraktionsmauer im Heft. Die Differenz steht immer unter den Zahlen.

80 246 | ☐ | 29 862 | ☐
30 273 | ☐ | 11 615
☐ | ☐
1666

### 5 Kopfrechnen
Berechne im Kopf.
Was stellst du fest?

a) 36 · 30
36 · 300
36 · 3000

b) 450 000 : 50
450 000 : 500
450 000 : 5000

## 6 Schriftlich multiplizieren

Überschlage zuerst.
Dann multipliziere schriftlich.

a) $74 \cdot 2$ b) $143 \cdot 4$
c) $808 \cdot 5$ d) $158 \cdot 6$
e) $43 \cdot 81$ f) $23 \cdot 99$

## 7 Schriftlich dividieren

Dividiere schriftlich und prüfe dein Ergebnis mithilfe einer Umkehrrechnung.

**Beispiel** $156 : 4 = 39$, da $39 \cdot 4 = 156$

a) $168 : 6$ b) $864 : 4$
c) $756 : 7$ d) $4940 : 4$
e) $312 : 12$ f) $147 : 3$

## 8 Rechenvorteile

Vertausche die Zahlen vorteilhaft und fasse in Klammern zusammen.
Berechne dann.

a) $12 + 13 + 8$ b) $29 + 27 + 1$
c) $2 \cdot 7 \cdot 50$ d) $25 \cdot 11 \cdot 4$

## 9 Brüche – Dezimalzahlen – Prozentzahlen

Schreibe alle Zahlen, die gleich sind, mit einem Gleichheitszeichen dazwischen auf.

**Beispiel** $\frac{1}{4} = \frac{25}{100} = 0{,}25 = 25\,\%$

0,340 0,34 $\frac{750}{1000}$ $\frac{6}{8}$ $\frac{75}{100}$ 34 % $\frac{3}{4}$ 75 % $\frac{34}{100}$ $\frac{17}{50}$ 0,75

## 10 Stellenwerttafel

Übertrage die Stellenwerttafel in dein Heft und trage die Zahlen ein.

| H | Z | E | z | h | t | |
|---|---|---|---|---|---|---|
| | | | | | | 6,8 |
| | | | | | | 75,44 |
| | | | | | | 0,869 |
| | | | | | | 403,004 |

## 6 Schriftlich multiplizieren

Überschlage zuerst.
Dann multipliziere schriftlich.

a) $234 \cdot 2$ b) $456 \cdot 5$
c) $9870 \cdot 6$ d) $608 \cdot 7$
e) $590 \cdot 78$ f) $9009 \cdot 98$

## 7 Schriftlich dividieren

Dividiere schriftlich.
Prüfe dein Ergebnis mithilfe einer Umkehrrechnung.

a) $235 : 5$ b) $944 : 4$
c) $2826 : 9$ d) $7216 : 8$
e) $1845 : 15$ f) $1998 : 9$

## 8 Rechenvorteile

Rechne vorteilhaft.
Zeige durch Klammern, wie du gerechnet hast.

a) $17 + 25 + 3$ b) $38 + 11 + 12$
c) $4 \cdot 13 \cdot 25$ d) $500 \cdot 67 \cdot 2$

## 9 Brüche – Dezimalzahlen – Prozentzahlen

Schreibe alle Zahlen, die gleich sind, mit einem Gleichheitszeichen dazwischen auf.

40 % 4 % $\frac{40}{1000}$ $\frac{40}{100}$ 0,04 $\frac{4}{10}$ $\frac{2}{5}$ $\frac{1}{25}$ 0,400 0,4 $\frac{4}{100}$ 0,040

## 10 Stellenwerttafel

Übertrage die Stellenwerttafel in dein Heft und trage die Zahlen ein.

| H | Z | E | z | h | t | |
|---|---|---|---|---|---|---|
| | | | | | | 17,6 |
| | | | | | | 0,008 |
| | | | | | | 693,348 |
| | | | | | | 100,52 |

# Dezimalzahlen addieren

## Entdecken

**1** Arbeitet zu dritt oder zu viert.
In unserem Alltag rechnen wir häufig mit Dezimalzahlen.
Nennt Beispiele und stellt diese auf einem Plakat zusammen.

**2** Mike und Serena überlegen gemeinsam, wie man Dezimalzahlen schriftlich addiert.

***ERINNERE DICH***
*Überlege dir, wie du natürliche Zahlen schriftlich addiert hast.*

## Verstehen

Saskia und Ben kaufen im Supermarkt ein.
Zuerst überschlagen sie den Gesamtpreis:
1,79 € + 2,10 € ≈ 2 € + 2 € = 4 €

Dann addieren sie die Preise schriftlich.
Dabei hilft ihnen die Stellenwerttafel.

Supermarkt
***Super 123***
4567889
25. Januar
15.50
Bananen 2,10€
Cornflakes 1,79€

### Beispiel 1
2,10 + 1,79

| | E | z | h |
|---|---|---|---|
| | 2 | 1 | 0 |
| + | 1 | 7 | 9 |
| | 3 | 8 | 9 |

Kurzform:
```
  2,10
+ 1,79
  3,89
```

Der Einkauf kostet zusammen 3,89 €.

### Beispiel 2
14,3 + 2,8

| | Z | E | z |
|---|---|---|---|
| | 1 | 4 | 3 |
| + | | 2 | 8 |
| | | 1 | |
| | 2 | 7 | 1 |

Kurzform:
```
  14,3
+  2,8
   1
  27,1
```

**Merke** Dezimalzahlen werden **addiert**, indem sie **stellengerecht (Komma unter Komma)** untereinander geschrieben werden.
Gerechnet wird stellenweise von rechts nach links.
Haben Dezimalzahlen unterschiedlich viele Nachkommastellen, wird mit Nullen aufgefüllt.

### Beispiel 3
4,151 + 28,83

| | Z | E | z | h | t |
|---|---|---|---|---|---|
| | | 4 | 1 | 5 | 1 |
| + | 2 | 8 | 8 | 3 | 0 |
| | 1 | | | | |
| | 3 | 2 | 9 | 8 | 1 |

Kurzform:
```
   4,151
+ 28,830
  1
  32,981
```

### Beispiel 4
5,1 + 1,65 + 20

| | Z | E | z | h |
|---|---|---|---|---|
| | | 5 | 1 | 0 |
| + | | 1 | 6 | 5 |
| + | 2 | 0 | 0 | 0 |
| | 2 | 6 | 7 | 5 |

Kurzform:
```
   5,10
+  1,65
+ 20,00
  26,75
```

## Üben und anwenden

**1** Addiere im Kopf.
a) 0,1 + 0,3 b) 0,4 + 0,2
c) 0,5 + 0,5 d) 0,8 + 0,4
e) 1,5 + 0,2 f) 0,2 + 1,8

**2** Übertrage ins Heft und addiere schriftlich. Denke daran, wenn notwendig, Nullen hinter dem Komma zu ergänzen.

a) 6,2 + 7,5 b) 3,16 + 1,42 c) 11,2 + 51,38
d) 67,08 + 12,9 e) 1,526 + 2,3 f) 134,3 + 15,6

**3** Schreibe untereinander und addiere. Prüfe dein Ergebnis mit dem Überschlag.
**Beispiel** 3,278 + 8,982 ≈ 3 + 9 = 12
3,278 + 8,982 = 12,26
a) 3,7 + 2,5 b) 5,67 + 1,44
c) 1,38 + 16,6 d) 6,541 + 4,28
e) 99,9 + 0,01 f) 0,661 + 606,2

**4** Übertrage ins Heft und addiere.

a)
| | | |
|---|---|---|
| | ☐ | |
| 30,3 | ☐ | |
| 10,1 | 20,2 | 30,3 |

b)
| | | |
|---|---|---|
| | ☐ | |
| ☐ | ☐ | |
| 1,21 | 2,12 | 4,54 |

**5** Ergänze bei der Zahl 6 ein Komma und so viele Nullen, wie du zur schriftlichen Addition brauchst.
a) 2,5 + 6 b) 2,55 + 6
c) 2,555 + 6 d) 6 + 2,5555

**6** Schreibe untereinander und addiere. Die Ergebnisse stehen zur Kontrolle in der Randspalte.
a) 5,12 + 1,03 + 2,54
b) 18,05 + 1,003 + 28,2
c) 34,1 + 101,29 + 46

**7** Im Schreibwarengeschäft:
a) Hasans Einkaufsliste:
1 Heft, 1 Radiergummi,
1 Paket Tintenpatronen.
Reichen 3 € für seinen Einkauf?
b) Meret braucht einen Zirkel, ein Mäppchen und einen Bleistift.

| | |
|---|---|
| Tintenpatronen | 1,35 € |
| Bleistift | 0,75 € |
| Radiergummi | 0,80 € |
| Zirkel | 5,95 € |
| Heft | 0,73 € |
| Mäppchen | 3,95 € |
| Geodreieck | 0,75 € |

**1** Addiere im Kopf.
a) 0,3 + 0,6 b) 0,7 + 0,3
c) 0,7 + 0,8 d) 0,8 + 1,1
e) 1,5 + 0,9 f) 1,8 + 4,1

**2** Schreibe untereinander und addiere.
**Beispiel** 32,3 + 4,67

```
  32,30
+  4,67
  36,97
```

a) 3,72 + 4,91
b) 15,77 + 13,42
c) 4,47 + 4,936
d) 17,94 + 13,3
e) 5,2289 + 14,6 f) 0,001 + 25,7009
g) 0,054 + 0,1 h) 1000,3 + 0,0004

**3** Überschlage, bevor du genau rechnest.
a) 8,129 + 5,322
b) 4,52 + 2,349
c) 15,627 + 4,1
d) 4,982 + 2,349
e) 0,836 + 2,9
f) 0,02 + 0,936

**4** Übertrage ins Heft und addiere.

| | | | |
|---|---|---|---|
| | ☐ | | |
| ☐ | ☐ | | |
| ☐ | ☐ | ☐ | |
| 101,01 | 202,02 | 303,03 | 404,04 |

**5** Auch natürliche Zahlen kann man als Dezimalzahlen schreiben.
Ergänze dazu Nullen und addiere.
a) 5 + 1,74 b) 2 + 3,004
c) 4,873 + 7 d) 0,035 + 14

**6** Addiere schriftlich. Prüfe dein Ergebnis mit dem Überschlag.
a) 9,1 + 6,23 + 45,05
b) 108,3 + 67,03 + 9,12
c) 94,215 + 5,05 + 901,1
d) 54,1 + 6,04 + 202,153 + 21

**7** Im Schreibwarengeschäft:
a) Peter kauft 1 Heft, 1 Bleistift und 1 Radiergummi. Er zahlt mit einem 5-€-Schein.
b) Tanja hat 10 € dabei und will 1 Heft, 1 Zirkel, 1 Paket Tintenpatronen und 1 Mäppchen kaufen.

**ERINNERE DICH**
① Überschlage im Kopf.
↓
② Rechne schriftlich.
↓
③ Prüfe dein schriftliches Ergebnis: Stimmt es ungefähr mit dem Überschlag überein?

**HINWEIS**
Ergebnisse zu Aufgabe 6 (lila):

# Dezimalzahlen subtrahieren

## Entdecken

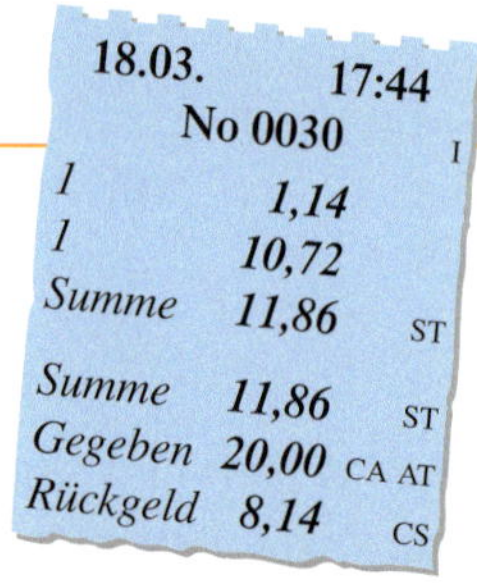


**1** Was ist auf dem Kassenzettel dargestellt?
Auf dem Kassenzettel ist auch eine Subtraktion versteckt.
Erkläre die Subtraktion.

**2** Subtrahiere die Dezimalzahlen schriftlich.
a) 3,50 – 1,50　　b) 12,8 – 2,8　　c) 18,45 – 3,2
Arbeitet zu zweit. Vergleicht eure Ergebnisse und schreibt eine Regel in euer Merkheft, wie man Dezimalzahlen schriftlich subtrahiert.

## Verstehen

Klara kauft am Kiosk eine Zeitung. Die Zeitung kostet 2,25 €.
In ihrem Portmonee hat sie genau 5,37 €.
Wie viel Geld behält Klara noch übrig?

Sie macht einen Überschlag:
5,37 € – 2,25 € ≈ 5 € – 2 € = 3 €
Dann subtrahiert sie schriftlich.

### Beispiel 1
5,37 – 2,25

| | E | z | h |
|---|---|---|---|
| | 5 | 3 | 7 |
| – | 2 | 2 | 5 |
| | 3 | 1 | 2 |

Kurzform:
5,37
– 2,25
3,12

Klara hat nach dem Kauf noch 3,12 € in ihrem Portmonee.

### Beispiel 2
Manchmal entsteht dabei ein Übertrag.

| | Z | E | z | h |
|---|---|---|---|---|
| | 3 | 4 | 7 | 1 |
| – | | 3 | 4 | 5 |
| | | | 1 | |
| | 3 | 1 | 2 | 6 |

Kurzform:
34,71
– 3,45
1
31,26

**Merke** Dezimalzahlen werden **subtrahiert**, indem sie **stellengerecht** (**Komma unter Komma**) untereinander geschrieben werden.
Gerechnet wird stellenweise von rechts nach links.
Haben Dezimalzahlen unterschiedlich viele Nachkommastellen, wird mit Nullen aufgefüllt.

***ERINNERE DICH***
*Die Umkehrrechnung hast du schon bei den natürlichen Zahlen kennen gelernt.*

### Beispiel 3
56,385 – 4,2

| | Z | E | z | h | t |
|---|---|---|---|---|---|
| | 5 | 6 | 3 | 8 | 5 |
| – | | 4 | 2 | 0 | 0 |
| | 5 | 2 | 1 | 8 | 5 |

Kurzform:
56,385
– 4,200
52,185

Probe mithilfe der Umkehrrechnung:
56,385 – 4,2 = 52,185
da 52,185 + 4,2 = 56,385

### Beispiel 4
23,14 – 0,506

| | Z | E | z | h | t |
|---|---|---|---|---|---|
| | 2 | 3 | 1 | 4 | 0 |
| – | | 0 | 5 | 0 | 6 |
| | | 1 | | 1 | |
| | 2 | 2 | 6 | 3 | 4 |

Kurzform:
23,140
– 0,506
1 1
22,634

Probe mithilfe der Umkehrrechnung:
23,14 – 0,506 = 22,634
da 22,634 + 0,506 = 23,14

## Üben und anwenden

**1** Subtrahiere im Kopf.

a) 0,5 – 0,1  b) 0,9 – 0,3
c) 1,3 – 0,2  d) 2,1 – 0,1
e) 1,0 – 0,5  f) 2,2 – 1,1

**2** Übertrage ins Heft und subtrahiere schriftlich. Denke daran, wenn notwendig, Nullen hinter dem Komma zu ergänzen.

a)
```
  5,6
– 1,4
```
b)
```
  28,47
– 16,13
```
c)
```
  99,83
– 25,6
```
d)
```
  135,71
–  21,6
```
e)
```
  16,549
–  8,3
```
f)
```
  81,205
– 40,1
```

**3** Schreibe untereinander und subtrahiere. Achte dabei auf den Übertrag.

a) 5,2 – 1,5  b) 38,3 – 9,1
c) 182,4 – 31,2  d) 94,53 – 4,83
e) 67,88 – 28,4  f) 177,33 – 86,1

Die Ergebnisse stehen in der Randspalte.

**4** Subtrahiere schriftlich.
Prüfe dein Ergebnis mit dem Überschlag.

a) 4,7 – 3  b) 8,5 – 4
c) 19,35 – 9  d) 8 – 3,5
e) 5 – 1,8  f) 14 – 1,77

**5** Subtrahiere schriftlich.
Mache anschließend eine Probe mithilfe der Umkehrrechnung.

**Beispiel** 8,5 – 2,1 = 6,4
da 6,4 + 2,1 = 8,5

a) 19,5 – 1,3  b) 7,9 – 3,1
c) 67,4 – 19,2  d) 9,5 – 3,41
e) 7 – 5,1  f) 17,3 – 5,21
g) 6 – 1,59  h) 100 – 99,9

**6** Ergebnisse der Olypischen Spiele im 100-m-Lauf der Männer:

9,91 s  9,89 s  9,93 s  9,69 s

a) Wer ist Erster (Zweiter, Dritter) geworden?
b) Berechne die Zeitunterschiede.

**1** Subtrahiere im Kopf.

a) 0,8 – 0,3  b) 0,7 – 0,5
c) 1,7 – 0,6  d) 1,3 – 0,3
e) 2,2 – 1,4  f) 1,9 – 1,5

**2** Schreibe untereinander und subtrahiere. Denke daran, wenn notwendig, Nullen hinter dem Komma zu ergänzen.

a) 7,9 – 5,8
b) 87,3 – 7,1
c) 119,7 – 18,5
d) 35,02 – 4,06
e) 35,63 – 20,4
f) 197,88 – 79,3
g) 5,938 – 2,02
h) 9,151 – 3,6

**3** Schreibe untereinander und subtrahiere. Prüfe dein Ergebnis mit dem Überschlag.

a) 14,8 – 2,9  b) 94,6 – 8,1
c) 93,6 – 19,8  d) 59,6 – 4,02
e) 66,9 – 29,15  f) 266,5 – 58,81
g) 8,625 – 3,7  h) 10,8 – 7,052

**4** Subtrahiere schriftlich.
Prüfe dein Ergebnis mit dem Überschlag.

a) 6 – 2,74  b) 4,26 – 4
c) 14,12 – 12  d) 12 – 4,23
e) 15 – 0,15  f) 100 – 99,89

**5** Ergänze im Heft. Prüfe dein Ergebnis mit einer Umkehrrechnung.

**Beispiel** 1,9 + 7,3 = 9,2
da 9,2 – 7,3 = 1,9

a) 3,4 + □ = 7,6  b) 8,3 + □ = 10,4
c) 9,2 + □ = 11,1  d) □ – 1,3 = 4,6
e) □ – 22,7 = 103,9  f) □ – 2,6 = 5,7
g) □ – 1,4 = 9,8  h) 3,6 + □ = 7,25
i) □ – 3,95 = 3,2  j) 3,5 + □ = 5,5

**6** Vier Kunden haben eingekauft.

| Kunde | kauft für: | zahlt mit: |
|---|---|---|
| A | 2,60 €; 4,13 €; 9,72 € | 20 € |
| B | 2,45 €; 1,12 € | 5 € |
| C | 13,50 €; 26,40 €; 52,18 € | 100 € |
| D | 164,20 €; 12,84 € | 200 € |

**HINWEIS**
*Ergebnisse zu Aufgabe 3 (lila):*

# Dezimalzahlen mit natürlichen Zahlen multiplizieren

## Entdecken

**SW-Kopie** pro Seite 0,10 €
**Farbkopie** pro Seite 0,65 €

**1** Im Kopierladen
a) Jeremy möchte 5 Seiten in Schwarz-Weiß kopieren.
b) Was kosten 5 Farbkopien?
Erkläre, wie du jeweils gerechnet hast.
c) Übertrage und ergänze die Tabellen in deinem Heft. Was fällt dir auf?

| Anzahl der SW-Kopien | Preis in € |
|---|---|
| 1 | 0,10 |
| 10 | |
| 100 | |
| 1000 | |

| Anzahl der Farbkopien | Preis in € |
|---|---|
| 1 | 0,65 |
| 10 | |
| 100 | |
| 1000 | |

**2** Berechne und vergleicht untereinander. Was stellt ihr bei der Anzahl der Nachkommastellen fest? ① $1{,}2 \cdot 13$ ② $1{,}22 \cdot 13$ ③ $1{,}222 \cdot 13$ ④ $1{,}2222 \cdot 13$ ⑤ $1{,}22222 \cdot 13$ ⑥ …

## Verstehen

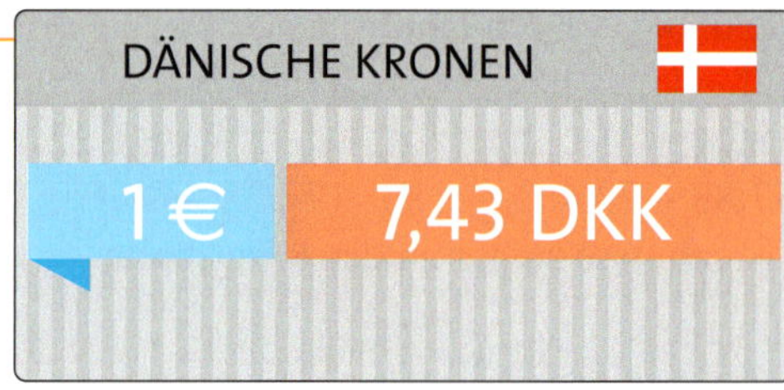


Pascal fährt in den Ferien nach Dänemark.
Er tauscht 6 € in Dänische Kronen (DKK) um.
Wie viele Dänische Kronen sind das?

Erst berechnet er den Überschlag:
$6 \cdot 7{,}43 \approx 6 \cdot 7 = 42$ DKK
Dann multipliziert er schriftlich. Dabei kann man auch die beiden Zahlen tauschen.

**HINWEIS**
*Auch bei der Multiplikation von Dezimalzahlen gilt das* ***Vertauschungsgesetz****:*
*$6 \cdot 7{,}43 = 7{,}43 \cdot 6$*

### Beispiel 1
$7{,}43 \cdot 6$

| 7, | 4 | 3 | · | 6 |
|---|---|---|---|---|
| | 4 | 4, | 5 | 8 |

Das Ergebnis hat zwei Stellen hinter dem Komma, da 7,43 zwei Stellen hinter dem Komma hat.

6 € sind umgerechnet 44,58 Dänische Kronen.

**Merke** Beim **Multiplizieren einer Dezimalzahl** mit einer natürlichen Zahl wird die Dezimalzahl wie eine natürliche Zahl multipliziert.
Das Komma setzt man so, dass im Ergebnis **die gleiche Anzahl von Stellen hinter dem Komma** steht wie bei der Dezimalzahl.

### Beispiel 2
$0{,}964 \cdot 15$

Überschlag: $0{,}964 \cdot 15 \approx 1 \cdot 15 = 15$

| 0, | 9 | 6 | 4 | · | 1 | 5 |
|---|---|---|---|---|---|---|
| | | | 9 | 6 | 4 | |
| | | | 4 | 8 | 2 | 0 |
| | | | 1 | | | |
| | | 1 | 4, | 4 | 6 | 0 |

Das Ergebnis hat drei Stellen hinter dem Komma, da 0,964 drei Stellen hinter dem Komma hat.

## Üben und anwenden

**1** Bei den Ergebnissen wurde das Komma vergessen. Ergänze im Heft das Komma.
a) 6,1 · 4 = 244
b) 0,87 · 9 = 783
c) 31 · 6,89 = 21 359
d) 9 · 1,078 = 9702

**2** Überschlage und multipliziere dann. Begründe die Kommasetzung im Ergebnis.
a) 0,8 · 3 b) 1,7 · 2
c) 2,4 · 6 d) 5 · 0,75
e) 7 · 1,202 f) 9 · 0,205

**3** Berechne im Kopf.
a) 2 · 0,1 b) 4 · 0,2
c) 0,5 · 5 d) 0,8 · 3
e) 6 · 0,3 f) 0,4 · 4

**4** Übertrage und ergänze die Tabelle im Heft.

| · | 2 | 10 |
|---|---|---|
| 2,03 | | |
| 7,9 | | |
| 18,05 | | |
| 37,01 | | |

**5** Überschlage und nutze Rechenvorteile.
a) 12 · 1,3 b) 15 · 0,11
c) 23 · 3,41 d) 2,4 · 12
e) 12,51 · 24 f) 0,412 · 312

**6** Multipliziere. Was fällt dir auf?
a) 0,3 · 10
0,3 · 100
0,3 · 1 000
b) 6,71 · 10
6,71 · 100
6,71 · 1000

**7** Multipliziere.
Beachte den Hinweis in der Randspalte.
a) 10 · 2,5 b) 20 · 0,9
c) 100 · 0,45 d) 1,95 · 30
e) 3,05 · 20 f) 0,06 · 900

**1** Finde falsch gesetzte Kommas und setze im Heft das Komma an die richtige Stelle.
a) 17,3 · 6 = 10,38
b) 71,64 · 7 = 5 014,8
c) 11 · 0,406 = 446,6
d) 204 · 8,2258 = 167 806,32

**2** Überschlage und multipliziere dann. Begründe die Kommasetzung im Ergebnis.
a) 23,04 · 7 b) 9 · 3,095
c) 11,035 · 8 d) 16 · 0,078
e) 9,087 · 34 f) 38 · 256,7

**3** Berechne im Kopf.
a) 0,2 · 3 b) 0,8 · 8 c) 0,7 · 2
d) 4 · 0,5 e) 7 · 0,4 f) 6 · 0,9
g) 0,6 · 5 h) 9 · 0,1 i) 0,3 · 10

**4** Übertrage und ergänze die Tabelle im Heft.

| · | 2,0587 | 30,88 |
|---|---|---|
| 3 | | |
| 7 | | |
| 31 | | |
| 75 | | |

**5** Überschlage und nutze Rechenvorteile.
a) 4 · 1,042 b) 16 · 3,28
c) 29 · 5,05 d) 2,88 · 14
e) 128 · 0,5 f) 238 · 2,43

**6** Rechne im Kopf. Finde eine Rechenregel.
a) 0,8 · 10
0,8 · 100
0,8 · 1000
b) 2,45 · 10
24,5 · 10
0,245 · 10

**7** Mache zuerst einen Überschlag. Rechne dann schriftlich, achte dabei auf die Nullen.
a) 17 · 2,04 b) 60,7 · 50
c) 400 · 2,052 d) 2,005 · 130
e) 0,005 · 19 f) 73 · 0,002

**8** Berechne die Preise für jeweils 500 g und 1 kg der Angebote des Supermarkts.

TOP Angebote

Lamm-Koteletts eingelegt 100 g 1,39
Holl. Edamer 48% Fett i.Tr. 100 g –,39
Gourmet-Braten gegart 100 g –,89
Putenschnitzel I a Qualität 100 g –,79
Wiener Würstchen knackig frisch 100 g –,49
Parma-Schinken luftgetrocknet 100 g 2,49
Nudelsalat eigene Herstellung 100 g –,79

**HINWEIS**
*zu Aufgabe 7 (lila):*
*Achte auf die Nullen:*
*1,7 · 20*
*34,0*
*Nur Nullen hinter dem Komma können weggelassen werden:*
*1,7 · 20*
*= 34,0 = 34*
*Hier aber nicht:*
*34,01*

# Dezimalzahlen mit Dezimalzahlen multiplizieren

## Entdecken

***ERINNERE DICH***
*Der Flächeninhalt eines Rechtecks berechnet man, indem man die Länge mit der Breite multipliziert.*

**1** Daniela möchte ihre Schreibtischplatte blau anstreichen.
Auf der Farbdose steht, dass diese für eine Fläche von 1 $m^2$ reicht.
Ihr Schreibtisch ist 1,75 m lang und 0,65 m breit.
Reicht eine Dose für diese Fläche aus?

**2** Julius rechnet die Aufgabe 23,5 · 1,25.
Als Ergebnis erhält er 293,75.
Janine sagt zu ihm:
„Du hättest besser einen Überschlag gemacht. So groß kann das Ergebnis nicht sein."
Erkläre, was Janine meint, und berichtige die Rechnung von Julius.

## Verstehen

In Amerika werden Entfernungen in Meilen gemessen. Eine Meile sind etwa 1,61 km.

Wie viele Kilometer sind 2,3 Meilen?

Überschlag: 1,61 · 2,3 ≈ 2 · 2 = 4

### Beispiel 1

1,61 · 2,3

| 1, | 6 | 1 | · | 2, | 3 |
|---|---|---|---|---|---|
| | | 3 | 2 | 2 | |
| | | | 4 | 8 | 3 |
| | | | 1 | | |
| | | 3, | 7 | 0 | 3 |

(2 + 1) Stellen hinter dem Komma
↓
3 Stellen hinter dem Komma

2,3 Meilen sind 3,703 km.

**Merke** **So multipliziert man Dezimalzahlen:**
1. Man multipliziert die Zahlen, ohne das Komma zu beachten.
2. Man zählt, wie viele Stellen beide Zahlen zusammen hinter dem Komma haben.
3. Das Komma setzt man im Ergebnis so, dass das Ergebnis **genauso viele Stellen hinter dem Komma** hat wie beide Zahlen zusammen.

### Beispiel 2

2,954 · 4,15

Überschlag: 2,954 · 4,15 ≈ 3 · 4 = 12

| 2, | 9 | 5 | 4 | · | 4, | 1 | 5 |
|---|---|---|---|---|---|---|---|
| | 1 | 1 | 8 | 1 | 6 | | |
| | | | 2 | 9 | 5 | 4 | |
| | | | 1 | 4 | 7 | 7 | 0 |
| | | 1 | 1 | 1 | 1 | | |
| | 1 | 2, | 2 | 5 | 9 | 1 | 0 |

(3 + 2) Stellen hinter dem Komma
↓
5 Stellen hinter dem Komma

## Üben und anwenden

**1** Rechne die erste Aufgabe.
Bestimme die anderen Lösungen durch Verschieben des Kommas.

a) 0,375 · 20
0,375 · 2
0,375 · 0,2
3,75 · 0,2
37,5 · 0,002

b) 1,52 · 130
1,52 · 13
1,52 · 1,3
15,2 · 1,3
0,152 · 0,13

**1** Finde falsch gesetzte Kommas und setze im Heft das Komma an die richtige Stelle.

a) 17,5 · 3,8 = 6,65
b) 2,83 · 24,8 = 7018,4
c) 0,93 · 2,65 = 246,45
d) 1,1 · 7,08 = 7788
e) 2,66 · 1,78 = 47 348
f) 0,01 · 0,004 = 0,0004

**2** Multipliziere die Dezimalzahlen im Kopf.

| · | 0,1 | 0,3 | 0,5 | 0,7 | 0,9 | 1,1 |
|---|---|---|---|---|---|---|
| 0,2 | | | | | | |
| 0,4 | | | | | | |
| 0,6 | | | | | | |
| 0,8 | | | | | | |
| 0,05 | | | | | | |

**3** Überschlage zuerst das Ergebnis.
Multipliziere dann schriftlich.

**Beispiel** 4,6 · 3,2 ≈ 5 · 3 = 15
4,6 · 3,2 = 14,72

a) 2,3 · 0,8 b) 6,5 · 1,2
c) 1,4 · 1,72 d) 2,8 · 12,83
e) 19,4 · 2,46 f) 23,7 · 0,4

**3** Überschlage zuerst das Ergebnis.
Multipliziere dann schriftlich.

a) 17,4 · 7 b) 0,5 · 1,25
c) 23,7 · 4,4 d) 9,4 · 0,93
e) 7,82 · 82 f) 0,708 · 18,4
g) 8,76 · 1,209 h) 7,9 · 15,1
i) 15,7 · 0,479 j) 4 · 0,231

**4** Mirko, Hasan und Mesut berechnen die Aufgabe 2,5 · 1,2.
Mirkos Ergebnis: 2,5 · 1,2 = 3,00
Hasans Ergebnis: 2,5 · 1,2 = 3,0
Mesuts Ergebnis: 2,5 · 1,2 = 3
Vergleiche die Ergebnisse.
Begründe die verschiedenen Schreibweisen.

**4** Hat Jannik recht?
Begründe deine Antwort.

**5** Richtig oder falsch?
Prüfe durch eine schriftliche Multiplikation.

a) 2,2 · 3,5 = 7,7 b) 3,8 · 5 = 19,0
c) 3,8 · 1,25 = 0,475 d) 0,40 · 0,05 = 0,02
e) 0,1 · 0,1 = 0,1 f) 0,05 · 7,6 = 38,000

**5** Richtig oder falsch?
Prüfe durch eine schriftliche Multiplikation.

a) 8,8 · 6,05 = 53,24 b) 3,2 · 10,5 = 3,36
c) 0,50 · 0,50 = 2,5 d) 0,3 · 0,09 = 0,27
e) 0,1 · 0,1 · 0,1 = 0,1 f) 0,2 · 0,3 · 0,5 = 0,3

**6** Runde die €-Beträge sinnvoll.

| Gewicht (kg) | Preis (€) je kg | Betrag (€) | Betrag gerundet (€) |
|---|---|---|---|
| 2,365 | 1,85 | | |
| 1,783 | 2,98 | | |
| 11,720 | 0,73 | | |
| 0,678 | 4,35 | | |

**6** Rechne die Beträge von Schweizer Franken (SFr) in Euro um.

| SFr-Betrag | Euro-Betrag | €-Betrag gerundet |
|---|---|---|
| 1 SFr | 1,2013 € | |
| 3,57 SFr | | |
| 14,69 SFr | | |
| 821,68 SFr | | |

# Dezimalzahlen durch natürliche Zahlen dividieren

## Entdecken

**1** Eine Klasse mit 24 Schülern macht einen Ausflug in den Zoo.

a) Die Gruppeneintrittskarte kostet 40,80 €. Wie viel muss jeder zahlen?

b) Das Delphinarium kostet für jeden Schüler 1,15 € extra.
Johanna sagt: „Dann zahlen wir insgesamt noch einmal 27,60 € dazu."
Kontrolliere das Ergebnis mit einer Division.

**2** Martin behauptet: „Wenn ich Größen durch natürliche Zahlen teile, wandle ich die Größe zunächst in eine kleinere Einheit um, rechne und wandle dann wieder in die ursprüngliche Einheit zurück." Funktioniert das bei allen Größen? Überprüfe die Aussage an den Aufgaben:

a) 142,80 m : 6 b) 5,6 km : 8 c) 8,638 kg : 7 d) 50,4 s : 4

## Verstehen

Hof Sonnental
8,25 € für 5 kg

Bauer Pitje
1,90 € für 1 kg

Hof Lerche – Äpfel
13 € für 4 kg

Mario will auf dem Wochenmarkt Äpfel kaufen.
Welches Angebot ist am günstigsten?

Dazu berechnet Mario, wie viel 1 kg Äpfel kosten.

**Merke So dividiert man Dezimalzahlen durch natürliche Zahlen:**
1. Dezimalzahlen dividiert man schriftlich zunächst wie natürliche Zahlen.
2. Sobald man aber das Komma überschreitet, setzt man auch ein Komma im Ergebnis.

**Beispiel 1**

8,25 : 5

```
 E | z h         E | z h
 8,  2 5 : 5 =  1,  6 5
-5
 3   2   (Komma setzen)
-3   0
     2 5
    -2 5
       0
```

Probe mithilfe der Umkehrrechnung:
1,65 · 5 = 8,25

1 kg Äpfel vom Hof Sonnental kosten 1,65 €.

*HINWEIS*
*Durch Null darf nie geteilt werden!*

Um den Kilopreis am Hof Lerche zu berechnen, ergänzt Mario Nullen: 13 € = 13,00 €.

**Beispiel 2**

13 : 4 = 13,00 : 4

```
 Z E | z h           E | z h
 1 3,  0 0 : 4 =  3,  2 5
-1 2
   1   0   (Komma setzen)
 -     8
       2 0
     - 2 0
         0
```

oder kurz:

```
                E | z h
 1 3 : 4 =  3,  2 5
-1 2
   1 0   (Komma setzen)
 -   8
     2 0
   - 2 0
       0
```

Probe mithilfe der Umkehrrechnung:
3,25 · 4 = 13,00

1 kg Äpfel vom Hof Lerche kosten 3,25 €.

Hof Sonnental hat das günstigste Angebot.

## Üben und anwenden

**1** Verteile den Geldbetrag gerecht auf 2 Kinder. Schreibe die Division schriftlich ins Heft.

**1** Verteile den Geldbetrag gerecht auf 2 Kinder. Schreibe die Division schriftlich ins Heft.

**2** Verteile die Beträge gerecht auf 2 Kinder.

a) 2,40 €   b) 4,80 €
c) 2,70 €   d) 12,50 €
e) 15,80 €   f) 33,32 €

**2** Verteile die Beträge gerecht auf 3 Kinder.

a) 9,60 €   b) 4,80 €
c) 2,10 €   d) 1,53 €
e) 59,01 €   f) 101,76 €

**3** Setze die Reihe fort und dividiere.

a) 50 : 5
5 : 5
0,5 : 5

b) 120 : 4
12 : 4
…

b) 0,8 : 2
8 : 2
…

d) 0,28 : 7
2,8 : 7
…

**3** Dividiere schriftlich.
Achte darauf, wann du das Komma setzen musst.

a) 12 971 : 7
129,71 : 7
1,2971 : 7
12,971 : 7

b) 148,2 : 19
1482 : 19
1,482 : 19
0,1482 : 19

**4** Dividiere im Kopf.

a) 0,9 : 3   b) 0,8 : 2   c) 0,32 : 8   d) 0,12 : 6   e) 1,8 : 6
f) 2,4 : 4   g) 3,5 : 7   h) 4,8 : 8   i) 0,06 : 3   j) 0,024 : 8

**5** Dividiere schriftlich. Prüfe dein Ergebnis mithilfe der Umkehrrechnung.

**Beispiel** 23,4 : 3 = 7,8
da 7,8 · 3 = 23,4

a) 18,9 : 7   b) 8,96 : 8
c) 34,56 : 4   d) 252,6 : 3
e) 40,95 : 9   f) 28,44 : 6

**5** Dividiere schriftlich.
Prüfe dein Ergebnis mithilfe der Umkehrrechnung.

a) 31,65 : 5   b) 35,21 : 7
c) 50 : 4   d) 7,28 : 13
e) 0,504 : 8   f) 24,084 : 6
g) 54 : 12   h) 27,81 : 9

**6** Arbeitet zu zweit.
Dividiert die Zahlen durch 10, durch 100 und durch 1000. Was fällt euch auf?

a) 6,5   b) 81,4
c) 12,58   d) 0,6
e) 0,08   f) 15,1

**6** Berechne im Kopf. Was fällt dir auf?

a) 27,8 : 10
2,78 : 10
27,8 : 100
2,78 : 1000
0,278 : 10

b) 0,45 : 10
0,45 : 1000
0,045 : 100
0,045 : 10
4,5 : 100

**7** Übertrage und ergänze die Tabelle im Heft.

| : | 2 | 6 | 9 | 10 | 12 |
|---|---|---|---|---|---|
| 7,56 | 3,78 | | | | |
| 10,08 | | | | | |
| 52,92 | | | | | |
| 90,72 | | | | | |
| 129,6 | | | | | |

**7** Berechne jeweils den Einzelpreis

| Einzelpreis | Anzahl | Gesamtpreis |
|---|---|---|
| | 5 | 118,90 € |
| | 7 | 24,92 € |
| | 9 | 297,63 € |
| | 11 | 605,88 € |
| | 15 | 14,55 € |

***HINWEIS***
*zu Aufgabe 7 (lila):*
*In jeder Zeile ergibt sich ein Lösungswort:*

*3,78 R   14,4 P*
*1,68 O   0,63 N*
*12,96 P   64,8 L*
*1,008 A   10,8 E*
*10,08 S   4,41 R*
*26,46 W   15,12 O*
*0,756 I   5,88 S*
*1,26 H   1,12 N*
*9,072 E   21,6 I*
*5,04 D   5,292 E*
*0,84 U   0,84 E*
*45,36 M   8,82 E*
*7,56 L*

# Klar so weit?

→ Seite 130

## Dezimalzahlen addieren

**1** Addiere im Kopf.
a) 0,6 + 0,3 b) 0,2 + 0,5
c) 1,2 + 0,7 d) 2,6 + 0,6

**2** Finde den Fehler und schreibe die Rechnung richtig in dein Heft.

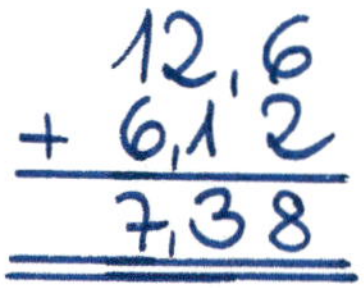


**3** Überschlage und addiere dann.
a) 6,85 + 1,03
b) 33,6 + 121,45
c) 16,702 + 5,08
d) 2,15 + 6,71 + 1,02

**1** Addiere im Kopf.
a) 0,4 + 0,5 b) 0,8 + 0,2
c) 3,2 + 1,5 d) 8,3 + 0,8

**2** Schreibe stellengerecht untereinander und addiere.
a) 1,63 + 5,05 b) 3,92 + 2,84
c) 5,71 + 4,835 d) 1,98 + 4,1

**3** Überschlage und addiere dann.
a) 82,5 + 7 + 1,6
b) 4,721 + 13,65 + 27
c) 663,24 + 56,01 + 103,98
d) 3624,60 + 219,091 + 347,11 + 9174,22

→ Seite 132

## Dezimalzahlen subtrahieren

**4** Subtrahiere im Kopf.
a) 0,5 – 0,1 b) 0,8 – 0,6
c) 4,2 – 3,1 d) 4 – 0,1

**5** Subtrahiere schriftlich. Prüfe dein Ergebnis mithilfe einer Umkehrrechnung.
a) 9,5 – 3,9 b) 42,9 – 3,5
c) 124,2 – 33,1 d) 41,56 – 8,3
e) 45,7 – 38,15 f) 22 – 6,4

**4** Subtrahiere im Kopf.
a) 0,9 – 0,5 b) 5 – 4,6
c) 8,5 – 0,8 d) 3,6 – 1,7

**5** Subtrahiere schriftlich. Prüfe dein Ergebnis mithilfe einer Umkehrrechnung.
a) 35,4 – 3,7 b) 169,7 – 82,51
c) 9,345 – 2,765 d) 1,75 – 0,443
e) 18 – 9,62 f) 4,839 – 0,991

→ Seite 134

## Dezimalzahlen mit natürlichen Zahlen multiplizieren

**6** Überschlage und multipliziere schriftlich.
a) 4 · 1,2 b) 2 · 1,3
c) 5 · 0,75 d) 2,2 · 4
e) 3,12 · 3 f) 1,251 · 2

**7** Multipliziere.
a) 2,153 · 10
2,153 · 100
2,153 · 1000
b) 6,78 · 10
6,78 · 100
6,78 · 1000

**8** Wie viel kosten je 25 dieser Briefmarken?
a) Briefmarke im Wert von 0,45 €
b) Briefmarke im Wert von 0,55 €
c) Briefmarke im Wert von 0,90 €

**6** Überschlage und multipliziere schriftlich.
a) 3 · 0,8 b) 6 · 2,4
c) 2,52 · 7 d) 1,86 · 5
e) 3,25 · 4 f) 2 · 1,753

**7** Multipliziere.
a) 2,569 · 10
2,569 · 100
2,569 · 1000
b) 10 · 3,7
100 · 3,7
1000 · 3,7

**8** Markus hat Fotos von seinem Besuch in London bestellt. Er bezahlt pro Bild 0,14 €. Wie viel muss Markus für 10 Fotos (für 20, 30, 40, 50 Fotos) bezahlen? Erstelle dazu eine Preistabelle.

## Dezimalzahlen mit Dezimalzahlen multiplizieren

→ Seite 136

**9** Richtig oder falsch? Schreibe die Ergebnisse richtig in dein Heft.

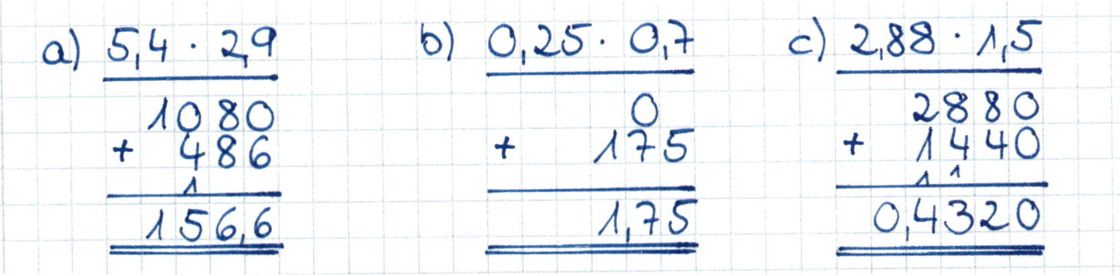


**10** Überschlage zuerst das Ergebnis und multipliziere dann schriftlich.

a) 4,2 · 0,4
b) 0,3 · 2,7
c) 5,1 · 0,25
d) 3,62 · 0,6
e) 23,7 · 1,06
f) 0,8 · 34,24

**10** Überschlage zuerst das Ergebnis und multipliziere dann schriftlich.

a) 12,3 · 7,3
b) 1,5 · 26,7
c) 52,03 · 4,2
d) 81,4 · 25,13
e) 384,55 · 1,02
f) 9,3 · 67,257

**11** Im Supermarkt
Berechne die Preise für …

a) 1,5 kg Fisch
b) 0,8 kg spanische Tomaten
c) 0,8 kg Italia-Trauben

**11** Im Supermarkt
Berechne die Preise für …

a) 0,75 kg Fisch
b) 1,25 kg spanische Tomaten
c) 0,75 kg Italia-Trauben

## Dezimalzahlen durch natürliche Zahlen dividieren

→ Seite 138

**12** Dividiere im Kopf.

a) 3,6 : 6
b) 3,5 : 7
c) 6,4 : 8
d) 2,4 : 12

**12** Dividiere im Kopf.

a) 8,1 : 9
b) 3,9 : 13
c) 9,1 : 7
d) 12,8 : 8

**13** Dividiere schriftlich.
Prüfe dein Ergebnis mithilfe einer Umkehrrechnung.

a) 9,6 : 4
b) 78,3 : 6
c) 122,4 : 8
d) 1,05 : 5
e) 2,76 : 3
f) 9,45 : 7

**13** Dividiere schriftlich.
Prüfe dein Ergebnis mithilfe einer Umkehrrechnung.

a) 90,36 : 4
b) 2,421 : 9
c) 7,50 : 5
d) 0,364 : 7
e) 0,044 : 8
f) 9,018 : 9

**14** Im Schreibwarengeschäft

a) 1000 Büroklammern kosten 3,15 €.
Wie viel kosten 100 Büroklammern?
Wie viel kosten 10 Büroklammern?
Wie viel kostet 1 Büroklammer?
b) 100 Bleistifte kosten 7,95 €.
Wie viel kostet ein Bleistift?

**14** Im Copy-Shop

a) Eine Kopierkarte für 1000 Kopien kostet 25 €.
Berechne die Kosten für 100 Kopien, 10 Kopien und 1 Kopie.
b) Der Stapel mit 1000 Blatt Kopierpapier ist 11,2 cm dick. Wie dick ist ein Blatt?

# Vermischte Übungen

**1** Rechne im Kopf.
Achte auf die Einheiten.

a) 0,5 m + 1,5 m b) 3,2 kg + 1,4 kg
c) 12,3 t + 2,5 t d) 1,8 km – 0,6 km
e) 6,5 cm – 1,4 cm f) 19,9 m – 3,5 m

**2** Wandle die Beträge in € mit Komma um und addiere.

a) 27 € 85 ct + 309 € 25 ct
b) 203 € 70 ct + 66 € 50 ct
c) 1645 € 31 ct + 43 € 2 ct
d) 65 € 5 ct + 7 € 9 ct + 41 ct

**3** Ergänze im Heft. Prüfe dein Ergebnis mit einer Umkehrrechnung.

**Beispiel** 1,9 + 7,3 = 9,2
da 9,2 – 7,3 = 1,9

a) 3,4 + ▢ = 7,6
b) 8,3 + ▢ = 10,4
c) 9,2 + ▢ = 11,1
d) ▢ – 1,3 = 4,6
e) ▢ – 2,6 = 5,7
f) ▢ – 22,7 = 103,9

**1** Rechne im Kopf.
Achte auf die Einheiten.

a) 1,4 m + 3,8 m b) 1,6 km + 4,9 km
c) 2,5 kg + 9,8 kg d) 12,2 dm – 3,8 dm
e) 17,4 t – 4,9 t f) 21,3 m – 9,8 m

**2** Überschlage zuerst.
Dann schreibe den Betrag in € und addiere.

a) 4 € 12 ct + 34 € 3 ct + 1 € 28 ct
b) 234 ct + 506 ct + 24 € + 4 €
c) 4 € 24 ct + 56 € 67 ct + 230 ct
d) 40 € 12 ct + 7 € 34 ct + 45 ct

**3** Ergänze im Heft.
Prüfe dein Ergebnis mit einer Umkehrrechnung.

a) 6,8 + ▢ = 7,2
b) ▢ – 1,4 = 9,8
c) 3,5 + ▢ = 5,5
d) ▢ – 1,4 = 9,7
e) 3,6 + ▢ = 7,25
f) ▢ – 3,95 = 3,2
g) ▢ + 14,53 = 39,75

**4** Finde die fünf Fehler. Du brauchst die Aufgaben nicht zu lösen, der Überschlag reicht.

① 1278,45 + 4,14 + 100,54 = 138,8311
② 712,6 – 513,7 – 10,5 = 188,4
③ 34,565 + 36,897 + 150,9 = 322,362
④ 467,12 – 150,89 – 50,4 = 265,83
⑤ 1005,87 + 450,96 – 45,85 – 10,896 = 1500,084
⑥ 41,79 – 1,26 + 4,59 – 2,85 = 72,27
⑦ 10 000,89 + 2,78 – 3,199 + 5,228 = 1000,056 99
⑧ 156,87 + 156,99 + 201,05 – 3,75 = 511,16

**5** Multipliziere die Größen schriftlich.

a) 15 · 6,25 € b) 13 · 1,05 €
c) 21 · 3,780 kg d) 14 · 0,256 kg
e) 8 · 4,62 m f) 19 · 2,70 m

**6** Multipliziere, indem du das Komma verschiebst.

a) 4,512 · 10 b) 1368,4 : 10
4,512 · 100 1368,4 : 100
4,512 · 1000 1368,4 : 1000
4,512 · 10 000 1368,4 : 10 000

**5** Multipliziere die Größen schriftlich.

a) 8 · 4,670 kg b) 9,8 mm · 6
c) 17 · 6,24 € d) 5,268 km · 8
e) 18 · 12,2 t f) 76,70 m · 14

**6** Multipliziere, indem du das Komma verschiebst.

a) 3,47 · 10 b) 9 : 10
3,47 · 100 9 : 100
3,47 · 1000 9 : 1000
3,47 · 10 000 9 : 10 000

**7** Eine 1-ct-Münze wiegt 2,3 g.

a) Wie viel wiegen 10 1-ct-Münzen?

b) Wie viel wiegen 100 1-ct-Münzen?

c) Wie viel wiegen 1000 1-ct-Münzen?

**7** Ein Blatt Papier ist 0,045 mm dick.
Wie hoch ist ein Stapel mit 10 (mit 100; mit 1000; mit 10 000) Blatt Papier?

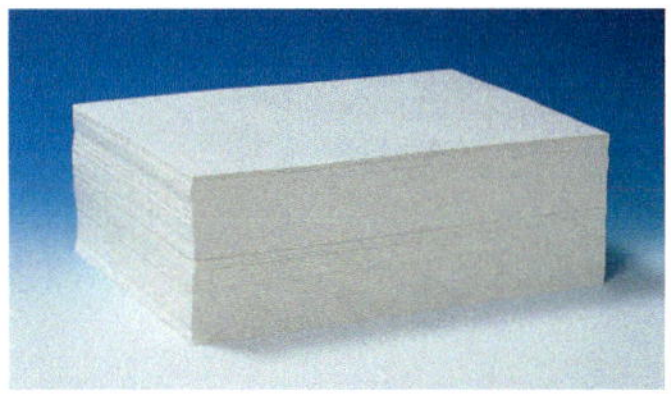

**8** Die Aufgabe 12,91 · 8 ist leichter zu rechnen als die Aufgabe 8 · 12,91.
Was meinst du dazu?

**8** Erkläre, wie dir das Vertauschungsgesetz bei der Multiplikation von Dezimalzahlen hilft.
Denke dir dazu ein Beispiel aus.

**9** Nutze Rechenvorteile.
Beachte den Hinweis in der Randspalte.

a) 2 · 5 · 1,5
b) 2,57 · 500 · 2
c) 5 · 20 · 3,81
d) 4,01 · 25 · 4
e) 250 · 4 · 8,986
f) 7,706 · 8 · 125

**9** Nutze Rechenvorteile.
Beachte den Hinweis in der Randspalte.

a) 6,89 · 2 · 5
b) 20 · 5 · 72,63
c) 125 · 8 · 0,011
d) 25 · 4 · 0,93
e) 50 · 2 · 0,01
f) 113,71 · 8 · 1250

***HINWEIS***
*Bei der Multiplikation ermöglicht das **Verbindungsgesetz** einen Rechenvorteil, z. B.:*
*3,7 · (2 · 5) =*
*3,7 · 10 = 32*

**10** Beim Schulfest werden Lose verkauft.
Ein Los kostet 0,95 €.

a) Übertrage und ergänze die Tabelle im Heft.

| Anzahl der Lose | Preis (in €) |
|---|---|
| 1 | 0,95 € |
| 2 | |
| 3 | |
| 4 | |
| 5 | |
| 10 | |

b) Wie viel kosten 8 (12; 15) Lose?

**10** Bildschirmgrößen von Computermonitoren werden häufig in Zoll angegeben. Gemessen wird dabei die Diagonale des Bildschirmes.

Berechne die Länge der Bildschirmdiagonalen in cm.
Beachte den Hinweis in der Randspalte.

a) 15 Zoll
b) 17 Zoll
c) 19 Zoll
d) 21 Zoll

***HINWEIS***
*1 Zoll entspricht 2,54 cm.*

**11** Marko und Christoph haben 32,75 · 1,8 gerechnet.
Marko hat das Ergbnis 5,895.
Christoph hat das Ergebnis 58,95.
Wer hat richtig gerechnet?
Begründe deine Antwort.

**11** Hazal sagt:

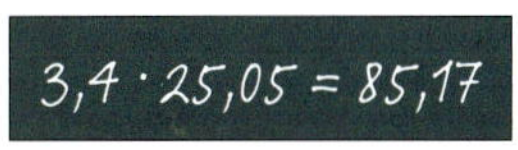


„Das Ergebnis kann nicht richtig sein. In der Aufgabe gibt es zusammen 3 Stellen hinter dem Komma. Also muss das Ergebnis auch 3 Nachkommastellen haben.“ Was sagst du dazu?

**12** Arbeitet zu zweit.
Herr Sonneborn kauft im Supermarkt ein.
Schreibe die Ergebnisse in Form eines Kassenbons in dein Heft und berechne den Endbetrag.

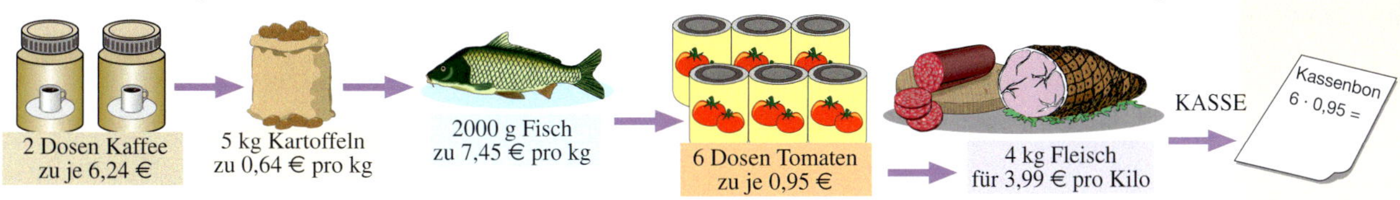

**13** Wie viel ist zu zahlen? Runde sinnvoll.

a) 2,355 kg b) 0,284 kg
c) 5,050 kg d) 3,200 kg
e) 0,570 kg f) 1,110 kg
g) 2,5 kg h) 1,25 kg
i) 0,125 kg j) 500 g

**14** Mit welchem Wert ist das Mobile im Gleichgewicht?

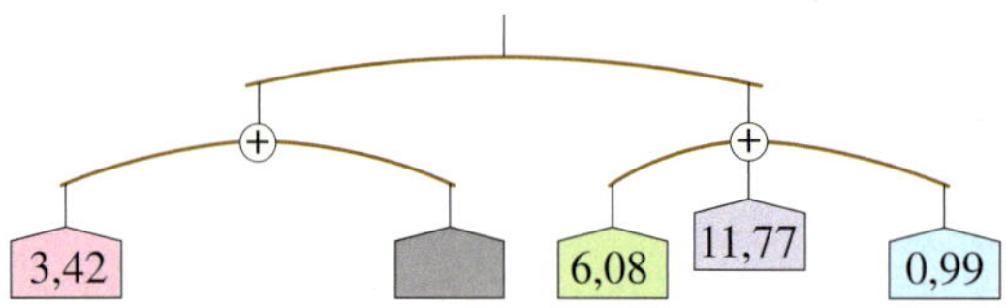


**15** Dividiere schriftlich.

a) 28,8 : 8 b) 44,1 : 7
c) 27,6 : 3 d) 32,4 : 6
e) 52,8 : 6 f) 87,5 : 7
g) 96,6 : 14 h) 100,8 : 9

Ergebnisse zur Selbstkontrolle:
3,6; 5,4; 6,3; 6,9;
8,8; 9,2; 11,2; 12,5

**13** In einer Großschneiderei werden aus verschiedenen Stoffen Anzüge gefertigt. Je nach Schnittmodell werden unterschiedliche Stoffmengen benötigt. Berechne jeweils die Stoffkosten.

| Modell | Stoffverbrauch je Anzug | Preis pro m |
|---|---|---|
| A | 3,30 m | 19,65 € |
| B | 3,30 m | 24,12 € |
| C | 3,45 m | 19,56 € |
| D | 3,45 m | 24,12 € |
| E | 3,45 m | 26,84 € |
| F | 3,65 m | 24,12 € |

**14** Prüfe, ohne auszurechnen, ob die Ergebnisse auf beiden Seiten gleich sind.

a) $12 \cdot 36 = 120 \cdot 3{,}6$
b) $31{,}5 \cdot 21 = 3{,}15 \cdot 2{,}1$
c) $1{,}78 \cdot 4 = 17{,}8 \cdot 0{,}4$
d) $18 \cdot 2{,}5 = 1{,}8 \cdot 2{,}5$
e) $1{,}7 \cdot 25{,}4 = 17 \cdot 2{,}54$

**15** Dividiere schriftlich.

a) 19,35 : 9 b) 37,65 : 3
c) 99,86 : 2 d) 77,2 : 8
e) 179,1 : 18 f) 53,2 : 20
g) 94,71 : 11 h) 47,4 : 30

Ergebnisse zur Selbstkontrolle:
1,58; 2,15; 2,66; 8,61;
9,65; 9,95; 12,55; 49,93

**16** Dividiere und runde an der zweiten Stelle nach dem Komma.

| | : | 3 | 6 | 9 | 12 | 5 | 10 | 20 |
|---|---|---|---|---|---|---|---|---|
| a) | 7,56 | | | | | | | |
| b) | 10,08 | | | | | | | |
| c) | 222,3 | | | | | | | |

**17** Preisvergleich im Computerladen

a) CD-ROMs kosten im 3er-Pack 1,74 €. Berechne den Einzelpreis.
b) Eine Packung mit 20 CDs ist im Angebot und kostet 9,40 €. Berechne den Einzelpreis.
c) Vergleiche die Preise.

**18** Setze im Heft jeweils die fehlende Zahl ein.

a) 1,6 : ▢ = 0,4 b) 1,8 : ▢ = 0,6
c) 3,6 : ▢ = 0,4 d) 8,0 : ▢ = 1,6

**17** Im Handarbeitsgeschäft

a) Frau Berlinger kauft für 36,90 € Dekostoff. Ein Meter Dekostoff kostet 9 €. Wie viel Meter Stoff hat sie gekauft?
b) Frau Sperling will von diesem Stoff 5,80 m kaufen. Wie viel Euro muss sie dafür zahlen?

**18** Setze im Heft jeweils die fehlende Zahl ein.

a) 4,8 : ▢ = 0,8 b) 24,8 : ▢ = 12,4
c) 12,5 : ▢ = 1,25 d) 7,2 : ▢ = 0,8

***ZUM WEITERARBEITEN***

144-1

*Das spannende Projekt „Europareise" findet ihr im Internet. Hier könnt ihr euer Wissen über Dezimalzahlen einbringen.*

**19** Die Gesamtkosten für einen Töpferkurs betragen 259,55 €. Es haben sich 29 Teilnehmer angemeldet.
Stelle eine passende Frage und beantworte sie.

**19** Beim Kaffeerösten entsteht je Kilogramm ein Gewichtsverlust von 135 g.
Es werden 57,84 kg Rohkaffee geröstet.
Wie viel kg Röstkaffee erhält man?

**20** Berechne.
Beachte die Vorrangregeln.

a) $5{,}1 \cdot 4 + 7{,}3$ b) $6{,}2 + 1{,}5 \cdot 3$
c) $3{,}8 - 0{,}8 \cdot 4{,}5$ d) $8{,}5 - 1{,}3 \cdot 2$
e) $4{,}8 : (6{,}5 - 0{,}5)$

**20** Berechne.
Beachte die Vorrangregeln.

a) $3{,}24 \cdot 0{,}5 + 0{,}5$ b) $2{,}5 - 2{,}5 \cdot 0{,}3$
c) $1{,}67 \cdot 2{,}5 + 0{,}5$ d) $2{,}7 : 9 + 1{,}27$
e) $0{,}6 : (2{,}83 - 0{,}43 + 0{,}6)$

***HINWEIS***
*Beachte die Vorrangregeln.*

**21** Auf einer großen Kabeltrommel sind 57,8 m Isolierkabel aufgewickelt.
Jeder Meter Kabel wiegt 1,65 kg.
Die Holztrommel selbst wiegt 68,5 kg.
Wie schwer ist die Trommel mit dem aufgewickelten Draht?

**21** Eine 34-jährige Kölner Kauffrau bestellt bei ihrem Lieferanten 45 Mützen zu je 3,48 €, 32 Fanschals zu je 5,75 € und 40 Fahnen zu je 8,95 €.
Sie überschlägt und glaubt mit 500 € auszukommen.

***NACHGEDACHT***
*Gilt das Verbindungsgesetz auch für Dezimalzahlen? Probiere es am Beispiel aus:*
$(1{,}3 + 0{,}7) \cdot 2{,}5 \stackrel{?}{=} 1{,}3 \cdot 2{,}5 + 0{,}7 \cdot 2{,}5$

**22** Arbeitet zu dritt oder viert.
Toms Tante war auf Geschäftsreise und hat ihm Geld aus verschiedenen Ländern mitgebracht: 17 britische Pfund aus England, 15 US-Dollar aus den USA und 20 türkische Lira.
Informiert euch über die aktuellen Wechselkurse, rechnet und rundet sinnvoll.

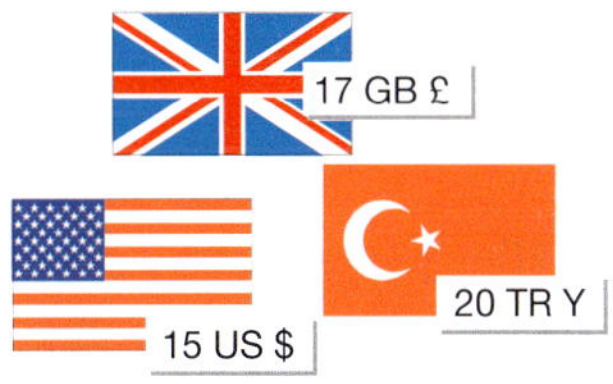


**23** Wie groß ist der Flächeninhalt dieses Rechtecks?

Überprüfe deine Rechnung, indem du vorher in mm umrechnest.

**23** Berechne den Flächeninhalt des Rechtecks.

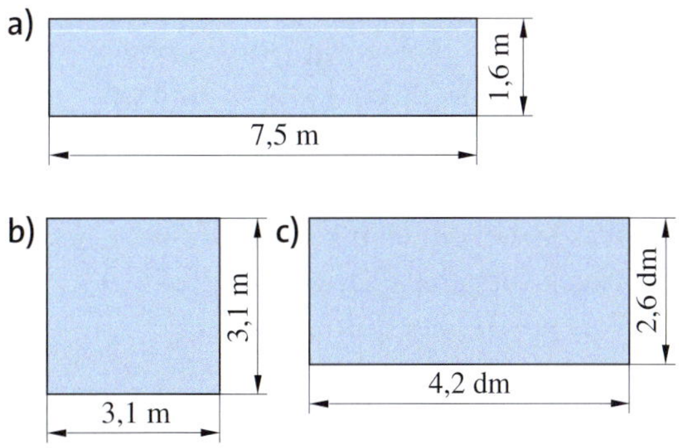


**24** Arbeitet zu zweit.
Im Getränkemarkt

a) Herr Schulte kauft 7 Flaschen Mineralwasser und zahlt mit einem 10-€-Schein.
b) Frau Greiner kauft 4 Flaschen Saft und 2 Flaschen Mineralwasser.
Sie bekommt 15,60 € zurück.
c) Frau Schwedt kauft 4 Flaschen und zahlt 2,35 €.
d) Samuel möchte für 5 € Getränke von beiden Sorten kaufen.

# Teste dich!

Checkliste
146-1

(11 Punkte)

**1** Übertrage und ergänze die Additionsmauern im Heft.

a)

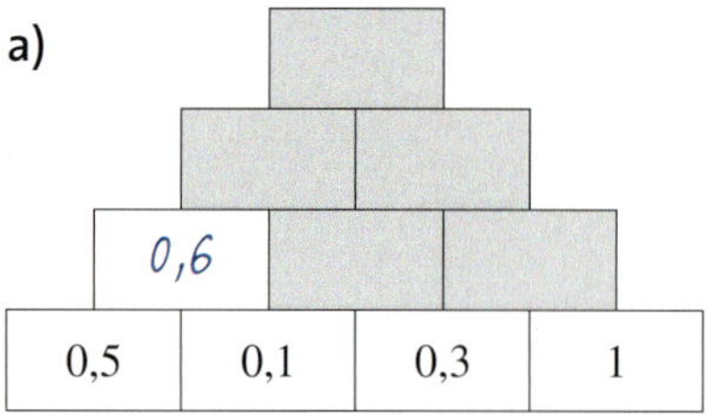


b)

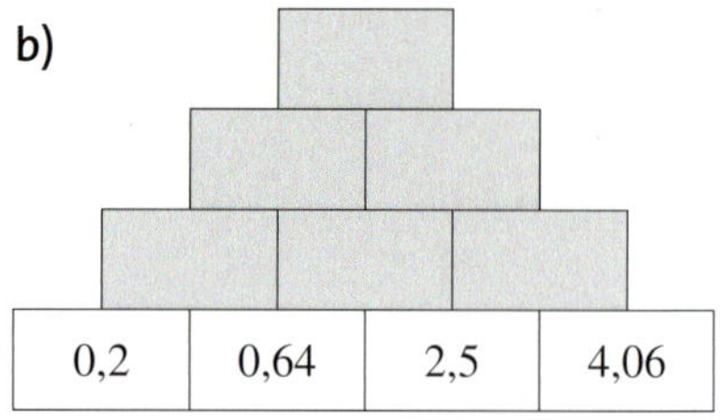


(8 Punkte)

**2** Überschlage zuerst. Berechne dann schriftlich.

a) 7,56 + 5,4 b) 5,67 + 1,44 c) 8,025 + 1,25 d) 2,79 + 6,043 + 8
e) 11,4 – 2,7 f) 8,94 – 4,55 g) 80,25 – 75,5 h) 47,05 – 8,476

(5 Punkte)

**3** Multipliziere schriftlich.
Ordne die Ergebnisse der Größe nach. Beginne mit dem kleinsten Ergebnis.

0,56 · 12 0,49 · 15 11 · 0,78 14 · 0,37 0,83 · 9

(3 Punkte)

**4** Hier wurde richtig gerechnet, das Komma aber falsch gesetzt.
Setze im Heft das Komma jeweils an die richtige Stelle.

a) 6,013 · 7 = 4,2091 b) 2,4 · 3,17 = 76,08 c) 3,18 · 11,08 = 3,52344

(8 Punkte)

**5** Multipliziere. Mache zunächst einen Überschlag.

a) 3,14 · 1000 b) 100 · 1,028 c) 8,42 · 10 d) 1000 · 1,37
e) 1,25 · 2,7 f) 3,56 · 2,256 g) 4,3 · 0,55 h) 2,36 · 4,75

(6 Punkte)

**6** Berechne die Einzelpreise.

a) Was kostet ein Heft?
b) Was kostet eine CD-ROM?
c) Was kostet eine Büroklammer?

(8 Punkte)

**7** Dividiere schriftlich.
Überprüfe dein Ergebnise mithilfe einer Umkehrrechnung.

a) 1,8 : 3 b) 16,2 : 3
c) 6,5 : 5 d) 3,2 : 4
e) 9,42 : 6 f) 8,848 : 7
g) 0,033 : 2 h) 9,6 : 12

**8** Berechne. *(6 Punkte)*
Achte auf die Vorrangregeln.

a) $0{,}7 \cdot 9 + 0{,}46$
b) $9{,}02 + 4{,}1 \cdot 5{,}3$
c) $10{,}4 - 3{,}22 \cdot 1{,}6$
d) $8{,}102 \cdot 14 - 7{,}4$
e) $107{,}04 + 2{,}8 : 4$
f) $16{,}05 : 5 - 0{,}023$

**9** Löse die Textaufgaben. *(15 Punkte)*
Denke auch an einen Antwortsatz.

a) Chantals Weg zur Schule ist 2,7 km lang.
Wie viel Meter muss sie jede Woche (5 Schultage) zurücklegen?
b) Wie viel kostet ein Kilogramm Äpfel?
Wie viel kostet ein Kilogramm Kartoffeln?
c) In einem Theater werden an einem Abend 267 Eintrittskarten zu 24,50 € und 113 Karten zu 37,50 € verkauft.
Wie hoch ist die Gesamteinnahme?

**10** Ein Gartenteich wurde neu angelegt. Dabei sind folgende Kosten entstanden: *(9 Punkte)*

| | |
|---|---|
| Teichfolie | 265,80 € |
| Sand | 46,76 € |
| Kieselsteine (groß) | 97,81 € |
| Wasserpflanzen | 146,85 € |

a) Reichen 500 € zum Bezahlen?
b) Wie viel € bleiben übrig bzw. fehlen noch, wenn 600 € zur Verfügung stehen?
c) Als Sonderangebot wird eine Gartenteichpumpe für 99,50 € angeboten, die sonst 118,95 € kostet. Berechne den Preisvorteil.

**11** Dirks Tante lebt in Amerika. *(6 Punkte)*

Sie schickt ihm zum Geburtstag einen Brief mit 25 US-Dollar ($).
Der Wechselkurs ist 1 US $ = 0,76254 €.
Welchen Wert hat das Geschenk in Euro?

**12** Folgenden Materialien sollen mit einem Lkw (Leergewicht 2,4 t) über die gezeigte Brücke zu einer Baustelle transportiert werden. *(15 Punkte)*

a) Wie viel t kann der Lkw zuladen?
b) Berechne das Gesamtgewicht aller Materialien in t.
c) Reichen 2 Fahrten aus, um das ganze Material zu befördern?
Mache einen Vorschlag, wie der Lkw dann jeweils beladen werden muss.

3 $m^3$ Sand (insgesamt 3,6 t)

40 Zementsäcke (insgesamt 2 t)

3 Eisenträger (insgesamt 4,2 t)

Gold: 94–100 Punkte, Silber: 77–93 Punkte, Bronze: 60–76 Punkte

# Zusammenfassung

→ Seite 130

## Dezimalzahlen addieren

- Dezimalzahlen **stellengerecht (Komma unter Komma)** untereinander schreiben
- stellenweise von rechts nach links addieren

Haben Dezimalzahlen unterschiedlich viele Nachkommastellen, wird mit Nullen aufgefüllt.

$14{,}3 + 2{,}8 \approx 14 + 3 = 17$

$$\begin{array}{r} 14{,}3 \\ +\ \ 2{,}8 \\ {\scriptstyle 1}\ \ \\ \hline 17{,}1 \end{array}$$

$4{,}151 + 28{,}83 \approx 4 + 29 = 33$

$$\begin{array}{r} 4{,}151 \\ +\ 28{,}830 \\ {\scriptstyle 1}\ \ \ \ \ \ \ \\ \hline 32{,}981 \end{array}$$

→ Seite 132

## Dezimalzahlen subtrahieren

- Dezimalzahlen **stellengerecht (Komma unter Komma)** untereinander schreiben
- stellenweise von rechts nach links subtrahieren

Haben Dezimalzahlen unterschiedlich viele Nachkommastellen, wird mit Nullen aufgefüllt.

$34{,}71 - 3{,}45 \approx 35 - 3 = 32$

$$\begin{array}{r} 34{,}71 \\ -\ \ 3{,}45 \\ {\scriptstyle 1}\ \ \\ \hline 31{,}26 \end{array}$$

$56{,}385 - 4{,}2 \approx 56 - 4 = 52$

$$\begin{array}{r} 56{,}385 \\ -\ \ 4{,}200 \\ \hline 52{,}185 \end{array}$$

→ Seite 134

## Dezimalzahlen mit natürlichen Zahlen multiplizieren

- Dezimalzahl wie eine natürliche Zahl multiplizieren (also ohne das Komma zu beachten)
- Komma im Ergebnis so setzen, dass im Ergebnis die gleiche Anzahl von Stellen hinter dem Komma steht wie bei der Dezimalzahl

$0{,}964 \cdot 15 \approx 1 \cdot 15 = 15$

| | | | | | | | |
|---|---|---|---|---|---|---|---|
| 0, | 9 | 6 | 4 | · | 1 | 5 | 3 Nachkommastellen |
| | | | 9 | 6 | 4 | | ↓ |
| | | | 4 | 8 | 2 | 0 | |
| | | 1 | 1 | | | | |
| | | 1 | 4, | 4 | 6 | 0 | 3 Nachkommastellen |

→ Seite 136

## Dezimalzahlen mit Dezimalzahlen multiplizieren

- Dezimalzahlen wie natürliche Zahlen multiplizieren (also ohne das Komma zu beachten)
- Komma im Ergebnis so setzen, dass das Ergebnis genau so viele Stellen hinter dem Komma hat wie beide Dezimalzahlen zusammen

$1{,}61 \cdot 2{,}3 \approx 2 \cdot 2 = 4$

| | | | | | | |
|---|---|---|---|---|---|---|
| 1, | 6 | 1 | · | 2, | 3 | (2 + 1) Nachkommastellen |
| | | 3 | 2 | 2 | | ↓ |
| | | | 4 | 8 | 3 | |
| | | | 1 | | | |
| | | 3, | 7 | 0 | 3 | 3 Nachkommastellen |

→ Seite 138

## Dezimalzahlen durch natürliche Zahlen dividieren

- Dezimalzahl zunächst wie eine natürliche Zahl dividieren (also ohne das Komma zu beachten)
- sobald man das Komma überschreitet, Komma im Ergebnis setzen

$$\begin{array}{l} 8{,}25 : 5 = 1{,}65 \\ \underline{-5} \\ \ \ 32 \quad \text{(Komma setzen)} \\ \underline{-30} \\ \ \ \ \ 25 \\ \ \ \underline{-25} \\ \ \ \ \ \ \ 0 \end{array}$$

$$\begin{array}{l} 13 : 4 = 3{,}25 \\ \underline{-12} \\ \ \ 10 \quad \text{(Komma setzen)} \\ \ \underline{-\ 8} \\ \ \ \ 20 \\ \ \underline{-20} \\ \ \ \ \ 0 \end{array}$$

# Daten und Zufall

Die Wetterkarte zeigt das Wetter
an einem Februartag.
Wo ist es am kältesten? Wo am wärmsten?
Und in wie vielen Städten regnet es?
Regnet es immer, wenn man
den Regenschirm zuhause vergessen hat?

# Noch fit?

## Einstieg

**1 Zahlenstrahl**

a) Welche Zahlen sind hier markiert?

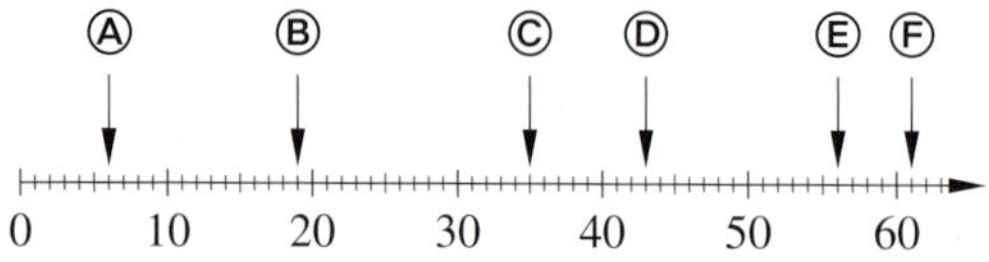


b) Zeichne einen Zahlenstrahl von 0 bis 20. Überlege dir eine sinnvolle Einteilung und trage ein:
1; 5; 10; 7; 12; 16; 19

**2 Zahlen vergleichen**

Übertrage ins Heft und setze die richtigen Zeichen ein (= oder > oder <).

a) 81 ■ 87
b) 47 ■ 47
c) 309 ■ 390
d) 50 001 ■ 500 100

**3 Zahlen der Größe nach ordnen**

Ordne die Orte aufsteigend nach ihrer Postleitzahl.
Beginne mit Leipzig.

| | | | |
|---|---|---|---|
| 51069 Köln | 14197 Berlin | 59821 Arnsberg | 54636 Hamm |
| 57074 Siegen | 59872 Meschede | 47589 Uedem | 47574 Goch |
| 52146 Würselen | 46537 Dinslaken | 04103 Leipzig | 90222 Nürnberg |

**4 Daten aus Tabellen ablesen**

In einem Zoo leben fünf Schimpansen.

| Name | Gewicht |
|---|---|
| Marcy | 34 kg |
| Homer | 66 kg |
| Rara | 32 kg |
| Lucy | 43 kg |
| Tarzan | 57 kg |

Ordne die Affen nach ihrem Gewicht.
Beginne mit dem leichtesten.

**5 Zahlen bestimmen**

Welche Zahl liegt genau in der Mitte zwischen diesen beiden Zahlen?

a) zwischen 0 und 10
b) zwischen 12 und 16
c) zwischen 2 und 3
d) zwischen 1,5 und 2,5

## Aufstieg

**1 Zahlenstrahl**

a) Welche Zahlen sind hier markiert?

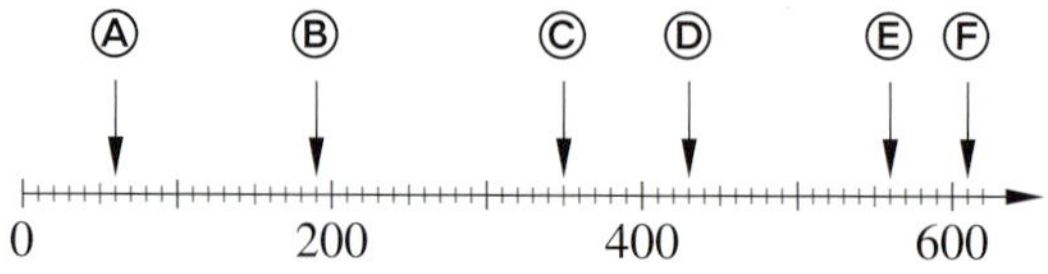


b) Zeichne einen Zahlenstrahl von 0 bis 100. Überlege dir eine sinnvolle Einteilung und trage ein:
5; 82; 99; 18; 46; 65

**2 Zahlen vergleichen**

Übertrage ins Heft und setze die richtigen Zeichen ein (= oder > oder <).

a) 89 ■ 98
b) 755 ■ 7500
c) 990 ■ 989
d) 100 000 ■ 110 000

**4 Daten aus Tabellen entnehmen**

In einem Zoo leben sechs Elefanten.

| Name | Gewicht | Alter (in Jahren) |
|---|---|---|
| Ganesh | 4900 kg | 24 |
| Bala | 450 kg | 2 |
| Tuffi | 3400 kg | 13 |
| Calvin | 4500 kg | 20 |
| Indra | 3800 kg | 33 |
| Farina | 470 kg | 2 |

a) Ordne die Elefanten nach ihrem Gewicht.
b) Ordne die Elefanten nach ihrem Alter.

**5 Zahlen bestimmen**

Welche Zahl liegt genau in der Mitte zwischen diesen beiden Zahlen?

a) zwischen 10 und 20
b) zwischen 62 und 70
c) zwischen 2 und 5
d) zwischen 7,5 und 9,5

## 6 Daten aus Umfragen darstellen
„Wie kommst du zur Schule?“

| Verkehrsmittel | Strichliste | Häufigkeit |
|---|---|---|
| zu Fuß | III | 3 |
| Fahrrad | 卌 IIII | |
| Bus | 卌 卌 II | |
| Auto (Eltern) | 卌 | |

a) Übertrage und ergänze die Tabelle im Heft.
b) Zeichne ein Säulendiagramm.

## 7 Diagramme lesen
Beschreibe den Inhalt des Diagramms mit eigenen Worten.
Welche Fragestellung könnte über dem Diagramm stehen?

## 8 Grundrechenarten
Berechne im Kopf.

a) $5 \cdot 6$ b) $12 + 78$ c) $60 : 5$
d) $100 - 45$ e) $12 \cdot 12$ f) $190 - 86$

## 9 Anteile in Prozent und als Dezimalzahl
Wie groß ist der Anteil in Prozent?

**Beispiel** 34 von 50 Kindern mögen Musik.

$$34 \text{ von } 50 = \frac{34}{50} = \frac{34 \cdot 2}{50 \cdot 2} = \frac{68}{100} = 0{,}68 = 68\,\%$$

a) 22 von 50 Autos sind blau.
b) 4 von 100 Kindern sammeln Münzen.
c) 122 von 200 gucken heute die Tagesschau.
d) 3 von 10 Fahrrädern sind Mountainbikes.

## 10 Schriftlich dividieren
a) Erkläre rechts am Beispiel, wann man im Ergebnis das Komma setzt.

```
17,3 : 2 = 8,65
-16
  13
 -12
   10
  -10
    0
```

b) Dividiere schriftlich.
① 18,8 : 4
② 28,8 : 8
③ 34,5 : 3
④ 76 : 5

## 6 Daten aus Umfragen darstellen
Antworten zur Umfrage „Lieblingsfarbe“:

Teresa: lila — Cem: rot
Ilaria: blau — Luca: grün
Lotte: gelb — Fynn: blau
Chloe: rot, blau — Samuel: gelb, grün
Canan: lila, blau, gelb — Anton: grün, rot

a) Erstelle eine Tabelle mit Strichliste und Häufigkeit.
b) Zeichne ein Säulendiagramm.

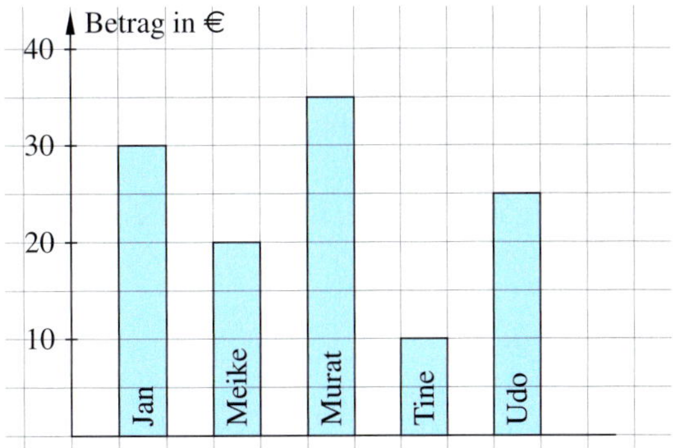


## 8 Grundrechenarten
Berechne im Kopf.

a) $350 - 15$ b) $60 : 12$ c) $15 + 286$
d) $11 \cdot 9$ e) $220 : 4$ f) $440 - 86$

## 9 Anteile in Prozent und als Dezimalzahl
Wie groß ist der Anteil in Prozent?

**Beispiel** 7 von 20 Mädchen spielen Tennis.

$$7 \text{ von } 20 = \frac{7}{20} = \frac{35}{100} = 0{,}35 = 35\,\%$$

a) 2 von 50 Autos sind kaputt.
b) 17 von 25 Pferden stehen im Stall.
c) 240 von 400 Kindern tragen eine Jeans.
d) 3 von 200 Kindern sind heute krank.

## 10 Schriftlich dividieren
a) Erkläre rechts am Beispiel, wann man im Ergebnis das Komma setzt.

```
54,5 : 5 = 10,9
-5
 04
- 0
  45
 -45
   0
```

b) Dividiere schriftlich.
① 100 : 8
② 90 : 8
③ 24,2 : 4
④ 142,2 : 6

***HINWEIS***
151-1
*Wenn du dir nicht mehr sicher bist, wie man Säulendiagramme zeichnet, kannst du unter dem Webcode dazu ein Arbeitsblatt ausdrucken.*

# Negative Zahlen

## Entdecken

**1** Ordne den folgenden Sätzen ein passendes Foto zu:
- „Beim Fotografieren sind mir fast die Finger abgefroren. Es müssen minus fünf Grad gewesen sein."
- „Es war angenehm warm."
- „Vielleicht lag die Temperatur an diesem Tag sogar unter Null Grad."
- „Die Sonne brannte mir auf den Kopf."

Schreibe selbst passende Sätze zu den Fotos.

**2** Frau Henning hatte bis vor kurzem auf ihrem Konto 500 € Guthaben.
Beschreibe und erkläre, was dann passiert ist.

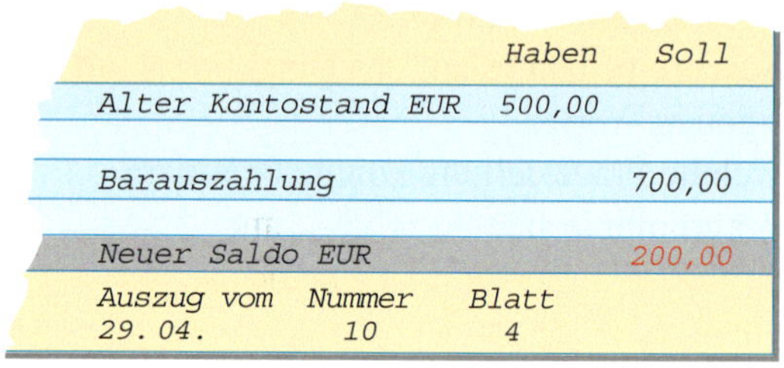

| | Haben | Soll |
|---|---|---|
| Alter Kontostand EUR | 500,00 | |
| Barauszahlung | | 700,00 |
| Neuer Saldo EUR | | 200,00 |
| Auszug vom 29. 04. · Nummer 10 · Blatt 4 | | |

## Verstehen

In Europa wird die Temperatur mit Grad Celsius (°C) angegeben.
Dabei ist 0 °C die Temperatur, bei der Wasser zu Eis gefriert.
Um niedrigere Temperaturen anzugeben, benötigt man **negative Zahlen**.

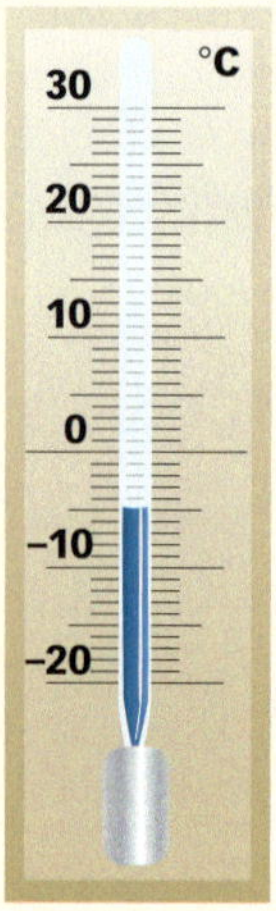


***ERINNERE DICH***
*Die positiven Zahlen zusammen mit der Null nennt man natürliche Zahlen ℕ.*

**Merke** **Negative Zahlen** sind kleiner als Null.
Sie werden mit einem Minuszeichen (–) gekennzeichnet.

**Positive Zahlen** sind größer als Null.
Sie können mit einem Pluszeichen (+) gekennzeichnet werden.

Die positiven und negativen Zahlen zusammen mit der Null nennt man **ganze Zahlen**.
Die Menge der ganzen Zahlen wird mit ℤ bezeichnet.

**Beispiel 1**
$-4$; $-12$; $-100$

$+8$, $11$; $+100$

$\mathbb{Z} = \{\ldots; -2; -1; 0; 1; 2; \ldots\}$

**Beispiel 2**
Außentemperatur an einem Wintertag:

Das Thermometer zeigt eine Temperatur von 4 Grad Celsius **unter** Null an:
–4 °C („minus 4 Grad Celsius").

**Beispiel 3**
Höchster und tiefster Punkt in Israel:

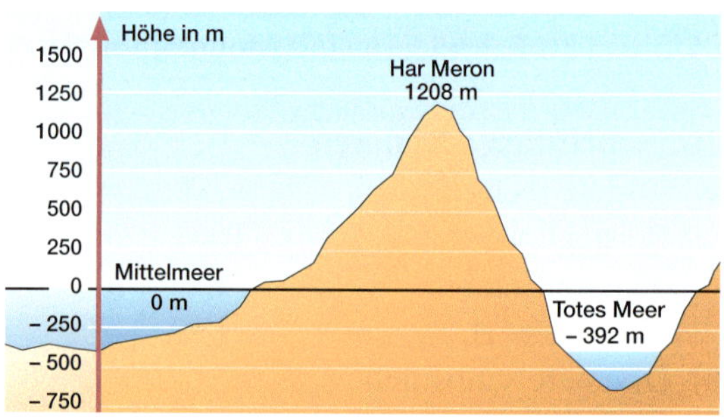


Die Wasseroberfläche des Toten Meeres liegt 392 m **unter** dem Meeresspiegel:
–392 m („minus 392 Meter").

## Üben und anwenden

**1** Ordne den Temperaturen ein passendes Foto zu: +15 °C; −20 °C; +35 °C; 0 °C.

**2** Kontostände gibt man mithilfe von positiven und negativen Zahlen an.
Was bedeuten die Angaben +548,87 € und −366,05 €?

**3** Arbeitet in Gruppen zusammen.
Sammelt Beispiele, in denen negative Zahlen eine Rolle spielen.
Gestaltet dazu ein Plakat und präsentiert es vor der Klasse.

**2** Was bedeuten die negativen Zahlen auf dem Kassenbon? Erklärt sie euch gegenseitig.

**3** Arbeitet zu zweit. Sucht euch die Informationen aus dem Internet und präsentiert sie vor der Klasse. Wo wurden die bisher höchsten und niedrigsten Temperaturen gemessen?

| | | | |
|---|---|---|---|
| EUR | | | |
| APFELSAFT | | 1 | 1,17 |
| PFAND | * | 1 | 0,15 |
| LEERGUT | * | 1 | -5,34 |
| | Summe EUR | | -4,02 |
| | Rueckgeld EUR | | 4,02 |
| | 1 MwSt 19% | | -0,64 |
| | NETTO-UMSATZ | | -3,38 |

**4** Auf einem Pegel (Wasserstandsmesser) kann der Wasserstand eines Flusses abgelesen werden. Welcher Pegelstand wird angezeigt?

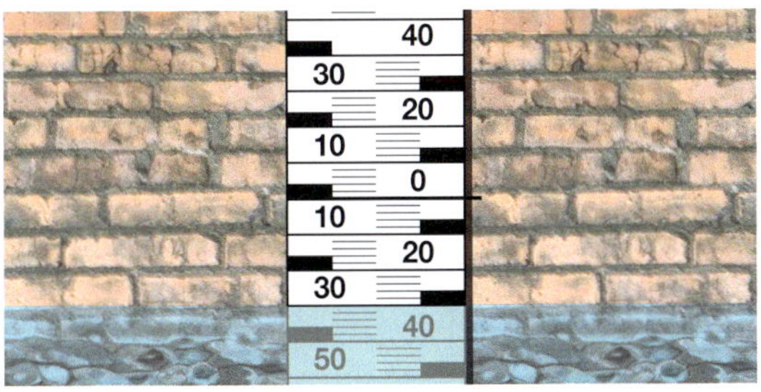


**4** Ein Aufzug hat neben den Bedienungsknöpfen auch die Angabe der Stockwerke.

a) Wie können die Bedienungsknöpfe beschriftet werden, die in die Tiefgarage führen?

b) Peter befindet sich im dritten Stock und fährt 5 Stockwerke nach unten.

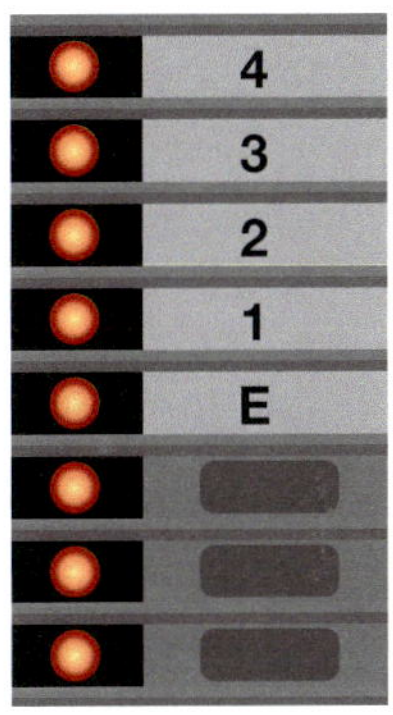


**5** Schreibe die Zahlenangaben mit dem entsprechenden Vorzeichen.

a) Die Stadt Winterberg liegt 670 m über dem Meeresspiegel.

b) Das Tote Meer liegt 392 m unter dem Meeresspiegel.

c) Das Kaspische Meer liegt 28 m unter dem Meeresspiegel.

d) Die tiefste Bohrung in Deutschland endet bei 9101 m unter dem Meeresspiegel.

e) Fische leben im Meer in einer Tiefe bis zu 7190 m.

**6** Lies die Temperaturen ab.

a) 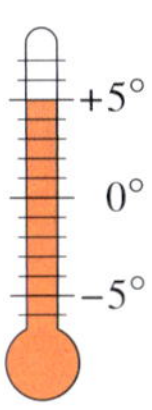

b) 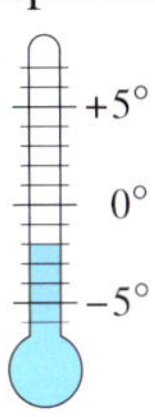

c) 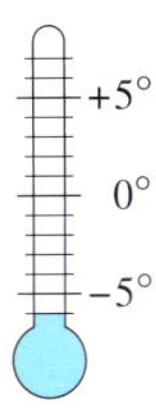

d) 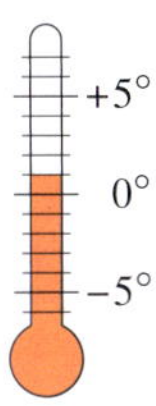


**6** Lies die Temperaturen ab.

a) 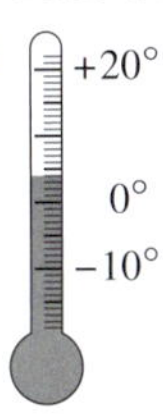

b) 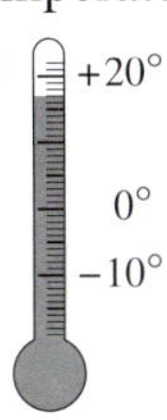

c) 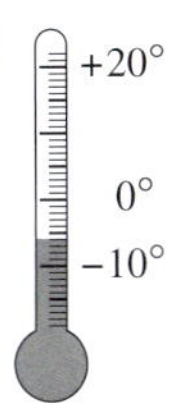

d) 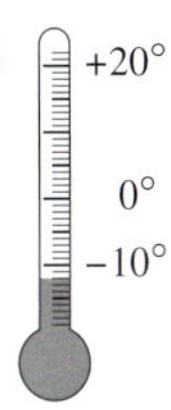

# Negative Zahlen vergleichen und ordnen

## Entdecken

**1** Hier siehst du die Temperaturen in verschiedenen Großstädten an einem 21. Februar in °C:

| | | | | | | | |
|---|---|---|---|---|---|---|---|
| Athen | 15 | Hamburg | −1 | Moskau | −7 | Rom | 7 |
| Barcelona | 12 | Lissabon | 14 | Nizza | 12 | St. Petersburg | −7 |
| Berlin | −2 | London | 7 | Oslo | −13 | Stockholm | −5 |
| Dubrovnik | 7 | Madrid | 12 | Palma | 13 | Warschau | −3 |
| Frankfurt | 1 | München | −3 | Paris | 7 | Wien | −1 |

a) In welcher Stadt ist es am wärmsten, in welcher Stadt am kältesten?
b) In welchen Städten würde wahrscheinlich Schnee statt Regen fallen?
c) Wie viel Grad wärmer ist es in Frankfurt als in Wien?

**2** Auf der Zahlengeraden sind die Temperaturen (°C) eingetragen, die an einem Tag in einigen Städten gemessen wurden.

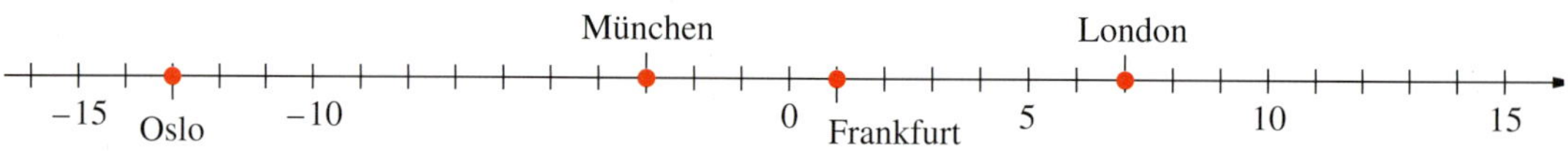


a) Erkläre: Man kann an der Zahlengeraden ablesen, dass es in Oslo kälter als in London war.
b) Zeichne die Zahlengerade in dein Heft. Trage fünf weitere Städte aus Aufgabe 1 ein. In drei von den fünf Städten soll die Temperatur unter 0 °C sein.
c) Vergleiche die Temperaturen in Moskau und Paris bzw. in München und Warschau?

## Verstehen

Skalen für Messungen können an unterschiedlichen Stellen beginnen.

**Beispiel 1**
Beim Weitsprung beginnt die Skala bei Null.

**Beispiel 2**
Beim Thermometer beginnt die Skala nicht bei Null.

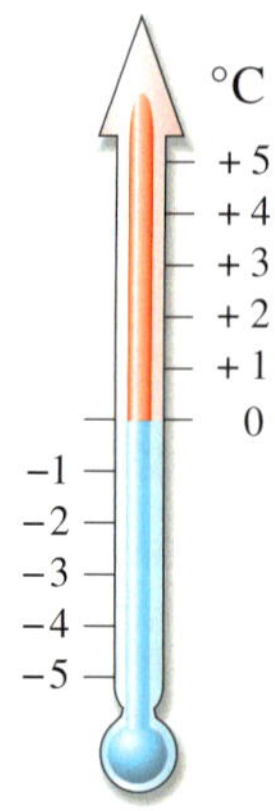


Um Zahlen kleiner als Null darstellen zu können, muss der Zahlenstrahl über die Null hinaus nach links erweitert werden.
So wird aus dem Zahlenstrahl eine **Zahlengerade**.

**HINWEIS**
*Die Null ist weder positiv noch negativ.*

**Merke**
Negative Zahlen stehen links von der Null. Positive Zahlen stehen rechts von der Null.

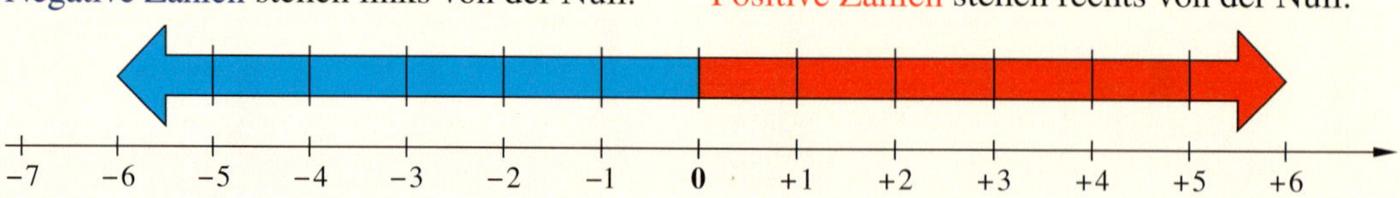

Positive und negative Zahlen kann man an der Zahlengeraden ordnen und vergleichen.

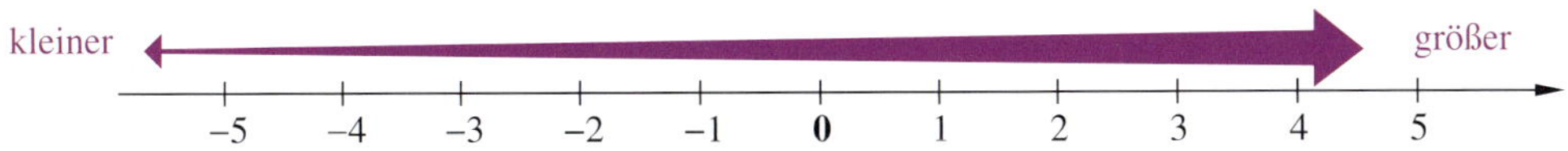


**Merke**

Je weiter man auf der Zahlengeraden **nach links** geht, umso **kleiner** werden die Zahlen.
Je weiter man auf der Zahlengerade **nach rechts** geht, umso **größer** werden die Zahlen.

Es gibt immer zwei Zahlen, die den gleichen Abstand zur Null haben.

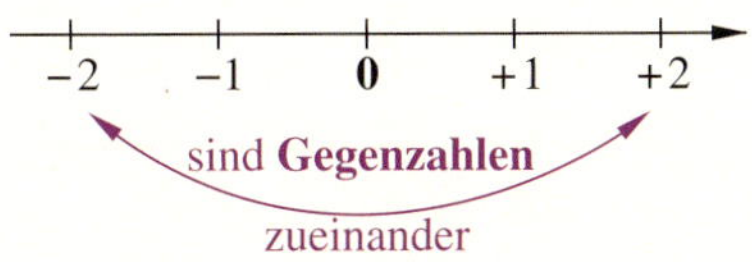


**Beispiel 3**

a) −5 liegt weiter links als −2, also $-5 < -2$

b) +3 liegt weiter rechts als −3, also $+3 > -3$

c) −2 ist Gegenzahl zu +2 oder +2 ist Gegenzahl zu −2

## Üben und anwenden

**1** Übertrage die Temperaturskala in dein Heft. Trage die Temperaturen ein.

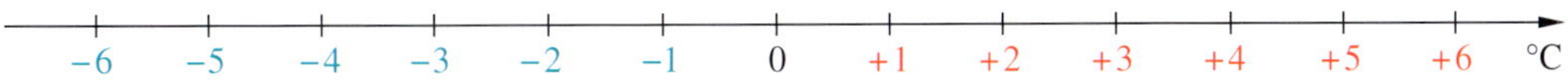


a) −6 °C b) +5 °C c) 0 °C d) −3 °C
e) +6 °C f) −1 °C g) −4 °C h) −2 °C

**2** Zeichne eine Zahlengerade von −15 °C bis 15 °C in dein Heft.
1 Kästchen soll 1 °C entsprechen.
Zeichne die Temperaturen an der Zahlengerade ein.

a) −8 °C b) +15 °C
c) 0 °C d) −3 °C
e) +7 °C f) −13 °C
g) −15 °C h) +6 °C
i) −1 °C j) −9 °C
k) +9 °C l) −2 °C

**2** Zeichne eine Zahlengerade von −15 °C bis +15 °C in dein Heft.
Löse mithilfe der Zahlengerade die Aufgaben.

a) 0 °C —7° wärmer→ ▢
b) −4 °C —10° wärmer→ ▢
c) −3 °C —7° wärmer→ ▢
d) ▢ ←7° kälter— 0 °C
e) ▢ ←7° kälter— −3 °C

**3** Übertrage die Zahlengerade in dein Heft. Ordne die Fahrstuhlanzeigen zu.

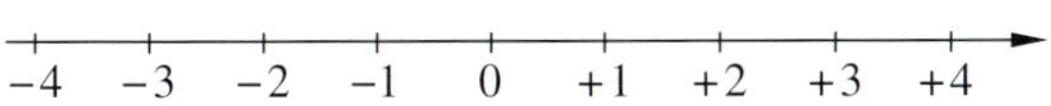


Erdgeschoss
2. Untergeschoss
1. Untergeschoss
1. Obergeschoss
3. Obergeschoss
2. Obergeschoss

**4** Welche Zahlen sind rot markiert?

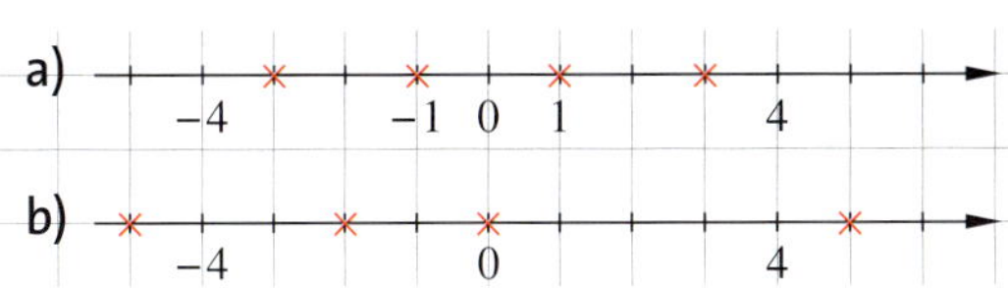


**4** Welche Zahlen sind rot markiert?

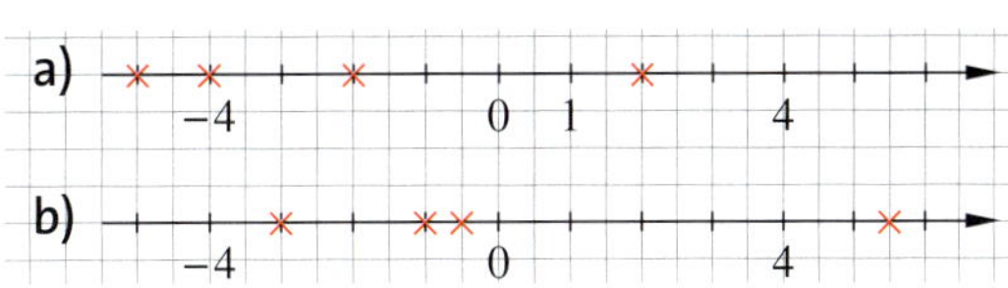

**5** Lies die monatlichen Temperaturen des Ortes Angmagssalik (Grönland) ab.

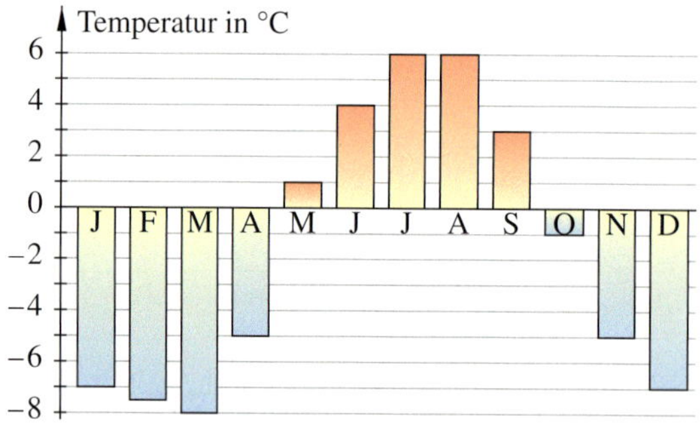


**5** Lies aus dem Diagramm die monatlichen Temperaturen des Ortes Inari (Finnland) ab.

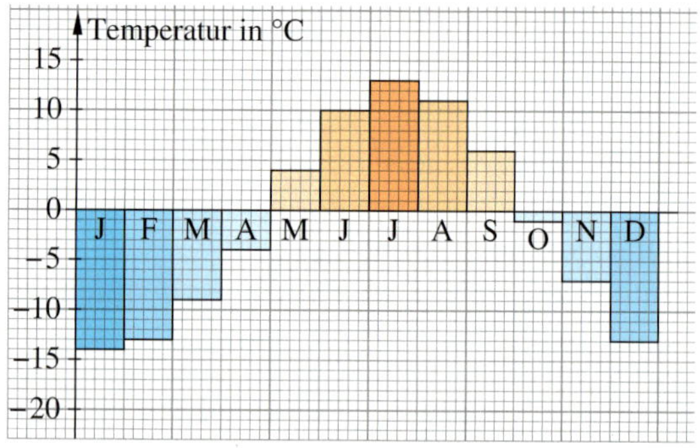


**6** Übertrage die Zahlengeraden mit den markierten Zahlen in dein Heft.
Markiere jeweils die zugehörigen Gegenzahlen in einer anderen Farbe.

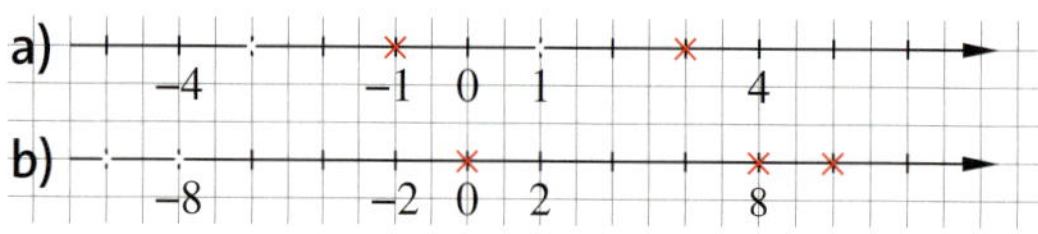


**6** Zeichne eine Zahlengerade in dein Heft.
Zeichne 1 cm für eine Längeneinheit.
Trage auf der Zahlengeraden die Zahlen +1; −4; +7; 0 und −5 mit ihren Gegenzahlen als Punkte ein.
Ordne diese Zahlen.
Beginne mit der kleinsten Zahl.

**7** Nenne drei verschiedene Zahlen, die kleiner als −4 sind.

**7** Nenne drei Zahlen, die kleiner als −6 sind, und drei, die größer als −6 sind.

**8** Welche ganzen Zahlen liegen dazwischen?
a) −2 und 2
b) −1 und 5
c) 9 und −8
d) −23 und −28
e) −16 und −15
f) −9 und 0

**8** Beantworte die Fragen mithilfe einer Zahlengeraden.
a) Liegt −1 näher an −3 oder +3?
b) Liegt 0 näher an −5 oder +5?
c) Liegt +2 näher an +2 oder +3?
d) Liegt −2 näher an 0 oder −3?
e) Liegt −3 näher an −5 oder 0?

**9** Übertrage die Tabelle in dein Heft und fülle sie aus.

| Zahl | +6 | −3 | | −1 | 412 | | −77 | −1,5 | | 0 |
|---|---|---|---|---|---|---|---|---|---|---|
| Gegenzahl | | | +7 | | | 10,2 | | | 1 Mio. | |

**HINWEIS**
*zu Aufgabe 10 (lila):*
156-1
*Unter dem Webcode findest du ein Arbeitsblatt mit vorgezeichneten Thermometern.*

**10** Markiere die Temperaturen an einem Thermometer. Beachte dazu den Hinweis in der Randspalte.
Ordne dann die Temperaturen der Größe nach. Beginne mit der kleinsten Temperatur.
a) −18 °C; −4 °C; −8 °C; +4 °C; −3 °C
b) −22 °C; +14 °C; +6 °C; +18 °C; −6 °C

**10** Ordne die Temperaturen nach der Größe. Beginne einmal mit der kleinsten und einmal mit der größten Temperatur.
a) −15 °C; +4 °C; −8 °C; 0 °C; −10 °C; +3 °C; −5 °C
b) −11 °C; −1 °C; +11 °C; −7 °C; 0 °C; −9 °C; −16 °C

**11** Setze im Heft zwischen die Zahlen das passende Zeichen (< oder >).
a) −1 ▢ 4
b) 1 ▢ −4
c) −1 ▢ 1
d) 3 ▢ −3
e) 7 ▢ −8
f) −6 ▢ −7

**11** Ordne die Zahlen.
Beginne mit der kleinsten Zahl.
a) 0; −5; 2; 20; −15; −8; −6; 7; 1
b) −2; 6; −9; 7; −4; 9; 3; −12; 11
c) 7; 5; −10; 12; 6; −9; 8; −4; 13

**12** Ordne die 16 Temperaturangaben auf der Wetterkarte der Größe nach.

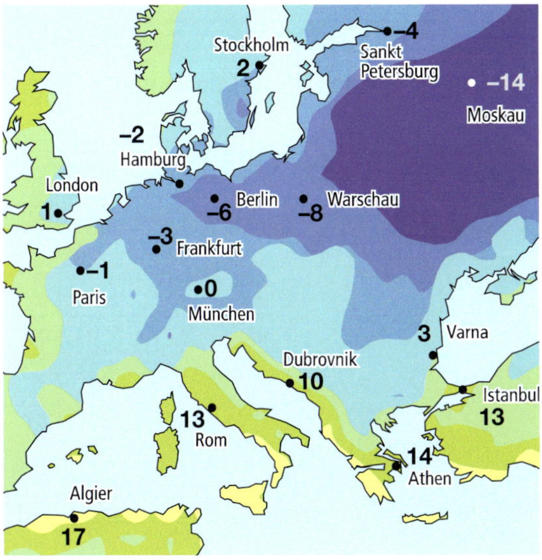


**12** Ordne die Schiffswracks nach der Tiefe, in der sie liegen. Suche die Orte im Atlas.

| Schiff | Ort | Tiefe |
|---|---|---|
| Andrea Doria | vor Massachusetts | −74 m |
| Britannic | Ägäisches Meer | −122 m |
| El Cazador | Golf von Mexiko | −91 m |
| Gaarden | Ostsee | −20 m |
| Jura | Bodensee | −42 m |
| HMS Pandora | Korallensee | −34 m |
| Prestige | Golf von Biscaya | −3600 m |
| Smyrna | Ärmelkanal | −58 m |
| Titanic | Nordatlantik | −3840 m |

**13** Welche Zahl liegt in der Mitte der beiden Zahlen?
Erkläre, wie du vorgehst.

a) −3 und 5
b) −7 und 15
c) −1 und 1
d) −9 und −3

**13** Setze die Zahlenfolgen um 3 Zahlen fort. Nimm dabei eine Zahlengerade zuhilfe. Welche Gesetzmäßigkeiten stellst du fest? Erkläre sie deinem Tischnachbarn.

a) 11; 8; 5; …
b) 9; 8; 6; …
c) −13; −9; −5; ...
d) −8; −7; −6; …
e) 12; 9; 8; 5; …
f) 1; 2; −2; −1; −5;...

**14** Arbeitet zu zweit.
Der Ausschnitt der Bundesliga-Tabelle zeigt die Ergebnisse nach dem 4. Spieltag.
Die Tordifferenz gibt den Unterschied zwischen den erzielten Toren und den Gegentoren an.
Einige Eintragungen fehlen. Ergänze im Heft.

| Verein | | | | | | | | | | |
|---|---|---|---|---|---|---|---|---|---|---|
| Tore | 9 : 1 | 10 : ■ | 9 : 5 | ■ : 4 | 6 : 3 | ■ : 2 | 2 : ■ | ■ : 12 | 4 : ■ | 6 : 14 |
| Tordifferenz | +8 | +4 | +■ | +2 | +■ | +3 | 0 | −6 | −4 | −■ |

**BEISPIEL**
*Der FC-Bayern hat 9 Tore geschossen und 1 Gegentor erhalten. Die Tordifferenz ist +8. Der 1. FC Köln hat ■ Tore geschossen und 12 Gegentore erhalten, Tordifferenz: −6.*

## Lerncheck

**1** Beschreibe, wie die Figurenfolge entstanden ist.

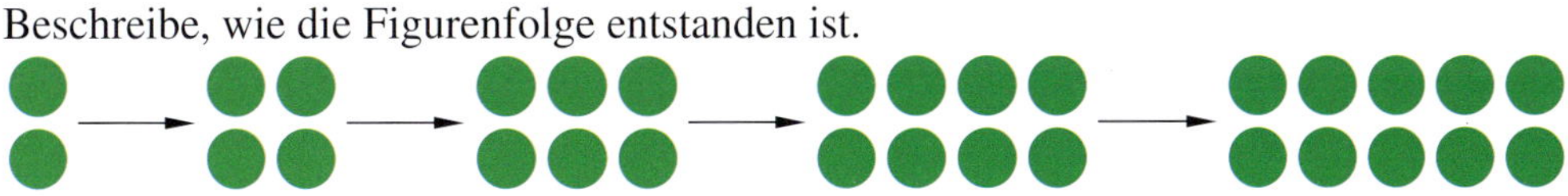

a) In der Tabelle siehst du drei Möglichkeiten (A bis C), die Folge zu beschreiben. Vergleiche.

| | | | | | |
|---|---|---|---|---|---|
| A | 2 | 2 + 2 | 2 + 2 + 2 | 2 + 2 + 2 + 2 | 2 + 2 + 2 + 2 + 2 |
| B | 1 · 2 | 2 · 2 | 3 · 2 | 4 · 2 | 5 · 2 |
| C | 2 | 4 | 6 | 8 | 10 |

b) Wie geht die Folge weiter? Nenne die nächsten vier Zahlen der Folge.

# Der Zentralwert

## Entdecken

**1** Beim Schulsportfest haben Andreas und Tugba die Zeiten für den 75-m-Lauf notiert. Beschreibe, wie Andreas und Tugba vorgegangen sind.

| Liste von Andreas<br><br>Klasse 6c<br>75-m-Lauf | | |
|---|---|---|
| | Adam | 10,5 s |
| | Birte | 11,1 s |
| | Ebru | 8,9 s |
| | Gil | 8,5 s |
| | Hendrik | 9,2 s |
| | Karlo | 9,0 s |
| | Konstantin | 11,3 s |
| | Lucy | 10,6 s |
| | Manuel | 8,8 s |
| | Samy | 9,7 s |
| | Tristan | 10,8 s |

| Liste von Tugba<br><br>Klasse 6c<br>75-m-Lauf | | |
|---|---|---|
| | Gil | 8,5 s |
| | Manuel | 8,8 s |
| | Ebru | 8,9 s |
| | Karlo | 9,0 s |
| | Hendrik | 9,2 s |
| | Samy | 9,7 s |
| | Adam | 10,5 s |
| | Lucy | 10,6 s |
| | Tristan | 10,8 s |
| | Birte | 11,1 s |
| | Konstantin | 11,3 s |

**2** Auswertung der 75-m-Läufe:

**a)** Wer ist der schnellste, wer der langsamste Läufer?

**b)** Welcher Wert liegt genau in der Mitte der Liste von Tugba?

**c)** Wie viele Schüler liegen mit ihrer Leistung über diesem Wert, wie viele darunter?

## Verstehen

In der Klasse 6a wurde eine Umfrage zum Thema „Schulweg“ durchgeführt. Einige Daten sind bei der Auswertung besonders interessant.

**Merke** Daten kann man in Listen zusammenstellen und der Größe nach ordnen. Der größte Wert heißt **Maximum**. Der kleinste Wert heißt **Minimum**. Der in der Mitte stehende Wert heißt **Zentralwert** (**Median**).

**Beispiel 1**

Aus der Klasse 6a kommen 7 Schüler zu Fuß zur Schule. Sie benötigen in Minuten:

| | | | | | | | |
|---|---|---|---|---|---|---|---|
| *ungeordnete* Liste: | 9 | 4 | 3 | 11 | 10 | 14 | 12 |
| *geordnete* Liste: | **3** | 4 | 9 | 10 | 11 | 12 | **14** |
| **Minimum**: | **3** | | | | | | |
| **Maximum**: | | | | | | | **14** |
| **Zentralwert:** | | | | 10 | | | |

**Beispiel 2**

Es kommen 8 Schüler mit dem Fahrrad zur Schule. Sie benötigen in Minuten:

| | | | | | | | | |
|---|---|---|---|---|---|---|---|---|
| *ungeordnete* Liste: | 10 | 3 | 5 | 5 | 9 | 7 | 11 | 10 |
| *geordnete* Liste: | **3** | 5 | 5 | 7 | 9 | 10 | 10 | **11** |
| **Minimum**: | **3** | | | | | | | |
| **Maximum**: | | | | | | | | **11** |
| **Zentralwert:** | | | | 8 | | | | |

HINWEIS
*Die geordnete Liste wird auch häufig* ***Rangliste*** *genannt.*

Gibt es eine gerade Anzahl an Daten wie in Beispiel 2, dann ist der Zentralwert der Wert, der gleich weit von den beiden in der Mitte stehenden Daten entfernt ist.

## Üben und anwenden

**1** Die Daten sind der Größe nach geordnet. Bestimme jeweils den Zentralwert der Datenreihen.
a) 6; 7; 8; 9; 10
b) 8; 9; 12; 14; 15; 17
c) 7; 11; 13; 15; 19; 22
d) 6; 9; 12; 15; 18; 21; 24

**2** Sieben Schüler haben Schlagball trainiert. Das sind ihre Ergebnisse:

| Name | Weite in m |
|---|---|
| Denis | 21 |
| Julian | 28 |
| Florian | 20 |
| Regina | 17 |
| Marko | 26 |
| Tanja | 22 |
| Kevin | 27 |

Ordne die Weiten der Größe nach und bestimme den Zentralwert.

**3** Ordne die Datenreihen der Größe nach. Bestimme jeweils das Minimum, das Maximum und den Zentralwert.
a) 7; 9; 15; 10; 7; 6
b) 10; 14; 8; 12; 16; 6
c) 180; 60; 120; 150; 90; 210
d) 20; 80; 320; 10; 160; 40
e) 50; 20; 1002; 30; 10; 40

**4** Gülfidan fragt ihre Mitschüler nach deren Körpergrößen. Sie erhält folgende Angaben:

| | | | |
|---|---|---|---|
| 161 cm | 150 cm | 165 cm | 159 cm |
| 158 cm | 153 cm | 149 cm | 142 cm |
| 159 cm | 149 cm | 159 cm | 146 cm |
| 172 cm | 168 cm | 153 cm | 161 cm |

Bestimme Minimum, Maximum und den Zentralwert.

**5** Beschreibe die Situation, die in dem Bild dargestellt wird.
a) Erkläre die Aussage der Trainerin. Was meint sie damit?
b) Ist die Aussage der Trainerin noch sinnvoll, wenn die Basketballmannschaft aus drei großen und drei kleinen Spielern besteht?

**1** Bestimme jeweils das Minimum, das Maximum und den Zentralwert der Datenreihen. Ordne dazu zunächst die Daten nach ihrer Größe.
a) 4; 6; 8; 24; 12; 46; 52
b) 21; 34; 19; 24; 32; 16; 33
c) 28; 22; 17; 29; 16; 24; 24; 19; 16

**2** Anzahl der Fluggäste an sieben deutschen Flughäfen:

| Flughafen | Fluggäste |
|---|---|
| Düsseldorf | 16 510 893 |
| Frankfurt | 52 821 778 |
| Hannover | 5 699 299 |
| Köln/Bonn | 9 812 815 |
| Leipzig/Halle | 2 348 011 |
| München | 30 608 976 |
| Stuttgart | 10 111 346 |

Bestimme das Minimum, das Maximum und den Zentralwert.

**3** Ermittle den kleinsten Wert, den größten Wert und den Zentralwert. Benutze dabei die Fachbegriffe.
a) 92 m; 86 m; 94 m; 91 m; 114 m; 92 m;
b) 44 kg; 42 kg; 29 kg; 42 kg; 44 kg; 40 kg; 45 kg; 42 kg
c) 132 €; 184 €; 169 €; 111 €; 196 €; 170 €; 148 €; 111 €; 166 €; 177 €; 105 €; 150 €

**4** Erfinde passende Datenreihen.
a) Die Datenreihe besteht aus 5 Werten. Der Zentralwert ist 21.
b) Die Datenreihe besteht aus 8 Werten. Das Minimum ist 77, das Maximum 99 und der Zentralwert ist 88.

# Der Durchschnitt

## Entdecken

**1** In der Zeitung steht:
„Die Kinderzahl liegt in Deutschland bei 1,6 Kindern.“
Erkläre, was damit gemeint sein kann.

**2** Betrachte das Säulendiagramm.

a) Beschreibe, was du aus dem Diagramm ablesen kannst.

b) Was könnte die rote Linie besagen?

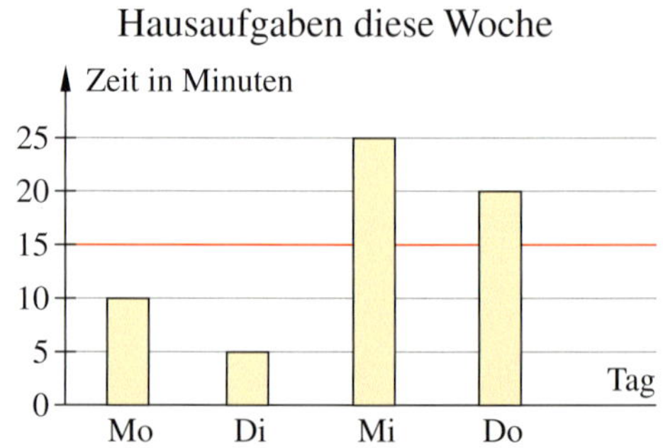


**3** Sportlehrer Amling muss für einen Wettbewerb die beste Weitspringerin ermitteln.
Dazu hat er von Marie, Katharina und Josephina in den letzten drei Wochen jeweils das beste Ergebnis aufgeschrieben.
Wen soll Herr Amling auswählen?

| Marie | Katharina | Josephina |
|---|---|---|
| 2,55 m | 2,95 m | 2,85 m |
| 3,15 m | 2,90 m | 2,90 m |
| 3,15 m | 3,00 m | 2,80 m |

## Verstehen

Gözde und ihre Freundinnen haben ihre Körpergröße ausgemessen.

Tahira 163 cm

Stefanie 147 cm

Sara 158 cm

Julia 166 cm

Gözde 156 cm

Gözde berechnet die durchschnittliche Körpergröße von sich und ihren Freundinnen.

**Beispiel 1**

① 

| | | |
|---|---|---|
| Tahira | | 163 |
| Stefanie | + | 147 |
| Sara | + | 158 |
| Julia | + | 166 |
| Gözde | + | 156 |
| | | ₂ ₃ |
| | | 790 |

② 

790 : 5 = 158
−5
29
−25
40
−40
0

Im Durchschnitt sind die fünf Mädchen 158 cm groß (∅ = 158 cm).

**Merke** Der **Durchschnitt** gibt einen Mittelwert einer Datenreihe an.

So berechnet man den Durchschnitt:

① Addiere alle Werte.

② Dividiere diese Summe durch die Anzahl der Werte.

$$\text{Durchschnitt} = \frac{\text{Summe aller Werte}}{\text{Anzahl aller Werte}}$$

Der Durchschnitt wird auch **arithmetisches Mittel** genannt und mit ∅ gekennzeichnet.

## Üben und anwenden

**1** Berechne jeweils den Durchschnitt.
a) 2 und 4 b) 10 und 20
c) 26 und 44 d) 13 und 37
e) 5 und 6 f) 10 und 11

**1** Berechne jeweils den Durchschnitt
a) 10 und 40 b) 35 und 65
c) 19 und 18 d) 23 und 12
e) 45 und 31 f) 75 und 20

**2** Berechne den Durchschnitt.
a) 2; 9 und 7
b) 12; 15 und 30
c) 150 g; 200 g und 220 g
d) 1 € und 2 €

**2** Berechne den Durchschnitt.
a) 25 mm; 29 mm; 36 mm und 14 mm
b) 125 g; 218 g und 59 g
c) 25 s; 63 s; 48 s und 24 s
d) 45 min; 36 min; 18 min und 21 min

**3** Familie Sauer macht eine Fahrradtour. So weit sind sie an den einzelnen Tagen gefahren:
Samstag: 48 km Sonntag: 52 km Montag: 40 km Dienstag: 36 km
Wie viele Kilometer ist Familie Sauer im Durchschnitt täglich gefahren?

**4** Nenne drei Zahlen, die im Durchschnitt 50 ergeben.
Vergleiche mit deinen Mitschülern.

**4** Nenne fünf (acht) Zahlen, die im Durchschnitt 20 ergeben.
Findest du noch mehr Möglichkeiten?

**5** Hier siehst du das Ergebnis einer Mathearbeit.
Erkläre die Tabelle und die Berechnung des Notendurchschnitts.

| 1 | 2 | 3 | 4 | 5 | 6 |
|---|---|---|---|---|---|
| 3 | 6 | 8 | 6 | 3 | 0 |

① $3 \cdot 1 + 6 \cdot 2 + 8 \cdot 3 + 6 \cdot 4 + 3 \cdot 5 = 78$
② $\varnothing = 78 : 26 = 3$

**5** Ist der Notendurchschnitt der Mathearbeit richtig berechnet worden?
Begründe deine Antwort und berichtige, falls notwendig.

$$\varnothing = \frac{3 + 6 + 8 + 10 + 3 + 0}{6}$$
$$\varnothing = 5$$

**6** Im Förderkurs Englisch wurde ein Test geschrieben. Das ist der Klassenspiegel:

| Note | 1 | 2 | 3 | 4 | 5 | 6 |
|---|---|---|---|---|---|---|
| Anzahl | 0 | 2 | 5 | 1 | 2 | 0 |

Berechne den Durchschnitt.

**6** Das ist der Klassenspiegel der letzten Mathematikarbeit der 6c:

| Note | 1 | 2 | 3 | 4 | 5 | 6 |
|---|---|---|---|---|---|---|
| Anzahl | 2 | 7 | 9 | 10 | 2 | 0 |

Berechne das arithmetische Mittel.

**7** Jule trainiert für den Stadtlauf.

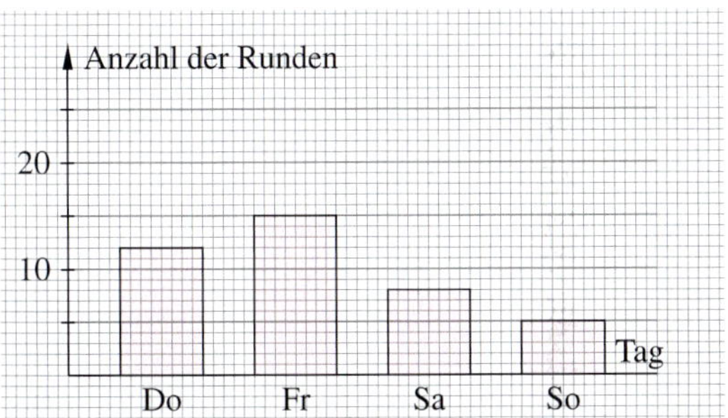


Wie viele Runden ist sie durchschnittlich am Tag gelaufen?

**7** Verkaufte Essen im Gasthof „Zur Linde“:

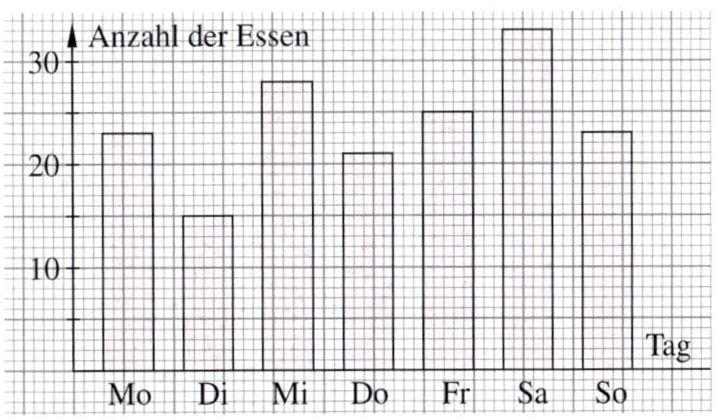


Wie viele Essen wurden durchschnittlich am Tag verkauft?

**NACHGEDACHT**
*Der Lehrer schreibt den Notendurchschnitt 2,5 an die Tafel. Ayla meint: „Das kann nicht stimmen. Es gibt keine Noten mit Stellen hinter dem Komma.“ Was meinst du dazu?*

# Die relative Häufigkeit

## Entdecken

**1** Die Polizei prüft bei den Klassen 6 a und 6 b die Sicherheit der Fahrräder.
Klasse 6 a: Von 25 Rädern hatten 16 Räder Mängel.
Klasse 6 b: Von 20 Rädern hatten 13 Räder Mängel.
Dominik aus der Klasse 6 b sagt: „ In der Klasse 6 a waren 3 Räder mehr mit Mängeln als bei uns. Die andere Klasse hat schlechter abgeschnitten als wir.“
Was meinst du dazu?

**2** Sabine sagt: „Ihr müsst das anders vergleichen. Wenn in der Klasse 6 a 16 von 25 Rädern Mängel hatten, ist das so, als ob 64 von 100 Rädern Mängel hätten. Das sind $\frac{64}{100}$ Räder mit Mängeln, also 64 %. Und wenn ihr das für die Klasse 6 b auch so ausrechnet, seht ihr, welche Klasse schlechter abgeschnitten hat.“

**3** In der Klasse 5 c hatten von 20 Rädern 11 Mängel und in der Klasse 5 d von 25 Fahrrädern 13 Mängel. Welche Klasse hat absolut gesehen mehr Räder mit Mängeln, welche Klasse hat relativ gesehen mehr Räder mit Mängeln?

## Verstehen

Die Klasse 6 a mit 25 Schülern wurde nach ihrem Lieblingsessen befragt.

**absolute Häufigkeit**

| Lieblingsessen | Anzahl |
|---|---|
| Pizza | 12 |
| Spaghetti | 4 |
| Hamburger | 3 |
| Sonstiges | 6 |
| gesamt | 25 |

Aus der absoluten Häufigkeit berechnet sich die **relative Häufigkeit.**

**relative Häufigkeit = $\frac{\textbf{absolute Häufigkeit}}{\textbf{Gesamtzahl}}$**

| Lieblingsessen | Anteil/Prozent |
|---|---|
| Pizza | $\frac{12}{25} = \frac{48}{100} = 0{,}48 = 48\,\%$ |
| Spaghetti | $\frac{4}{25} = \frac{16}{100} = 0{,}16 = 16\,\%$ |
| Hamburger | $\frac{3}{25} = \frac{12}{100} = 0{,}12 = 12\,\%$ |
| Sonstiges | $\frac{6}{25} = \frac{24}{100} = 0{,}24 = 24\,\%$ |
| gesamt | $\frac{25}{25} = \frac{100}{100} = 1{,}0 = 100\,\%$ |

***HINWEIS***
*Mithilfe der relativen Häufigkeit lassen sich gut Anzahlen vergleichen.*

**Merke** Die **absolute Häufigkeit** gibt eine Anzahl an.
Die **relative Häufigkeit** gibt einen Anteil an einer Gesamtzahl an.

So wird die relative Häufigkeit berechnet: **relative Häufigkeit = $\frac{\textbf{absolute Häufigkeit}}{\textbf{Gesamtzahl}}$**

Die relative Häufigkeit kann man als Bruch, als Dezimalzahl oder in Prozent angeben.
Die Dezimalzahl liegt immer zwischen 0 und 1, die Prozentzahl zwischen 0 % und 100 %.

**Beispiel 1**

Ein Würfel wird 20-mal geworfen. 20 Würfe sind die Gesamtzahl.
Die Strichliste zeigt, wie oft jede Augenzahl geworfen wurde.

⚀ |||| ⚁ ||| ⚂ || ⚃ ||| ⚄ |||| ⚅ ||||

Die absolute Häufigkeit, mit der z. B. die Augenzahl ⚁ auftritt, ist 3.
Die relative Häufigkeit, mit der die Augenzahl ⚁ auftritt, ist $\frac{3}{20} = \frac{15}{100} = 0{,}15 = 15\,\%$.

## Üben und anwenden

**1** Luca hat 100 Kinder nach ihrer Lieblingsfarbe befragt.
Gib die relativen Häufigkeiten in Prozent an.

| Lieblingsfarbe | absolute Häufigkeit | relative Häufigkeit |
|---|---|---|
| blau | 31 | |
| rot | 25 | |
| rosa | 9 | |
| grün | 35 | |
| **gesamt** | | |

**2** Die 50 Sechstklässler der Karl-Kraus-Schule wurden nach ihrem Alter befragt.
Gib die relativen Häufigkeiten als Bruch und in Prozent an.

| Alter (in Jahren) | absolute Häufigkeit | relative Häufigkeit |
|---|---|---|
| 11 | 8 | $\frac{8}{50} = \frac{16}{100} = 16\%$ |
| 12 | 28 | |
| 13 | 14 | |

**3** Annkathrin und Hanna haben eine halbe Stunde an einer Kreuzung Fahrzeuge gezählt.

| Fahrzeug | absolute Häufigkeit | relative Häufigkeit |
|---|---|---|
| Pkw | 138 | |
| Fahrrad | 40 | |
| Lkw | 14 | |
| Sonstiges | 8 | |
| **gesamt** | | |

a) Gib die relativen Häufigkeiten jeweils als Bruch und in Prozent an.
b) Emma hat an einer anderen Kreuzung 50 Fahrzeuge gezählt, davon 16 Fahrräder. Emma sagt: „An meiner Kreuzung waren mehr Fahrräder." Erkläre ihre Aussage.

**1** Ibrahim hat seine 25 Mitschüler nach ihrer Lieblingsmusik befragt. Gib die relativen Häufigkeiten als Bruch und in Prozent an.

| Lieblingsmusik | absolute Häufigkeit | relative Häufigkeit |
|---|---|---|
| Hip-Hop | 6 | |
| Charts | 10 | |
| R'n'B | 4 | |
| Rock | 3 | |
| Sonstiges | 2 | |

**2** Die Schüler der Klasse 6c wurden nach ihrem Alter befragt.
Gib die relativen Häufigkeiten als Bruch und in Prozent an.

| Alter (in Jahren) | absolute Häufigkeit | relative Häufigkeit |
|---|---|---|
| 11 | IIII | |
| 12 | ~~IIII~~ IIII | |
| 13 | III | |
| 14 | IIII | |

**3** Eine Zeitschrift veröffentlicht einen Artikel über die Zuverlässigkeit gebraucht gekaufter Autos.

| Automarke | BMW | Mercedes Benz | Fiat | Renault |
|---|---|---|---|---|
| Autos, die mit einer Panne liegen blieben | 55 | 28 | 30 | 51 |
| untersuchte Autos | 275 | 280 | 120 | 170 |

a) Berechne für jede Automarke die relative Häufigkeit, mit der die Autos eine Panne hatten.
b) Welche dieser vier Automarken ist am zuverlässigsten? Begründe deine Antwort.

***NACHGEDACHT***
*Wer ist die bessere Torhüterin?*
*Laura:*
*7 von 25 Elfmetern gehalten*
*Afrah:*
*6 von 20 Elfmetern gehalten*

**4** Relative Häufigkeiten von Buchstaben
a) Wie groß ist jeweils die relative Häufigkeit der drei Buchstaben D, E und N in diesem Text?
b) Thorben meint: „Im Deutschen sind Ä und ß sehr selten."
Mit welcher relativen Häufigkeit kommen sie in diesem Text vor?

> Pferde sind Pflanzenfresser. Mit ihren Schneidezähnen rupfen sie auf der Weide Gras ab. Bei längeren Pflanzen helfen dabei ihre Lippen mit. Mit breiten Backenzähnen zerkauen die Tiere das Gras gründlich, bevor sie es schlucken.

# Zufallsexperimente

## Entdecken

**1** Auf der Geburtstagsfeier von Niklas wird mit einem Würfel gewürfelt.
Wer eine Sechs würfelt, bekommt eine kleine Überraschung.

a) Ben hat eine Sechs gewürfelt.
Wird er beim nächsten Mal wieder eine Sechs würfeln?
b) Jannis hat dreimal hintereinander eine Sechs gewürfelt.
Würfelt er beim nächsten Mal wieder eine Sechs?
c) Insgesamt wurde 100-mal gewürfelt.
Was schätzt du, wie häufig eine Sechs dabei war?

**2** Führt selbst Würfelexperimente durch.
Würfelt dabei mit einem Würfel oder mit zwei Würfeln. Vergleicht eure Ergebnisse.

**3** Anne und Peer haben an zwei verschiedenen Glücksrädern gedreht.
a) Welche Ergebnisse sind möglich?
b) Anne und Peer haben die relativen Häufigkeiten aufgeschrieben.
Wer hat wohl welches Glücksrad gedreht?

| | gelb | rot | grün | blau |
|---|---|---|---|---|
| Anne | 0,28 | 0,48 | 0,11 | 0,13 |
| Peer | 0,27 | 0,20 | 0,30 | 0,23 |

1. Glücksrad

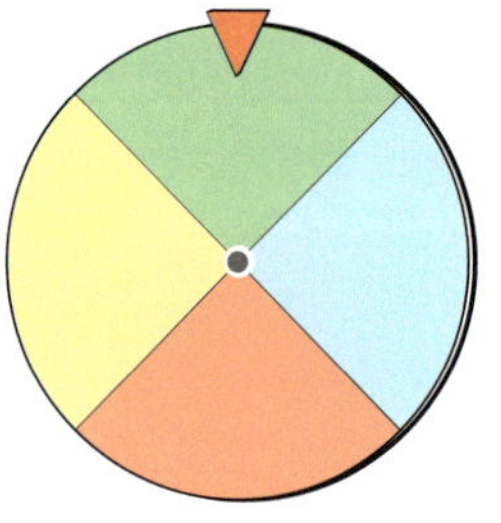

2. Glücksrad

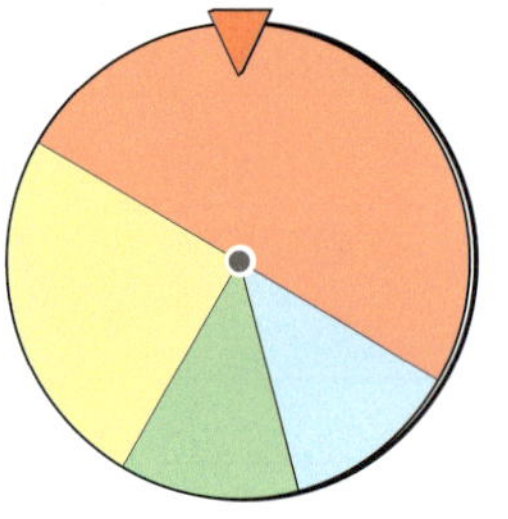

## Verstehen

Beim Fußballspiel entscheidet eine Münze, welche Mannschaft den ersten Anstoß machen darf.
Ist das fair?

**Merke** Experimente, bei denen das Ergebnis vom Zufall abhängt, heißen **Zufallsexperimente**.
Zufallsexperimente kann man beliebig oft wiederholen.

Bei Zufallsexperimenten sind immer verschiedene **Ergebnisse** möglich. Welches Ergebnis beim Experiment eintritt, kann man nicht sicher vorhersagen.

### Beispiel 1

Münzwurf
Beim Werfen einer Münze sind folgende Ergebnisse möglich:
„Zahl“ oder „Wappen“.
Ob Zahl oder Wappen fällt, hängt vom Zufall ab.
Es ist ein Zufallsexperiment.

### Beispiel 2

Würfeln
Beim Würfeln mit einem normalen Würfel sind folgende Ergebnisse möglich:
Augenzahl 1; 2; 3; 4; 5 oder 6.
Welche Augenzahl fällt, hängt vom Zufall ab.
Es ist ein Zufallsexperiment.

## Üben und anwenden

**1** Reißnägel werden geworfen.
Welche Ergebnisse sind möglich?

**2** Welche Ergebnisse sind beim Werfen dieser Würfel jeweils möglich?
Die Seite mit der größten Augenzahl zeigt jeweils nach oben.

a) 
b) 
c) 

**3** Hängen diese Vorgänge vom Zufall ab?
Diskutiere mit deinem Tischnachbarn.
a) Ziehung der Lottozahlen
b) Ergebnis einer Rechenaufgabe
c) Geschlecht eines Neugeborenen
d) Beginn der Sommerferien

**4** Arbeitet zu zweit.
a) Würfelt mit zwei Würfeln und addiert jeweils die Augenzahl.
Erstellt eine Strichliste und würfelt 20-mal.

| Augensumme | 2 | 3 | 5 | 6 | 7 | 8 | 9 |
|---|---|---|---|---|---|---|---|
| Anzahl | | | | | | | |

b) Vergleicht eure Ergebnisse in der Klasse.
Warum gibt es bei diesem Experiment unterschiedliche Ergebnisse?

**1** In der Schüssel liegen 10 bunte Kugeln.
Sie unterscheiden sich nur in ihrer Farbe.
Welche Ergebnisse sind beim Ziehen einer Kugel aus der Schüssel möglich?

**2** Patrick sagt: „Wenn ich einen Legostein werfe, fällt er immer so, dass die Noppen oben liegen."
Hat er recht? Begründe deine Antwort.

**3** Handelt es sich jeweils um ein Zufallsexperiment? Begründe deine Antwort.
Falls ja, gib die möglichen Ergebnisse an.
a) Ziehung der ersten Kugel bei „6 aus 49"
b) Ermitteln des Gewichts einer Kugel
c) Bestehen der Fahrprüfung

**4** Arbeitet zu zweit.
a) Welche Ergebnisse sind möglich, wenn man mit zwei Würfeln würfelt und die Augenzahlen jeweils addiert?
b) Führt das Zufallsexperiment 30-mal durch und erstellt eine Strichliste.
c) Yasim schaut sich seine Ergebnisse an und sagt: „Die Augensumme 2 ist nicht so oft möglich wie die Augensumme 5."
Was meint er damit?

**NACHGEDACHT**
*Ole sagt:*
*„Ich habe von 15 Versuchen kein einziges Mal die 3 gewürfelt. Die 3 kommt nie."*
*Was sagst du dazu?*

**5** Arbeitet zu zweit.
a) Welche Ergebnisse sind beim Werfen einer Münze möglich?
b) Werft eine Münze 10-mal und sammelt die Ergebnisse in einer Strichliste.
c) Berechnet die relativen Häufigkeiten für das Ergebnis „Wappen" und das Ergebnis „Zahl".
d) Vergleicht eure Ergebnisse bei b) und c) in der Klasse.
Berechnet die relativen Häufigkeiten für das Ergebnis „Wappen" der gesamten Klasse.
e) Schätzt: Was passiert, wenn man die Münze 100-mal wirft? Begründet eure Vermutung.

# Klar so weit?

→ Seite 152

## Negative Zahlen

**1** Lies die Temperaturen ab.

a) b) c) d)

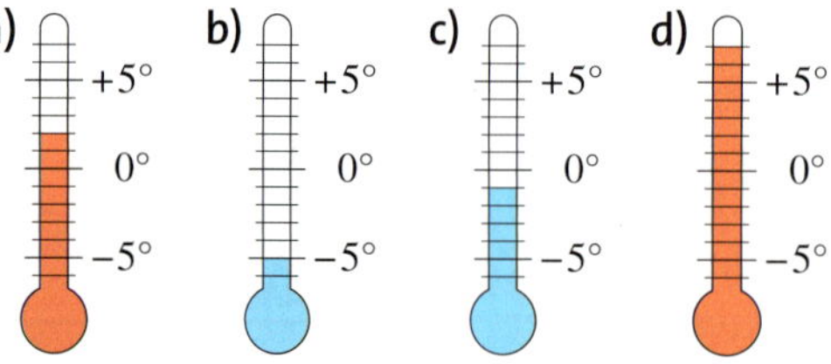


**1** Lies die Temperaturen ab.

a) b) c) d)

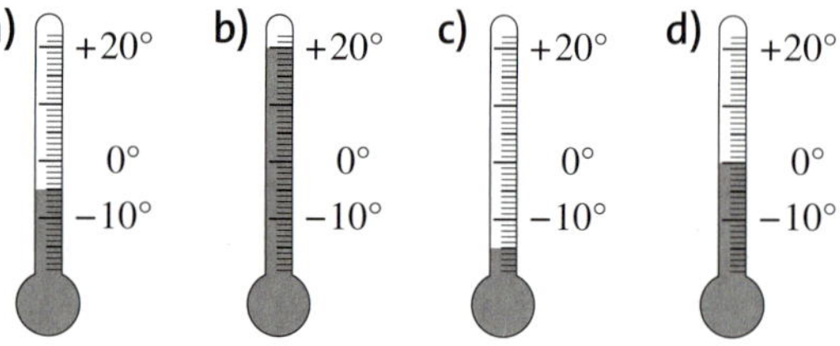


**2** Welche Angaben passen zusammen? Begründe deine Antworten.

Raumtemperatur bei Hitzefrei | 2 | +213 € | negative Zahl | Temperatur eines Eiswürfels | −12 € | positive Zahl | 27 °C | −3 °C | Guthaben | −7 | Schulden

→ Seite 154

## Negative Zahlen vergleichen und ordnen

**3** Welche dieser Zahlen …

0 | 10 | 3 | −7 | 5 | 2 | −999

a) sind größer als −5?
b) sind kleiner als −2?
c) ist die größte?

**3** Schreibe jeweils vier passende Zahlen in dein Heft.

a) Zahlen, die kleiner als 2 sind
b) Zahlen, die größer als −3 sind
c) Zahlen, die kleiner als −87 sind
d) Zahlen, die größer als −500 sind

**4** Übertrage ins Heft und setze das richtige Zeichen (<, = oder >).

a) 9 □ 7 b) −2 □ 5
c) 5 □ −3 d) −5 □ 5
e) −7 □ −7 f) −8 □ −7

**4** Übertrage ins Heft und setze das richtige Zeichen (<, = oder >).

a) −7 □ 0 b) 2 □ −8
c) −13 □ 8 d) −9 □ −8
e) −17 □ −20 f) −39 □ −41

**5** Zeichne eine Zahlengerade von −6 bis +8 in dein Heft. Trage die Zahlen ein und schreibe die entsprechenden Buchstaben dazu. Bei richtiger Lösung erhältst du einen Lösungssatz.

| G | H | R | R | S | C | T | W | A | D | A | I | I |
|---|---|---|---|---|---|---|---|---|---|---|---|---|
| 8 | 5 | 0 | −1 | −4 | 3 | 6 | −3 | −5 | −6 | −2 | 1 | 7 |

→ Seite 158

## Der Zentralwert

**6** Bestimme jeweils Minimum, Maximum und Zentralwert.

a) Schuhgrößen:
38; 38; 36; 35; 40; 36; 35; 36; 41
b) Körpergrößen:
124 cm; 130 cm; 132 cm; 150 cm

**6** Bestimme jeweils Minimum, Maximum und Zentralwert.

a) Laufzeiten: 76 s; 112 s; 88 s; 99 s; 91 s; 91 s; 100 s; 88 s
b) Gewicht von Wildtieren:
512 kg; 2165 kg; 3 kg; 520 kg

## Der Durchschnitt

→ Seite 160

**7** Berechne jeweils den Durchschnitt.
a) 1 und 3 b) 100 und 200
c) 3 und 18 d) 50 und 54
e) 10; 20; 30 f) 1; 3; 4; 8

**7** Berechne jeweils den Durchschnitt.
a) 60 und 80 b) 125 und 175
c) 133 und 137 d) 17 und 24
e) 1; 3; 5; 7 f) 4; 10; 12; 16

**8** Jan und seine Freunde haben ihre Körpergröße gemessen:
1,55 m; 1,44 m; 1,62 m; 1,51 m
Wie groß sind die Freunde im Durchschnitt?

**8** Berechne den Notendurchschnitt.

| Note | 1 | 2 | 3 | 4 | 5 | 6 |
|---|---|---|---|---|---|---|
| Anzahl | 2 | 5 | 11 | 9 | 3 | 0 |

## Die relative Häufigkeit

→ Seite 162

**9** Die Polizei hat an drei Schulen die Sicherheit der Fahrräder überprüft.

| | St. Georg-Schule | Humboldt-Schule | Liebfrauen-Schule |
|---|---|---|---|
| Räder mit Mängeln | 24 | 15 | 12 |
| untersuchte Räder | 100 | 50 | 60 |
| relative Häufigkeit | | | |

a) Ergänze die Tabelle in deinem Heft. Gib die relativen Häufigkeiten in % an.
b) Vergleiche die Ergebnisse: Welche Schule hat die sichersten Fahrräder? Welche Schule hat die unsichersten Fahrräder?

**10** Marvin und Jan sind Torhüter.
Marvin hat sechs von zwanzig Elfmetern gehalten.
Jan hat vier von sechzehn Elfmetern gehalten.
a) Gib die relativen Häufigkeiten der von Marvin und von Jan gehaltenen Elfmeter an.
b) Für welchen Torwart sollte sich der Trainer beim Elfmeterschießen entscheiden?

**10** Vergleiche jeweils die beiden relativen Häufigkeiten.
a) 5 Gewinne auf 20 Lose; 7 Gewinne auf 25 Lose
b) 4 Körbe von 8 Würfen; 6 Körbe von 15 Würfen
c) 9 von 30 Schülern; 16 von 50 Schülern
d) 12 von 15 Stimmen; 15 von 20 Stimmen

## Zufallsexperimente

→ Seite 164

**11** Handelt es sich um Zufallsexperimente? Falls ja, gib die möglichen Ergebnisse an.
a) Werfen einer Münze
b) mit einem Würfel würfeln
c) Ermitteln des Volumens eines Quaders
d) Note deiner nächsten Klassenarbeit

**11** Handelt es sich um Zufallsexperimente? Falls ja, gib die möglichen Ergebnisse an.
a) Würfeln mit zwei Würfeln
b) Temperatur morgen Mittag
c) mit verbundenen Augen aus einer Schüssel mit 3 roten und 7 blauen Kugeln ziehen

**12** Es gibt auch Spielwürfel mit 12 Flächen.
Yannick und Lina würfeln mit zwei 12er-Spielwürfeln.
Dann subtrahieren sie jeweils die kleinere Augenzahl von der größeren.
Gib die möglichen Ergebnisse dieses Zufallsexperiments an.

# Vermischte Übungen

**1** Arbeitet zu zweit. Denkt euch zu jeder Jahreszeit eine passende Temperatur aus. Schreibt auch dazu, was ihr bei dieser Temperatur gerne unternehmen würdet.

**2** Welche Zahlen sind hier markiert?

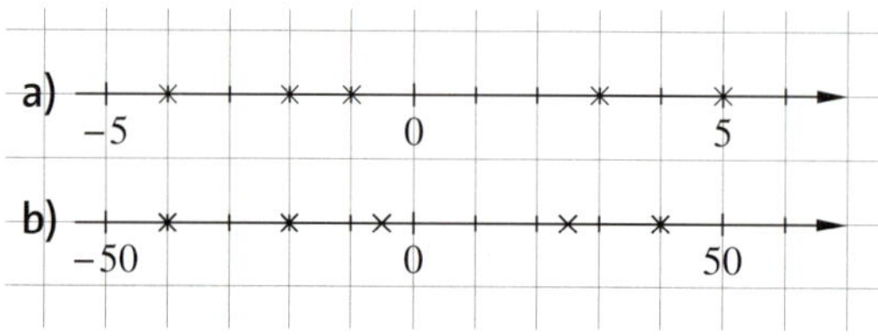


**2** Welche Zahlen sind hier markiert?

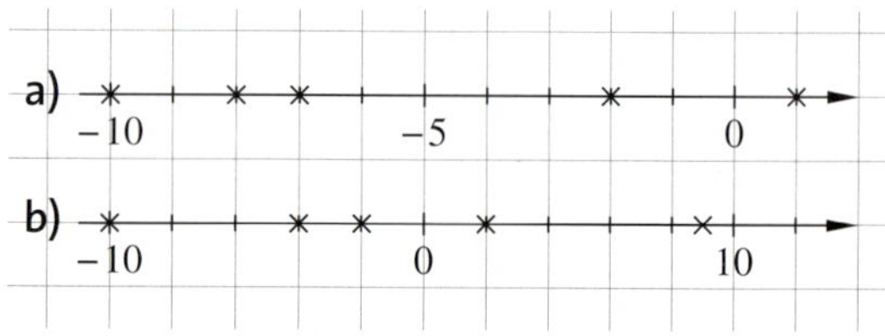


**3** Negative Zahlen

a) Finde in jedem Block die größte Zahl und schreibe den passenden Buchstaben in dein Heft. Es ergibt sich ein Lösungswort.

b) Nun finde in jedem Block die kleinste Zahl. Es ergibt sich ein weiteres Lösungswort.

①

| | | | | |
|---|---|---|---|---|
| −308 | −256 | −267 | −249 | −317 |
| G | E | M | B | S |

②

| | | | | |
|---|---|---|---|---|
| −1200 | −1100 | −1208 | −1999 | −1099 |
| U | T | N | E | A |

③

| | | | | |
|---|---|---|---|---|
| −349 | −394 | −396 | −399 | −369 |
| N | C | U | I | L |

④

| | | | | |
|---|---|---|---|---|
| −1,8 | −1,5 | −1 | −1,2 | −1,25 |
| L | D | K | H | M |

**4** Ordne die Zahlen der Größe nach.

a) −4; 0; 8; − 9; − 5; −1; 1; 19

b) 0; −10; 35; −13; −19; −1

**4** Ordne die Zahlen der Größe nach.

a) −7; 5; −3; 9; −13; 25; −6; −10; −12

b) −306; −25; 15; 21; 1; −15; −23; −603

**5** Zeichne eine Zahlengerade von −5 bis +5. Trage folgende Zahlen ein:
−5; 0; 5; 1; −1; −3; 4; −4; 2

**5** Zeichne eine Zahlengerade in dein Heft. Trage folgende Zahlen ein:
−10; 0; 10; 6; −4; −3; 5; −1; 8; −9

**6** Die Davis-Station ist die südlichste australische Forschungsstation in der Antarktis. Hier siehst du das Temperaturdiagramm dieser Station.

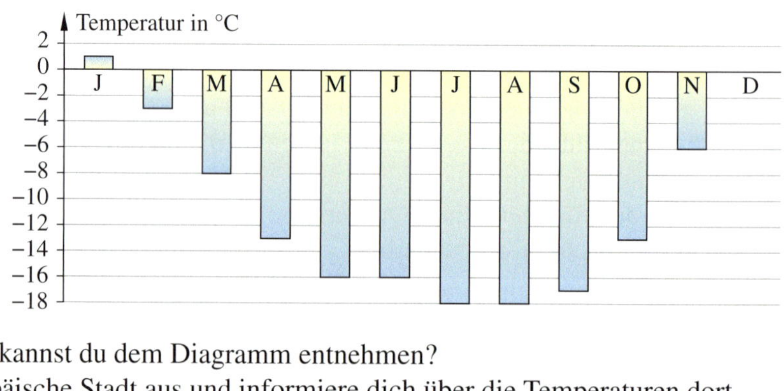


a) Welche Informationen kannst du dem Diagramm entnehmen?

b) Wähle eine mitteleuropäische Stadt aus und informiere dich über die Temperaturen dort. Vergleiche die Temperaturdiagramme.

**7** Gib die relative Häufigkeit als Bruch und in Prozent an.

a) 5 von 100 Schrauben sind defekt.
b) 6 von 120 Personen können Gitarre spielen.
c) 16 von 64 Losen gewinnen.
d) 7 von 25 Bäumen sind krank.
e) 24 von 80 Sechstklässlern sind blond.

**7** Vergleiche mithilfe von relativen Häufigkeiten.

a) 4 Tore bei 16 Schüssen;
6 Tore bei 24 Schüssen
b) 21 von 30 Kindern sind Mädchen.
24 von 40 Kindern sind Mädchen.
c) 15 von 180 Jungen sind rothaarig.
12 von 150 Mädchen sind rothaarig.

**8** Während einer Sport-Projektwoche wählten die Schüler folgende Sportarten.

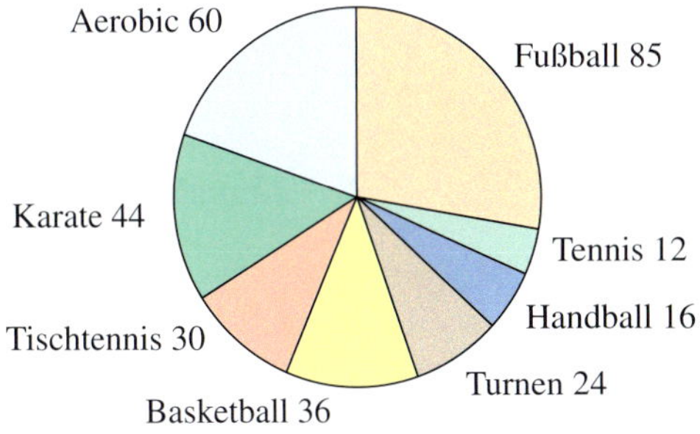


Berechne die relativen Häufigkeiten in Prozent.

**8** Die Polizei hat 400 Unfälle untersucht, die von Fußgängern verursacht wurden.

– 68 % der Fußgänger haben nicht nach links und rechts geschaut.
– 22 % der Fußgänger kamen plötzlich hinter anderen Autos hervor.
– 10 % der Fußgänger haben die Ampel nicht beachtet.

a) Rechne die relativen Häufigkeiten in absolute Häufigkeiten um.
Beachte, wie viele Unfälle insgesamt untersucht wurden.
b) Wie groß wären die absoluten Häufigkeiten bei 1000 Unfällen?

**9** Arbeitet in Gruppen.
Fünf Basketballer vergleichen ihre Schuhgrößen: 37; 38; 52; 35; 38.

a) Bestimmt den Zentralwert und den Durchschnitt.
b) Diskutiert: Welchen der beiden Werte findet ihr aussagekräftiger?

**10** Erfinde passende Datenreihen, die aus 5 Daten bestehen.

a) Der Zentralwert ist 5.
b) Der Durchschnitt ist 10.

**10** Erfinde eine passende Datenreihe, die aus 5 Daten besteht.
Der Zentralwert ist 25 und gleichzeitig ist der Durchschnitt 30.

**11** Die Tabelle gibt den Gewinn einer Tischlerei in den Jahren von 2007 bis 2012 an.

| Jahr | 2007 | 2008 | 2009 | 2010 | 2011 | 2012 |
|---|---|---|---|---|---|---|
| Gewinn (in €) | 12000 | 14000 | 13000 | 20000 | 12000 | 13000 |

a) Gib das Maximum und das Minimum der Gewinne an.
b) Vergleiche den Durchschnitt und den Zentralwert der Gewinne.
c) Zeichne ein Säulendiagramm. Kennzeichne darin deine Ergebnisse aus a) und b).

**12** Ergebnisse beim Glücksrad:

| | |
|---|---|
| Hauptgewinn | 50 |
| kleiner Gewinn | 31 |
| weiterer Versuch | 94 |
| Niete | 175 |

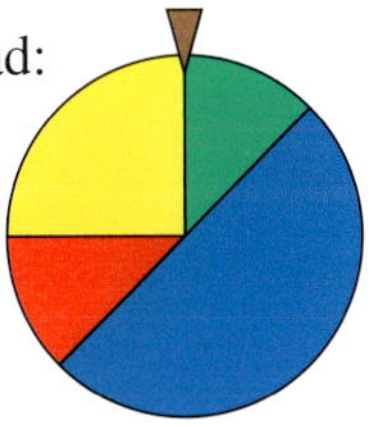

Welche Farbe bedeutet welchen Gewinn?

**12** Ergebnisse beim Glücksrad:

| | |
|---|---|
| Hauptgewinn | 16 |
| kleiner Gewinn | 38 |
| weiterer Versuch | 56 |
| Niete | 90 |

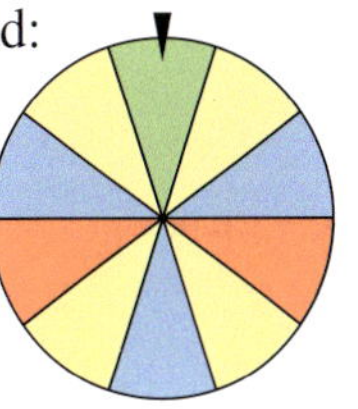

Welche Farbe bedeutet welchen Gewinn?

Checkliste
170-1

# Teste dich!

*(6 Punkte)*

**1** Was bedeuten die negativen Zahlen in den Beispielen?

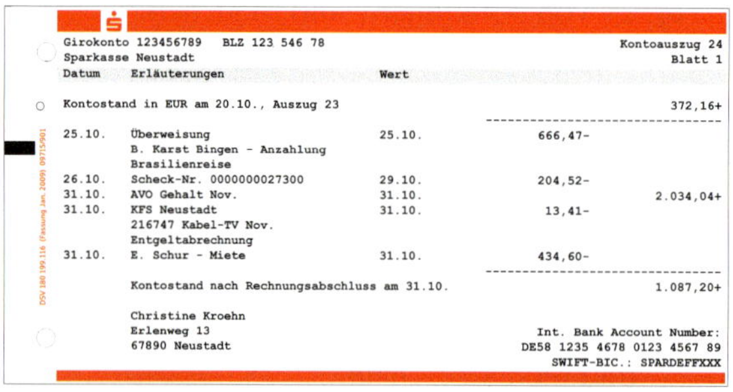
Girokonto 123456789 BLZ 123 546 78 Kontoauszug 24
Sparkasse Neustadt Blatt 1

| Datum | Erläuterungen | Wert | | |
|---|---|---|---|---|
| | Kontostand in EUR am 20.10., Auszug 23 | | | 372,16+ |
| 25.10. | Überweisung B. Karst Bingen - Anzahlung Brasilienreise | 25.10. | 666,47- | |
| 26.10. | Scheck-Nr. 0000000027300 | 29.10. | 204,52- | |
| 31.10. | AVO Gehalt Nov. | 31.10. | | 2.034,04+ |
| 31.10. | KFS Neustadt 216747 Kabel-TV Nov. Entgeltabrechnung | 31.10. | 13,41- | |
| 31.10. | E. Schur - Miete | 31.10. | 434,60- | |
| | Kontostand nach Rechnungsabschluss am 31.10. | | | 1.087,20+ |

Christine Kroehn
Erlenweg 13
67890 Neustadt

Int. Bank Account Number:
DE58 1235 4678 0123 4567 89
SWIFT-BIC.: SPARDEFFXXX

*(8 Punkte)*

**2** Welche ganzen Zahlen liegen dazwischen?

a) $-3$ und $+3$ b) $-7$ und $-1$ c) $-4$ und $5$ d) $-25$ und $-21$

*(8 Punkte)*

**3** Übertrage ins Heft und setze das richtige Zeichen (< oder = oder >).

a) $-12$ ▢ $3$ b) $-102$ ▢ $-97$ c) $-307$ ▢ $307$ d) $+2$ ▢ $-2$
e) $-712$ ▢ $-809$ f) $72$ ▢ $-71$ g) $-100$ ▢ $-99$ h) $-703$ ▢ $307$

*(12 Punkte)*

**4** Zahlengerade

a) Welche Zahlen sind hier markiert?

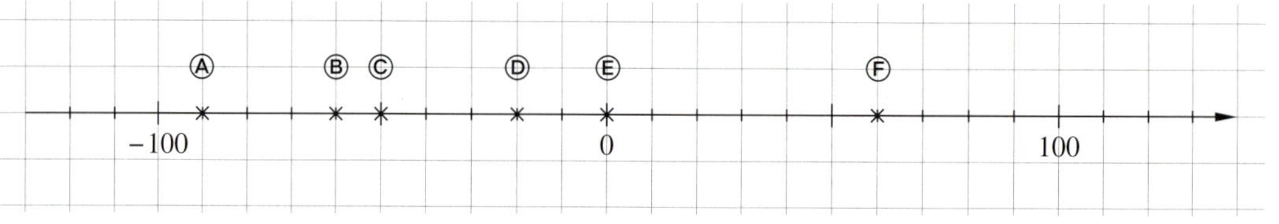


b) Zeichne eine Zahlengerade von $-10$ bis $+10$.
Trage folgende Zahlen ein: 1; $-1$; $-8$; 8; 5; $-5$

*(6 Punkte)*

**5** Ordne die Temperaturangaben auf der Wetterkarte der Größe nach.
Beginne mit der niedrigsten Temperatur.

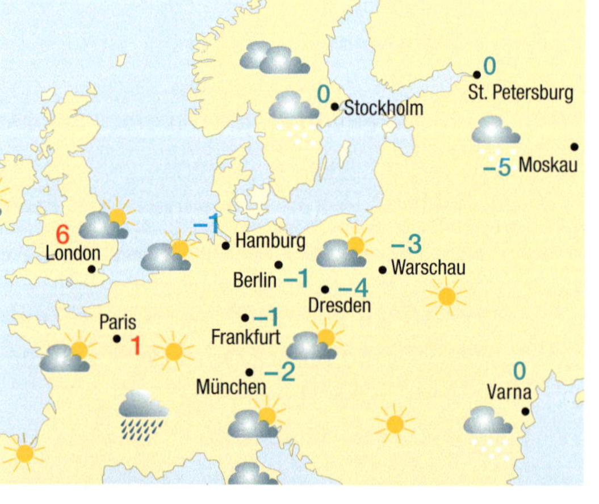


*(9 Punkte)*

**6** Gib zu jeder Datenreihe Minimum, Maximum und den Zentralwert an.

a) 12; 26; 28; 51; 52; 56; 57
b) 740; 824; 824; 729; 283; 391; 285
c) 86; 49; 34; 102; 21; 47

**7** Die 6a hat zwei Mathematikarbeiten geschrieben. *(10 Punkte)*

| Note | 1 | 2 | 3 | 4 | 5 | 6 |
|---|---|---|---|---|---|---|
| 1. Arbeit | 0 | 10 | 14 | 4 | 0 | 2 |
| 2. Arbeit | 2 | 4 | 9 | 13 | 2 | 0 |

a) Berechne jeweils den Durchschnitt der ersten Arbeit und der zweiten Arbeit.
b) Welche Arbeit ist besser ausgefallen?

**8** Thorsten hat mit seinem Vater eine Fahrradtour um den Bodensee gemacht. *(12 Punkte)*

a) Wie lang waren die einzelnen Etappen?
b) Gib Minimum, Maximum und den Zentralwert an.
c) Berechne den Durchschnitt.

**9** Alina hat gewürfelt. *(10 Punkte)*

| Augenzahl | ⚀ | ⚁ | ⚂ | ⚃ | ⚄ | ⚅ |
|---|---|---|---|---|---|---|
| Häufigkeit | 36 | 28 | 40 | 34 | 32 | 30 |

a) Zeichne zur Tabelle ein Säulendiagramm.
b) Berechne die relativen Häufigkeiten als Dezimalzahl.

**10** Antonias Handballtrainer will wissen, wer am sichersten die 7-m-Würfe verwandelt. *(7 Punkte)*

| | | |
|---|---|---|
| Antonia: 80 Tore von 100 Versuchen | | Lea: 30 Tore von 40 Versuchen |
| Manja: 10 Tore von 25 Versuchen | | Lina: 42 Tore von 60 Versuchen |
| Sophia: 3 Tore von 15 Versuchen | | Marie: 57 Tore von 75 Versuchen |

Erstelle eine Rangliste. Beginne mit der besten Torschützin.

**11** Tine und Lea haben 5-mal in dieser Woche telefoniert: Im Durchschnitt dauerten diese Telefonate 20 Minuten. Gib zwei mögliche Datenreihen für die Dauer der Einzelgespräche an. *(4 Punkte)*

**12** Gib jeweils die möglichen Ergebnisse der Zufallsexperimente an. *(8 Punkte)*

a) mit einer Münze werfen
b) mit verbundenen Augen aus der Schale ziehen
c) am Glücksrad drehen
d) würfeln

Gold: 94–100 Punkte, Silber: 77–93 Punkte, Bronze: 60–76 Punkte

# Zusammenfassung

→ Seite 152

## Negative Zahlen

**Negative Zahlen** sind kleiner als Null.
**Positive Zahlen** sind größer als Null.

negative Zahlen: −4; −12; −100
positive Zahlen: +8, 11; +100; 150

Die positiven und negativen Zahlen zusammen mit der Null nennt man **ganze Zahlen**.

$\mathbb{Z} = \{\ldots; -2; -1; 0; 1; 2; \ldots\}$

→ Seite 154

## Negative Zahlen vergleichen und ordnen

Für negative Zahlen wird der Zahlenstrahl über die Null hinaus nach links zur **Zahlengeraden** erweitert.

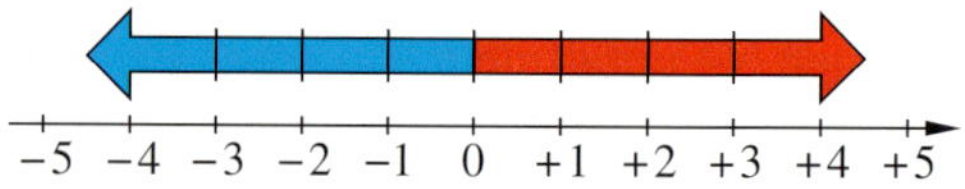


$-5 < -2$, denn −5 steht links von −2

Jede Zahl hat eine **Gegenzahl**.

−2 ist Gegenzahl zu +2

→ Seite 158

## Der Zentralwert

Daten kann man der Größe nach ordnen.
Der in der Mitte stehende Wert heißt **Zentralwert** (**Median**).
Gibt es eine gerade Anzahl an Daten, dann ist der Zentralwert der Wert, der gleich weit von den beiden in der Mitte stehenden Daten entfernt ist.

geordnete Datenreihe
- mit einer ungeraden Anzahl von Daten:
  3; 7; [8]; 10; 12
  Der Zentralwert ist 8.
- mit einer geraden Anzahl von Daten:
  4; 7; [9; 11]; 14; 17
  Der Zentralwert ist 10.

→ Seite 160

## Der Durchschnitt

Addiert man alle Werte einer Datenreihe und dividiert sie durch die Anzahl der Werte, so erhält man den **Durchschnitt (arithmetisches Mittel)**.

$3 + 8 + 12 + 7 + 10 = 40$
$40 : 5 = 8$
8 ist der Durchschnitt der Datenreihe.

→ Seite 162

## Relative Häufigkeit

Die **absolute Häufigkeit** gibt eine Anzahl an.
Die **relative Häufigkeit** gibt einen Anteil an.

**relative Häufigkeit** $= \dfrac{\textbf{absolute Häufigkeit}}{\textbf{Gesamtzahl}}$

Die relative Häufigkeit kann man als Bruch, als Dezimalzahl oder in Prozent angeben.

Bei der Klassensprecherwahl erhielt Lisa 9 Stimmen von insgesamt 25.

absolute Häufigkeit: 9 Stimmen

relative Häufigkeit: $\frac{9}{25} = \frac{36}{100} = 0{,}36 = 36\,\%$

→ Seite 164

## Zufallsexperimente

Experimente, bei denen das Ergebnis vom Zufall abhängt, heißen **Zufallsexperimente**.

Bei Zufallsexperimenten sind immer verschiedene **Ergebnisse** möglich.

Der Münzwurf ist ein Zufallsexperiment.

Die Ergebnisse „Zahl“ oder „Wappen“ sind möglich.

# Sachrechnen

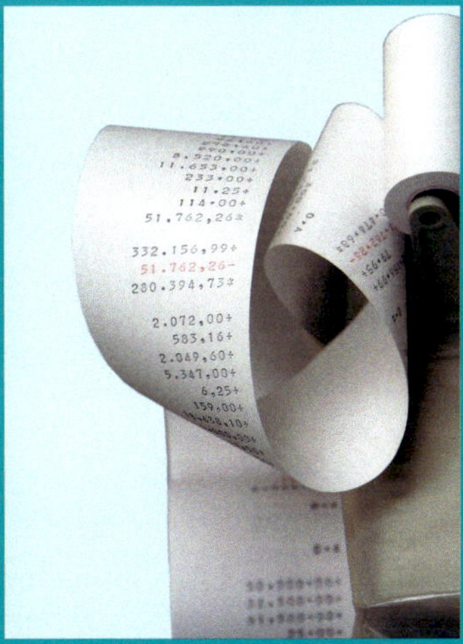

# Thema Gangschaltungen bei Mountainbikes

Die Gangschaltung von Mountainbikes erleichtert die Fahrt fast in jedem Gelände.
Sie besteht aus mehreren Zahnrädern.

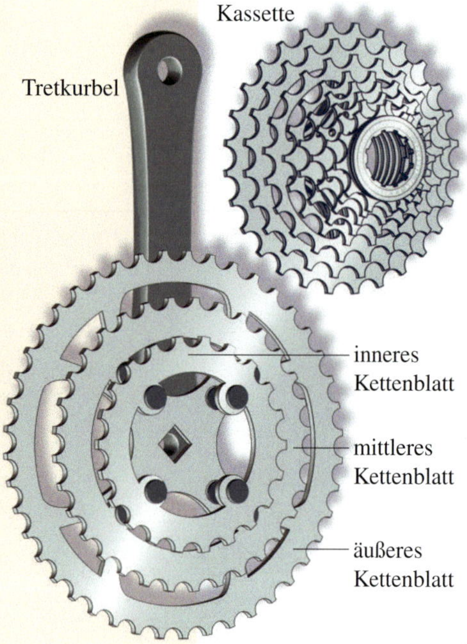


An der **Tretkurbel** des Mountainbikes befinden sich oft drei größere Zahnräder, die man **Kettenblätter** nennt.
Am Hinterrad sind mehrere kleinere Zahnräder angebracht.
Die Zahnräder bilden die **Kassette**.

Die Fahrradkette verbindet ein Zahnrad des Kettenblattes mit einem Zahnrad der Kassette.

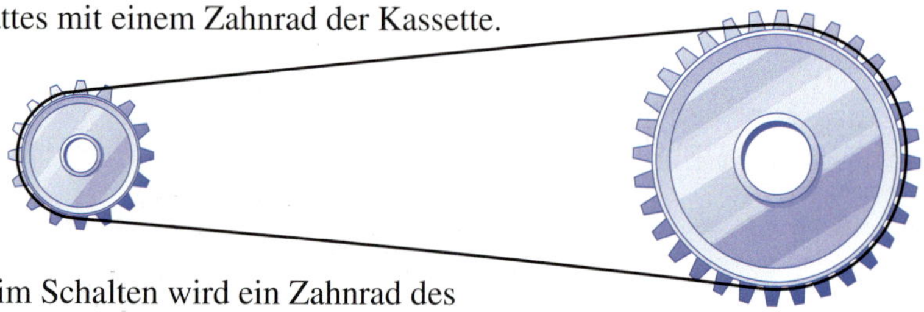

Beim Schalten wird ein Zahnrad des Kettenblatts mit einem bestimmten Zahnrad der Kassette verbunden.
Bei einer Kassette mit acht Zahnrädern und dem Dreier-Kettenblatt ergeben sich 24 Gänge:

| Zahnräder in der Kassette | · | Kettenblätter | = | Gänge |
|---|---|---|---|---|
| 8 | · | 3 | = | 24 |

## 1 Gänge schalten

Ein Fahrrad hat eine Kassette mit sieben Zahnrädern und ein Dreier-Kettenblatt.
Wie viele Gänge hat das Fahrrad?

## 2 Zahnräder

a) Wie viele Zahnräder hat jeweils die Kassette der Fahrräder?

| **Fahrrad A** | **Fahrrad B** | **Fahrrad C** | **Fahrrad D** |
|---|---|---|---|
| 15 Gänge | 27 Gänge | 18 Gänge | 36 Gänge |
| Dreier-Kettenblatt | Dreier-Kettenblatt | Zweier-Kettenblatt | Vierer-Kettenblatt |

b) Luisa sagt: „Mein Mountainbike hat ein Dreier-Kettenblatt und 25 Gänge.“
Was sagst du dazu? Benutze die Begriffe Teiler und Vielfache.

Durch Treten der Pedale dreht man das vordere Zahnrad.
Hier hat das vordere Zahnrad 22 Zähne. Wie oft dreht sich das hintere Zahnrad mit 11 Zähnen, wenn sich das vordere Zahnrad mit 22 Zähnen einmal dreht?

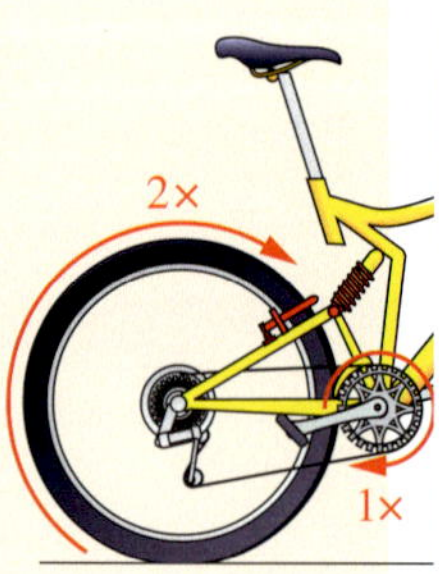


| Anzahl der Zähne vorne | : | Anzahl der Zähne hinten | = | Umdrehungen des hinteren Zahnrads |
|---|---|---|---|---|
| 22 | : | 11 | = | 2 |

Das hintere Zahnrad dreht sich zweimal. Also dreht sich das Hinterrad zweimal.

## 3 Radumdrehungen

Welche Zahnräder passen zu den Umdrehungen? Es gibt mehrere Möglichkeiten.

| Anzahl der Zähne vorne | Anzahl der Zähne hinten | Umdrehung des hinteren Zahnrads |
|---|---|---|
| | | 3 |
| | | 5 |

# Thema Getränke mischen

## 1 Cocktail „Sweet dream“

***Sweet Dream 1***

**Zutaten**

$\frac{1}{4}$ Bananensirup

$\frac{1}{4}$ flüssige Sahne

$\frac{1}{2}$ Grapefruitsaft

**Zubereitung**
Die Zutaten in einen Shaker geben und gut schütteln.

***Sweet Dream 2***

Ein Teil Bananensirup, ein Teil flüssige Sahne und zwei Teile Grapefruitsaft zusammen mit einigen Eiswürfeln in einen Shaker geben und gut schütteln. Shakerinhalt in ein Glas schütten.

***Sweet Dream 3***

Fülle ein Glas zu einem Viertel mit Bananensirup, zu einem weiteren Viertel mit flüssiger Sahne und den Rest mit Grapefruitsaft.

**HINWEIS**
*Als Shaker bezeichnet man ein Gefäß zum Mischen von Getränken, z.B. Cocktails.*

Vergleiche die Rezepte für den Cocktail „Sweet Dream“. Nenne Gemeinsamkeiten und Unterschiede.

## 2 Frucht-Cocktails mischen

Gib für jeden Cocktail die Bruchteile der einzelnen Zutaten an.

**HINWEIS**
*zu Aufgabe 2: Es ist hilfreich, zuerst die Summe aller Teile zu berechnen.*

***Roadrunner***
Energiespender

**Zutaten**
4 Teile Kirschnektar
3 Teile Grapefruitsaft
1 Teil flüssige Sahne
1 Teil Zuckersirup

***Rabbit***
Karottentrunk

**Zutaten**
3 Teile Karottensaft
1 Teil Ananassaft
1 Teil Limettensirup

***Amazonas***
Tropen-Cocktail

**Zutaten**
2 Teile Zitronensaft
2 Teile Maracujasirup
2 Teile Ananassaft
3 Teile Orangensaft

***Tutti-Frutti***
pfiffiger Frucht-Mix

**Zutaten**
je 1 Teil Maracujasaft,
Pfirsichnektar,
Ananassaft,
Kirschnektar und flüssige Sahne

## 3 Kaffee-Mix

Frau Völler ist leidenschaftliche Kaffeetrinkerin.
Sie hat in einer Zeitschrift die folgende Tabelle entdeckt.

| | |
|---|---|
| Cappuccino | ein Teil Milch, ein Teil Espresso und ein Teil aufgeschäumte Milch. |
| Latte | drei Teile heiße Milch, ein Teil Espresso und ein Teil aufgeschäumte Milch |
| Mocha | zwei Teile heiße Schokolade, ein Teil Espresso und ein Teil aufgeschäumte Milch |
| Café au lait | Filterkaffee und heiße Milch je zur Hälfte |

a) Bestimme für jede Kaffeespezialität den Bruchteil der benötigten Zutaten.

b) Fertige zu jeder Kaffeesorte eine Zeichnung an, aus der man die Anteile der Zutaten ablesen kann.

# Thema Geometrie in der Natur

**1 Winkel im Sternbild Löwe**

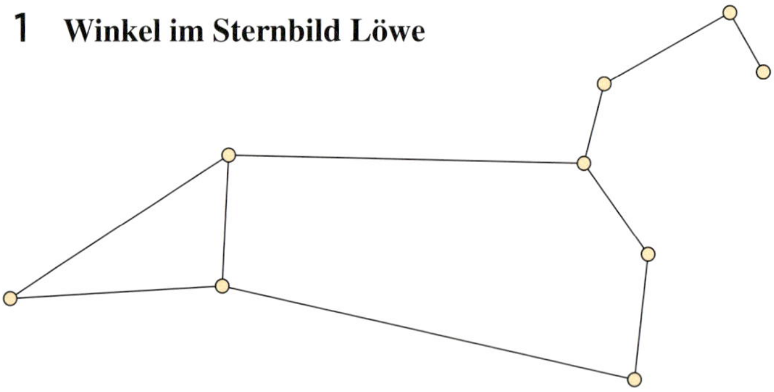

Übertrage das Sternbild möglichst genau in dein Heft, ohne es abzupausen.
Miss dafür die Winkel und die Strecken zwischen den Sternen.

**2 Blickwinkel beim Menschen**

Ein sechsjähriges Kind hat einen Blickwinkel von 120°.
Ein Erwachsener hat einen Blickwinkel von 180°.

a) Erkläre den Begriff Blickwinkel an einer Zeichnung.
b) Um wie viel Grad ist der Blickwinkel eines Kindes kleiner als der eines Erwachsenen?
c) Was bedeutet das für dich im Straßenverkehr?

***HINWEIS***
*Blickwinkel eines Hundes:*

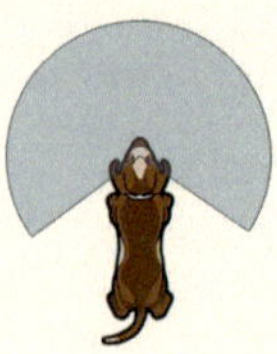

**3 Blickwinkel bei Tieren**

Tiere haben unterschiedliche Blickwinkel. Zeichne die Blickwinkel der Tiere in dein Heft.

a) Hamster 110°
b) Pferd 270°
c) Leopard 180°
d) Frosch 340°
e) Hase 300°
f) Fliege 360°

**4 Symmetrie im Gesicht**

Sieh dir die vier Fotos genau an. Wie sind die Bilder ②, ③ und ④ aus Bild ① entstanden?

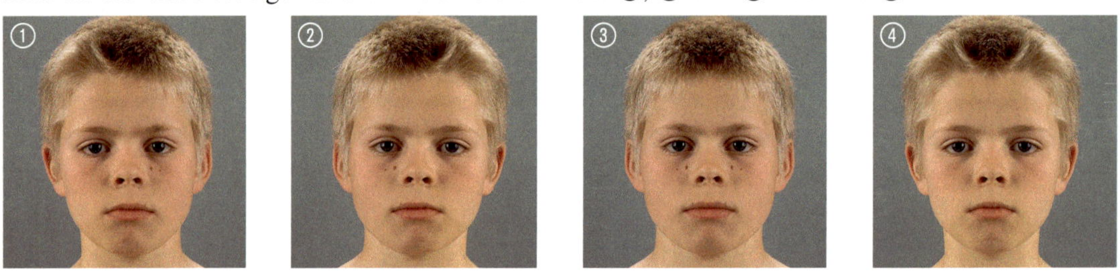


**5 Symmetrie im Schnee**

Schneekristalle haben eine regelmäßige Form.

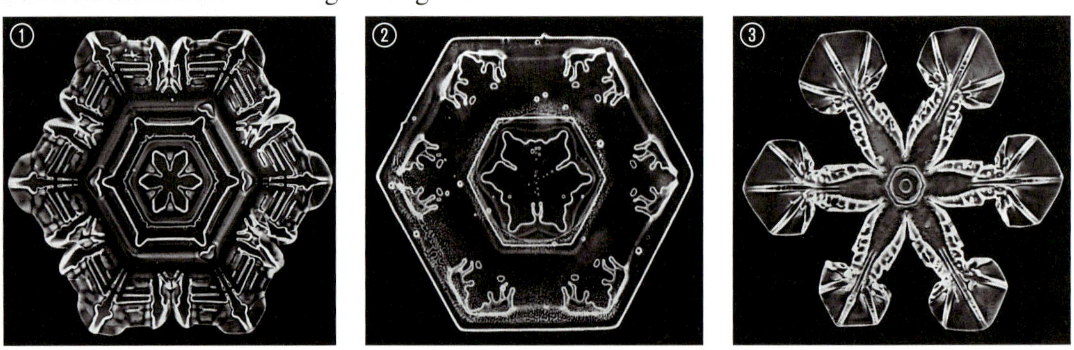


a) Bestimme für jeden Schneekristall die Symmetrieachsen.
b) Zeichne einen eigenen Schneekristall mit seinen Symmetrieachsen in dein Heft.

***NACHGEDACHT***
*Welche Gegenstände sind achsensymmetrisch, welche punktsymmetrisch?*

# Thema Familie Müller zieht um

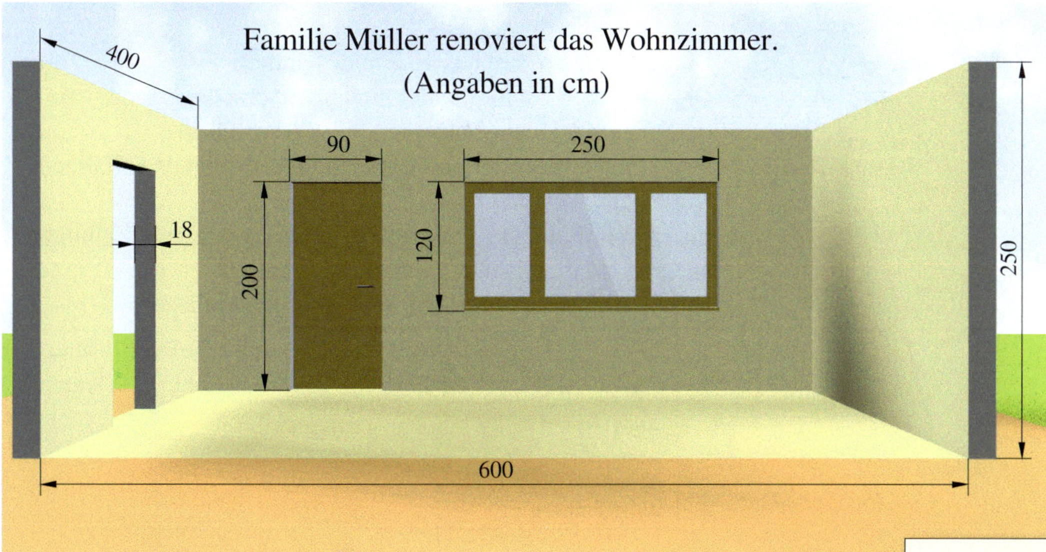


*NACHGEDACHT*
*Wie groß ist die Wohnzimmerwand, an der sich die Tür und das Fenster befinden?*

im Angebot
Türlack
4,78 €

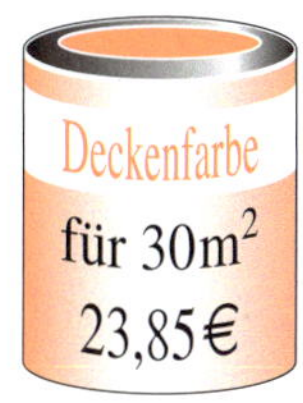


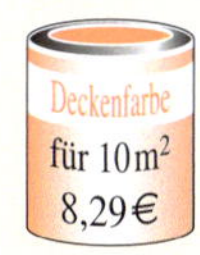


## 1 Türen und Decke streichen

a) Die Wohnzimmertür soll gestrichen werden.
Reicht eine Dose Türlack?
Wie viel muss Familie Müller für den Türlack bezahlen?

b) Die Decke muss zweimal gestrichen werden.
Wie viele große und wie viele kleine Farbeimer soll Familie Müller kaufen?
Begründe deine Antwort.

## 2 Umzugskartons

a) Gib das Volumen der Bücher- und der Umzugskartons in $cm^3$ an.

b) Wie groß ist das Volumen aller Kartons im Paketpreis?

c) Familie Müller kauft zweimal den Paketpreis.
Wie viel Geld hat die Familie durch den Paketpreis gegenüber dem Einzelpreis gespart?

1,75 €

2,05 €

| Paketpreis für 37,50 € | |
|---|---|
| 10 × | Bücherkarton |
| 10 × | Umzugskarton |

## 3 Luftpolsterfolie für das Aquarium

Ein Aquarium (80 cm × 35 cm × 40 cm) soll mit Luftpolsterfolie eingepackt werden.
Wie viel Meter Folie muss man von der Rolle mindestens abschneiden?

Luftpolsterfolie
Maße:
40 cm breit × 5 m lang

## 4 Der Transporter

a) Berechne den Rauminhalt des Laderaums.

b) Wie viele Umzugskartons bekommt man in den Transporter?
Begründe:
Warum darf mann nicht das Volumen des Laderaums durch das Volumen eines Umzugskartons dividieren?

Laderaum:
L × B × H (in cm)
290 × 150 × 140 cm

# Thema Leben in Deutschland

## 1 Bundesländer

Deutschland besteht aus 16 Bundesländern.
Die einzelnen Bundesländer sind unterschiedlich groß.
Insgesamt ist Deutschland ca. 357 000 km² groß.
Neun Hundertstel der Gesamtfläche Deutschlands entfallen auf Nordrhein-Westfalen.
Baden-Württemberg nimmt einen Anteil von einem Zehntel ein und Bayern einen Anteil von einem Fünftel.

a) Übertrage die Tabelle in dein Heft und ergänze sie.

| | Anteile an der Gesamtfläche Deutschlands | | |
|---|---|---|---|
| | als Bruch | als Dezimalzahl | in Prozent |
| NRW | | | |
| Baden-Württemberg | | | |
| Bayern | | | |
| Hessen | $\frac{59}{1000}$ | | |
| Saarland | $\frac{7}{1000}$ | | |
| Thüringen | $\frac{9}{200}$ | | |

b) Ordne die Bundesländer aus der Tabelle der Größe nach. Beginne mit dem kleinsten Bundesland.

c) Wie groß ist der Anteil der Gesamtfläche von den restlichen Bundesländern?

d) Wie viel km² ist Nordrhein-Westfalen groß?

## 2 Das Alter der Bevölkerung Deutschlands

a) Beschreibe den Inhalt des Diagramms mit eigenen Worten.

b) Gib die Anteile jeweils in Prozent an.

c) Wie viel Prozent der Bevölkerung ist in eurem Alter?
Gib auch als vollständig gekürzten Bruch.

d) Wie viel Prozent der Bevölkerung ist jünger als 65 Jahre?

e) Gib den Anteil der Kinder und jungen Menschen bis unter 25 Jahre an.

f) In Deutschland leben ungefähr 82 Millionen Menschen.
Wie viele Personen sind ungefähr in der Altersgruppe „15 bis unter 25 Jahren“?

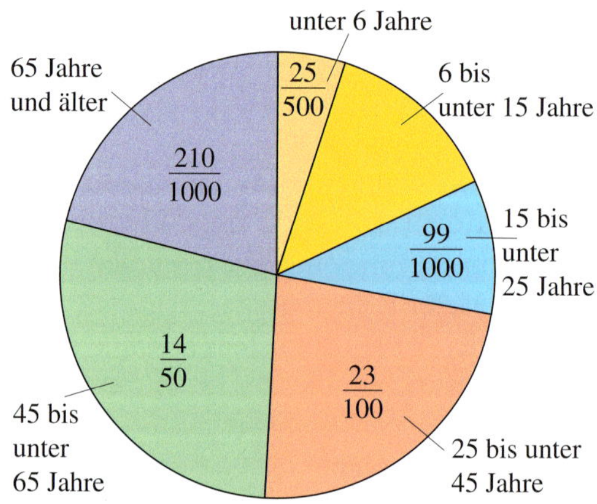


## 3 Männer und Frauen

In Nordrhein-Westfalen beträgt der Anteil der männlichen Bevölkerung ca. 48,79 %.

a) Wie groß ist der Anteil der weiblichen Bevölkerung in Prozent?

b) Runde die Anteile auf Zehntel.

**4 Wasserverbrauch**

Jeder Mensch in Deutschland verbraucht im Durchschnitt täglich 130 Liter Wasser.

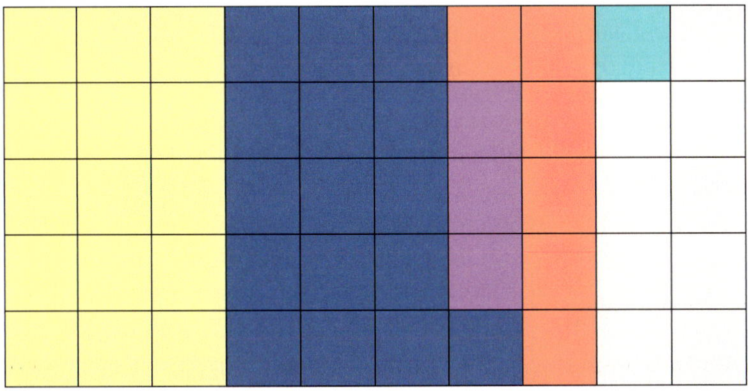

**Legende**

- Baden, Duschen
- Toilettenspülung
- Geschirrspülen
- Wäschewaschen
- Trinken und Kochen
- Sonstiges

a) Berechne den Anteil der einzelnen Tätigkeiten am Gesamtwasserverbrauch.

b) Wie viel Liter sind das jeweils?

**5 Wo landet unser Müll?**

Rund 18 Millionen Tonnen Hausmüll sammelt die Müllabfuhr jedes Jahr ein.

a) Wie viel kg Müll ergibt das pro Einwohner, wenn insgesamt 82 Millionen Menschen in Deutschland leben?

b) Berechne, wie viele Tonnen Müll an den einzelnen Stellen landen.

c) Arbeitet in kleinen Gruppen zusammen.
Erkundigt euch, wie viel Tonnen Müll jährlich in eurem Heimatort entstehen und berechnet, wie viele Tonnen Müll das pro Einwohner sind.
Gestaltet dazu ein Plakat.

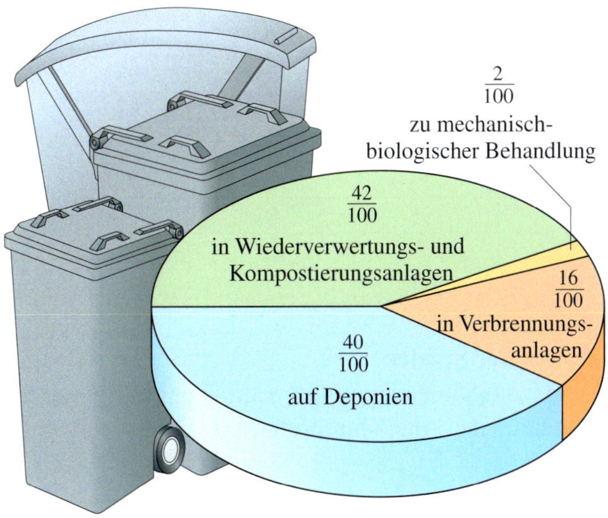


**6 Verkehrsmittel**

Gib die Anteile als Bruch, als Dezimalzahl und in Prozent an.

Ungefähr jeder zweite Deutsche besitzt ein eigenes Auto.

3 von 20 Befragten gehen zu Fuß zur Arbeit.

Nur ein Zwölftel nutzt den Bus, um täglich zur Arbeit zu kommen.

Das Verhältnis von Nutzern des öffentlichen Nahverkehrs zu Personen, die den Nahverkehr nicht nutzen, ist 1 : 4.

Eine Umfrage zur Nutzung von Verkehrsmitteln in der Freizeit zeigte, dass ca. 4 % das Motorrad für Ausflüge nutzen.

Der Anteil der Befragten, die ihre Ausflüge zu Fuß machen, ist dreimal so hoch wie der Anteil der Motorradfahrer.

**HINWEIS**

179-1

*unter dem Webcode findest du eine Linkliste zu Internetseiten mit weiteren interessanten Zahlen zu Deutschland.*

# Thema Basketball

Beim Basketball treten zwei Mannschaften mit je 5 Spielern gegeneinander an. Die Spieler einer Mannschaft, die am Anfang auf dem Spielfeld stehen, nennt man Startformation.

Eine der bekanntesten Profi-Basketballmannschaften der USA sind die Los Angeles Lakers.

Mannschaft der LA Lakers in der Saison 2011/12

| Rückennummer | Name | Körpergröße (in cm) | Körpergewicht (in kg) | Geburtsjahr |
|---|---|---|---|---|
| 0 | Andrew Goudelock | 191 | 91 | 1988 |
| 1 | Darius Morris | 193 | 86 | 1991 |
| 3 | Devin Ebanks | 206 | 98 | 1989 |
| 5 | Steve Blake | 191 | 78 | 1980 |
| 6 | Josh McRoberts | 208 | 109 | 1987 |
| 7 | Ramon Sessions | 191 | 86 | 1986 |
| 9 | Matt Barnes | 201 | 103 | 1980 |
| 14 | Troy Murphy | 211 | 111 | 1980 |
| 15 | Metta World Peace | 201 | 118 | 1979 |
| 16 | Paul Gasol | 213 | 113 | 1980 |
| 17 | Andrew Bynum | 213 | 129 | 1987 |
| 24 | Kobe Bryant | 198 | 93 | 1978 |
| 27 | Jordan Hill | 208 | 107 | 1987 |
| 88 | Christian Eyenga | 201 | 95 | 1989 |

**1 Körpergröße der Spieler**
Stelle aus der Mannschaftstabelle der LA Lakers eine Startformation zusammen.
a) Bestimme den Zentralwert der Körpergröße deiner Spieler.
b) Berechne die durchschnittliche Körpergröße deiner Spieler.
Runde dein Ergebnis auf Zehntel.
c) Wie viel cm Größenunterschied liegen zwischen dem größten und dem kleinsten deiner Spieler?

**2 Körpergewicht der Spieler**
a) Bestimme den Zentralwert des Gewichts deiner Spieler.
b) Berechne das durchschnittliche Gewicht der Spieler in deiner Startformation.
Runde dein Ergebnis auf Zehntel.

**3 Alter der Spieler**
Zeichne ein Säulendiagramm zum Alter der Spieler deiner Startformation.
Trage auch den Altersdurchschnitt deiner Spieler ein.

**4 Trefferquote**
Kobe Bryant hat von 50 Dreipunktwürfen 38 Treffer erzielt.
Steve Blake hat von 125 Dreipunktwürfen 45 Treffer erzielt.
Wer ist besser?

**5 Dirk Nowitzki**
Dirk Nowitzki ist ein deutscher Basketballspieler, der in der nordamerikanischen Profiliga für die Dallas Mavericks spielt. Er gilt als einer der besten europäischen Spieler in der Geschichte des Basketballsports.
Dirk Nowitzki ist 7 feet groß und 245 pounds schwer.
a) Berechne Dirk Nowitzkis Körpergröße.
Gib sie auf cm gerundet an.
b) Berechne Dirk Nowitzkis Körpergewicht.
Gib es auf kg gerundet an.
c) Vergleiche Dirk Nowitzki mit dem größten Spieler und mit dem leichtesten Spieler der LA Lakers.

***HINWEIS***
*Amerikanische Maße:*
*1 foot = 30,48 cm*
*1 pound = 453,59 g*

# Anhang

Seite 22/23

# Teilbarkeit

**1** a) 9; 18; 27; 36
b) 11; 22; 33; 44; 55; 66
c) 14; 28; 42
d) 63; 126; 189

**2** a) Nein, da 64 : 7 = 9 R 1
b) Nein, die Vielfachen von 11 sind: 11; 22; 33; 44; …
c) Ja, da 112 : 8 = 14
d) Ja, da 147 : 7 = 21
e) Ja, da 12 · 11 = 132
f) Ja, da 78 : 13 = 6

**3** a) $T_{18} = \{1; 2; 3; 6; 9; 18\}$
b) $T_{20} = \{1; 2; 4; 5; 10; 20\}$
c) $T_{35} = \{1; 5; 7; 35\}$
d) $T_{48} = \{1; 2; 3; 4; 6; 8; 12; 16; 24; 48\}$
e) $T_{50} = \{1; 2; 5; 10; 25; 50\}$
f) $T_{75} = \{1; 3; 5; 15; 25; 75\}$
g) $T_{33} = \{1; 3; 11; 33\}$
h) $T_{100} = \{1; 2; 4; 5; 10; 20; 25; 50; 100\}$

**4** a)

| | 2 | 3 | 5 | 10 |
|---|---|---|---|---|
| 16 | × | | | |
| 30 | × | × | × | × |
| 37 | | | | |
| 48 | × | × | | |
| 300 | × | × | × | × |
| 475 | | | × | |
| 526 | × | | | |

b)

| | 2 | 3 | 5 | 10 |
|---|---|---|---|---|
| 125 | | | × | |
| 322 | × | | | |
| 500 | × | | × | × |
| 675 | | × | × | |
| 728 | × | | | |
| 840 | × | × | × | × |
| 1111 | | | | |

**5**

| Möglichkeit | Rechnung | Anordnung der Karten |
|---|---|---|
| ① | 1 · 52 = 52 | 1 Reihe mit 52 Karten |
| ② | 2 · 26 = 52 | 2 Reihen mit je 26 Karten |
| ③ | 4 · 13 = 52 | 4 Reihen mit je 13 Karten |
| ④ | 13 · 4 = 52 | 13 Reihen mit je 4 Karten |
| ⑤ | 26 · 2 = 52 | 26 Reihen mit je 2 Karten |
| ⑥ | 52 · 1 = 52 | 52 Reihen mit je 1 Karte |

**6** a) 24**0** b) 63**0**; 63**5**
c) 5**2**2; 5**5**2; 5**8**2
d) Alle Ziffern von 0 bis 9 sind möglich.
e) 153**0**; 153**6** f) 324**5**
g) 601**2**; 601**4**; 601**6**; 601**8** h) 702**0**

**7**

| | Vielfache von … | |
|---|---|---|
| a) | 2 | 2; 4; **6**; 8; 10; **12** |
| | 3 | 3; **6**; 9; **12** |
| b) | 6 | 6; 12; **18**; 24; 30; **36** |
| | 18 | **18**; **36** |
| c) | 14 | 14; 28; **42**; 56; 70; **84** |
| | 42 | **42**; **84** |
| d) | 36 | **36**; **72** |
| | 9 | 9; 18; 27; **36**; 45; 54; 63; **72** |
| e) | 2 | 2; 4; 6; 8; 10; **12**; 14; 16; 18; 20; 22; **24** |
| | 3 | 3; 6; 9; **12**; 15; 18; 21; **24** |
| | 4 | 4; 8; **12**; 16; 20; **24** |
| f) | 6 | 6; 12; **18**; 24; 30; **36** |
| | 3 | 3; 6; 9; 12; 15; **18**; 21; 24; 27; 30; 33; **36** |
| | 18 | **18**; **36** |
| g) | 30 | **30**; **60** |
| | 15 | 15; **30**; 45; **60** |
| | 10 | 10; 20; **30**; 40; 50; **60** |
| h) | 25 | 25; 50; 75; **100**; 125; 150; 175; **200** |
| | 20 | 20; 40; 60; 80; **100**; 120; 140; 160; 180; **200** |
| | 50 | 50; **100**; 150; **200** |

**8** a)
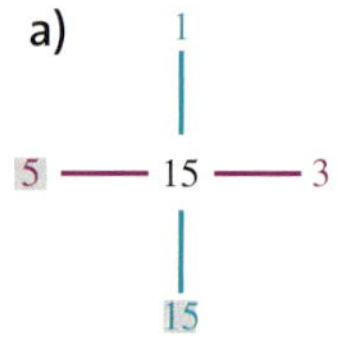


b)
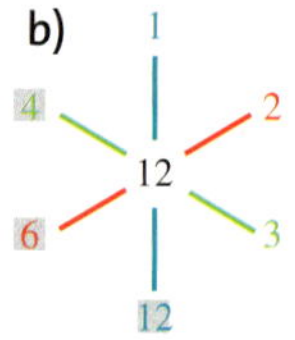


c)
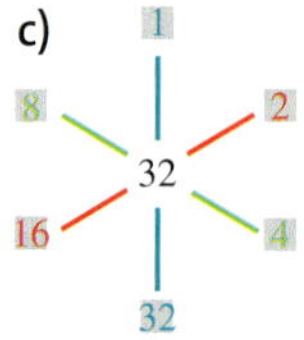


**9** Anna: Vielfache von 1:
1; 2; 3; 4; 5; 6; 7; 8; 9; 10; 11; **12**; …
Ben: Vielfache von 2: 2; 4; 6; 8; 10; **12**; …
Clemens: Vielfache von 3: 3; 6; 9; **12**; …
Dunja: Vielfache von 4: 4; 8; **12**; …
Sie treffen sich alle 12 Wochen bei der Oma.

**10** a) 12; 60 b) 60 c) 54

**11** 50321 : 12 = 4193 R 5 Da bei der Division ein Rest bleibt, kann der Betrag nicht stimmen. *Oder:* 50321 ist ungerade.

**12** Eine durch 10 teilbare Zahl ist auch durch 2 und 5 teilbar. Also ist 3 · 10 = 30 durch 2; 3; 5 und 10 teilbar.

**13** Sie hat recht, da die Quersumme 15 immer durch 3 teilbar ist, egal wie man die Ziffern anordnet.

**14** gemeinsame Vielfache von 2; 3; 4; 5 und 6: 60; 120; 180; … Es sind 60; 120; 180; … Tänzer.

**15** Beide Linien fahren gleichzeitig um 9.00 Uhr, 9.24 Uhr, 9.48 Uhr, 10.12 Uhr, 10.36 Uhr und 11.00 Uhr los.

# Brüche addieren und subtrahieren

Seite 44/45

**1** a) $\frac{6}{8} = \frac{6:2}{8:2} = \frac{3}{4}$ (Kürzungszahl: 2)

b) $\frac{2}{3} = \frac{2 \cdot 4}{3 \cdot 4} = \frac{8}{12}$ (Erweiterungszahl: 4)

**2** $\frac{5}{6} = \frac{5 \cdot 3}{6 \cdot 3} = \frac{15}{18}$ $\frac{5}{6} = \frac{5 \cdot 7}{6 \cdot 7} = \frac{35}{42}$

$\frac{3}{11} = \frac{3 \cdot 3}{11 \cdot 3} = \frac{9}{33}$ $\frac{3}{11} = \frac{3 \cdot 7}{11 \cdot 7} = \frac{21}{77}$

$\frac{7}{9} = \frac{7 \cdot 3}{9 \cdot 3} = \frac{21}{27}$ $\frac{7}{9} = \frac{7 \cdot 7}{9 \cdot 7} = \frac{49}{63}$

$1\frac{3}{4} = 1\frac{3 \cdot 3}{4 \cdot 3} = 1\frac{9}{12}$ $1\frac{3}{4} = 1\frac{3 \cdot 7}{4 \cdot 7} = 1\frac{21}{28}$

$4\frac{7}{10} = 4\frac{7 \cdot 3}{10 \cdot 3} = 4\frac{21}{30}$ $4\frac{7}{10} = 4\frac{7 \cdot 7}{10 \cdot 7} = 4\frac{49}{70}$

**3** a) $\frac{6}{12} \overset{:3}{=} \frac{2}{4}$ b) $\frac{14}{35} \overset{:7}{=} \frac{2}{5}$

c) $\frac{25}{85} \overset{:5}{=} \frac{5}{17}$ d) $\frac{24}{56} \overset{:8}{=} \frac{3}{7}$

**4** a) $\frac{28}{60} = \frac{28 \cdot 2}{60 \cdot 2} = \frac{56}{120}$

b) $\frac{25}{30} = \frac{25 \cdot 4}{30 \cdot 4} = \frac{100}{120}$

c) $\frac{9}{40} = \frac{9 \cdot 3}{40 \cdot 3} = \frac{27}{120}$

d) $\frac{7}{12} = \frac{7 \cdot 10}{12 \cdot 10} = \frac{70}{120}$

**5** a) $\frac{12}{18} \overset{:6}{=} \frac{2}{3}$ (oder schrittweise durch 2 und 3 kürzen)

b) $\frac{24}{32} \overset{:8}{=} \frac{3}{4}$ (oder schrittweise z. B. durch 2 und 4 kürzen)

c) $\frac{18}{36} \overset{:18}{=} \frac{1}{2}$ (oder schrittweise z. B. durch 3 und 6 kürzen)

d) $\frac{12}{24} \overset{:6}{=} \frac{2}{7}$ (oder schrittweise durch 2 und 3 kürzen)

**6** $\frac{60}{100} \overset{:20}{=} \frac{3}{5}$ $\frac{25}{30} \overset{:5}{=} \frac{5}{6}$

$\frac{8}{11} \overset{\cdot 4}{=} \frac{32}{44}$ $\frac{24}{51} \overset{:3}{=} \frac{8}{17}$

**7** a) $\frac{1}{5} \overset{\cdot 2}{=} \frac{2}{10}$ b) $\frac{5}{15} \overset{:5}{=} \frac{1}{3}$

c) $\frac{18}{24} \overset{:6}{=} \frac{3}{4}$ d) $\frac{2}{5} \overset{\cdot 6}{=} \frac{12}{30}$

e) $\frac{2}{3} \overset{\cdot 8}{=} \frac{16}{24}$ f) $\frac{3}{4} \overset{\cdot 7}{=} \frac{21}{28}$

g) $\frac{49}{63} \overset{:7}{=} \frac{7}{9}$ h) $\frac{66}{90} \overset{:6}{=} \frac{11}{15}$

**8** a) $\frac{4}{5} \overset{\cdot 4}{=} \frac{16}{20}$ b) $\frac{18}{4} \overset{:2}{=} \frac{9}{2} = 4\frac{1}{2}$

c) $\frac{132}{180} \overset{:12}{=} \frac{11}{15}$ d) $\frac{26}{12} \overset{:2}{=} \frac{13}{6} = 2\frac{1}{6}$

e) $1\frac{2}{4} = \frac{6}{4} \overset{\cdot 2}{=} \frac{12}{8}$ f) $3\frac{2}{5} = \frac{17}{5} \overset{\cdot 2}{=} \frac{34}{10}$

**9** a)

| + | $\frac{1}{9}$ | $\frac{3}{9}$ | $\frac{5}{9}$ |
|---|---|---|---|
| $\frac{2}{9}$ | $\frac{3}{9}$ | $\frac{5}{9}$ | $\frac{7}{9}$ |
| $\frac{4}{9}$ | $\frac{5}{9}$ | $\frac{7}{9}$ | $\frac{9}{9}$ |
| $\frac{6}{9}$ | $\frac{7}{9}$ | $\frac{9}{9}$ | $\frac{11}{9}$ |

b)

| – | $\frac{7}{20}$ | $\frac{3}{20}$ | $\frac{9}{20}$ |
|---|---|---|---|
| $\frac{11}{20}$ | $\frac{4}{20}$ | $\frac{8}{20}$ | $\frac{2}{20}$ |
| $\frac{14}{20}$ | $\frac{7}{20}$ | $\frac{11}{20}$ | $\frac{5}{20}$ |
| $\frac{17}{20}$ | $\frac{10}{20}$ | $\frac{14}{20}$ | $\frac{8}{20}$ |

**10** a) $3\frac{3}{10} + 2\frac{3}{10} = 5\frac{3+3}{10} = 5\frac{6}{10} \overset{:2}{=} 5\frac{3}{5}$

b) $\frac{3}{4} + 1\frac{3}{4} = 1\frac{3+3}{4} = 1\frac{6}{4} \overset{:2}{=} 1\frac{3}{2} = 2\frac{1}{2}$

c) $2\frac{4}{5} + \frac{2}{5} = 2\frac{4+2}{5} = 2\frac{6}{5} = 3\frac{1}{5}$

d) $\frac{3}{8} + \frac{6}{8} + \frac{1}{8} = \frac{3+6+1}{8} = \frac{10}{8} \overset{:2}{=} \frac{5}{4} = 1\frac{1}{4}$

e) $4\frac{7}{8} - \frac{3}{8} = 4\frac{7-3}{8} = 4\frac{4}{8} \overset{:4}{=} 4\frac{1}{2}$

f) $4\frac{14}{22} - 2\frac{9}{22} = 2\frac{14-9}{22} = 2\frac{5}{22}$

g) $1\frac{4}{9} - \frac{8}{9} = \frac{13}{9} - \frac{8}{9} = \frac{5}{9}$

h) $5\frac{2}{5} - 2\frac{4}{5} = \frac{27}{5} - \frac{14}{5} = \frac{13}{5} = 2\frac{3}{5}$

***HINWEIS***
*Bei den Aufgaben 10 a) bis f) kannst du auch erst die gemischten Zahlen umwandeln und dann rechnen.*

**11** zum Beispiel:

a) $\frac{14}{45} + \frac{14}{45} = \frac{28}{45}$ $\frac{22}{45} + \frac{6}{45} = \frac{28}{45}$

b) $\frac{15}{34} - \frac{12}{34} = \frac{3}{34}$ $1\frac{7}{34} - 1\frac{4}{34} = \frac{3}{34}$

**12** a)

$3\frac{13}{8} = 4\frac{5}{8}$

$2\frac{6}{8}$ | $1\frac{7}{8}$

$1\frac{6}{8}$ | $\frac{8}{8} = 1$ | $\frac{7}{8}$

$1\frac{4}{8}$ | $\frac{2}{8}$ | $\frac{6}{8}$ | $\frac{1}{8}$

b)

$\frac{27}{30}$

$\frac{15}{30}$ | $\frac{12}{30}$

$\frac{7}{30}$ | $\frac{8}{30}$ | $\frac{4}{30}$

$\frac{2}{30}$ | $\frac{5}{30}$ | $\frac{3}{30}$ | $\frac{1}{30}$

**13** $\frac{1}{4} + \frac{2}{4} + \frac{1}{4} + \frac{3}{4} = \frac{7}{4} = 1\frac{3}{4}$

Da $1\frac{3}{4}$ l weniger als 2 l sind, hat Corinna zu wenig getrunken.

$\frac{7}{4} + \frac{1}{4} = \frac{8}{4}$

Es fehlen noch $\frac{1}{4}$ l. Dann hat sie ausreichend getrunken.

Seite 72/73

# Grundbegriffe der Geometrie

**1** Jeweils zwei Seiten des Vorfahrt-Achten-Schilds treffen sich in einer Ecke. Die Seiten sind die Schenkel des Winkels. Die Schenkel beginnen im Scheitelpunkt des Winkels.

Beispiel:

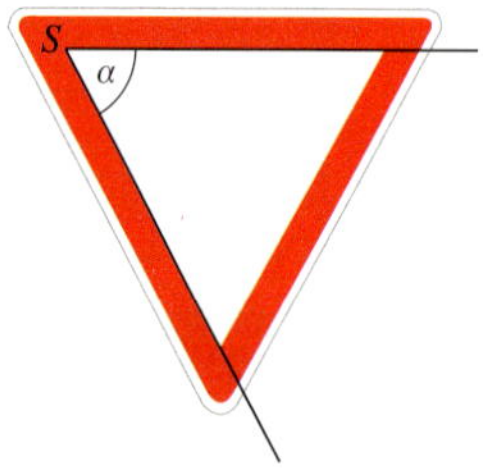


**2**

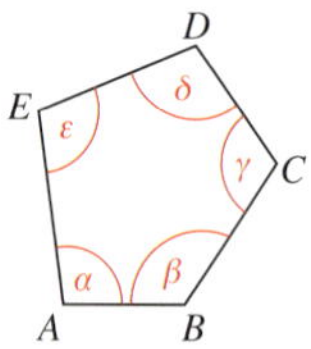


**3**

punktsymmetrisch

achsensymmetrisch

weder achsen- noch punktsymmetrisch wegen des Pik-Zeichens in der Mitte

**4** a) 30°: spitzer Winkel (größer als 0°, aber kleiner als 90°)

b) 254°: überstumpfer Winkel (größer als 180°, aber kleiner als 360°)

c) 4°: spitzer Winkel (größer als 0°, aber kleiner als 90°)

**4** d) 90°: rechter Winkel (genau 90°)

e) 102°: stumpfer Winkel (größer als 90°, aber kleiner als 180°)

f) 64°: spitzer Winkel (größer als 0°, aber kleiner als 90°)

g) 180°: gestreckter Winkel (genau 180°)

h) 335°: überstumpfer Winkel (größer als 180°, aber kleiner als 360°)

**5** a) 1 Symmetrieachse

b) 2 Symmetrieachsen

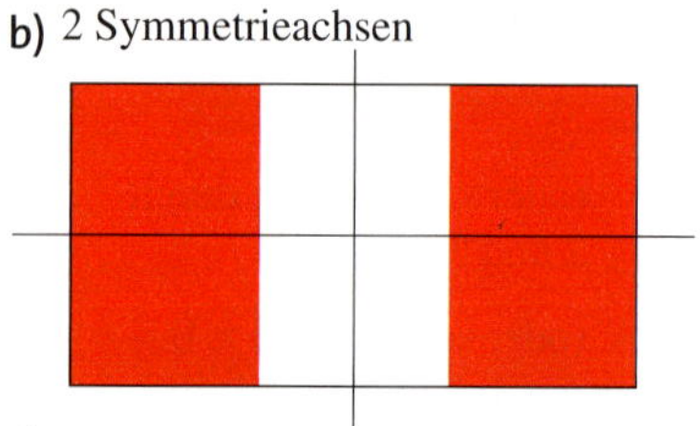

c) 1 Symmetrieachse

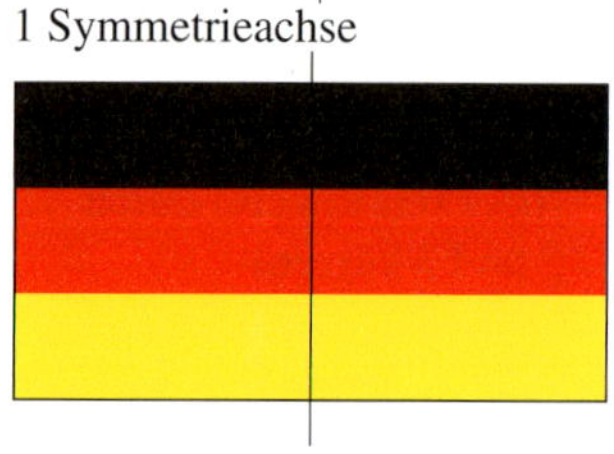

**6**

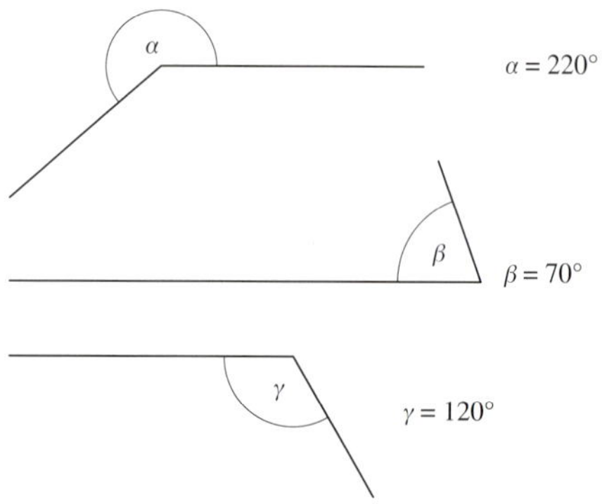


**7** $\alpha = 61°$
$\beta = 125°$
$\gamma = 215°$

**8** a) Alle Figuren sind achsensymmetrisch, z. B.:

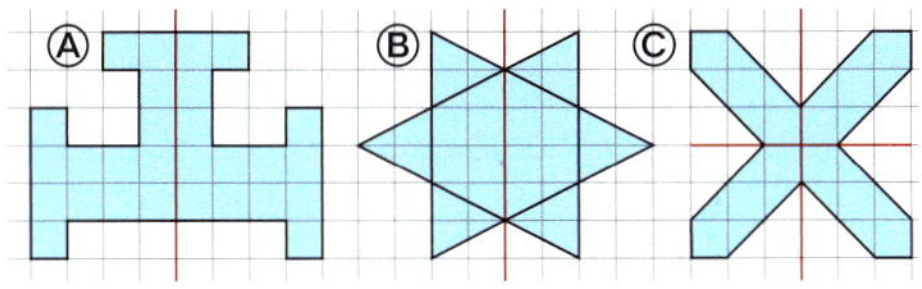


b) Die Figuren Ⓑ und Ⓒ sind punktsymmetrisch:

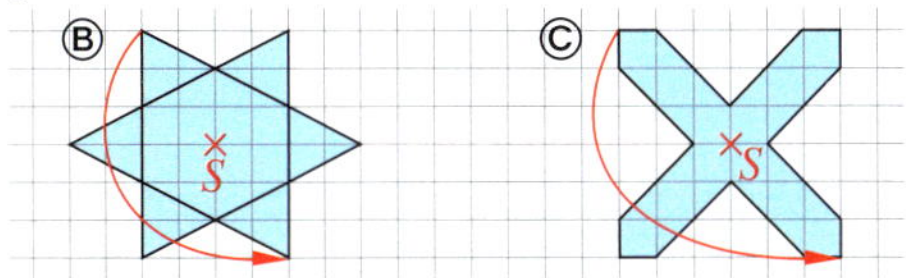


c) Die Figur Ⓒ hat 4 Symmetrieachsen:

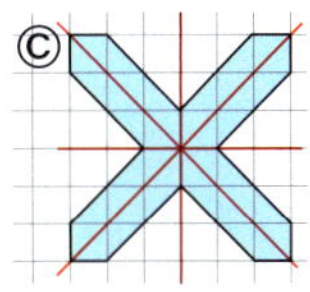


**9** a) spitzer Winkel

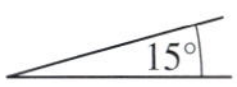


b) spitzer Winkel

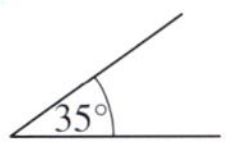


c) stumpfer Winkel

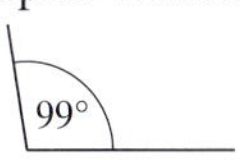


d) stumpfer Winkel

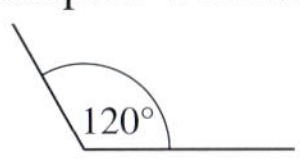


e) stumpfer Winkel

f) überstumpfer Winkel

g) überstumpfer Winkel

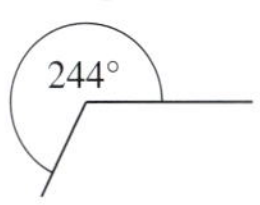


h) überstumpfer Winkel

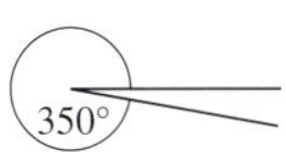


**10** a)

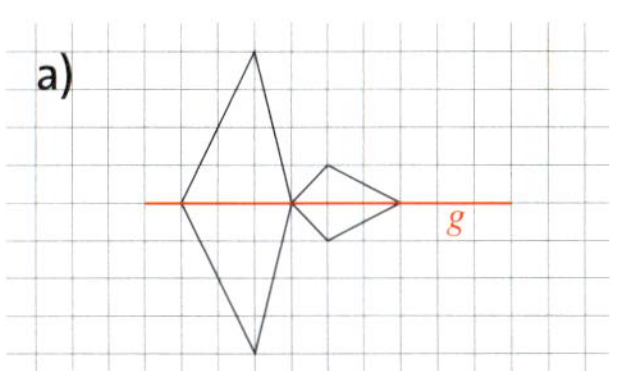


b)

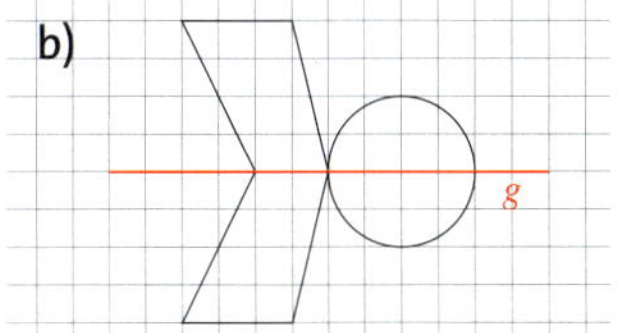


**11** a) $\alpha + 18° = 30°$, also $\alpha = 12°$
oder $\alpha = 30° - 18° = 12°$

b) $\gamma + 70° = 160°$, also $\gamma = 90°$
oder $\gamma = 160° - 70° = 90°$

c) $\beta + 22° = 45°$, also $\beta = 23°$
oder $\beta = 45° - 22° = 23°$

d) $\delta = 180° + 27° = 207°$

**12**

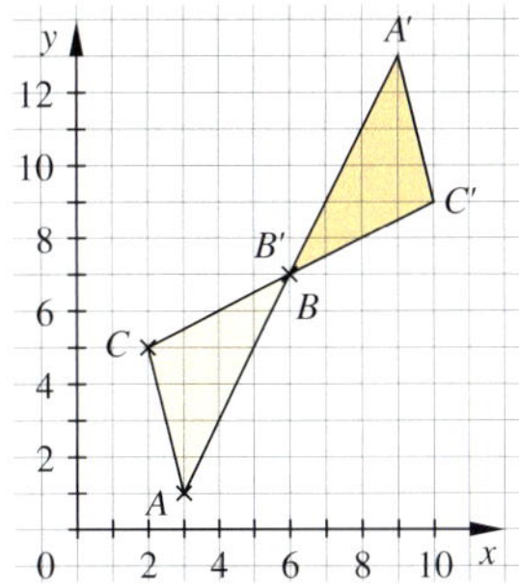


$A'(9|13)$
$B'(6|7) = B$
$C'(10|9)$

**13** a)

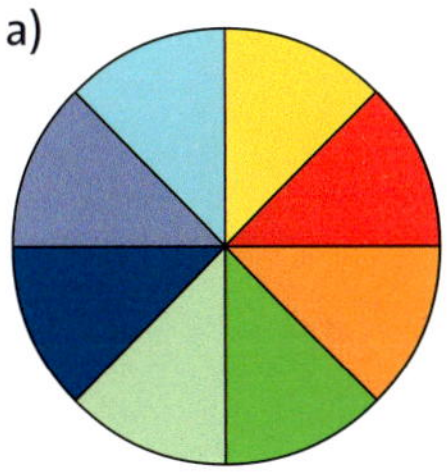

b)

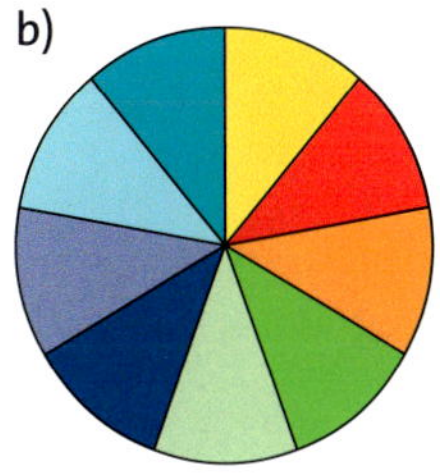

c) $360° : 8 = 45°$ $360° : 9 = 40°$

**14** Es gibt mehrere Möglichkeiten. Zum Beispiel:

① Zeichne zuerst eine 5 cm lange Strecke in dein Heft.

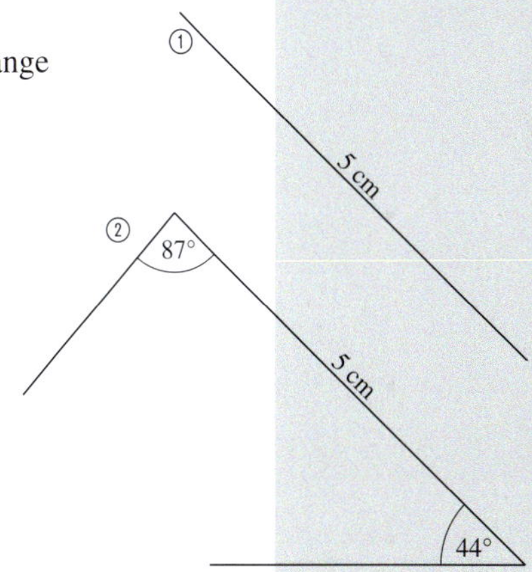


② Dann trage an dem einen Ende einen Winkel von 44° und an dem anderen Ende einen Winkel von 87° an.

③ Verlängere die beiden Schenkel, bis sie sich in einem Punkt treffen.

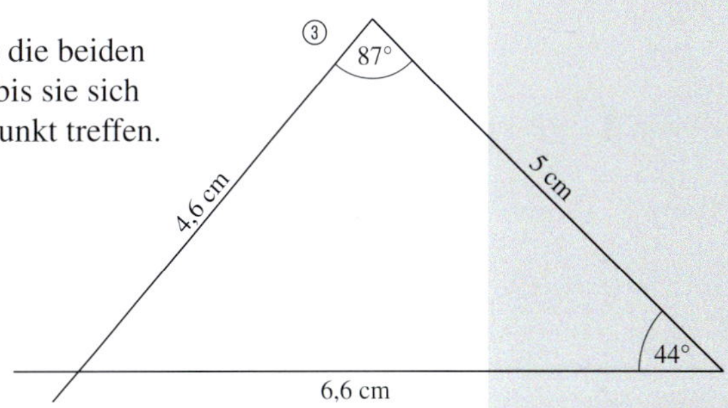


Tipp:
Miss die Länge der beiden anderen Seiten des Dreiecks, um zu überprüfen, ob du richtig gezeichnet hast.

Seite 96/97

# Dezimalzahlen

**1** a) $\frac{87}{100} = 0{,}87 = 87\,\%$

b) $\frac{4}{5} = \frac{8}{10} = 0{,}8 = 80\,\%$

c) $\frac{72}{120} = \frac{6}{10} = 0{,}6 = 60\,\%$

d) $5\frac{14}{25} = 5\frac{56}{100} = 5{,}56 = 556\,\%$

e) $\frac{7}{8} = \frac{875}{1000} = 0{,}875 = 87{,}5\,\%$

f) $\frac{12}{75} = \frac{4}{25} = \frac{16}{100} = 0{,}16 = 16\,\%$

g) $\frac{18}{24} = \frac{3}{4} = \frac{75}{100} = 0{,}75 = 75\,\%$

h) $\frac{84}{56} = \frac{3}{2} = 1\frac{1}{2} = 1\frac{5}{10} = 1{,}5 = 150\,\%$

**2** a) $0{,}3 = \frac{3}{10}$  b) $0{,}8 = \frac{8}{10} = \frac{4}{5}$

c) $0{,}25 = \frac{25}{100} = \frac{1}{4}$  d) $0{,}05 = \frac{5}{100} = \frac{1}{20}$

e) $3{,}002 = 3\frac{2}{1000} = 3\frac{1}{500}$

f) $1{,}06 = 1\frac{6}{100} = 1\frac{3}{50}$

g) $20{,}124 = 20\frac{124}{1000} = 20\frac{31}{250}$

h) $0{,}0107 = \frac{107}{10\,000}$

**3** a) $20\,\% = \frac{20}{100} = \frac{1}{5} = 0{,}2$

b) $70\,\% = \frac{70}{100} = \frac{7}{10} = 0{,}7$

c) $45\,\% = \frac{45}{100} = \frac{9}{20} = 0{,}45$

d) $6\,\% = \frac{6}{100} = \frac{3}{50} = 0{,}06$

e) $17\,\% = \frac{17}{100} = 0{,}17$

f) $30\,\% = \frac{30}{100} = \frac{3}{10} = 0{,}3$

g) $12{,}5\,\% = \frac{125}{1000} = \frac{1}{8} = 0{,}125$

h) $100\,\% = \frac{100}{100} = \frac{1}{1} = 1$

**4** Ⓐ  $\frac{6}{10} = \frac{3}{5} = 0{,}6 = 60\,\%$

Ⓑ  $\frac{1}{4} = \frac{6}{24} = 0{,}25 = 25\,\%$

Ⓒ 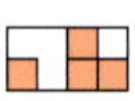 $\frac{4}{8} = \frac{1}{2} = \frac{3}{6} = 0{,}5 = 50\,\%$

**5** a) $0{,}37 > 0{,}32$  b) $1{,}6 < 1{,}65$
c) $0{,}077 < 0{,}707$  d) $6{,}636 > 6{,}363$

**6** a) $0{,}035 < 0{,}305 < 0{,}309 < 0{,}38 < 0{,}385$

b) $\frac{8}{10} = 0{,}125$  $\frac{4}{5} = 0{,}8$

$0{,}125 < 0{,}25 < 0{,}5 < 0{,}75 < 0{,}8$

**7** z. B.

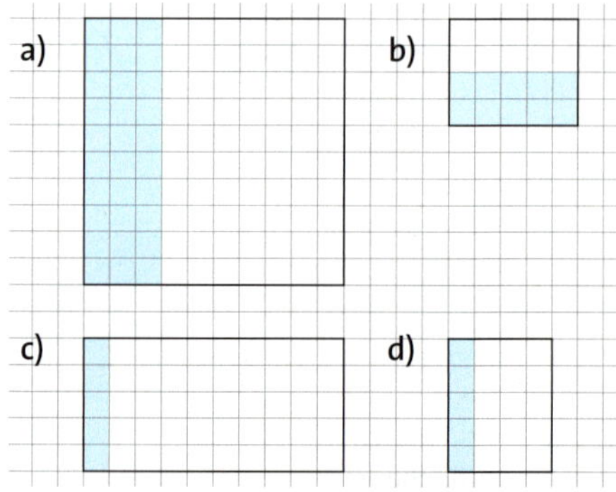


**8**

| | auf Zehntel | auf Hundertstel |
|---|---|---|
| a) | $0{,}368 \approx 0{,}4$ | $0{,}368 \approx 0{,}37$ |
| b) | $2{,}905 \approx 2{,}9$ | $2{,}905 \approx 2{,}91$ |
| c) | $4{,}006 \approx 4{,}0$ | $4{,}006 \approx 4{,}01$ |
| d) | $1{,}9901 \approx 2{,}0$ | $1{,}9901 \approx 1{,}99$ |

**9** kleinstmögliche Ausgangszahl: 19,45
größtmögliche Ausgangszahl: 19,54

**10** a) richtig
b) falsch, denn $2{,}01 < 2{,}1$
c) falsch, denn $0{,}99 > 0{,}0999$
d) falsch, denn $7{,}28 = 7{,}280$
e) richtig, denn $\frac{1}{4} = 0{,}25$
f) richtig, denn $\frac{3}{5} = 0{,}6$

**11**

| | | | |
|---|---|---|---|
| Madrid: | 3,2 Mio. | Rom: | 2,6 Mio. |
| London: | 7,4 Mio. | Hongkong: | 6,9 Mio. |
| Hamburg: | 1,7 Mio. | Istanbul: | 10,0 Mio. |
| New York: | 8,1 Mio. | Peking: | 15,2 Mio. |

**12**

| | |
|---|---|
| Schreibpapier: | 0,1 mm |
| Alufolie: | 0,04 mm |
| Postkarte: | 0,3 mm |
| Blattgold: | 0,002 mm |

**13** a)

| | |
|---|---|
| 1. Florence Griffith-Joyner: | 21,34 s |
| 2. Marion Jones: | 21,62 s |
| 3. Merlene Ottey: | 21,64 s |
| 4. Heike Drechsler: | 21,71 s |
| Marita Koch: | 21,71 s |
| 5. Grace Jackson: | 21,72 s |
| Gwen Torrence: | 21,72 s |

b) Marion Jones und Merlene Ottey (21,6 s)
Heike Drechsler, Marita Koch,
Grace Jackson und Gwen Torrence (21,7 s)

c) 21,335 s; 21,336 s; 21,337 s; …; 21,340 s; 21,341 s; 21,342 s; 21,343 s; 21,344 s

# Körper

Seite 124/125

**1** a) **Würfel**: z. B.
8 Ecken; 12 Kanten; 6 Flächen;
alle Kanten sind gleich lang;
alle Flächen sind Quadrate;
alle Flächen sind gleich groß

b) **Rechteck**: z. B.
8 Ecken; 12 Kanten; 6 Flächen; alle gegenüberliegenden Kanten sind gleich lang;
alle Flächen sind Rechtecke; alle gegenüberliegenden Flächen sind gleich groß;

c) **Pyramide**: z. B.
5 Ecken; 8 Kanten; 5 Flächen;
die Grundfläche ist ein Rechteck;
die Seitenflächen sind Dreiecke

d) **Kegel**: z. B.
1 Spitze; 1 gekrümmte Kante;
die Grundfläche ist ein Kreis

e) **Zylinder**: z. B.
keine Ecken; 2 gekrümmte Kanten;
Grund- und Deckfläche sind Kreise und gleich groß

f) **Kreis:** z. B.
keine Ecken; keine Kanten

**2** ① Deckfläche (1-mal)
② Ecke (8-mal)
③ Grundfläche (1-mal)
④ Seitenfläche (4-mal)
⑤ Kante (12-mal)

**3** a) Würfel: $O = 6 \cdot 5 \cdot 5\,\text{cm}^2 = 150\,\text{cm}^2$

b) Quader: $O = 2 \cdot 8 \cdot 1\,\text{cm}^2 + 2 \cdot 1 \cdot 2\,\text{cm}^2 + 2 \cdot 8 \cdot 2\,\text{cm}^2 = 52\,\text{cm}^2$

**4** a) ① $O = 6 \cdot 3 \cdot 3\,\text{cm}^2 = 54\,\text{cm}^2$
② $O = 6 \cdot 4 \cdot 4\,\text{m}^2 = 96\,\text{m}^2$
③ $O = 6 \cdot 8 \cdot 8\,\text{dm}^2 = 384\,\text{dm}^2$

b) ① $O = 2 \cdot 4 \cdot 6\,\text{cm}^2 + 2 \cdot 4 \cdot 3\,\text{cm}^2 + 2 \cdot 6 \cdot 3\,\text{cm}^2 = 108\,\text{cm}^2$
② $O = 2 \cdot 2 \cdot 7\,\text{m}^2 + 2 \cdot 2 \cdot 5\,\text{m}^2 + 2 \cdot 7 \cdot 5\,\text{m}^2 = 118\,\text{m}^2$
③ $b = 0{,}5\,\text{cm} = 5\,\text{mm}$
$O = 2 \cdot 12 \cdot 5\,\text{mm}^2 + 2 \cdot 12 \cdot 4\,\text{mm}^2 + 2 \cdot 5 \cdot 4\,\text{mm}^2 = 256\,\text{mm}^2$

**5** *gesucht*: Oberfläche $O$ des Quaders
*Rechnung*: $O = 2 \cdot 4 \cdot 3\,\text{m}^2 + 2 \cdot 4 \cdot 2\,\text{m}^2 + 2 \cdot 3 \cdot 2\,\text{m}^2 = 52\,\text{m}^2$
*Antwort*:
Er muss mindestens $52\,\text{m}^2$ kaufen.

**6** a) $V = 13\,\text{cm}^3$ (13 Würfel)
b) $V = 12\,\text{cm}^3$ (12 Würfel)
c) $V = 16\,\text{cm}^3$ (16 Würfel)
d) $V = 7\,\text{cm}^3$ (7 Würfel)
e) $V = 24\,\text{cm}^3$ (24 Würfel)

**7** ③ $V = 5 \cdot 3 \cdot 1$ Würfel = 15 Würfel
① $V = 6 \cdot 3 \cdot 1$ Würfel = 18 Würfel
② $V = 4 \cdot 3 \cdot 2$ Würfel = 24 Würfel

**8** individuelle Lösung, z. B.
a) Mülltonne, Schwimmbecken
b) Milchkarton, Schuhkarton
c) Zuckerwürfel, Radiergummi
d) Zuckerkorn, Reiskorn

**9** a) $V = 5 \cdot 5 \cdot 5\,\text{cm}^3 = 125\,\text{cm}^3$
b) $40\,\text{mm} = 4\,\text{cm}$
$V = 4 \cdot 4 \cdot 4\,\text{cm}^3 = 64\,\text{cm}^3$
c) $V = 8 \cdot 16 \cdot 4\,\text{dm}^3 = 512\,\text{dm}^3$
d) $V = 16 \cdot 16 \cdot 2\,\text{mm}^3 = 512\,\text{mm}^3$
e) $2{,}5\,\text{cm} = 25\,\text{mm}$; $2\,\text{cm} = 20\,\text{mm}$
$V = 25 \cdot 20 \cdot 75\,\text{mm}^3 = 37\,500\,\text{mm}^3$

**10** a) großer Quader:
$V = 5 \cdot 2 \cdot 3\,\text{cm}^3 = 30\,\text{cm}^3$
kleiner Quader:
$V = 2 \cdot 2 \cdot 2\,\text{cm}^3 = 8\,\text{cm}^3$
zusammengesetzter Körper:
$V = 30\,\text{cm}^3 + 8\,\text{cm}^3 = 38\,\text{cm}^3$

b) großer Quader:
$V = 5 \cdot 4 \cdot 4\,\text{cm}^3 = 80\,\text{cm}^3$
kleiner Quader:
$V = 2 \cdot 2 \cdot 3\,\text{cm}^3 = 12\,\text{cm}^3$
zusammengesetzter Körper:
$V = 80\,\text{cm}^3 + 12\,\text{cm}^3 = 92\,\text{cm}^3$

c) großer Quader:
$V = 4 \cdot 2 \cdot 1\,\text{m}^3 = 8\,\text{m}^3$
kleiner Quader:
$V = 2 \cdot 2 \cdot 1\,\text{m}^3 = 4\,\text{m}^3$
zusammengesetzter Körper:
$V = 8\,\text{m}^3 + 4\,\text{m}^3 = 12\,\text{m}^3$

**11** a) Sportbecken:
$V = 50 \cdot 20 \cdot 2\,\text{m}^3 = 2000\,\text{m}^3$
Sprungbecken:
$V = 25 \cdot 20 \cdot 5\,\text{m}^3 = 2500\,\text{m}^3$
Im Sprungbecken ist mehr Wasser.

b) Befüllen des Sportbeckens:
$1\,\text{m}^3$ in 2 h, also $2000\,\text{m}^3$ in 4000 h
Befüllen des Sprungbeckens:
$1\,\text{m}^3$ in 2 h, also $2500\,\text{m}^3$ in 5000 h

Seite 146/147

# Rechnen mit Dezimalzahlen

**1** a)

| | | | |
|---|---|---|---|
| | | 2,7 | |
| | 1 | 1,7 | |
| 0,6 | 0,4 | 1,3 | |
| 0,5 | 0,1 | 0,3 | 1 |

b)

| | | | |
|---|---|---|---|
| | | 13,68 | |
| | 3,98 | 9,7 | |
| 0,84 | 3,14 | 6,56 | |
| 0,2 | 0,64 | 2,5 | 4,06 |

**2**

| | Überschlag | genaues Ergebnis |
|---|---|---|
| a) | 8 + 5 = 13 | 12,96 |
| b) | 6 + 1 = 7 | 7,11 |
| c) | 8 + 1 = 9 | 9,275 |
| d) | 3 + 6 + 8 = 17 | 16,833 |
| e) | 11 − 3 = 8 | 8,7 |
| f) | 9 − 5 = 4 | 4,39 |
| g) | 80 − 76 = 4 | 4,75 |
| h) | 47 − 8 = 39 | 38,574 |

**3** 5,18 < 6,72 < 7,35 < 7,47 < 8,58

**4** a) 6,013 · 7 = 42,091
b) 2,4 · 3,17 = 7,608
c) 3,18 · 11,08 = 35,2344

**5**

| | Überschlag | genaues Ergebnis |
|---|---|---|
| a) | 3 · 1000 = 3000 | 3140 |
| b) | 100 · 1 = 100 | 102,8 |
| c) | 8 · 10 = 80 | 84,2 |
| d) | 1000 · 1 = 1000 | 1370 |
| e) | 1 · 3 = 3 | 3,375 |
| f) | 4 · 2 = 8 | 8,031 36 |
| g) | 4 · 0,5 = 2 | 2,365 |
| h) | 2 · 5 = 10 | 11,21 |

**6** a) 2,49 : 10 = 0,249 ≈ 0,25
Ein Heft kostet 0,25 €.
b) 18,50 : 100 = 0,1850 ≈ 0,19
Eine CD-ROM kostet 0,19 €.
c) 2,75 : 1000 = 0,002 75
0,002 75 € = 0,2275 ct
Eine Büroklammer kostet weniger als 1 ct.

**7** a) 1,8 : 3 = 0,6 da 0,6 · 3 = 1,8
b) 16,2 : 3 = 5,4 da 5,4 · 3 = 16,2
c) 6,5 : 5 = 1,3 da 1,3 · 5 = 6,5
d) 3,2 : 4 = 0,8 da 0,8 · 4 = 3,2
e) 9,42 : 6 = 1,57 da 1,57 · 6 = 9,42
f) 8,848 : 7 = 1,264 da 1,264 · 7 = 8,848
g) 0,033 : 2 = 0,0165 da 0,0165 · 2 = 0,033
h) 9,6 : 12 = 0,8 da 0,8 · 12 = 0,8

**8** a) 0,7 · 9 + 0,46 (Punkt- vor Strichrechnung)
= 6,3 + 0,46 = 6,76
b) 9,02 + 4,1 · 5,3 (Punkt- vor Strichrechnung)
= 9,02 + 21,73 = 30,75
c) 10,4 − 3,22 · 1,6 (Punkt- vor Strichrechnung)
= 10,4 − 5,152 = 5,248
d) 8,102 · 14 − 7,4 (Punkt- vor Strichrechnung)
= 113,428 − 7,4 = 106,028
e) 107,04 + 2,8 : 4 (Punkt- vor Strichrechnung)
= 107,04 + 0,7 = 107,74
f) 16,05 : 5 − 0,023 (Punkt- vor Strichrechnung)
= 3,21 − 0,023 = 3,187

**9** a) 10 · 2700 = 27 000
Chantal muss jede Woche 27 000 m zurücklegen.
b) Äpfel: 8,25 : 5 = 1,65
Ein Kilogramm Äpfel kosten 1,65 €.
Kartoffeln: 1,85 : 2 = 0,925
Ein Kilogramm Kartoffeln kosten 0,93 €.
c) 267 · 24,50 = 6541,50
113 · 37,50 = 4237,50
6541,50 + 4237,50 = 10 779
Die Gesamteinnahme beträgt 10 779 €.

**10** a)
265,80
+ 46,76
+ 97,81
+ 146,85
557,22

Der Einkauf kostet insgesamt 557,22 €.
Das Geld reicht also nicht.

b)
600,00
− 557,22
42,78

Es bleiben 42,78 € übrig.

c)
118,95
− 99,99
19,45

Man spart 19,45 €.

**11** 25 · 0,762 54 = 19,0635 19,0635 ≈ 19,06
Das Geschenk hat einen Wert von 19,06 €.

**12** a) 7,5 − 2,4 = 5,1
Der Lkw kann 5,1 t zuladen.
b) 3,6 + 2 + 4,2 = 9,8
Das Gesamtgewicht beträgt 9,8 t.
c) Ja, es reichen zwei Fahrten, z. B.:
1. Fahrt: Sand und 1 Eisenträger
3,6 + 4,2 : 3
= 3,6 + 1,4 = 5 (t)
2. Fahrt: 40 Zementsäcke und 2 Eisenträger
2 + 2 · 1,4
= 2 + 2,8 = 4,8 (t)

# Daten und Zufall

Seite 170/171

**1** Kontoauszug: abgebuchte Ausgaben
Fahrstuhl: Etagen unter der Erde
Außenthermometer: Temperaturen unter 0 °C

**2** a) −2; −1; −0; 1; 2
b) −6; −5; −4; −3; −2
c) −3; −2; −1; 0; 1; 2; 3; 4
d) −24; −23; −22

**3** a) $-12 < 3$ b) $-102 < -97$
c) $-307 < 307$ d) $+2 > -2$
e) $-712 > -809$ f) $72 > -71$
g) $-100 < -99$ h) $-703 < 307$

**4** a) Ⓐ = −90 Ⓑ = −60
Ⓒ = −50 Ⓓ = −20
Ⓔ = 0 Ⓕ = 60

b)

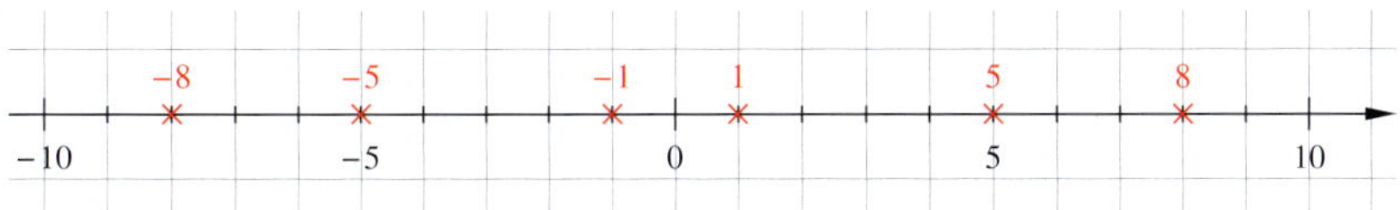


**5**

| Stadt | Temperatur |
|---|---|
| Moskau | −5 °C |
| Dresden | −4 °C |
| Warschau | −3 °C |
| München | −2 °C |
| Frankfurt, Berlin, Hamburg | −1 °C |
| Varna, St. Petersburg, Stockholm | 0 °C |
| Paris | 1 °C |
| London | 6 °C |

**6**

| Minimum | Maximum | Zentralwert |
|---|---|---|
| 12 | 57 | 51 |
| 283 | 824 | 729 |
| 21 | 102 | 48 |

**7** a) 1. Arbeit:
$0 \cdot 1 + 10 \cdot 2 + 14 \cdot 3 + 4 \cdot 4 + 0 \cdot 5 + 2 \cdot 6$
$= 0 + 20 + 42 + 16 + 0 + 12 = 90$
$90 : 30 = 3$ $\varnothing = 3$
2. Arbeit:
$2 \cdot 1 + 4 \cdot 2 + 9 \cdot 3 + 13 \cdot 4 + 2 \cdot 5 + 0 \cdot 6$
$= 2 + 8 + 27 + 52 + 10 + 0 = 99$
$99 : 30 = 3{,}3$ $\varnothing = 3{,}3$
b) Die 1. Arbeit ist besser ausgefallen.

**8** a)

| Tag | Etappe | Länge |
|---|---|---|
| 1 | Friedrichshafen–Bregenz | 32 km |
| 2 | Bregenz–Romanshorn | 40 km |
| 3 | Romanshorn–Konstanz | 22 km |
| 4 | Konstanz–Singen | 48 km |
| 5 | Singen–Mainau | 32 km |
| 6 | Mainau–Überlingen | 37 km |
| 7 | Überlingen–Friedrichshafen | 34 km |

b) Minimum: 22 km (Tag 3)
Maximum: 48 km (Tag 4)
Zentralwert: 34 km (Tag 7)

c) $32 + 40 + 22 + 48 + 32 + 37 + 34 = 245$
$245 : 7 = 35$ $\varnothing = 35$
Thorsten und sein Vater fahren durchschnittlich 35 km am Tag.

**9** a)

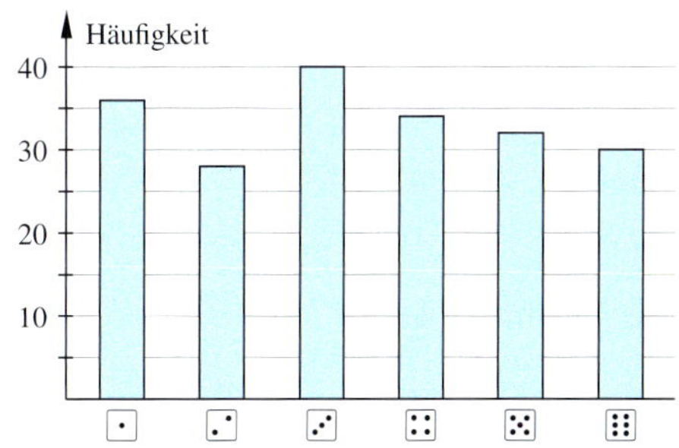


b) ⚀ $\frac{36}{200} = \frac{18}{100} = 0{,}18$ ⚁ $\frac{28}{200} = \frac{14}{100} = 0{,}14$
⚂ $\frac{40}{200} = \frac{20}{100} = 0{,}2$ ⚃ $\frac{34}{200} = \frac{17}{100} = 0{,}17$
⚄ $\frac{32}{200} = \frac{16}{100} = 0{,}16$ ⚅ $\frac{30}{200} = \frac{15}{100} = 0{,}15$

**10**

| Rangliste | Name | relative Häufigkeit | Prozent |
|---|---|---|---|
| 1 | Antonia | $\frac{80}{100} = 0{,}8$ | 80 % |
| 2 | Marie | $\frac{57}{75} = \frac{19}{25} = \frac{76}{100} = 0{,}76$ | 76 % |
| 3 | Lea | $\frac{30}{40} = \frac{3}{4} = \frac{75}{100} = 0{,}75$ | 75 % |
| 4 | Lina | $\frac{42}{60} = \frac{7}{10} = 0{,}7$ | 70 % |
| 5 | Manja | $\frac{10}{25} = \frac{40}{100} = 0{,}4$ | 40 % |
| 6 | Sophia | $\frac{3}{15} = \frac{1}{5} = \frac{2}{10} = 0{,}2$ | 20 % |

**11** individuelle Lösung,
z. B.: 3 min; 17 min; 23 min; 24 min; 33 min
oder: 10 min; 15 min; 25 min; 20 min; 30 min

**12** a) Zahl oder Kopf
b) T oder O oder R
c) grün, blau, rot oder gelb
d) 1; 2; 3; 4; 5; 6; 7 oder 8

# Stichwortverzeichnis

# Bildverzeichnis

**Titel** Visum/Andia; **5, 10/1,2** Cornelsen Verlag/Matthias Hamel; **11, 12** EZB/Pressebild; **13** Cornelsen Verlag/Gerald Zörner; **14** EZB/Pressebild; **22** Cornelsen Verlag/M. Wosczyna; **23/1** artvertise/Fotodesign; **23/2** Visum/Schinski; **24** NASA/JPL/Gov.; **26/1** Cornelsen Verlag/Jens Schacht; **28** Fotolia/O. Nayashove; **30** Cornelsen Verlag/Matthias Hamel; **32** Cornelsen Verlag/Werner Wildermuth; **35** Cornelsen Verlag/Jens Schacht; **36** Cornelsen Verlag/BildART Volker Döring; **42** Cornelsen Verlag/Udo Wennekes; **45** AP Images; **47** picture-alliance/DPPI; **50/1** Corbis/Lew Robinson, **/2** Blair; **50/3** Arco Images/Hütter; **50/4** Cornelsen Verlag/BildART Volker Döring; **50/5** BGH Mannheim/Pressefoto; **51/1** Ilona Gabriel, Dinslaken; **51/2** Cornelsen Verlag/BildART Volker Döring; **51/3, 51/4** Lew Robinson; **52/1–2** Kerstin Nolte, Berlin; **52/4** BGH Mannheim/Pressefoto; **58** Astrophoto, Sörth; **59** Kerstin Nolte, Berlin; **59/2** Cornelsen Verlag/BildART Volker Döring; **62** Cornelsen/Moritz Vennemann; **63/1** Cornelsen Verlag/Matthias Hamel; **63/2, 64, 68** Cornelsen Verlag/BildART Volker Döring; **69/1** mauritius images/AGE, **69/2** Kord; **69/3** picture-alliance/chromorange/Peter Widmann; **69/4** Cornelsen Verlag/Peter Hartmann; **71** Cornelsen Verlag/Lucie Pringl; **72/1–3** Cornelsen Verlag/Peter Hartmann; **75** Benno de Wilde, CORBIS; **75/3** Arco Images/Hütter; **82/1** Phantermedia/Stefan Balling; **82/2** Das Fotoarchiv/Xinhua; **84/1** Cornelsen Verlag/Peter Hartmann; **84/2** Fotolia/WoGi; **86** Fotolia/Tyler Olsom; **88/1** Cornelsen Verlag/Pressestelle; **88/2** Fotolia/Norman Chan; **92** Cornelsen Verlag/Peter Hartmann; **94** Cornelsen Verlag/Gerald Zörner; **97** picture-alliance/dpa; **99** Cornelsen Verlag/Peter Hartmann; **100/1** Fotolia/Falko Matte; **100/2** Cornelsen Verlag/Peter Hartmann; **100/3** Matthias Felsch, Berlin; **101/1** Fotolia/Marcin Sadlowski, **101/3** Kruschewski; **101/2** Cornelsen Verlag/Peter Hartmann; **102/1** Kerstin Nolte, Berlin; **102/2, 3** Gregor Schulz, Berlin; **103/1** Your Photo Today/Superbild/Bert, **103/2, 5** Cornelsen Verlag/BildART Volker Döring; **103/3** Cornelsen Verlag/Peter Hartmann; **103/4** Your Photo Today/Ken Whitmore; **103/5** Cornelsen Verlag/BildART Volker Döring; **104/1, 2, 105/1–3** Cornelsen Verlag/Peter Hartmann; **105/4** Minerga AG, Ahlen/Pressebild; **107** Cornelsen Verlag/Werner Wildermuth; **108/1** Cornelsen Verlag/Matthias Hamel; **108/2, 3** Cornelsen Verlag/Gerald Zörner; **110/1–3** Cornelsen Verlag/BildART Volker Döring; **112** Cornelsen Verlag/M. Wosczyna; **113** Cornelsen Verlag/Christoph Petsch, Bonn; **114/1** Cornelsen Verlag/Jens Schacht; **114/2** Kerstin Nolte, Berlin; **114/3, 5, 6** Cornelsen Verlag/Peter Hartmann; **114/4** tetrapak/Pressebild; **115/1** Cornelsen Verlag/Jens Schacht; **115/2** Cornelsen Verlag/Peter Hartmann; **115/2, 3** Cornelsen Verlag/BildART Volker Döring; **120/1** Christel Serling, Hilden; **120/2, 3** Cornelsen Verlag/BildART Volker Döring; **121** Cornelsen Verlag/Peter Hartmann; **122/1, 2** Cornelsen Verlag/BildART Volker Döring; **127** BilderBox/Erwin Wodicka; **130** Cornelsen Verlag/BildART Volker Döring; **132** Cornelsen Verlag/Peter Hartmann; **136/1** Fotolia; **136/2** vario Images; **139** EZB/Pressebild; **140** Deutsche Post/DHL/Mediathek; **143/1** Clara&Markus Holm, Berlin; **143/2** Cornelsen Verlag/M. Woszyna; **143/3** Fotolia/Seanrail; **145/1, 2, 152/2, 153/5, 162** Cornelsen Verlag/Peter Hartmann; **147/1** FedEx, Washington D. C./PressRelaese; **149** DWD, Offenbach/Pressebild; **150** Fotolia; **152/1** Biosphoto/ean Phillippe Delobere; **153/1** Visum/Photo X Press; **/2** picture-alliance/dpa/Tschanz-Hofmann; **/3** argus/Schwarzbach; **/4** BA online; **154** Fotolia; **157/1** (c)Courtesy Madison Press Books/Ken Marshall; **/2** Mit frdl. Genehmigung der Pressestellen der Fußball-Clubs; **162** Cornelsen Verlag/Peter Hartmann; **164/1** Cornelsen Verlag/Gerald Zörner; **/2** picture-alliance/dpa/dpa-sportreport; **/3** EZB; **/4** Cornelsen Verlag/Peter Hartmann; **165/1–3** Cornelsen Verlag/BildART Volker Döring; **167/1** Bernd Hähnel, Reinhardsgrimma; **/2** Cornelsen Verlag/Gerald Zörner; **/3** v+i+s+k, Studio Berlin; **168** Wildlife/P. Oxford; **169** www.ra-do-raceway.de; **170/1** Deutscher Sparkassenverlag; **/2** Christian Förde/Arnold Domnick; **/3** Cornelsen Verlag; **171/1** Cornelsen Verlag; **/2** 1,3 EZB; **/4** Cornelsen Verlag/ BildART Volker Döring; **175/1** Mit Genehmigung der JURA Elektroapparate AG Niederbuchsiten (CH); **/2** Fotolia/hawesen; **176/1** Astrofoto, Sörth; **/2** Cornelsen Verlag/BildART Volker Döring; **/3** Carl Zeiss AG, Oberkochen/Pressebild; **177/1** Infochart Peter Diehl, München; **/2** Günther Liesenberg; **/3** Daimler/Mediathek; **180/1** AP/ddp; **/2** picture-alliance/SVEN SIMON

# Winkel benennen, messen und zeichnen

## Winkel benennen

alpha: beta: gamma: delta: epsilon:

## Spitze Winkel messen

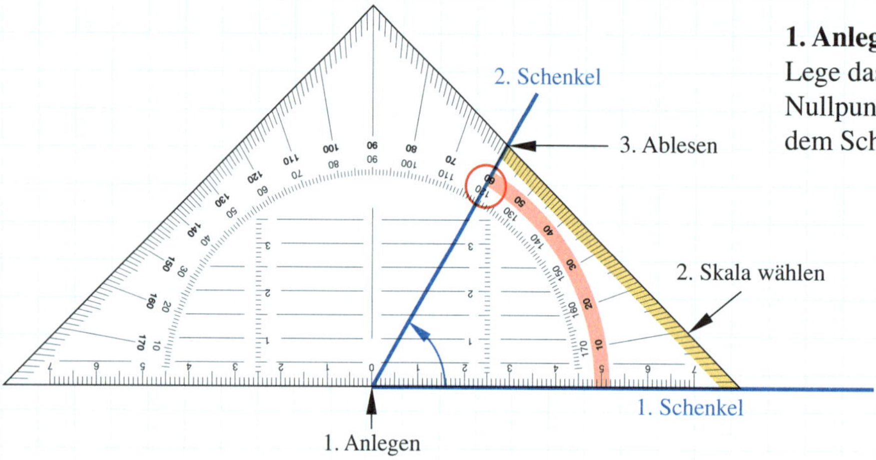


**1. Anlegen:**
Lege das Geodreieck so an, dass der Nullpunkt des Geodreiecks genau auf dem Scheitelpunkt des Winkels liegt.

**2. Skala wählen:**
Da die *äußere Skala* an diesem Schenkel mit 0° beginnt, wird auch an der *äußeren Skala* abgelesen.

**3. Ablesen:**
An der *äußeren Skala* wird der Winkel abgelesen: 60°.

## Stumpfe Winkel messen

**1. Anlegen:**
Lege das Geodreieck so an, dass der Scheitelpunkt des Winkels genau auf dem Nullpunkt des Geodreiecks liegt.

**2. Skala wählen:**
Da die *innere Skala* an diesem Schenkel des Winkels mit 0° beginnt, wird auch an der *inneren Skala* abgelesen.

**3. Ablesen:**
An der *inneren Skala* wird der Winkel abgelesen: 120°.

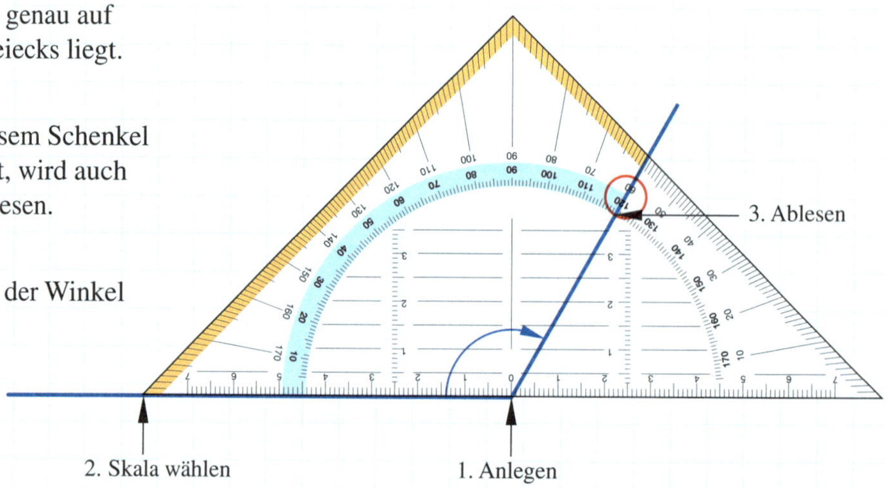